Computational Modeling of Cognition and Behavior

认知和行为的计算建模

〔英〕西蒙·法雷尔 (Simon Farrell)

〔英〕史蒂芬·勒万多夫斯基 (Stephan Lewandowsky)　/主编

伍海燕　刘泉影　/主译

清华大学出版社

北京

北京市版权局著作权合同登记号　图字：01–2020–4256

本书封面贴有剑桥大学出版社防伪标签，无标签者不得销售。

版权所有，侵权必究。举报：010-62782989，beiqinquan@tup.tsinghua.edu.cn。

图书在版编目（CIP）数据

认知和行为的计算建模 /（英）西蒙·法雷尔（Simon Farrell），（英）史蒂芬·勒万多夫斯基（Stephan Lewandowsky）主编；伍海燕，刘泉影主译 . — 北京：清华大学出版社，2021.6（2023.8重印）

书名原文：Computational Modeling of Cognition and Behavior

ISBN 978-7-302-57137-7

Ⅰ . ①认… Ⅱ . ①西… ②史… ③伍… ④刘… Ⅲ . ①人工神经网络 – 计算 – 建立模型 Ⅳ . ① TP183

中国版本图书馆 CIP 数据核字（2020）第 259399 号

责任编辑：孙　宇
封面设计：何凤霞
责任校对：李建庄
责任印制：杨　艳

出版发行：清华大学出版社
　　　　　网　　　址：http：//www.tup.com.cn，http：//www.wqbook.com
　　　　　地　　　址：北京清华大学学研大厦 A 座　邮　　编：100084
　　　　　社 总 机：010-83470000　　　　　邮　　购：010-62786544
　　　　　投稿与读者服务：010-62776969，c-service@tup.tsinghua.edu.cn
　　　　　质量反馈：010-62772015，zhiliang@tup.tsinghua.edu.cn
印 装 者：三河市铭诚印务有限公司
经　　销：全国新华书店
开　　本：185mm×260mm　　　印　　张：25.25　　字　　数：512 千字
版　　次：2021 年 8 月第 1 版　　　　　　印　　次：2023 年 8 月第 5 次印刷
定　　价：128.00 元

产品编号：086925-02

中译版前言

2018 年 6 月 Caltech 的朋友 Bowen J Fung 博士向我们推荐了本书的原著。作为计算建模的学习者，我们受益很多，决定将这本原著书引进中国。

在心理学和神经科学领域，可以说是"天下苦建模久矣"。认知科学和神经科学的基础课程其实不包括认知计算建模的内容和相关知识结构。这使得很多从事认知科学研究的学者、心理学研究的教师和认知神经科学的研究生都没有接受过系统的计算建模的训练，这也是我们翻译本书最大的动机。我们认为，相比于一篇论文，一本好的工具书将帮助到更多的学生和研究者。在翻译过程中，刘泉影团队神经计算与控制实验室（NCClab）的楼可心、叶梓元、郑书晗、曲由之、王海慧、王正旸、于浩、袁婕、魏晨、金文正、梁智超、刘可茵、郑冰洁，以及伍海燕团队的曹思琪、陈坤、黄佳敏、黄骐、李惠迪、刘先晴、李肇宁、庞珞珧、王睿恩、王元辰、徐心怡、叶扬华、张皓铭、张紫琦等同学付出了巨大的努力，经过了数十次的修改和完善，终于在 2021 年的 6 月，本书顺利出版发行。我们在此对参与本书翻译的多位青年学生表示感谢。

本书出版后，我们收到了许多青年学生的建议，这些建议都采用且沿用到重印版本中。我们也一并感谢这些青年学者，他们是（按建议章节顺序）：董敏、张银花、刘先晴、赵礼、黄佳敏、陆新泉、丁劭凡、王世玉、何陆宁、倪婷珺陶、贾高鼎、许强、吕婷婷、黄文昊、李宇航、龙泊铮、陈坤、徐心怡、李晗冉、张雅骐、邓广智。

需要说明的是，本书翻译中尽可能采取直译的方式，以体现原著的学术性和专业性。由于译者的翻译水平和时间有限，译文中出现的错误和不足之处在所难免，恳请读者们提出宝贵意见，我们将接受大家的批评指正。

伍海燕　刘泉影

2022 年 4 月

原书前言

计算模型在今天已被广泛应用，能够更好地理解感知、记忆、推理、沟通和决策等各种人类行为。在对这些行为的研究中，建模的应用通常也出于不同的目的，包括测量、预测和模型测试。在本书中我们提出了一套在心理学中应用计算和数学模型的综合方法。本书编写的主要目的是在理论、模拟和数据之间提供一个统一的视角，来回答"我们如何从行为模型中获取信息"的核心问题。

本书涵盖了以下几个主题。第一部分解释了什么是计算模型，全面概述了用于理解人类行为的模型，探讨了如何将理论叙述转化为模拟代码，并阐述了理解建模所需的各种概念。第二部分探究了计算模型的一种应用——参数估计。通过将模型拟合到数据，可以从所得的参数估计值以及有关生成这些数据的一种或多种心理机制或表征的叙述中进行推断。在这里我们介绍了最大似然估计和贝叶斯估计，包括跨多个被试估计和分层估计。第三部分探讨了如何使用模型比较进行推论，在这部分我们讨论了从数据中得出充分性和必要性结论的条件，以及如何概念化和量化模型的复杂性。本部分探究了几种解决模型比较复杂的方法，包括信息标准和贝叶斯因素。第四部分讨论了计算建模在推进心理学理论研究中的作用。我们探究了如何使用模型作为推理的辅助手段以及人类与人工智能之间的相互作用，以引导理论化和概念性见解的产生。我们还讨论了计算模型如何作为一种用于研究者之间达成共识（即使用模型作为通用的参考术语）的工具，以及如何将其应用于交流和共享模型。最后，我们介绍了计算模型在几个流行领域中的应用：神经网络模型、选择反应时间模型以及模型在理解神经数据中的应用。

为了实现以上这些，我们在本书中使用了一种开源的计算机语言——R语言。虽然R语言最初是为统计数据分析而开发的，但它具有广泛的适用性，现在被许多建模者使用。

一些读者可能知道，我们之前写过一本类似的书（Lewandowsky和Farrell，2011），本书继承了上一本书中读者喜爱的一些特征，比如书中会针对所有源码片段中出现的重要特性做出讲解。因此，虽然本书不是R语言程序设计的教科书，但它针对性地讲解了我们手头任务程序中的最重要的部分，也就是如何利用计算手段理解人类的思维。除此之外，本书与我们先前出版的书也有很大的不同。先前出版的书是一本入门级教科书，本书则有着更高的目标：我们希望带领读者领略现今较为前沿的建模实践方法，并给读者讲授其中更为创新的发展与进步。

本书提供了R语言的模拟代码作为文本中的方程和描述的补充，并且每一章都以一个"实例"部分结束。每个"实例"部分都会有研究人员分享他们关于当前话题或方法的经验之谈。有的是对该领域中涉及的科学原理的一些思考，也有的是与我们相反的一些观点。我们认为这些部分是很有洞察力和启发性的（而且是相当有趣的）。我们非常感谢该领域的研究人员给我们机会与读者分享他们的想法。

关于整本书的"实例"部分，我们要感谢许多朋友和同事，在筹备编写本书时，大家在一起讨论了许多问题，特别感谢 Henrik Singmann 和 Benjamin Vincent 对引用和使用到他们工作的章节的草稿所做的评论。我们还要感谢过去八年来在欧洲举办的四届认知计算和数学建模暑期学校的教员（Gordon Brown、Amy Criss、Adele Diederich、Chris Donkin、Bob French、Cas Ludwig、Klaus Oberauer、Jörg Rieskamp、Lael Schooler、Joachim Vandekerckhove 和 Eric-Jan Wagenmakers）和学生。该暑期学校迄今已吸引了120 多名学生，教员和学生对本书稿的反馈是非常宝贵的，特别感谢学生和导师的热情讨论。通过这些讨论，我们可以肯定一件事：模型可以以多种多样的方式应用在心理学中。在提出一个统一和综合的建模理论框架时，我们试图涵盖所有模型的应用方式，但最终认识到有许多模型和观点，我们无法在这里探索。我们还要感谢剑桥大学出版社的 Janka Romero 和她的前辈 Hetty Marx 在我们提出构想和撰写本书时给予的帮助和鼓励，以及 Adam Hooper、Anup Kumar、Christina Taylor 和 Sindhujaa Ayyappan 在编写过程中提供的帮助。

原书编者

目　　录

第一部分　数学建模的简介

第二部分　参数估计

第三部分　模型比较

第一部分

数学建模的简介

1 导论

本导论有三个主要目标。首先，我们表明计算建模对于认知科学的进步至关重要。其次，我们介绍了建模相关的抽象概念及其多种应用。最后，我们展示了在解释模型输出时所涉及的一些问题，特别包括了模型是如何帮助科学家约束自己的思考。

1.1 科学中的模型和理论

认知科学家试图了解大脑是如何工作的。也就是说，我们想要描述和预测人们的行为并最终解释它，就像物理学家预测苹果从树上掉落时的运动（并且可以准确地描述它向下的路径）并解释它的轨迹（通过引力）一样。例如，如果你被介绍给某人，几秒钟后就忘记了对方的名字，我们想知道是什么认知过程导致了这种遗忘。是因为注意力不集中，还是因为时间太长而忘记了？我们能提前预知你是否会记住那个人的名字吗？

这本书的中心论点就是为了回答这些问题，认知科学家必须依赖定量的数学模型，就像研究引力的物理学家一样。我们认为，要扩展对人类思维的认识，仅仅依靠数据和口头推理是不够的。

通过思考一些比大脑更简单（只是简单一点点）更容易理解的东西，就能很好地阐释这一论点。请看图1.1所示的数据，它表示了行星在夜空中随时间变化的位置。

人们该如何描述这种奇特的运动模式呢？你会怎么解释呢？这些在其他原本一致的曲线路径上的奇怪环路，描述了行星著名的"逆行运动"——也就是指，它们在恢复初始路径之前的一段时间内突然逆转方向的倾向（相对于恒星的固定背景）。如何解释逆行运动呢？当哥白尼用日心模型取代了地心托勒密系统时，人们花费了一千多年才找到这个问题的满意答案。今天，我们知道逆行运动是因为行星沿它们的轨道以不同的速度运行。因此，当地球"超过"火星时，这颗红色的行星（火星）就会因为落在地球后面而看似改变了方向。

这个例子给出了几个结论，这些结论将贯穿本书的其他部分。首先，除非有一个描述底层过程（underlying process）的模型，否则图1.1中所示的数据模式将缺乏描述和解释。只有借助模型，人们才能在文字层面描述和解释行星运动（怀疑这一观点的读者，可以尝试邀请朋友或同事在不知道数据来源的情况下理解这些数据）。

其次，任何解释数据的模型它本身都是不可观察的。也就是说，尽管传播和描述哥白尼模型很容易（事实上，它很容易，以至于我们决定省略了展示一组同心圆的标准图

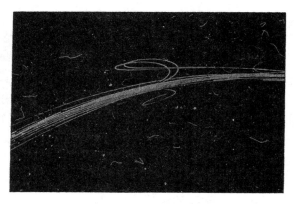

图 1.1　一个数据实例，说明在没有定量模型的情况下难以简单描述和解释清楚。数据来自于《伦敦皇家学会学报》，A 辑，数学与物理科学，第 336 卷，第 1604 期，庆祝哥白尼（1473—1543 年）五百年行星科学研讨会（1974 年 1 月 15 日），第 105 – 114 页。经许可转载。

例），但它不能被直接观察到。相反，该模型是一种抽象的解释性工具，它主要"存在"于使用它来描述、预测和解释数据在人的头脑中。

最后，总是有好几种可能的模型可以用来解释给定的数据集。这一点值得更详细地探讨。日心模型取得的胜利，常常掩盖了一个事实，即哥白尼在发现它的时候，存在着另一个相当成功的替代模型，即图 1.2 中所示的托勒密地心模型（geocentric model of Ptolemy）。该模型通过假定行星在绕地球运行的同时，还绕其轨道上的某一点旋转来解释逆行运动。基于一个附加假设即地球稍微偏离了行星的轨道中心，该模型可以合理地解释这些数据，将火星的预测位置与实际位置之间的位置差异限制在 1° 左右（Hoyle，1974）。那么，为什么日心模型能如此迅速而彻底地取代托勒密体系？[①]

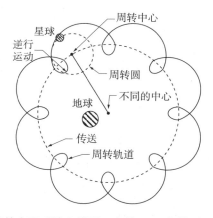

图 1.2　托勒密提出的太阳系地心模型。在约 1300 年的时间里，它是主流模型。

---

　　① 为了避免有人认为日心说模型和地心说模型包括了所有可能的太阳系模型，有必要澄清的是，有无数的等效模型可以充分地刻画行星的运动，因为相对运动可以相对于任何可能的有利参考进行描述。

这个问题的答案非常有趣，它要求我们提升至定量水平的建模。

传统观点认为，哥白尼模型取代了以地球为中心的太阳系概念，是因为它能更好地解释数据。但是"更好"是什么意思呢？当然，这意味着与托勒密体系相比，哥白尼系统能以更小的定量误差来预测行星的运动——也就是说，对火星的误差小于1°？有趣的是，这种传统观点只是部分正确。哥白尼模型比托勒密理论更好地预测了行星在纬度上的运动，但这一差异与两种模型在预测经度上的整体成功相比微不足道（Hoyle，1974）。因此，哥白尼的优势不在于"拟合优度"（goodness-of-fit）①，而在于他的模型内在的优雅和简单：将哥白尼的一组同心圆与只描述了单一行星运动的图 1.2 中托勒密模型的复杂度进行比较。

从这一事实中可以得出一个重要的结论：在相互竞争的模型中进行选择，总是有几种模型可供选择——除了定量检验之外，不可避免地涉及理智的判断。当然，一个模型的定量表现和它的智能属性一样重要。如果哥白尼模型的预测不如托勒密模型的预测，那么哥白尼今天就不会被人纪念了。只是因为这两个相互竞争的模型在定量上基本上是相等的，其他的智力判断才开始发挥作用，比如对简单性而不是复杂性的偏好。

如果托勒密模型和哥白尼模型在定量上是可以比较的，为什么我们要用它们来说明我们的中心论点：即对自然现象纯粹的文字层面上的解释是不够的，所有的科学都必须在定量层面上寻求解释。答案就在约翰尼斯·开普勒（Johannes Kepler）近一个世纪后对日心模型的修订中。开普勒将哥白尼模型中的圆形轨道替换为不同行星的不同偏心率（或"蛋形"）的椭圆。通过这种简单的数学修正，开普勒实现了日心模型近乎完美的拟合，定量误差几乎为零。模型的预测和观测到的行星轨迹之间不再有任何明显的数量差异。四个多世纪以来，开普勒的模型基本上没有改变。

对开普勒模型的接受可以得出两个相关的结论：一个是显而易见的，另一个同样重要，但可能不那么明显。首先，如果两个模型都同样简单优雅（或接近如此），那么提供更好的定量性质的模型将是首选。其次，哥白尼模型和开普勒模型的预测不能仅靠口头表达来区分。这两个模型都是通过地球在其轨道上"超过"某些行星的事实来解释逆行运动，而且这两个模型的区别特征——无论是假定轨道是圆形的还是椭圆形的，在结果预测上都不会有任何仅通过纯粹的语言分析就能理解的差异。也就是说，虽然人们可以谈论圆形和椭圆形（例如，"一个是圆形的，另一个是蛋形的"），但这些语言表达不能成为可检验的预测。请记住，开普勒将火星的误差从1°降低到几乎为0。我们向你们发出挑战，要求你们仅靠口语表达实现这一目标。

让我们总结一下，到目前为止我们提出的要点：

1. 数据永远不会自己说话，而是需要模型来理解和解释这些数据。
2. 单靠文字描述形成的理论最终不能代替定量分析。
3. 总是有几种可供选择的模型来解释数据，我们必须从中进行选择。

① "拟合优度"是一个术语，表示模型预测和实际数据之间的定量误差程度；这一重要术语将和其他许多术语在第 2 章详细讨论其中的细节。

4. 模型选择既依赖于定量评价，也依赖于知识性和学术性的判断。

所有这些要点都将在本书的其余部分进行探讨。接下来，我们将注意力从夜空转向我们的内心世界。

1.2　认知中的定量建模

1.2.1　模型和数据

让我们再试一次：请看图 1.3 中的数据。它让你想起行星运动了吗？可能没有，但从中辨认出一个有意义的模式至少和那个天文学的例子一样具有挑战。如果我们告诉你这些数据是从 Nosofsky（1991）进行的实验中获得的，也许这种模式就会变得容易识别。在那个实验中，人们将一小组卡通面孔分成两个类别。我们可以将这两个类别称为坎贝尔（Campbells）和麦克唐纳（MacDonalds），但是这两个类别在一些面部特征上会有所不同，比如鼻子的长度和眼睛的间距。

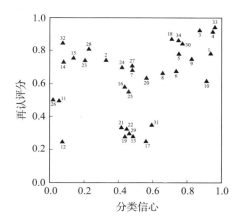

图 1.3　对于相同的刺激，观察到的"再认评分"作为观察到的"分类信心"的函数（每个数字标识一个独特的刺激）。详细信息请参阅正文。附图转载自 Nosofsky, R. M., **Tests of a Examplar Mode for Related Perceptive Classing and Recognition Memory, Journal of Example psychology：Human Percept and Performance, 17, 3 – 27, 1991，由美国心理学协会出版，经许可转载。**

在随后的迁移测试中，研究人员向被试展示了更大数量的一组面孔，包括那些在训练中使用过的面孔，以及一些新的面孔。对于每一张脸，被试必须做两个决策。第一个决策是确定该脸属于哪个类别，以及对该决策的信心（X 轴上的"分类"）。第二个决策是确定该面孔是否在训练期间出现过（Y 轴上的"再认"）。然后，图中的每个数据点代表了被试对给定的一个面孔（在图中由 ID 号标识，可以被忽略）的两种反应的平均值。这两个指标之间的相关性为 $r = 0.36$。

现在，看看你能否从图 1.3 的模式中得出一些结论：你认为这两个任务之间有很大的关联吗？或者你认为分类和再认在很大程度上是不相关的，了解一种反应几乎不能告诉你另一项任务的预期反应？毕竟，如果 $r = 0.36$ ，那么了解一种反应只将另一种反应的不确定性降低13%，剩下87%无法解释，对吗？

不对。至少有一种定量的认知模型（称为GCM模型，稍后我们再对它进行描述），它可以将这两种反应联系起来。如图1.4所示，它将分类和再认判断分成两个独立的子图，每个子图显示观察到的反应（ Y 轴）和GCM的预测（ X 轴）之间的关系。注意：图1.3中的每个点在图1.4中显示了两次，在每个子图中显示一次；并且在每个实例中，观察到的反应被绘制为从模型预测的反应的函数。

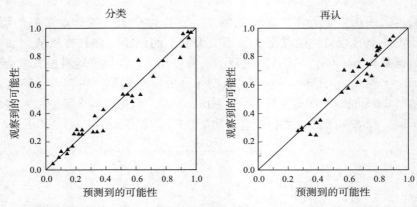

图1.4　观测的和预测的分类（左边）和再认（右边）。预测是由 GCM 模型提供的，详情见正文。完美预测是由对角线表示。附图转载自 Nosofsky, R. M., Tests of a Examplar Mode for Related Perceptive Classing and Recognition Memory, Journal of Example Penology: Human Percept and Performance, 17, 3－27, 1991，由美国心理学协会出版，经许可转载。

每个子图上的预测精度都非常高：如果模型的预测是100%，那么所有的点都会落在对角线上。它们没有，但它们很接近（分别占分类和再认方差的96%和92%）。事实上，这些准确的预测是由同一个模型所提供的。这一事实告诉我们，分类和再认可以在一个共同的心理学理论中被理解和相互关联。因此，尽管这两个度量之间的相关性很低，但是有一个潜在的模型可以解释这两个任务之间的关系，并根据一个任务的反应准确预测另一个任务的反应。该模型将在本章后面（第1.2.3节）详细介绍。现在，只要承认该模型比较依赖于每个测试刺激（面孔）和记忆中所有之前遇到过的刺激就足够了。

这两个图得出了一个令人信服的结论："最初的散点图表明分类任务和再认任务的表现，关系不大。在这种有限的分析水平上，人们可能会得出这样的结论：分类和再认的关键过程（fundamental processes）之间没有什么共同之处。然而，在规范模型的引导下，我们可以对这些过程进行统一的解释（Nosofsky，1991，第9页）。"与16世纪天文学的发展相似，当代心理学中的数据最终只有借助于定量模型的帮助才能完全解释。因此，我们可以重申上述的前两个结论，并确认它们也适用于认知心理学，即数据本身并不说明问题，而是需要模型来理解和解释数据；仅靠文字描述形成的理论并不能代替定量分析。但是，之前提过的关于模型选择的观点是怎么回事呢？

Nosofsky（1991）的建模包括了他最喜欢的"范例"模型（其预测如图 1.4 所示）与另一种"原型"模型之间的比较。这两个模型的细节在这里无关紧要，只需注意原型模型将一个测试刺激与之前遇到的所有范例的平均值进行比较，而范例模型则在测试刺激与每个范例之间逐一进行比较，并对结果进行求和[①]。Nosofsky 发现原型模型对数据的解释不太令人满意，分别只解释了 92% 和 87% 的分类和再认的方差，比范例模型少了大约 5% 。因此，关于模型选择的早期结论也适用于这种情况：存在几个可供选择的模型，在它们之间的选择是基于明确的定量标准。

到目前为止，我们用数据开始了讨论，然后我们——砰！展示了一个定量模型，它惊人地将一个经验上的谜团或困境变成了理论的通货。在许多情况下，建模师可能会这样做：他们面对新数据，但是手头有一个现有的模型，他们希望检查模型处理数据的能力。然而在其他情况下，研究人员可能会逆转这一过程，"从零开始"。也就是说，你可能先相信某些心理过程（psychological process）值得去探索和实证检验。下一章将提供一个深入的例子，说明在这种情况下如何进行研究。在深入讨论这些细节之前，我们将简要描述如何将大量的模型和模式应用划分为两大类，即简单地描述数据的模型 vs. 解释底层认知过程的模型。

1.2.2　数据描述

不管有意无意，我们都使用模型来描述或总结数据，初一看，这似乎非常简单。例如，我们可能会毫不犹豫地用均值来描述 150 名澳大利亚众议院代表的工资，因为在这种情况下，均值是这些数据的适当"模型"（尽管部长被赋予了额外津贴）。为什么我们要以这种方式"建模"数据呢？因为我们用一个单个估计的"参数"替换所有的数据点（在本例中 $N = 150$）[②]。在本例中，这个参数为样本均值，并且将 150 个点简化为一个点，有利于数据的理解和有效沟通。

然而，我们绝不能因为可以轻松地根据数据的均值建模而沾沾自喜。以美国前总统布什 2003 年发表的促进减税的声明为例，他说："根据这项计划，9200 万美国人平均得到 1083 美元的减税。虽然严格地说，这个数字并不是错误的，但可以说它并不是代表拟议的减税的最佳模型，因为 80% 的纳税人所获得的减税将少于这个数字，而近一半人（约 4500 万人）所获得的减税将不到 100 美元（Verzani，2004）。减税的分布是如此的不平衡（收入排名的后 20% 的人预计减税 6 美元，而收入排名的前 1% 的人预计减税 30,127 美元），因此，在这种情况下，中位数或消减后的切尾均值（trimmed mean）可能是拟议立法的最可取模型。

关于用来描述数据的适当模型的争论也出现在认知科学中，尽管，这比政治领域更透明。事实上，数据描述本身可以产生相当大的心理影响。作为一个恰当的例子，

---

① 敏锐的读者可能想知道这两者有何不同，答案在于范例模型中所涉及的相似规则是非线性的。因此，个体相似性的总和不同于平均值。这种非线性对模型的整体能力至关重要。微妙的算术问题会产生如此极端的结果，这一事实进一步强化了纯粹由文字形成的理论价值有限这一观点。

② 我们将在第 2 章提供什么是参数的详细定义。现在，只需要知道一个参数就是一个携带重要信息并且决定模型行为的数值。

考虑一下关于学习一项新技能是按照"幂次定律"来理解，还是用指数增长来描述（Heathcote 等，2000）的争论。毫无疑问，练习的好处是以一种非线性的方式积累起来的：当你第一次尝试一项新技能时（例如，制作插花），似乎要花费很长时间（结果可能不值一提）。在第二次和第三次的时候，你会有很大的进步，但最终在几十次的尝试之后，进一步提升的可能性会很小。

这种普遍的经验规律性的确切的函数形式是什么？几十年来，普遍的观点认为练习效果最好的是"幂次定律"。也就是说，通过函数在这里以最简单的形式表示，

$$RT = N^{-\beta} \tag{1.1}$$

其中 RT 表示执行任务的时间，N 代表学习的次数，β 是学习率。模型的参数通常用希腊字母表示，附录 A 完整列出了这些参数；在这种情况下，β 是代表参数的希腊字母。图 1.5 显示了来自 Palmeri（1997）实验 3 的样本数据，其中适当的最佳拟合的幂函数以虚线形式叠加在上面。被试判断包含了 6 ~ 11 个随机点图案中的点数。训练持续了好几天，每种图案被展示了很多次。图中显示了一个被试和一个特定图案的训练数据。

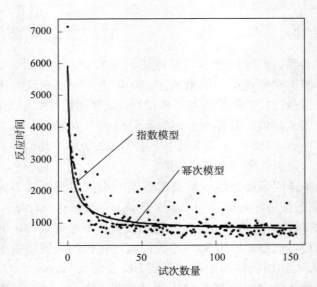

图 1.5 适用于相同幂次定律学习函数（实线）和替代指数函数（虚线）。数字以点表示，取自 Palmeri（1997）的实验 3（被试 3，模式 13）。为了拟合数据，幂函数和指数函数比公式 1.1 和 1.2 所描述的要复杂一些，因为它们还包含渐近线（A）和乘数（B）。这样幂函数的形式是 $RT = A_p + B_p \times (N+1)^{-\beta}$，由实线表示。指数函数形式为 $RT = A_E + B_E \times e^{-\alpha N}$，由虚线表示。

Heathcote（2000）认为，用指数函数可以更好地描述数据（同样是最简单的形式）

$$RT = e^{-\alpha N} \tag{1.2}$$

其中 N 和之前一样（代表学习的次数），α 是学习率。图 1.5 中的虚线显示了最佳

拟合的指数函数。你会注意到，这两个相互竞争的描述或模型似乎相差不大[①]。幂函数可以很好地刻画数据，但指数函数也可以，因此在两者之间没有多少是可以区分的：对于均方根误差（RMSD），表示数据点的平均偏差，幂函数为 482.4，而指数函数则为 526.9。因此，在这种情况下幂函数拟合"更好"（通过提供比指数少 50ms 的预测误差），但考虑到 RT 的范围是从小于 1000ms 到 7s，这种差距不是特别显著。

那么，为什么这个问题具有重要意义呢？我们希望用适当的模型来描述数据，但可以肯定的是，图 1.5 中的模型都没有像美国总统布什那样，仅仅报告其拟议减税的平均含义，从而歪曲数据的基本特征。在这种情况下，选择正确的描述性模型，对理解学习的心理本质有重要意义。如 Heathcote 等（2000）所详细说明的，指数函数的数学形式意味着，相对于剩下需要学习的内容，学习速度在整个过程中是恒定的。也就是说，不管你已经练习了多少次，学习都以恒定的比例来提高。相比之下，幂函数的数学运算表明，随着练习的增加，相对学习速度在减慢。也就是说，尽管你一直在进步，但学习的速度会随着练习的增加而下降。因此，通过一个描述性模型对技能获取数据进行恰当地描述，其本身就具有相当大的心理含义（我们在此不探讨这些含义，关于背景请参见 Heathcote 等人 2000 年发表的论文）。

为了总结这个例子，Heathcote 等人（2000）在重新分析了大量现有数据后得出结论：指数函数比迄今假定的"幂次定律"能更好地描述技能习得。首先，数据的定量描述本身可能具有相当大的心理学意义，因为它规定了学习过程的关键特征。其次，这个例子强调了我们前面提到的模型选择的重要性；在这种情况下，一个模型与另一个模型的比较是根据严格的量化标准选择的。我们将在第 10 章重新讨论这个问题。最后，Heathcote 的模型选择考虑单个被试的数据，而不是跨被试的平均值，这一事实确定了我们在第 5 章考虑的一个新问题——将模型应用在多个被试数据的最佳方式。

在相互竞争的函数之间进行的选择并不限于模型的练习效果。关于正确描述函数的争论也在遗忘研究中占有重要地位。遗忘的速度随学习程度的不同而改变吗？信息丢失率是否随时间保持恒定？尽管完整模式的结果相当复杂，但似乎有两个结论是可以保证的（Wixted，2004a）。首先，学习程度不影响遗忘的速度。无论你为考试死记硬背了多少知识，你都会以同样的速度丢失信息。当然，这与努力学习并不矛盾；如果你学得更多，你也会保留得更多，尽管单位时间的丢失率保持不变。其次，遗忘的速度会随着时间的推移而减速。也就是说，第一天可能会丢失大约 30% 的信息，第二天可能会减少到 20%，然后是 10%，以此类推。同样，就像练习一样，这两个结论是相关的。首先，需要在竞争的描述性模型之间进行定量比较，以选择合适的函数（它是幂函数，或者非常接近它的函数）。其次，尽管"正确"函数的形状具有相当重要的理论意义，因为它可能意味着记忆在经过一段时间的学习之后是被"巩固"的（详见 Wixted，2004a；2004b，相反的观点参见 Brown 和 Lewandowsky，2010），但该函数本身

[①] 目前，我们只介绍这些"最佳拟合"函数，而不解释它们是如何获得的。在第 3 章中，我们开始讨论如何将模型与数据拟合。

没有心理学含义。

当所描述的行为与规范预期有反差时，仅仅对数据的描述也会产生心理暗示（Luce，1995）。规范行为（normative behaviors）是指人们在遵循逻辑或概率规则时的行为方式。例如，考虑下面涉及两个前提（P）和一个结论（C）的三段论。P1：所有的北极熊都是动物。P2：有些动物是白色的。C：因此，有些北极熊是白色的。这个论点有效吗？即使这个结论在逻辑上是错误的（比如 Helsabeck，1975），你也有 75% ～80% 的可能性支持这个结论（比如 Helsabeck，1975）。在这种情况下，只需描述模型的行为比例，并注意到规范行为很容易打破（即 75% ～80% 的人会犯这种逻辑错误）。在其他现实的情况下，人们的正常非理性行为最好由一个更复杂的描述模型来刻画（如 Tversky 和 Kahneman，1992）。

我们提出了几个描述性的模型，并展示了它们是如何影响心理学理论形成的。所有这些描述性模型的一个特点是它们没有内在的心理含义。例如，虽然指数练习函数的存在限制了可能的学习机制，但函数本身没有心理含义，它只关心怎么描述数据。

在本章的其余部分，我们将考虑具有明确心理内容的模型。我们尤其关注能解释认知过程的"过程模型"，这些认知过程被认为是模型描述的任务表现的基础。

1.2.3　认知过程模型

我们通过对 1.2.1 节中介绍的分类范例模型的一个特写来开始我们的讨论。我们选择这个模型，称为泛化情景模型（Generalized Context Model，GCM）　（Nosofsky，1986），因为它是现有的最具影响力和最成功的分类模型之一，还因为它功能强大。但 GCM 的基本架构却十分直接，并且容易在 Microsoft Excel 这样简单的软件中实现。

我们已经知道 GCM 是一个范例模型。顾名思义，GCM 将训练中遇到的每个类别范例都存储在记忆中。我们之前提到过一个实验，在这个实验中，人们学会了对卡通面孔进行分类；在 GCM 中，这个过程将通过每个刺激添加到属于同一类别的面孔中来实现。请记住，在训练过程中，每一次反应之后都会有反馈，这样在每次试验结束时，人们就知道一张脸是属于麦克唐纳还是属于坎贝尔。在训练之后，GCM 已经建立了两组范例，每个类别一组，并且所有后续的测试刺激都根据那些记忆的集合来进行分类。这就是事情开始变得有趣的地方（与之前不同的是还稍稍有点复杂，但都没有超出理解范围）。

首先，我们需要一些术语。让我们将特定的测试刺激称为 i，并且让我们将存储的范例称为集合 $\mathfrak{I}$，成员 $j = 1, 2, \cdots, J$，因此 $j \in \mathfrak{I}$。初一看，这个符号略显烦琐，但实际上是有用的。请注意，我们使用小写字母（例如，$i, j, \cdots$）来标识集合中的特定元素，并且该集合中的元素数量由相对应的大写字母（$I, J, \cdots$）表示，而集合本身由 Fraktur 字母（$\mathfrak{I}, \mathfrak{J}, \cdots$）表示。所以，我们有一个叫作 i（或 j，或其他任何小写字母）的东西，它是集合 $\mathfrak{I}$ 的元素之一。

我们现在可以考虑呈现刺激 i 的效果了。简而言之，测试刺激"激活"所有已存储的范例（记住，那就是 $j \in \mathfrak{I}$），其激活程度由 i 与每个 j 之间的相似性决定。到底什么是相似呢？GCM 假设刺激是在感知空间中表示的，该空间内的临近度转化为相似性。

为了说明这一点，请考虑图 1.6 中的左边子图（A），它显示了沿单个维度不同的三个假设刺激的知觉表示，在本例中表示为直线长度。标有 d 的虚线表示其中两个刺激之间的距离。很容易看出，这个距离越大，两个刺激就越不相似。相反，两个刺激的距离越近，它们的相似性就越大。

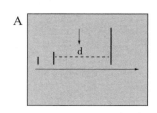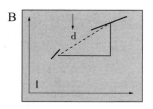

图 1.6　GCM 下的代表性假设。A 子图表示刺激仅在一个维度上有差异（线的长度），**B** 子图表示刺激在两个维度上有差异（线的长度和角度）。在两个面板上，两个刺激间的有代表性的距离（d）用虚线表示。

现在再看子图 B，这里我们有三个假设的刺激，但这次它们同时在两个维度上，即距离和角度。子图 B 再次显示了两个刺激之间的距离（d），其形式为：

$$d_{ij} = \left(\sum_{k=1}^{K} |x_{ik} - x_{jk}|^2 \right)^{\frac{1}{2}}, \tag{1.3}$$

其中 x_{ik} 是测试项目 i 的维度 k 的值（假设这是图 1.6 的子图 B 中的中间刺激），x_{jk} 是存储范例 j 的维度 k 的值（比如说，子图 B 中最右边的刺激）。进行距离计算的特征维数是任意的；卡通面孔的特征是四维的，但我们不能一次轻易地展示 2 个以上的维度。这些维度分别是眼高、眼距、鼻长和嘴高[①]。如果你不熟悉公式 1.3 中的一些术语或符号，请参阅附录 B，它给出了一些常见的数学符号。

理解公式 1.3 的一种简单方式是认识到它仅仅重申熟悉的毕达哥拉斯定理（即，$d^2 = a^2 + b^2$），其中 a 和 b 是图 1.6 的子图 B 中的细实线，其由公式中更一般的维数差符号（即，$x_{ik} - x_{jk}$）表示。

那么，距离与相似性有何关系呢？直观上很明显，距离越大意味着相似性越小，但 GCM 明确假设其形式为指数关系：

$$s_{ij} = exp(-c \cdot d_{ij}), \tag{1.4}$$

其中 c 是一个参数，d_{ij} 是刚才定义的距离。图 1.7 可视化了该函数，并显示了范例的（s_{ij}）如何作为该范例和测试刺激之间的距离（d_{ij}）的函数而下降。这个函数看起来很像著名的泛化梯度，在大多数涉及分辨的任务中都能观察到它（这些任务包括不同物种，从鸽子到人类的分辨任务）（Shepard，1987）。这种相似性并非巧合。相反，它提出了公式 1.4 中相似的函数形式。这种相似性函数是 GCM 模型能泛化的核心原因，即从所得的反应（如以上研究中所看到过的卡通面孔）泛化到新的面孔（即只在测试中出现的，之前从未见过的卡通面孔）。

---

① 为了简单起见，我们省略了关于这些心理距离与刺激物的物理量（例如，以厘米为单位的线长度）之间关系的讨论；这些问题在 Nosofsky（1986）中有涉及。

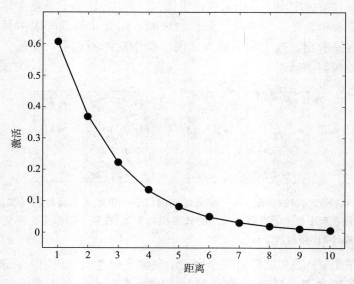

图 1.7　距离对 GCM 激活的影响。激活（即 s_{ij}）是距离（d_{ij}）的函数。参数 c（见式 1.4）设置为 0.5。

我们已经提出了一种机制，通过这种机制测试刺激会根据它在心理空间中的邻近程度（proximity）来激活一个范例，现在我们计算所有已记忆的范例的激活。也就是说，我们计算 i 和每个 $j \in \mathfrak{I}$ 之间的距离 d_{ij}，如公式 1.3 所示；并由此推出激活 s_{ij}，如公式 1.4 所示。下一步将整个结果激活集转换为一个明确的决策：刺激属于哪个类别？为了实现这一点，对两个类别中每个范例的激活分别进行求和。这两个和的相对大小直接转化为反应概率如下：

$$P(R_i = A \mid i) = \frac{\left(\sum_{j \in A} s_{ij} \right)}{\left(\sum_{j \in A} s_{ij} \right) + \left(\sum_{j \in B} s_{ij} \right)}, \tag{1.5}$$

其中 A 和 B 指的是两种可能的类别，$P(R_i = A \mid i)$ 表示"将刺激 i 归类为 A 类的概率"。因此，应用公式 1.3 到 1.5 让我们从 GCM 模型得到分类的预测。这些预测被绘制在早期图 1.4 左侧子图的横坐标（x 轴）上，可以发现这些预测与实际数据如此接近。

如果这是你第一次接触定量解释模型（quantitative explanatory models），那么 GCM 模型可能让人望而生畏。因此，我们通过更直接地将模型连接到卡通面孔实验的 GCM 模型，进行第二次尝试，以此结束本节。

图 1.8 显示了训练中使用的刺激。每个面孔都对应一个记忆的范例 j，它由一组维值 $\{x_{j1}, x_{j2}, \cdots\}$，其中每个 x_{jk} 是与 k 维相关的数值。例如，如果范例 j 的鼻子长度为 5，则 $x_{j1} = 5$，假设第一个维度（任意）表示鼻子的长度。

为了从模型中获得预测，我们接着呈现测试刺激（如图 1.8 所示的刺激，但也呈现了用以测试模型泛化能力的新刺激）。这些测试刺激与训练刺激以相同的方式编码：即通过一组数值。对于每个测试刺激 i，我们首先计算它与范例 j 之间的距离（公式

1.3）。接下来，我们将该距离转换为对已记忆的范例 j（公式 1.4）的激活，然后对每个类别中的范例激活求和（公式 1.5），以获得预测的反应概率。依次对每个刺激进行这样的操作，就得到了如图 1.4 所示的模型的完整预测集。这些计算到底是如何进行的？存在一系列选项：如果示例和维度的数量很少，一个简单的计算器、一张纸和一支铅笔就可以了。更有可能的是，你将使用一个商业软件包（如 Excel 中合适的工作表）或一个定制设计的计算机程序（如用 MATLAB 或 R 语言编写的程序）。我们会在后面的章节里讲到用 R 语言编写。不管我们如何执行这些计算，我们都假设它们代表了人们采用的决策过程的仿真。也就是说，我们假定人们只记住范例并根据这些记忆做出判断，而不去想规则或其他抽象概念。

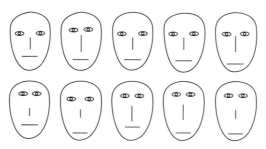

图 1.8 Nosofsky（1991）在分类实验中使用的刺激。每一行显示两个类别之一的训练面孔。图转载自 Nosofsky, R. M., Tests of an exemplar mode for relating perceptual classification and recognition memory, Journal of Experimental Psychology: Human Perception and Performance, 17, 3–27, 1991《与知觉分类和认知记忆相关的范例模式测试》《实验心理学杂志：人类感知和表现》，1991 年月 17 日至 27 日，由美国心理学会出版，经许可转载。

在这一点上，我们可以思考两个问题。首先，我们为什么要把重点放在一个涉及人造卡通面孔的实验上呢？这些刺激以及相关的数据和建模是否与"现实生活"中刺激的分类有关？是的，GCM 模型不仅可以处理大量的定义不明确的感知类别（McKinley 和 Nosofsky，1995），而且最近该模型的扩展已经成功地应用于自然概念的研究中，如水果和蔬菜（Verbeemen et al.，2007）。因此，GCM 模型可以处理各种各样的人造和自然的分类。其次，人们可能想知道定义 GCM 模型公式背后的动机。为什么距离与相似性是指数关系（公式 1.4）？为什么要按公式 1.5 所示方式确定反应？事实证明，对于任何一个好的模型（GCM 就是一个好的模型），数学上的选择都不是任意的，而是来自于更深层次的理论原理。例如，GCM 中的距离 – 相似性的关系整合了我们关于"泛化的普遍规律"的知识（Shepard，1987），反应的选择则运用了卢斯（Luce，1963）首次提出的理论方法。

你现在知道了什么，还有什么要做？你已经成功地研究了你的（可能）第一个解释过程模型，并且你应该了解该模型如何在一个非常具体的实验中预测特定刺激的结果。然而，仍有一些障碍有待克服，这些障碍大多数与如何将模型应用于数据有关。这些主题将在以后的章节中讨论。

1.3　潜在的问题：范围和可证伪性

与所有工具一样，建模也有其自身的局限性和潜在问题。在这里，我们关注模型范围和模型可证伪性的相关问题——也就是说，一个模型可以处理的范围有多大，以及揭示它是错误的有多容易。在后面的章节中，我们将讨论其他更微妙的理解上的一些问题。

假设你是一名风险投资家，一位科学家向你寻求资金，以开发一种将彻底改变赌博的新理论。该理论的第一个版本已经存在，它已经取得了极大地成功，因为它从概率上描述了连续 20 次掷骰子的结果。在定量方面，该理论预测每个个体的结果 P = 1/6。你会被打动吗？我们相信你不会，因为任何理论，如果预测任何可能的结果都是平等的，即使它完全符合数据（例如，Roberts 和 Pashler，2000）。这一点在我们虚构的赌博"理论"中表现的相当明显，尽管它在心理学理论中同样适用但并不明显。

让我们重新考虑之前的一个例子：Nosofsky（1991）表明泛化情景模型（GCM）可以将人们的再认和分类反应整合在一个共同的理论框架下（图 1.4）。我们认为这是令人印象深刻的，特别是因为 GCM 比与它竞争的原型理论表现得更好。但是我们的满足是正当的吗？如果 GCM 可以平等地解释再认和分类之间的其他可能的关系，而不仅仅是图 1.3 中所示的关系，那会怎么样呢？如果我们向模型输入一些再认和分类完全不相关的合成数据，而模型仍然能够重现这些数据，结果会怎样呢？事实上，在这种情况下人们需要非常关注 GCM 作为可测试和可证伪的心理理论的可行性[①]。然而，幸运的是，GCM 至少在原则上是可证伪的，这一事实可以减轻这些担忧，正如前面提到的一些结果所揭示的那样，这些结果限制了 GCM 的适用性（例如，Little 和 Lewandowsky，2009；Rouder 和 Ratcliff，2004；Yang 和 Lewandowsky，2004）。

你注意到我们刚刚创造了一个难题吗？一方面，我们希望我们的理论能够解释数据。比如开普勒的理论，来解释我们宇宙的基本情况。我们需要强有力的理论，比如达尔文的理论，来解释生命的多样性。另一方面，我们希望这些理论是可证伪的——也就是说，我们希望确保至少有假设的结果能证伪一个理论。例如，达尔文的进化论预测了物种进化的严格顺序。因此，任何与化石记录相反的现象，例如，在同一地质层中与恐龙遗骸同时出现的人类骨骼（例如，Root-Bernstein，1981 年）——这一理论都将面临严峻的挑战。这一点非常重要，值得反复强调：尽管我们相信达尔文的进化论是正确的，但我们同时也希望它是可证伪的。同样地，我们坚信地球绕着太阳转，而不是太阳绕着地球转，但作为科学家我们接受这个事实，只是因为它是基于一个可以证伪的理论。

Roberts 和 Pashler（2000）考虑了心理模型的可证伪性和范围的问题，并提供了一个优雅的图形总结（图 1.9 所示）。图中显示了四个假设的结果空间，它们由两个行为

---

① 在本书中，我们使用"可证伪"和"可测试"两个术语来表示同一概念。即至少在原则上，有些可能的结果与理论的预测不符。

测量值组成。这些测量值所代表的是任意的信息——它们可以是记忆实验的标准和最终的再认分数，或者是任何其他感兴趣的测量。

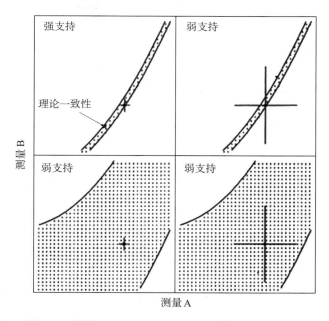

图 1.9 理论和两种行为测量的数据（A 和 B）之间的四种可能的假设关系。每个子图描述了两个测量变量允许的假设结果空间。阴影区域表示不同的理论的预测，它们的预测范围不同（顶部和底部分别为窄和宽）。误差线表示观察到的数据的精度（用黑点表示）。有关详细信息，请参见文本。图是从 Roberts，S. 和 Pashler，H. 转载的 How persuasive is a good fit? A comment on theory testing，Psychological Review，107，358－367，2000，美国心理学会出版，经许可转载。

在每个子图中，虚线区域代表了心理学理论范围内的所有可能的预测。最上面一排的子图代表一些假设的理论，这些理论的预测被限制在一个狭窄的结果范围内；除虚线条子外的任何结果将构成相反的证据，只有条子内的小范围值将构成支持证据。现在把这个条子和下面一排子图上有非常宽阔的虚线区域进行比较；下面一行显示的理论与所有可能的结果都是一致的。任何观察到的落入虚线区域内的结果，将给予上面一行的面板中的理论更强有力的支持，仅仅是因为数据和预测之间匹配的可能性很小，因此当它发生了它就更有指示意义（见 Dunn，2000，类似更正式的视图）。理想情况下，我们希望我们的理论只占据结果空间的一个小区域，但所有观察到的结果都在这个区域内——就像开普勒和达尔文的理论一样。

图 1.9 的另一个重要方面是涉及数据的质量，这是由子图不同的列代表不同的数据质量。数据（由误差线括起的单个黑点所示）在左栏中显示的变化比在右栏中少。现在，我们简要地注意到，该理论的最有力的支持是左上角子图；除此之外，我们将对数据的重要作用的讨论推迟到第 10 章和第 12 章。我们还将在这些章节对可测试性和可证伪性问题进行更深入和更正式地探讨。

1.4　建模作为一种对科学家的认知辅助

科学依赖于可重复性。这就是为什么实验方法必须提供足够的细节，以允许研究的重复性（从经验来看，这是非常理想的状态，往往很难实现，特别是在简短的 4000字的研究报告中）。这也是为什么实验结果的重复是如此重要的问题，为什么对心理研究结果的可重复性的关注已经成为一个重要和激烈争论的研究主题（例如，Pashler 和Wagenmakers，2012）。

可重复性存在另一个问题，它被大多数研究者默认是理所当然的，但很少被探索到它所拥有的深度：科学家认为我们都是以同样的方式推理，即所有的科学家对于无论什么理论都有相同的理解。然而，不管你喜不喜欢，科学家之间的交流就像一场"电话"游戏（也被称为"中国耳语"），一个研究人员制定理论和模型，并记录在纸上，然后由下一个需要理解这些理论和模型的科学家阅读。这些新思想可能会被记录在以后的论文中。这条链的每一步都涉及认知推理，因此受制于人类认知的已知的局限性——仅举两个局限性的例子，我们有限的注意力和确认偏差（confirmation bias）（Evans，1989）。

这种不可避免地对人类推理的依赖可以用流行的"扩散激活理论"（spreading activation theory）来说明（Anderson，1996；Collins 和 Loftus，1975）。该理论提出了记忆（例如，我们对狗或猫的认识）是由一个相互连接的节点网络表示的概念。当刺激出现时，节点被激活，激活通过相邻节点的连接传播。结果，这个理论可以解释著名的语义启动效应（semantic priming effect）：当人们需要判断"nurse"是否构成一个英语单词，相比于他们看到一个不相关的单词（如"bread"），如果他们刚刚看过"doctor"这个词，他们可以更快速地做决策（Neely，1976）。根据扩展激活理论，这种现象的产生是因为激活从一个节点扩散到了它的邻居：因为"nurse"在语义上与"doctor"相关联，两者都位于网络的同一邻域，而前者的表示使得后者在激活传播后更容易被访问到。

可以用几种不同的解释来理解和交流传播激活的概念：一些研究者将传播比作通过电线的电流（Radvansky，2006），而另一些人将其比作通过管道的水。采用哪种类比将决定人们对模型运行的准确理解。水的类比必然意味着一个相对缓慢的激活扩散，而电的类比则意味着几乎瞬间的激活扩散。结果表明，数据与电的类比一致，远端概念的激活几乎是瞬间的（Ratcliff 和 McKoon，1981）。这个问题将影响科学家对自己的模型的理解——毫无疑问，当理论涉及相互交流的学者群体时，这个问题将变得更加复杂。一个群体所认为的对于一个模型的共识，可能仅限于某些核心特征。所以，一个研究者也许觉得他在测试另一个学者的理论，但其他学者可能会否定这种测试，因为他们觉得这个理论是在预测另一种东西。

这种模棱两可所带来的负面影响是显而易见的。幸运的是，通过使用计算模型而不是口头理论，可以在很大程度上缓解这些问题。计算模型的一个主要优势是，我们被迫指定理论的所有部分。在扩散激活的情况下，必须回答这样的问题：激活可以向后流到先前的节点吗？激活的数量是无限的吗？是否存在节点激活的丢失？这些问题已经在 Anderson（1983b）基于他的 ACT（思想的自适应控制，Adaptive Control of Thought）理论计算框架的记忆模型中得到了解答。该理论将知识表示为单元（或节点），这些单元（或节点）在不同程度上相互关联。密切相关的概念（面包－黄油）有很强的关联性，而较远的概念（面包－面粉）联系较弱。当概念被激活时，相应的单元组成工作记忆（working memory）的内容。工作记忆中的单元成为激活源，并将它们的激活传递给其他单元，其程度与它们自身的激活和连接强度成正比。

该模型通过假设源单元的激活损失，对激活的数量有一个有效的限制。该模型还假设激活可以沿着激活途径回流。该模型使用这些和其他关于编码和检索的假设来解释扩散激活和许多其他现象，如短期内的串行顺序记忆（Anderson 和 Matessa，1997）练习和间隔效应（Pavlik 和 Anderson，2005，2008）。这种类型详细说明，口头理论完全省略，使计算模型更容易传播（例如，通过与其他学者共享计算机代码），因此更容易测试和证伪。

因此，计算模型会检查我们对理论化系统行为的直觉是否与其实现过程中实际产生的行为相匹配。在下一章中，我们将利用一个模型开发的示例，该示例扩展的计算模型作为理论家的"认知辅助工具"这一主题。作为铺垫，我们将利用一个模型来展示人们是如何在两种选择（"红绿灯是红的还是绿的？"）之间快速做出决策，然后我们将展示关于该模型预测的直觉是错误的。在后面的章节（第 12 章）中，我们将进一步讨论模型如何帮助科学家思考和推理他们的理论。

1.5　实例

建模："认知辅助"还是"认知负担"？

Nina R. Arnold

（曼海姆大学）

一类流行的旨在解释潜在认知过程的模型是多项式加工树（multinomial processing tree，MPT）模型（Batchelder 和 Riefer，1999）。这些模型估计了潜在过程（latent processes），这些潜在过程被假定为可观察到的结果类别的基础。由于 MPT 模型不对那些潜在过程的特殊性质作出任何假设，因此它们可以应用于认知研究的许多领域。不管具体领域如何，这些模型都迫使建模人员和研究人员将对基本过程的假设明确化。然后将这些模型绘制为一棵树（因此称为"加工树"模型），该"树"描述了一系列由概率转移关联的认知事件。因此，MPT 模型是可用于通过计算模型解释数据模型的一个很好的例子。

这些模型很受欢迎。但是，在合理的确定性范围内估计代表潜在认知过程的模型参数，需要大量数据。为了实现这一目标，大多数研究人员汇总了被试（participants）和项目（items）的数据。然而这并不都是合理的！尽管我们可能对项目有所控制（例如，通过规范和预测试），但被试彼此之间的差异很大，即使数据看起来像是在一年级心理系学生被试中收集的，也是如此。回想上大学的第一年：你们的同学都一样吗？在大多数情况下，不太可能收集足够的数据来为每个被试运行单独的测试。幸运的是，聪明的研究人员（例如 Matzke 等人，2015 年；Smith 和 Batchelder，2010 年）提出了利用分层结构解决此问题的想法：在分层模型中，每个被试都有自己的 MPT 模型，但每个模型都源自于一个共同分布的参数。这种结构既有优点也有缺点，一个缺点是建模比拟合累计的数据更加复杂。

几年前，当我开始攻读博士学位时，我去了一所暑期学校学习有关 MPT 分层建模的知识。我选择的模型是 MPT 模型，我把它用于分解 Erdfelder 和 Buchner（1998）提出的事后偏见（hindsight bias）的基本过程。事后偏见是指：一旦你收到关于问题的正确答案的反馈，你对自己过去回答的问题通常会偏向于这个反馈（你始终知道马达加斯加的首都是安塔那那利佛，对吗?）。MPT 模型从记忆障碍和重建偏向两个角度解释了这种事后偏见。

不幸的是，它是更复杂的 MPT 模型之一。我在这里学到的最重要的事情是，当你尝试学习一种新方法时——从简单开始！我没有在暑期学校中实现该模型，但是我学到了很多关于计算和层次建模的基础知识，并且我一直在尝试。回到大学后，我切换到了另一个 MPT 模型，经过大量的工作，我终于设法实现了我的第一个分层 MPT 模型（Arnold 等，2013）。这些年，我对不同的 MPT 分层建模技术和基础方法有了更深入地了解。我已经能够实现不同的 MPT 模型和具有不同的基础公共分布的分层 MPT 模型，并查看它们是否得出相同的结论。

最后，我回到了最初的事后偏见 MPT 模型。积累了更多的经验之后，我便能够考虑该模型的特殊要求。事实证明，使用该模型特别棘手，因为某些类别通常有很少（甚至没有）的观测值。我了解到，分层 MPT 分析原则上是可行的，但是你可能会遇到几个问题。但是，如果你有参数的先验分布的知识，并且在可能的情况下降低模型的复杂性，则可以减少这些问题。

现在让我回到标题中的问题：计算建模是辅助还是负担？当然，它可能非常复杂且令人沮丧。但这也阐明了基本假设，并有助于你获得新见解。在学习时，重要的事情应该从简单开始。

2 从文字描述到数学模型：建立工具集

本章介绍一些进入数学建模理论世界所需要了解的基本术语，同时也会提供对这一领域的宏观概述。为了便于说明，本章我们的讨论将集中在 50 年前开发的一个简单模型上，该模型描述了人们如何在快速选择任务（speeded-choice task）中做出决策。

2.1 快速选择任务中的反应时间

假设你正在参加一个认知实验。在你面前的计算机屏幕上投射着一个由 300 条不同方向的线所组成的紧密的簇。你被要求回答"这些线条主要是向左还是向右倾斜？"实验员指示你通过在键盘的按键上尽快做出反应：按 Z 代表"朝左"，按"/"代表"朝右"。这样的试次在实验中会重复多次，同时，实验员还会要求你在保证正确率的情况下，快速地做出自己的反应。由于每个刺激簇内的单个线条的方向是从一个具有相当大方差的分布中抽样出来的，可以想象该任务非常困难。

刚刚总结的实验过程来自于 Smith 和 Vickers（1988）论文，是"选择反应时"任务的典型代表。尽管这项任务听起来很简单，但这些实验产生的数据非常惊人，可以为理解人类认知提供一扇宽阔的窗口。实验会出现两类反应结果（"正确"和"错误"），每类可以用大量重复试次中的反应时间分布来进行表征。因此，人类在这一典型决策任务中完整的表现可以描述为反应准确性（accuracy）和反应时间（latency），以及两者之间的关系。该关系可以作为多种实验的"函数"。例如，线条的平均方向可以被操控，或者被试可能被要求追求速度而不是准确性，或者反过来要求追求准确性而不是速度。

目前有许多复杂的模型都可以描述选择反应时任务的表现（Brown 和 Heathcote，2008 年；Ratcliff，1978 年；Wagenmakers et al，2007 年），我们将在后面第 14 章中详细解释其中一些模型。为了便于理解，我们将向前回溯大约 50 年的历史，并通过从头开始构建模型来说明与选择任务的建模相关的理论挑战。

我们首先假设：当一个刺激出现时，决策者并不能立即接收到所有信息。相反，人们会逐渐积累做决策时所需的证据。我们可以通过多种方式来模拟这种人们随着时间推移累积证据的内部过程。为简单起见，我们假设人们将离散的时间段（time steps）进行证据采样，其中每次采样的数字代表人们朝一个决策或另一个决策"助推

（nudge）"。助推的幅度反映了单个证据样本中有多少可用的信息。在到达反应阈值之前，采样的证据按照时间段进行汇总。例如，当确定300条不同方向的线是向右或向左倾斜时，每次采样都可能涉及处理少量的线并计算向左或向右倾斜的线的数量。每一次采集的样本都会和之前获得的样本进行加总，助推你做出"朝左"或"朝右"的决策。这个过程实例化了所谓的二分决策的"随机游走"模型。我们在图2.1中展示该模型的行为。

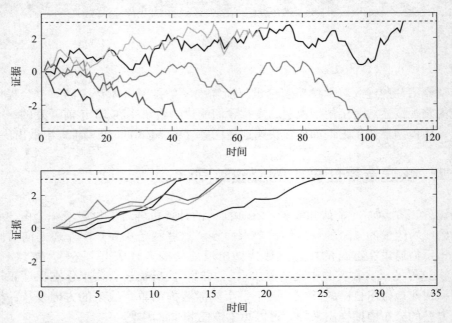

图2.1　简单的随机游走模型的图形说明。顶图绘制了当刺激是非信息性的时候的五个采样路径。底图绘制了另外五个采样路径，这些采样路径朝着上边界的偏移率为0.2，表示直线方向任务（line-orientation task）中的"朝左"反应。请注意子图之间水平刻度差异。

在图2.1中，顶图显示了五个示例性采样路径（sampling paths）。每条路径对应一个单选试次，其中被试反复从刺激中更新采样证据，直到可用证据的总和足够用来做出决策为止。这种情况在采样路径跨越由两条水平虚线表示的反应边界之一时发生。为了方便论证，让我们假设上方的虚线表示"朝左"反应，而下方的虚线表示"朝右"反应。可以看出，五个路径中有两个超过了上（"朝左"）边界，其余（两个）超过了"朝右"边界。这是因为对于顶图，信息对这两种选择是同样的偏向，对应于300条线均匀地排布左侧和右侧的刺激。正如我们所料，这两个决策的概率（大致）相等。我们还期望这两种反应类型具有相同的平均反应时间：采样从零证据开始，如果刺激是非信息性的，则每个采样都可能会以相同的可能性向上或向下助推路径。因此，如果两个反应的边界与原点等距，则反应时间（即采样路径穿过虚线的横坐标点）相等。在图中所示的少量试次（$n = 5$）中，这很难看清，但我们稍后将探讨这一事实。

正如当信息性刺激（informative stimulus）出现时所预期的那样，在证据偏向其中一种决策时模型流该如何表现？这就引入了一种叫作"偏移"（drift）的参数，通过在一个方向上"助推"采样信息，使其朝着偏向的阈值移动，如图 2.1 的底图所示。在该子图中，采样有 0.2 的偏移率（drift rate），也就是说一个刺激中的 300 条线大多数偏向左侧。在这种情况下，偏移会增加证据越过上边界的可能性。实际上，在这种情况下，所有五个反应均越过了顶部的"朝左"边界，而没有"朝右"反应的发生。这表明，底部子图的反应绝对速度要比顶部子图快得多。这表明，与盯着一个无法快速分析的非信息的刺激相比，拥有一个高信息量的刺激能够实现更快的信息提取。

既然你对随机游走模型已有一个直观地了解，现在请考虑以下问题：对于不太可能的反应（即越过下边界的"朝右"反应），你认为随着偏移率增加，决策的时间会发生什么变化？也就是说，假设有比图 2.1 底部子图中所显示的五个试次更多的试次，因此有足够的机会发生错误（"朝右"的反应）。当朝向上边界的偏移率增加时，它们的反应时间与同一图中正确时（"朝左"）反应时间相比如何？考虑一下，看看是否可以凭直觉判断模型的预测。然后写下你的猜测。为了检验其准确性，我们首先在图 2.1 中揭示了生成随机游走路径模型的内部工作原理。

2.2 展开模拟

2.2.1 初步了解：R 和 RStudio

有许多方法可以在计算机模拟中实例化模型。在这里，我们用流行的 R 语言来实现。这是一门成熟的编程语言，它是统计分析的专用环境。R 语言是免费的，可以从 http：//cran. r-project. org/网站下载适合不同操作环境（例如 Windows，Mac 和 Linux）的安装包。我们在这里假设你有机会获取 R，同时对于如何使用它有一定的了解。尤其是你知道如何从 CRAN 存储库安装软件包，然后可以通过 library 命令将其加载到 R 中。

本书不会从头开始教你 R。但是，书中我们提供的所有编程示例都有全面的注释，即使你完全没有编程背景，也只需要一些帮助即可复现这些示例。我们所有的程序都可以在此网站获得（https：//psy-farrell. github. io/computational-modelling/），该网页还包含指向其他重要的有用站点的外部链接。

这本书里我们选择 R 不仅是因为它免费，而且它还提供了大量函数，这些函数可以方便地执行计算机模拟所需的许多操作（例如，从各种分布中抽取随机数）。这些函数的存在使得程序员可以专注于建模中的关键元素，而且不必担心细节问题。

尽管 R 的界面有其自身局限，但我们还是建议你使用另一种免费产品 RStudio 来与 R 进行交互。RStudio 可以从 www. rstudio. com 下载，它提供了一个非常不错的编译器，还包含许多其他有用的特点，可以帮助简化 R 的编程。同样，我们不会教你如何使用 RStudio，但是一旦你掌握了如何在 RStudio 中编写 R 程序（或通常称为"脚本"，scripts）的知识，你便可以开始着手解决以后的所有问题。

2.2.2 随机游走模型

生成图 2.1 的随机游走模型仅由几十行 R 代码组成。第一个代码片段显示在脚本

2.1 中，它构成了模型的核心部分，并且足以生成一些预测。

```
1  #random-walk model
2  nreps <- 10000
3  nsamples <- 2000
4
5  drift <- 0.0   #noninformative stimulus
6  sdrw <- 0.3
7  criterion <- 3
8
9  latencies <- rep(0,nreps)
10 responses <- rep(0,nreps)
11 evidence <- matrix(0, nreps, nsamples+1)
12 for (i in c(1:nreps)) {
13   evidence[i,] <- ↵
        cumsum(c(0,rnorm(nsamples,drift,sdrw)))
14   p <-  which(abs(evidence[i,])>criterion)[1]
15   responses[i] <- sign(evidence[i,p])
16   latencies[i]  <- p
17 }
```

脚本 2.1　一个简单的随机游走模型示例

　　该程序由三组语句组成，用空行分隔。就像一本书一样，程序通常分段编写，在语句的"各段"之间添加一些空格可以帮助读者理解。前两个语句表示赋值给两个变量（nreps 和 nsamples）。这两个变量用于决定模拟的某些行为，也即进行随机游走（即决策）的次数以及每个决策的证据采样次数。这两个变量主要作用是方便记忆，不代表任何理论结构。需要注意的是，在 R 中我们使用 < - 符号作为赋值运算符，它比许多其他编程语言中传统的 = 符号更可取，因为箭头能在视觉上强调赋值的作用：无论右侧的什么内容均赋值到左侧的目标变量上。

　　第二组语句（第 5 ~ 7 行）将值分配给一些具有心理学内涵的变量。我们首先指定偏移率（drift rate），偏移率决定了采样期间可用的证据量：偏移率越大，随机游走就越向一侧边界偏移。正如当前的情况，偏移率为零，即没有可用的证据，并且决策将是完全随机的。我们还通过样本的分布标准偏差（sdrw）来指定证据中的噪声。最后，我们设置一个反应标准，用于确定两个边界（图 2.1 中的虚线）与原点之间的距离。原点即与零证据相对应的点。

　　接下来的几行（9 ~ 11）创建了一些跟踪结果所需的变量。我们创建了 latencies 和 responses 两个变量，并在开始时设置为 0。请注意，这两个变量是向量，而不是标量，每个变量都有 nreps 个元素。我们使用 R 内置函数 rep() 来创建这些向量，同时为其分配一个值（当前情况下为 0）。同样，变量 evidence 是一个二维矩阵，它的行数与要被模拟的决策数量一样，每行包含的元素数量与证据分布中的样本（samples）数量一样。

　　模拟的核心发生在以下语句定义的循环内：for(i in c(1:nreps))。假设你对循环语句有一些基本的了解：for 语句后的花括号 {...} 中包含的所有内容，均被执行 nreps 次，变量 i 依次取值为 1，2，…，nreps。整个迭代有 nreps 次。

第 13 行可以说是该程序中最重要的部分。该语句通过调用三个不同的 R 的内置函数来执行随机游走。第一个函数调用是 rnorm（nsamples，drift，sdrw）。在继续阅读下文之前，请在 RStudio 的命令行中键入"? rnorm"，然后浏览出现的帮助窗口。该帮助窗口阐明了我们正在从一个均值为 drift，标准差为 sdrw 的正态（高斯）分布中抽取 nsamples 个观测值。抽取的所有样本作为单个向量返回，该向量没有名称，但最终会赋值给 evidence 矩阵。但是，在进行该赋值之前，我们需要执行另外两个函数调用：首先我们调用 c（0，...），其中省略号表示刚刚讨论的对 rnorm 的调用。函数 c 将括号中提供的参数串联起来；这里发生的情况就是我们在随机样本前面增加 0 作为第一项，代表着决策过程初始的证据状态。最后，我们调用 cumsum 函数，并把那个前面加了零的样本向量赋值给它。请输入"? cumsum"并浏览帮助以了解此最终调用的作用。如果你需要更多信息，请在命令行中键入 cumsum（1:5）。应该很容易看出第 13 行的最终结果是朝一个或另一个证据边界的随机游走（实际上会超出，但我们稍后会处理）。

这三个函数调用的结果赋值给 evidence 矩阵中的第 i 个，该行由 [i,] 表示。在 R 中，我们通过将下标放在方括号 [...] 中来表示向量或数组的一些元素，如果存在多个维度，则以逗号分隔。矩阵中，第一个下标指向矩阵的行，第二个下标指向矩阵的列。如果我们省略下标（但保留逗号），则可以一次指向一整行——就像我们这里使用的 [i,] 一样，指第 i 行（即第 i 行的所有列）。我们还可以使用 [,j] 一次性处理一整列。

因为第 13 行，我们现在有了一个可以转变为决策的随机游走，且该决策具有一个特定的反应时间（response latency）。为此，我们通过使用 which（abs（evidence[i,]）> criterion）[1] 来查找超出某一边界的第一个值，来确定随机游走何时跨越反应边界。我们将该赋值给变量 p，然后将其记录为 latencies 中的第 i 个观察值。通过评估随机游走越过边界的证据符号（sign（evidence[i,p]）），我们可以跟踪反应是与顶部边界（+1）还是底部边界（−1）相关联的（理论上，由于 sdrw 值较小且边界间隔较宽，因此该模型在我们观察的时间周期内有可能不会超出边界。因为这种可能性很小，所以在此忽略。）。

总而言之，到 R 执行完脚本 2.1 中的代码段时，我们已经生成了检查该模型的行为所需的所有模拟数据。

我们首先使用脚本 2.2 中所示的以下几行代码，绘制一些代表性的随机游走。注意，尽管这些行在此处显示在单独的脚本中，但它们是来自脚本 2.1 中的同一个程序，并使用的是该脚本介绍的相同的变量。

```
18  #plot up to 5 random-walk paths
19  tbpn <- min(nreps,5)
20  plot(1:max(latencies[1:tbpn])+10,type="n",las=1,
21       ylim=c(-criterion-.5,criterion+.5),
22       ylab="Evidence",xlab="Decision time")
23  for (i in c(1:tbpn)) {
24    lines(evidence[i,1:(latencies[i]-1)])
25  }
26  abline(h=c(criterion,-criterion),lty="dashed")
```

脚本 2.2　绘制一些随机游走路径

运行这些额外的 R 代码，将产生一个类似于图 2.1 顶部子图的图。但是运行结果与书中并不完全相同，原因有两个：首先，每次运行程序时，因为随机的证据样本每次都不同，它都会生成不同的五个路径的集合。其次，我们花了很多的工夫（写了一些代码）使图 2.1 看起来更吸引人。我们略过了脚本 2.2 中的格式美化。尽管脚本 2.2 中的大多数代码对于具有 R 基础的人来说都是简单明了的，但我们还是强调第 24 行：lines 语句绘制了 evidence 矩阵的一行（第 i 行）。要注意的是，它只会绘制随机游走越过边界之前的点，这由（latency[i] – 1）索引。我们不会绘制在此之后的任何内容，因为一旦做出决策，试次就结束了[①]。

除了那些绘制的随机游走之外，我们还应该使用所有可用的信息，在统计层面上总结模拟的结果。这由脚本 2.3 中所示的下一部分代码完成。该代码生成了随机游走模型所预测的两个反应时间分布的直方图——一个是"顶部"的反应，另一个是"底部"的反应（所跨越的边界为其命名）。在前面讨论的直线方向任务中，这些反应分别对应于"朝左"反应和"朝右"反应。根据他们所跨越的边界命名。

```
27  #plot histograms of latencies
28  par(mfrow=c(2,1))
29  toprt <- latencies[responses>0]
30  topprop <- length(toprt)/nreps
31  hist(toprt,col="gray",
32      xlab="Decision time", xlim=c(0,max(latencies)),
33      main=paste("Top responses (",as.numeric(topprop),
34          ") m=",as.character(signif(mean(toprt),4)),
35          sep=""),las=1)
36  botrt <- latencies[responses<0]
37  botprop <- length(botrt)/nreps
38  hist(botrt,col="gray",
39      xlab="Decision time",xlim=c(0,max(latencies)),
40      main=paste("Bottom responses ←
41          (",as.numeric(botprop),
            ") m=",as.character(signif(mean(botrt),4)),
```

脚本 2.3　随机游走的反应时间分布

图 2.2 显示了脚本 2.3 中的代码所产生的直方图。如果你在 R 中运行该代码，则应该得到一个看上去几乎与我们的图完全相同的图形。它不会完全相同，因为你的随机样本将与我们的样本略有不同，因此总的统计信息将不完全匹配。尽管如此，你应该发现两种类型的反应大约各占 50%，且两种反应类型的平均反应时间以及分布的形状大致相等。

该图从一开始就证实了我们的直觉：如果刺激是属于无信息的，那么两种反应的

① 实际上，我们不会期望人们做出决策后就继续收集证据。我们为每个随机游走绘制 nsamples 个观测值的原因是为了计算方便。其中大多数结果都是多余的。与一次抽取一个样本，将其添加到目前为止的证据总数中，然后决定是否停止采样（因为证据超出反应边界）相比，R 中生成 2000 个随机样本更快，更容易。

可能性和反应时应该相同。我们现在可以很自信地来测试你在展示模型结果之前根据直觉所做出的预测。

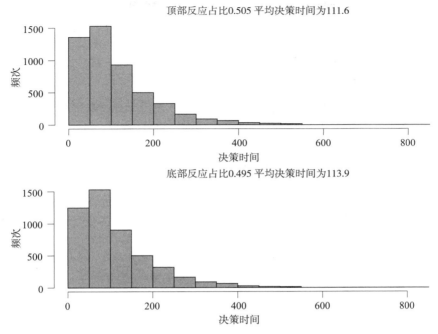

图 2.2 当刺激为无信息时，根据简单随机游走模型预测的决策时间分布。顶部子图显示了越过顶部边界反应时的分布（代表直线定向任务中的"朝左"反应），底部子图显示了越过相反边界反应时的分布。每个子图的标题确定每种反应的比例以及相关的平均决策时间，该平均决策时间由在随机游走越过决策边界之前必须考虑的平均样本数组成。

2.2.3 直觉与计算：探索随机游走的预测

我们曾让你试着预测随着偏移率（有利于"朝左"反应）的增加，不太可能的反应（即"朝右"）时间将如何变化。我们估计对于不太可能的反应，用的决策时间会变长。是否就像人逆流而上一样，向上的偏移必然意味着随机游走到达底部边界需要更长的时间？也许你想象从起点（纵轴上的 0）发出的"射线"代表了平均趋势的合理范围，并想象引入偏移时，这组射线会逆时针旋转，从而在越过下边界时产生较慢的反应（Farrell 和 Lewandowsky，2010 年）。

如果是你的直觉，那么它们是错误的。实际上，两种反应类型的平均反应时是相同的，与偏移率无关。图 2.3 显示了另一对直方图，这是当偏移率为正值（0.03）时所观察到的，因此更倾向于顶部（"朝左"）反应类别。即使反应的比例发生了巨大变化，例如现在约有 90% 是"朝左"反应，但平均反应时仍然无法区分。人们已经知道随机游走模型的这种特性几十年了（Stone，1960）。顺便说一句，要复现图 2.3，你要做的仅是在图 2.1 的第 5 行中将偏移率重置为 0.03 再重新运行该程序。你可能希望设置各种不同的偏移率，以探索模型的表现。例如，你可以设置负偏移率，它对应于偏向底部（"朝右"）反应类别的刺激表现①。

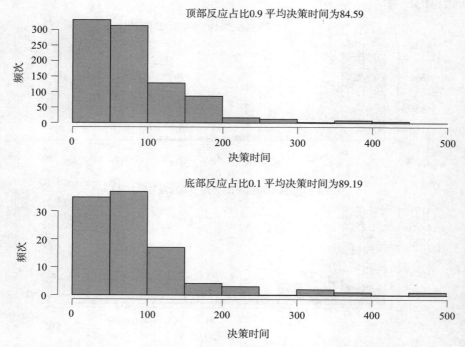

图2.3 具有正偏移率（在此示例中设置为0.03）的简单随机游走模型预测的决策时间分布。顶部子图显示了越过顶部边界反应的分布（表示直线定向任务中的"朝左"反应），底部子图显示了越过相反边界反应的分布。每个子图的标题确定每种反应的比例以及相关的平均决策时间，该平均决策时间由在随机游走越过决策边界之前平均必须考虑的样本数组成。

这乍一看有些奇怪。然而，关于之前"逆流而上"的表述漏掉了一个重要的细节，即来自模型中唯一的系统性压力就是偏移（drift）。这与假想游泳者完全不同，假想游泳者是游泳者自己正在做与水流反向的"逆向偏移"。这意味着模型中到达底部边界的路径只可能通过收集一系列有助于抵消偏移的样本来实现。如果有额外的时间，那么只会给路径带来更多机会被偏移冲向顶部边界。由此可见，该模型只可能产生与正确反应一样快的错误反应。这个例子很好地说明了依靠直觉来预言模型行为所伴随的风险。但是，我们仍然面临一个难题，即下面这个事实：人们实际的错误反应时很少等于正确反应时。

2.2.4 随机游走模型中的试次间的变异性

错误反应时和正确反应速度之间的经验关系是可变的。通常，错误的反应比正确

---

① 如果你将偏移速率的绝对幅度提高的太高，则当程序尝试对底部边界的不存在反应的直方图进行 toplot 绘制时，该程序将崩溃。作为练习，编写几行代码来防止这种情况，然后打印一条错误消息。为了节省空间，我们跳过了该步骤。

的反应要快，但相反的情况也经常出现。实际上，即使是同一实验中的同一被试也可能同时表现出快速错误和缓慢错误（Ratcliff 等，1999）。快速错误发生在被试处于时间压力下且刺激的可辨别性较高时，而当在任务难度更大且时间压力得到缓解时，是缓慢的错误。也就是说，当你需要确定交通信号灯是红色还是绿色时，会比较少犯错误；即便有，也是快速发生。相反，当你需要区分 Braeburn 苹果和 Cortland 苹果时，你可能会犯大量的错误，而且这些错误往往是缓慢发生的（Luce，1986）。

事实证明，这两种类型的错误反应时都可以通过顺序采样模型（sequential-sampling models）来解释（Ratcliff 和 Rouder，1998）[①]。成功的关键在于试次间的变异性。试次间的变异性与脚本 2.1 中的模型所包含的顺序采样和累加过程中的噪声（即变异性）不同（请参见前一个脚本中第 13 行的 sdrw）。该模型中的变异性仅限于采样过程中的噪声，并且它在通往决策边界的路径中引入了"间隔时间（jitter）"（你可能需要花一点时间来查看脚本 2.1 中将 sdrw 设置为零时随机游走会发生什么。）。

相反，试次间的变异性是指不同模拟试次之间参数的值的变化。这种变异性基于这样一个合理的假设，即实验中被试的生理和心理状况在整个实验环节中不会保持不变：在给定的试次中，刺激被编码的好或不好，被试注意力集中程度的高低，或者被试可能会在实际呈现刺激之前以不同的方式误触并开始决策过程。在试次间变异性中，有两个参数对模型的预测有很大影响：随机游走的起始值的变异性和偏移率的变异性（例如，Ratcliff 和 Rouder，1998；Rouder，1996）。

到目前为止，我们模型中的所有随机游走都起始于纵坐标的 0（图 2.1）。这反映了我们假设在刺激出现之前被试没有可参考的证据，并且采样从完全中立的状态开始。但是，这种假设可能有些肤浅。如果人们误触了，在刺激出现之前采到"证据"怎么办（Laming，1979）？当人们必须快速反应时，这种情况可能会经常发生，在这种情况下，随机游走的起点（也就是以刺激形式呈现的实际证据可获得的时候）会随机地不为 0。有时被采样的（不存在的）证据模仿了朝左倾斜的一簇线，有时模仿了朝右倾斜的一簇线，就像人们盯着电视屏幕上的白噪声一样，他们可以检测到各种各样的东西（Gosselin 和 Schyns，2003 年）。可以通过假设起点平均为 0 来轻松实例化该模型，但是在该平均值附近存在试次间的偏差。

同样，我们假设偏移率在试次间都相同，这个假设也可能有些天真，因为它假定在每个试次中，刺激以相同的强度被编码。如果我们去掉该假设，并让偏移率在不同试次间略有不同，那么我们的（模型）就可以考虑到不同试次间在编码强度和其他因素方面的变化。

下一版本的随机游走模型引入了两个参数的变异性，见脚本 2.4。引入这种变异性，需改变的仅是第 8 行中向量 t2tsd 里的两个值。第一个值确定起始值在试次间的变异性，而第二个值则在偏移率中引入变异性。

---

① 目前，我们使用术语"顺序采样模型"来指代广泛的模型。第 14 章提供了模型之间的细微差别。

```
1  #random-walk model with unequal latencies between ←
       responses classes
2  nreps <- 1000
3  nsamples <- 2000
4
5  drift <- 0.03   #noninformative stimulus
6  sdrw <- 0.3
7  criterion <- 3
8  t2tsd  <- c(0.0,0.025)
9
10 latencies <- rep(0,nreps)
11 responses <- rep(0,nreps)
12 evidence <- matrix(0, nreps, nsamples+1)
13 for (i in c(1:nreps)) {
14   sp <- rnorm(1,0,t2tsd[1])
15   dr <- rnorm(1,drift,t2tsd[2])
16   evidence[i,] <- ←
         cumsum(c(sp,rnorm(nsamples,dr,sdrw)))
17   p <-  which(abs(evidence[i,])>criterion)[1]
18   responses[i] <- sign(evidence[i,p])
19   latencies[i]  <- p
20 }
```

脚本 2.4   试次间变异的随机游走模型

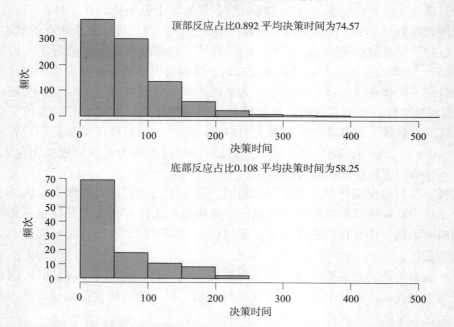

图 2.4   修正的随机游走模型的预测决策时间分布，模型中的偏移率为正（在此示例中设置为 0.035），并加入了起点的试次间的变异性（设置为 0.8）。顶部子图显示了越过顶部边界反应的分布（表示直线定向任务中的"朝左"反应），底部子图显示了越过相反边界的反应的分布。每个子图的标题标识出每种反应的比例和相关的平均决策时间，该平均决策时间由在随机游走越过决策边界之前必须考虑的样本数组成。

因此，如果我们首先要检查起点的变异性的影响，则可以在第 8 行中使用 t2tsd < − c（0.8，0.0）。如果再考虑第 14 行，我们发现值 0.8 可以理解为从均值为零的正态分布中抽取的单个样本的标准偏差（如果你不能立即理解，请在命令行中键入"？rnorm"可解决疑问）。这个分配给变量 SP 的该值位于第 16 行的随机游走之前而不是通常的 0。

如图 2.4 的直方图所示，这种变异性的含义是深远的。绝大多数（90%）的反应越过了顶部边界。假定偏移率为正，则越过顶部边界是正确的反应，而越过底部边界的少数反应则是错误反应。与先前模型不同的是（图 2.3），错误反应比正确反应要快得多。

很容易确定为什么错误的反应现在比正确的反应要快。在强偏移的情况下，大多数随机游走会趋于上边界。确实，任何越过下边界随机游走都需要很不幸的巧合。如果随机游走的起点偶然低于原点（即，起点 <0），则越过下边界的机会就会增加。就这样，当出现错误时，它们很可能与起点接近错误边界有关，因此它们发生得很快。当然，在原点上方有一组对称的起点也可以导致快速反应，但是与快速反应在错误反应中的次数相比，这些快速反应在正确反应中所占的比例要小得多（因此，当偏移率为零时，两种反应类型的反应时都应该相等；你可以为 drift 设置合适的参数值，运行脚本 2.4 中的程序来轻松确定这一点）。

现在，通过在脚本 2.4 的第 8 行中使用 t2tsd < − c(0.0,0.025) 来考虑将变异性引入偏移率中会发生什么情况。在这种情况下，在第 15 行中，每个试次的偏移率都会包含少量的噪声，这反过来会影响在第 16 行为该试次的证据积累而抽取的所有随机样本的平均值。结果如图 2.5 所示。这次，尽管错误的比例与图 2.4 中的先前模拟相比变化不大，但错误反应比正确反应要慢。

要了解为什么偏移率变异性会导致较慢的错误反应，我们需要意识到偏移率会同时影响反应时以及两种反应类型的相对比例。假设我们有一个偏移率，称为 d_1，它产生的比例校正为 0.8，并且平均反应时为 600ms（如果你想知道反应时是否因错误和正确的反应而有所不同，请快速重新翻阅前几页。）。现在考虑另一个偏移率 d_2，它产生的比例校正为 0.95，平均反应时为 400ms。最后，如果现在我们假设 d_1 和 d_2 是（仅有的）两个具有试次间变异性的偏移率样本，那么我们可以通过计算偏移率之间的概率加权平均值（假设每个偏移率都有相同的数值）得出所有试次的反应时。对于错误来说，这将得到（0.05 × 400 + 0.20 × 600）/0.25 = 560ms 的结果。相反，对于正确的反应，这将得到（0.95 × 400 + 0.80 × 600）/1.75 = 491ms 的结果（加权平均值是加权观测值的总和除以权重的总和）。很容易从这里推广到偏移率在每个试次中都是随机采样的情况。错误将比正确的反应慢，因为导致更快反应的偏移率将优先产生正确的反应，而不是错误；反之亦然。

让我们总结上述内容：我们已经调整了模型以使其包含了起点和偏移率变异性的影响，现在我们可以生成快速或缓慢的错误（相对于正确反应的反应时）。鉴于两种类型的错误都可以凭经验观察到，而且有时是由相同的被试在相同的试次序列中产生的（例如，Ratcliff 和 Rouder，1998 年），所以这显然增强了模型的真实性和能力。从这次讨论中我们学到的是非常小的设计是如何对模型的行为产生相当大的影响的。接下来，我们将随机游走模型放到更广泛的上下文中来进一步讨论这一点。

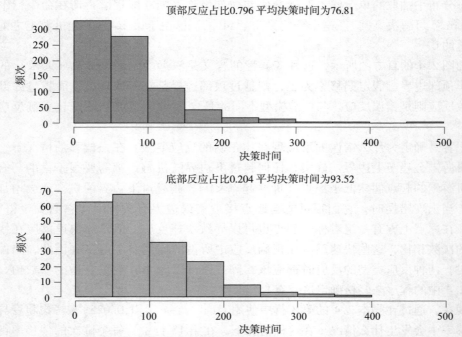

图 2.5　从修正的随机游走模型得到的预测的决策时间分布，模型的偏移率为正（在此示例中设置为 0.03），并且偏移存在试次间变异性（设置为 0.025）。顶部子图显示了越过顶部边界的反应的分布（表示线朝向任务中的"朝左"反应），底部子图显示了越过相反边界的反应的分布。每个子图的标题标识出每种反应的比例和相对应的平均决策时间，该平均决策时间由在随机游走越过决策边界之前必须考虑的平均样本数组成。

2.2.5　顺序采样模型家族

刚刚讨论的随机游走模型的吸引力在于模型的简约性。随机游走模型为数十年来的研究做出了贡献（例如，Ashby，1983；Stone，1960）。但是，它只是大量顺序采样模型家族的一员。图 2.6，取自 Ratcliff 等人（2016）对这些模型进行的概述。可以看出，区别随机游走模型的主要特征是其使用的离散时间：也就是说，采样过程以不同的步骤进行，而预测的反应时是跨越决策边界所需要的步骤数。

我们将在第 14 章中回顾其他一些模型。目前，重要的信息是我们已对随机游走模型做出的模型设计调整（换句话说，在模型中纳入试次间的变异性）仅占我们可以做出的模型设计调整中的很小的比例。例如，我们可决定以连续的方式考虑时间，或者我们可决定在一个单独的累加器中累积一个或另一个决策的证据。正如本书的其余部分所示，这些调整可能会对模型的行为产生显著的影响，并且我们可以通过比较模型处理诊断数据集的能力来区分这些模型。这虽然具有挑战性，但也非常值得练习。

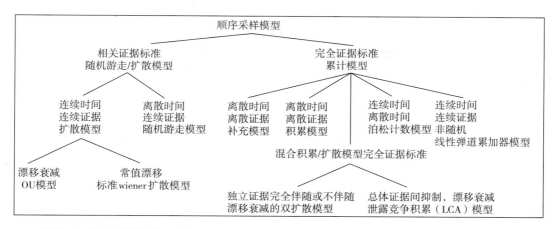

图 2.6　顺序采样模型系列概述。图经 **Ratcliff** 等人（**2016**）许可转载。有关详细信息，请参见文本。

2.3　基础工具包

到目前为止，我们已经在相对抽象的水平上介绍了随机游走模型，而没有明确注明其组成成分的概念性作用，我们现在提供的这个基础工具包将为我们在以后的章节中进行深入探索奠定基础。

2.3.1　参数

让我们简要地回顾脚本 2.1，该脚本在模拟程序中设置了一些控制行为的变量（例如，drift，sdrw，criterion）。这些变量称为 parameters（参数）。参数的作用是什么？参数可以理解为"调节旋钮（tuning knobs）"，一旦指定了模型的架构（即基本原理），就可以对其进行微调。一个很好的类比是你的汽车收音机，它具有确定音量和电台的"旋钮"（或其他高科技数码同等替代品）；这些旋钮可以调节收音机的行为，而无需更改其架构。

在随机游走模型中，drift 是一个重要参数。改变其值会影响模型的整体表现；随着 drift 的增加，模型将一个反应与另一个反应区分开的能力也随之增强。极端情况是，当 drift > 0.05 时，该模型将排他地偏向于某一个反应，而这对应着我们文中的线条朝向任务（line-orientation task）中的无错误的表现。

改变偏移率不会改变我们模拟的架构，但是肯定会改变其行为。通常，模型涉及多个参数。引入一些表示模型参数的符号是很有帮助的：在本书的其余部分，我们将使用 θ（theta）表示模型所有参数值的向量。

参数类型

如果参数是调节旋钮，那么如何设置它们的值？你如何将汽车收音机调至新电台？

确实，你可以调整频率旋钮，直到嘶嘶的广播噪声被 Moz[①] 或 Mozart 取代。同样，在认知模型中有一类参数会被调整，直到预测值尽可能与数据一致为止。这些参数称为自由参数（free parameters）。在我们之前的模拟中，衰减率及其变异性是自由参数。调整参数的过程称为参数估计，有时也称为模型拟合。所得的估计值称为"最优拟合（best-fitting）"参数值。

自由参数通常从数据中估计而来，该数据正是模型试图解释的。在第 1 章中，我们建议可以用一个参数来概括澳大利亚国会议员的工资，即均值。我们仅通过计算数据的平均值即可估算出该参数。如果我们将回归模型拟合到一些双变量数据，事情会稍微复杂一些，在这种情况下，我们估计两个参数（斜率和截距）。并且对于心理过程的模型而言，事情变得更加复杂。实际上，这已经足够复杂到接下来我们将用两章的篇幅来讨论这个问题。

由于模型的预测取决于其特定的参数值，所以要对模型的适用性进行公正合理地评估，就需要我们为模型提供"最佳方案"来说明数据。因此，我们通过找到那些使模型的预测与数据有最大匹配度的值来估计（estimate）数据中的自由参数。这些参数估计值通常在应用模型的不同数据集之间有所不同（尽管不是必需的）。

通常，正如我们在上一节中所看到的那样，建模者试图限制自由参数的数量，因为它们的数量越大，模型的灵活性就越大。正如我们在第 1 章中详细讨论的那样，我们希望对自由参数的灵活性进行限制。也就是说，我们还希望模型功能强大并容纳许多不同的数据集；因此，我们必须满足灵活性和可测试性之间的微妙折衷，其中自由参数起着至关重要的作用。在第 10 章中将详细讨论这种权衡。

还有另一类参数，称为固定参数（fixed parameters），它们不是根据数据估算的，因此在数据集中是不变的。在我们的模拟过程中，采样过程中的标准偏差或"噪声"（变量 sdrw）是一个固定参数。固定参数的作用主要是在必要时通过为其组件提供一些有意义的值来让模型运行起来。在广播的类比中，扬声器的功率及其电阻是固定的参数：原则上都可以更改，但是同样地，保持它们不变并不妨碍你的收音机接收到你选择的各种电台的音量。尽管要求模型的固定参数尽量少，但是比起这个，建模人员更加关注自由参数数量的最小化。

2.3.2 连接模型和数据

我们在前两章介绍了很多内容。我们已经解释了建模所涉及的基本工具和概念，并提供了认知模型构建所涉及的示例。现在让我们退一步，再看一眼全局：我们知道建模的基本目的是将模型的预测与我们的数据联系起来；图 2.7 中图解了这种想法，该图还显示了决定数据和预测的起点和变量。

从第 1 章（特别是图 1.9 和第 1.3 节中的讨论）可知，我们希望能将预测和数据紧密联系起来。也就是说，我们希望数据精确，并且将模型预测限制为所有可能结果的子集。

---

① Steven Partrick Morrissey

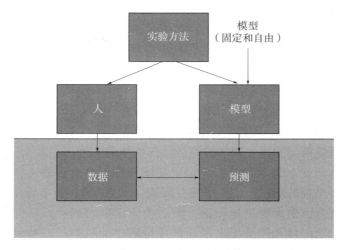

图 2.7 基本思想：我们试图将模型预测与多个实验的数据联系起来。此过程涉及该图底部灰色区域中的可观察对象。顶部区域显示数据和预测的来源，以及模型参数的辅助作用。

下一章将通过介绍参数估计原理来深入研究这些问题。

2.4 实例

从文字到模型：开始理解你的（或其他人的）理论。

Klaus Oberauer

（苏黎世大学）

认知心理学中的大多数理论都表现为一系列文字描述。这些理论通常缺乏从中得出明确预测所必需的精度。计算模型的一大优势在于我们可以通过运行模型来得出明确的预测。因此，把语言理论转化为计算模型通常是可取的。这样做还有助于理解原始理论。

例如，一个简单而相对清晰的工作记忆理论的文字描述是：基于时间的资源共享理论（time-based resource-sharing，TBRS）（Barrouillet 等，2004）。该理论有三个基本假设：①工作记忆中被编码的刺激的表征随时间衰减；②通过注意它们，可以逐个刷新表征，从而抵消衰减；③刷新取决于注意力瓶颈，该注意力瓶颈就是我们一次只能做一件事。

随后，当注意力在记忆维持期间投入到次要任务时，它不能同时刷新记忆表征。在这种情况下，我们假设注意力在进行刷新和进行次要任务处理之间的快速切换。基于这些假设，TBRS 解释了一个重要发现：当记忆列表的维护过程必须执行一个需要注意参与的次要任务时，如果次要任务导致认知负荷增加，记忆会变得更糟（Barrouillet 等，2004）。认知负荷被定义为次要任务占用注意力的时间占比。随着认知负荷的增加，用于刷新的时间所占比例变小，余下的时间中，记忆表征衰减的时间所占的比例变大。衰减太多时，记忆将无法恢复，并且记忆的准确性会受到影响。现在故事听起来很清楚了——你甚至可以看见，当你在脑海中模拟此处描述的过程时，衰减似乎正在你眼前发生。当认知负荷很高时，你可能会想象一个玩杂耍的人疯狂地把球一一抛向空中，并在同时以更高频率驱赶缠住她的苍蝇。

我的同事和我将 TBRS 转换为 TBRS * 计算模型（Oberauer 和 Lewandowsky，2011年）。在此期间，我认识到必须确定许多细节才能使文字性 TBRS 理论描述准确。计算建模会迫使我们清楚地阐明理论中所讨论的认知机制的细节。

让我们从基础开始：刺激如何在工作记忆中再现？在大多数工作记忆任务中，受试者都被要求按照呈现的顺序记住一个项目列表（如数字）。为了记住这些项目，我们可以在编码时将其表征最大程度地激活，然后使激活随时间衰减。但是顺序该如何记住呢？串行顺序记忆的计算模型提出了两种维持顺序的机制。一种机制是将每个列表项与其在顺序列表的位置表征相关联。例如，列表的第一个单词与"位置 1"相关联，第二个单词与"位置 2"相关联，以此类推（Burgess 和 Hitch，1999）。为了回忆列表，位置表征被一个接一个地激活，并且它们激活与之相关联的一些项目。激活程度最高的项目被选出进行回忆。通常这是正确的项目，但是由于位置表征之间会有重叠，也由于噪声的原因，会产生错误。第二种机制是激活的首要梯度（Page 和 Norris，1998）：在列表编码过程中，每个连续项的激活程度都比前一项小。这会生成从第一项到最后一项的激活的主要梯度。要按向前顺序回忆列表，系统会选择激活程度最高的项目（在没有噪音的情况下，始终是第一个列表项目）对其进行回忆，并抑制其激活。现在，第二个列表项变成激活程度最高的列表项，因此可以通过相同的机制选择并再次回忆它，以此类推。

我们认为首要梯度是解决序列顺序问题的一个很简洁明了的解决方案，因此我们从它开始，将它与衰减和刷新结合起来。我们实现了衰减作为一个随着时间的推移而指数下降的激活。刷新则变得更加复杂。项目会逐个刷新，因此我们需要确定刷新顺序的时间表。人们在工作记忆中保留一个单词列表时，通常会自言自语地重复，并且倾向于以累积向前的顺序进行，也就是说，它们从第一个列表单词开始，一直持续到目前为止编码的最后一个单词，然后重新开始，直到它们被下一个单词的出现打断为止（Tan 和 Ward，2008 年）。我们假设刷新遵循相同的时间表：从第一项开始刷新，然后到第二项，依此类推。

如何在模型中实现刷新？要刷新单个表征，必须在工作记忆的表征中选择它，就像在回忆时选择要输出的项目一样。因此，让我们开始刷新第一项。我们选择激活度最高的项目，并增强其激活程度——然后呢？要继续进行第二项，现在必须抑制第一项，但这将抵消增强作用。如果我们不抑制它，那么下一步将不可避免地再次选择第一个项目，进一步增强它。该过程将永远不会刷新任何后续列表的项目。从这种计算探索中我们学到，首要梯度作为保持序列顺序的一种机制，它与累积刷新或复述的思想是不相容的。因此，我们放弃了它，然后尝试项目 - 位置关联机制。

当列表由项目与位置的关联表示时，则无需保持项目本身的表征处于激活状态。

在测试中，位置表征被逐个激活，并且每个项目的激活通过与当前激活位置的关联进行再建。因此，让项目激活衰减是没有意义的——我们因此不得不让项目－位置关联的强度衰减。较弱的关联会导致回忆时项目的重新激活较弱。我们引入了激活阈值的概念，这样只有当激活超过阈值时，项目才可以被回忆。刷新可以被执行为检索项目（就像揭开回忆一样），然后加强检索到的项目与当前活动位置的关联。

该模型表现良好。特别是它解释了认知负荷对记忆的影响：认知负荷越高，通过刷新抵消衰减的机会就越少。这增加了某些关联变弱而无法在阈值以上重新激活目标项的可能性。

当我们探索该模型时，有了一个令人惊讶的发现：我们省略了阈值，这样模型在测试时总是可以回忆起激活率最高的项目，即使其激活率小到可以忽略，而模型的表现没有完全改变。在较高的认知负荷下，仍会产生较差的记忆。我们了解到，我们对工作记忆衰减的直觉理解——表征变得更弱，直到它们降至阈值以下并且变得无法恢复——这与 TBRS * 产生遗忘的方式无关。有时无法回忆正确的项目，而且在较高的认知负荷下会经常失败，其原因不是因为测试时该项目的激活率低于阈值。相反，当模型出错时，它会回忆错误的项目，因为该项目在测试时的激活超过了正确项目的激活。TBRS * 中的回忆不取决于绝对强度，而取决于测试中项目激活的相对强度。

在完全由相对激活驱动的模型中，为什么降低绝对激活的衰减会导致遗忘？在 TBRS * 中遗忘的原因是衰减和刷新对某些项目的影响比其他项目要大，从而造成相对强度的不平衡。较早编码的项目也会较早开始衰减，但同时它们被刷新的次数也会变得更多，但是通过刷新进行的增强量并不能完全平衡在记忆任务过程中每个项目收到的衰减量，尤其是在刷新经常被次要任务中断的情况下。因此，项目－位置关联的相对强度的平衡被破坏，导致测试中项目之间的竞争扭曲。所以，我们发现已经建立了一个有效的模型，但是它有效的原因与我们从文字性理论开始时所建立的预期有很大的不同。

第二部分

参数估计

基本参数估计技术

从之前的章节里我们知道参数估计就是在寻找能使模型的预测和真实数据相一致的参数值。这种一致性的程度告诉我们关于模型适用性的一些信息（尽管不是全部信息）。此外，对这些参数值的解释往往会揭示潜在的内部过程。在本章中，我们提供了实现这些目标所需的基本工具。

3.1 差异函数

尽管我们希望最大化模型预测和真实数据之间的相似程度，但大多数参数估计程序都通过最小化模型预测与真实数据之间的差异来重塑这一意图。

最小化的实现需要先构建一个连续的差异函数（Discrepancy Function）来将模型预测和真实数据之间的差异浓缩成一个单一的数值。我们通过逐步反复地调整参数，来实现该差异函数的最小化。差异函数也被称为目标函数（Objective Function）、代价函数（Cost Function）或是误差函数（Error Function），我们将在下面考虑几种这样的函数。

为了说明这一点，图 3.1 展示了 Carpenter 等人（2008）报告的遗忘实验中的一类条件下的数据。在该实验中，被试学习了一组冷门知识（例如"灰狗有着在犬类中最好的视力"）共 60 个，在 5 分钟、1 天、2 天、7 天、14 天和 42 天后分别测试他们对这些知识的记忆程度。每种不同时间隔中测试的都是不同的知识子集。该图还展示了基于幂函数的遗忘模型的最佳拟合预测。在这里，我们首次将第一章所提到的幂函数应用于实际问题。正如前文所预期的，幂函数也是表征遗忘的好方法。Carpenter 等人（2008）使用了以下形式的幂函数：

$$p = a(bt + 1)^{-c} \tag{3.1}$$

其中 p 是预测的回忆概率，t 是间隔测试的时间（在图 3.1 中以天为单位），a、b、c 是函数的三个参数。

差异函数以单一的数值来表示模型的预测（即图 3.1 中的实线）和真实数据（图 3.1 中的圆点）之间的差异。

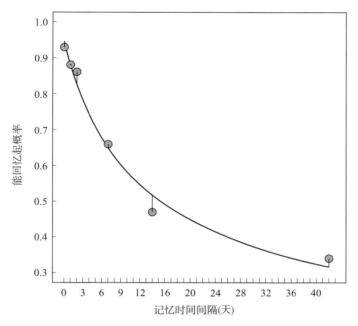

图 3.1 **Carpenter** 等人（2008）的实验 1（测试/研究条件）的数据（圆点）和幂函数的最佳拟合预测（实线）。最佳拟合参数值分别为 $a = 0.95$，$b = 0.13$ 和 $c = 0.58$。详见正文。

3.1.1 均方根误差

对于连续数据来说，一种流行且简单的差异函数是数据和预测值之间的方差均值（的平方根，或称为均方根误差，Root Mean Squared Deviation，RMSD）。这种测量方法又被称为"最小二乘法（Least-Squares）"，因为它使数据和预测值之间的距离的平方最小化。

其公式为：

$$RMSD = \sqrt{\frac{\sum_{j=1}^{J}(d_j - p_j)^2}{J}} , \tag{3.2}$$

其中，J 是求和的数据点的个数，向量 d 和 p（其元素为 d_j 和 p_j）分别代表真实数据和模型的预测值。对于图 3.1，RMSD 的值为 0.026。换言之，基于幂函数的遗忘模型的预测值平均偏离了实际数据 2.6 个百分点（的测量单位）。在图中，预测值和实际数据之间的差异由连接每个数据点的中心和预测实线的竖线表示。

需要注意的是，RMSD 中采用的"数据点"为所有被试的平均值，而非单个个体的观测值。当我们拟合群体而非个体被试的平均值时，往往需要注意这种情况（这就是为什么我们在分母中使用 J 而不是 N，而后者通常是观测次数的记号）[①]。

3.1.2 卡方检验法（χ^2）

当数据是离散的时用 χ^2 或 G^2 度量差异更为合适（如 Lamberts，2005），例如当反应的数目是恒定的，但每个反应可以属于几个不同的类别之一（例如，一个项目是在其正确的位置上还是在偏离了 1 个、2 个或其他位置上被回忆起）。χ^2 被定义为：

$$\chi^2 = \sum_{j=1}^{J} \frac{(O_j - N p_j)^2}{N p_j} , \tag{3.3}$$

其中 J 表示反应类别的数目，N 指观测到的反应总数，O_j 表示每个类别 j 内的观测到的反应个数。要注意的是，所有 O_j 的总和为 N，而且模型预测值 p_j 是概率而不是频数，就像人们通常从模型中预期得到的那样（因此，需要将每个 p_j 与 N 相乘来获得预期频数）。

G^2 测量也被称为对数似然比（Log-Likelihood Ratio），被定义为：

$$G^2 = 2 \sum_{j=1}^{J} O_j \log \{ O_j / (N p_j) \} , \tag{3.4}$$

使用与公式 3.3 相同的符号。在大多数情况下，χ^2 和 G^2 可以互换使用，尽管 Cressie 和 Read（1989）指出这两者之间存在一些细微的差别。

χ^2 和 G^2 的一个可取的特性是，它们可被视为统计检验的指标，因为两者都有一个 $df = J - n_p - 1$ 的渐进 χ^2 分布，其中 n_p 指需要被估计的自由参数的个数。当 χ^2（或 G^2）显著时，这说明模型显著地偏离实际数据（即模型给出的拟合度显著较差）。评估模型的绝对拟合度在心理学建模中是很重要的，然而在大多数情况下，人们对各种模型的相对拟合度更感兴趣，第 10 章将会介绍这类模型比较的技术。

χ^2 差异函数有两点属性需要考虑。第一，如果一个类别中观测的或预期的反应个数少于 5，就应当特别注意了。在可能的情况下，一个解决办法是将几个小的反应类别合并成一个大的类别（如 Van Zandt，2000）。第二，即使自由度保持不变，增加样本量（N）也会增大 χ^2 的变化幅度。这是因为在计算 χ^2 的过程中，即使是由噪音引起的微小变化也会被系数 N 所放大（想了解原因？试着分别计算当 N 为 10、O_j 为 9 时和当 N 为 100、O_j 为 90 时，$p_j = 0.8$ 的 χ^2 值）。因此，当 χ^2 差异被用作统计检验时，它常常对预测值和观测值之间的细微差异过于敏感。

还有一些其他的差异函数可能会引起心理学家的兴趣，大家可以在 Chechile（1998）和 Chechile（1999）的论文中找到有用的介绍。

3.2 模型与数据的拟合：参数估计技术

我们该怎样最小化差异函数呢？有许多具有竞争力的方法，我们将在本书剩下的

[①] 因为 RMSD 计算的是预测值和真实数据之间的连续的差异值，这就假定数据至少是在等距尺度上测量的。使用顺序尺度的测量（如李克特式的评分量表）可能会有问题，因为差异值在量表上可能会有不同的涵义（Schunn & Wallach，2005）。例如在 7 点量表中，距离中点 1 个单位的差异（如 5 对 4）与靠近端点的同样 1 个单位的差异（如 6 对 7 或 2 对 1）可能具有不同的心理意义。

章节中对它们进行讨论。

前两种方法分别称为最小二乘法和最大似然估计法（Maximum Likelihood Estimation），本章和下一章会专门介绍它们。第三种方法涉及贝叶斯统计的应用，将在第 6 章和第 9 章中讨论。

虽然最小二乘法和最大似然估计法的原理十分相似，但它们背后的动机和特性有很大的不同。最小二乘法的优点在于它的概念简洁明了：显然人们希望最大限度地减小模型和数据之间的差异，而最小二乘法正是这样做的。然而，这种简洁性也有代价：最小二乘法通常没有已知的统计属性。例如，我们无法判断模型和数据的差异是反映了数据的偶然波动，还是什么更严重的问题。如图 3.1 中的 RMSD 是"好"还是"坏"呢，0.026 的值是偶然波动的反映，还是意味着模型不够好？

同样，如果两个模型的最小二乘拟合不同，我们通常也不能对二者进行统计比较。一个模型可能拟合度比另一个高，但我们还是无法确定这是偶然，还是两个模型在逼近数据时的真实差别。最后，参数估计值通常没有明显的统计特性。我们不知道对估计的参数有几成把握，我们也不能预期重复实验有多大可能能够产生出相似的参数值。

与最小二乘法相比，最大似然估计法深深扎根于统计学。尽管最大似然估计也是最小化模型预测和数据间的差异，但是这里用到的差异函数具有一些已知的（可证明的）统计学特性，这些特性将在下一章讨论。在本章的剩余部分，我们将重点讨论最小二乘法，但大部分讨论也将适用于最大似然法。我们将慢慢指出其中的区别。

3.3　在线性回归模型背景下介绍最小二乘法

为了便于大家熟悉，我们先在线性回归框架内讨论最小二乘法参数估计。具体来说，我们首先将模型定义为 $y_i = b_0 + b_1 x_i + e_i$。它将每个观测 y_i 表示为自变量的测量值 x_i 和两个待估参数（截距 b_0 和斜率 b_1）的函数，再加上误差项 e_i。

在 R 语言中，这些参数的估计非常简单：语句 lm（y ~ x）将返回回归截距和斜率，其中 y 和 x 分别是包含结果值和预测值的向量。既然有了这个简单的解决方案，为什么我们要花一整章来研究模型与数据的拟合过程呢？答案是，与线性回归不同，大多数心理模型的参数不能直接计算出来，因为它们的复杂性使得无法直接以代数方法解决。相反，这些参数必须迭代地估计。我们先直观地了解这个迭代过程，然后再讨论更多的技术细节。

3.3.1　建模的可视化

首先要注意的是，参数估计技术是一个通用的工具，可以用于任何建模问题。也就是说，无论你的模型的具体情况和你想拟合模型的数据如何，本章所介绍的技术都可以估计出最适合的参数值。

要了解为什么这些技术如此通用，请看图 3.2。该图显示了包含两个参数的建模问题的"误差曲面（Error Surface）"。现在，我们可以忽略这些参数的含义，忽略模型的性质，甚至忽略数据，但不用担心，我们很快就会补上这些空白。

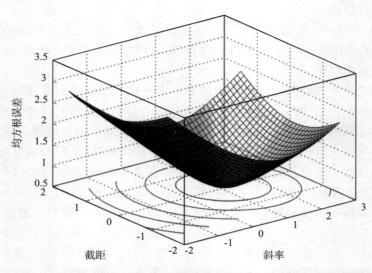

图 3.2 由 $y = Xb + e$ 给出的线性回归模型的"误差曲面"。真实数据和预测值之间的差异（以 RMSD 为差异函数）显示在垂直轴上，作为两个参数（斜率 b_1 和截距 b_0）的函数。观测值数据取样自以 0 为均值、以 1 为标准差、相关参数 $\rho = 0.8$ 的两个正态分布（一个为 x 的分布，一个为 y 的分布）。将误差曲面投射到二维基底空间上的等高线，得到误差曲面的最小值位于 $b_1 = 0.74$ 和 $b_0 = -0.11$ 处。详见正文。

　　曲面上的每个点显示了模型预测与真实数据之间的差异程度（由 RMSD 测量得到，见第 3.1 节），该差异是一个具有两个参数（斜率和截距）的函数。这意味着要生成图中的曲面，我们需要列举大量可能的参数值组合，并将每个组合的模型预测与真实数据进行比较。这正是此图的生成方式。请注意，曲面在它的中心有一个点，其高度是最低的。与该点相关的参数值是"最佳拟合参数估计值（Best-Fitting Parameter Estimates）"，它最容易通过在二维基底空间上的等高线投影所形成的"靶心"进行定位。数据拟合模型的目的，是找到那些最佳拟合的参数值。一旦获得了参数值，就可以检验模型的预测，并可以确定模型对数据是否提供了足够的解释。需要注意的是，并不能保证所有模型都能充分地拟合它所应用的数据。即使任何误差曲面都会有一个最小值（实际或许不止一个），即使最佳拟合参数总是可以被估计出来，但预测值和真实数据之间的最小差异可能仍然很大——因此它的拟合优度（Goodness-of-Fit）也很差——这使得该模型没有多大用处。稍后我们将继续讨论如何评估模型拟合优度的问题，但目前我们需要了解的是，如何准确地获得参数的最佳拟合估计。

　　当然，有一种可能是像我们在图 3.2 所做的那样，列举参数值所有可能的组合（当然参数值得有一定的间隔，因为我们无法探索连续性的参数值的无限个组合）。通过列举并追踪最小差异，我们可以简单地得出最佳拟合参数的估计值。此过程被称为"网格搜索（Grid-Search）"，它在某些情况下是有用的。然而在大多数情况下，这种方法是不可行的：我们图中的曲面是用大约 1600 个差异值所绘制的，如果我们需要检查四个参数而不是两个参数，在数值间隔保持不变的情况下，这个数字会增加到 250 万。如果模型是蒙特卡罗（Monte Carlo）模型，则可能需要花费几秒钟甚至几分钟的时间来生成单个点的预测，这将是令人望而却步的。

幸运的是，如果你将图 3.2 中的误差曲面想象成由木头或其他硬质材料雕刻而成，那么有一种替代方法很容易就浮现出来。假设你把弹珠扔到这个曲面上的任意一点，会发生什么？是的！在重力的驱动下，弹珠很快就会停在这个曲面的最低点。在这个特殊的例子中，你把弹珠扔到哪一点并不重要，从任意一点开始，弹珠都会到达相同的最低点。这种简单的物理类比体现在几乎所有的参数估计技术中：首先确定参数的"起始值"（可以随机取，或更常见地，通过有经验的猜测确定），然后用参数估计技术迭代地调整参数，使差异函数的值一步一步地降低，直到无法进一步改善为止[①]。此时，我们就得到了最佳拟合的估计值。这种机制意味着，实际上图 3.2 所示的误差曲面不会被完整地计算出来（或知道），相反，这种参数估计过程将在曲面上勾勒出一条从起点到最低点的路径。误差曲面上的所有其他值都未经计算并且未知。

虽然这种参数估计的可视化过程在概念上非常简单，但在沿着误差曲面向下的每一步参数调整的选择背后，都存在着相当大的技术复杂性。我们将在揭示生成图 3.2 的模型的细节之后，再讨论这些技术问题。

3.3.2 回归参数估计

你可能已经猜到，我们的误差曲面背后的模型是一个简单的线性回归，包含标准的双参数模型 $y_i = b_0 + b_1 x_i + e_i$ 中的两个变量。在我们的例子中，每个变量（x 和 y）的数据通过随机抽取 20 个来自均值 $\mu = 0$、标准差 $\sigma = 1$ 的正态分布的观测值而生成。两个变量之间的相关系数 $\rho = 0.8$，通过 lm 函数得到的误差曲面数据的最佳拟合回归线是 $y_i = -0.11 + 0.74 x_i$。

对于最佳拟合参数值，模型预测（即拟合值 $\hat{y_i}$）和真实数据之间的 RMSD（见公式 3.2）为 0.46，这表示为图 3.2 中曲面最低点的纵坐标的值。

我们如何将参数估计技术应用于更复杂的、理论上的模型？答案就在以下两段 R 代码中。

```
1  rho        <- .8
2  intercept <- .0
3  nDataPts  <- 20
4  #generate synthetic data
5  data<-matrix(0,nDataPts,2)
6  data[ ,2] <- rnorm(nDataPts)
7  data[ ,1] <- rnorm(nDataPts)*sqrt(1.0-rho^2) + data[ ←
      ,2]*rho + intercept
8
9  #do conventional regression analysis
10 lm(data[,1] ~ data[,2])
11
```

---

① 滚动的弹珠并不是一个完美的类比，因为它在误差曲面上连续地滚动，而参数估计的步骤通常是离散的。因此，更准确的类比可能是在夜间被扔到敌后山头上执行秘密任务的伞兵，她必须在不知道自己要去哪里的情况下，通过一系列向下移动到达谷底。

```
12  #assign starting values
13  startParms <- c(-1., .2)
14  names(startParms) <- c("b1", "b0")
15  #obtain parameter estimates
16  xout <- optim(startParms, rmsd, data1=data)
```

脚本 3.1   生成模拟数据和计算回归参数的两种方法的 R 代码

脚本 3.1 只有短短几行，但完成了三个主要的任务：首先它生成数据，然后它执行回归分析，最后它再一次进行回归，但这次是通过调用一个函数，利用前文所述的实现逐步向下移动的程序来估计参数。

首先来看第 6 行，它用正态分布的随机样本填充规则矩阵（命名为 data）的第二列。这些作为我们的自变量 x 的值。下一行，也就是第 7 行，做了几乎相同的事情。它随机抽取正态分布的值，此外它还确保这些值与第一个集合（即 x）的相关程度由变量 rho 决定。得到的样本被放入数据矩阵的第一列，它们表示 y 的值。重要的是要认识到，这两行代码是从两个已知均值（μ）、标准差（σ）和相关（ρ）的分布中抽取随机样本，因此我们期望样本统计量（即 $\bar{X}$、s 和 r）与这些总体参数值大致相等，如果它们完全相等，那就太令人惊讶了。

如果我们对真实的回归分析感兴趣，我们会替换掉这几行语句，将自己的数据导入程序。在这里，我们生成模拟数据，这样我们就可以检验我们的拟合模型对数据的已知特征还原得有多好。

这样生成数据之后，接下来我们在第 10 行调用 lm（函数名代表"线性模型（linear model）"）来执行标准的线性回归。

现在让我们来看看最有趣且最新颖的部分，该部分从第 15 行开始。该行将起始值赋给两个参数，即斜率（b_1）和截距（b_0），这两个参数按照这个顺序表示在一个向量中。顺序由写代码的人决定，是随意的，但是一旦决定了，就要保持一致。为了后续处理方便，我们在下一行使用 names 语句将名称添加到参数向量中。

请注意，斜率的起始值为 -1，正好与我们在第 7 行生成数据语句所暗含的真实斜率相反，这些起始值与真实结果相去甚远。虽然我们选择这些起始值主要是为了说明问题，但它也反映了在现实中，我们往往对真实的参数值一无所知。

程序的最后一行值得多加讨论，因为从现在开始，我们将多次使用 optim 函数。简而言之，这个函数接受任意数据集和任意模型的任意起始值集，然后返回最佳拟合参数的估计值。为了让它展现出来，我们需要告诉 optim 起始值是什么、数据是什么、最后使用什么模型。起始值很直接，在第一个参数中传递给了 optim。数据也比较简单，在第三个参数中传递（注意 data1 = data 不是拼写错误，我们将在下面解释这种奇怪赋值的必要性）。传递有关模型的信息也很直接，但需要更多的解释：这是在第二个参数（即 rmsd）中完成的，rmsd 是另一个函数的函数名，optim 会反复调用 rmsd 来计算数据和模型预测之间的差异。在我们的例子中，模型的"预测（Predictions）"就是回归线上的数值。

脚本 3.2 显示了 rmsd 函数以及其内部调用到的另一个函数 getregpred。这段代码实际上位于图 3.1 的代码之前，是个程序文件。但我们现在才呈现，是因为在解释了程序的其余部分之后，它们才更有意义。

```
1  #plot data and current predictions
2  getregpred <- function(parms,data) {
3    getregpred <- parms["b0"] + parms["b1"]*data[ ,2] ←

4
5    #wait with drawing a graph until key is pressed
6    par(ask=TRUE)
7    plot    (data[ ,2], type="n", las=1, ylim=c(−2,2), ←
         xlim=c(−2,2), xlab="X", ylab="Y")
8    par(ask=FALSE)
9    points  (data[ ,2], data[ ,1], pch=21, bg="gray")
10   lines   (data[ ,2], getregpred, lty="solid")
11
12   return(getregpred)
13 }
14
15 #obtain current predictions and compute discrepancy
16 rmsd <-function(parms, data1) {
17   preds<-getregpred(parms, data1)
18   rmsd<-sqrt(sum((preds−data1[ ,1])^2)/length(preds))
19 }
```

脚本 3.2　生成模拟数据和计算回归参数的两种方法的 R 代码

我们从第 16 行开始，该行通过赋值给变量 rmsd 的方式来定义函数。函数的输入参数命名为 parms 和 data1。

第一个输入参数由模型的当前参数值构成。这不是巧合，因为（对于 optim 函数来说）需要提供待估计的参数作为第一个参数。

第二个输入参数包含要拟合的数据。我们命名这个参数为 data1 是为了将它与图 3.1 中 optim 的变量 data 区分开来。参数的名称完全是随意的，但是无论我们命名 rmsd 的输入参数为什么，在调用函数时（即在图 3.1 的最后一行）就必须使用该命名。这也解释了调用 optim 时 data1 = data 的写法。

rmsd 函数的主体仅由两行组成：第一行获得给定参数的预测，第二行计算数据与预测之间的差异并返回结果（使用公式 3.2）。为了获得预测，第 17 行调用在第 1 行到第 13 行定义的 getregpred 函数。每当它被 rmsd 函数调用时，函数 getregpred 就计算基于当前给定的截距和斜率的回归线的拟合值（$\hat{y}$）。getregpred 函数的核心是第 3 行语句，它接收参数 b_0 和 b_1（可以按名称索引，因为我们在图 3.1 中命名了它们），然后对数据的第二列计算拟合值。函数 getregpred 的其余部分是绘制数据和当前的预测（例如，对于最佳拟合回归线的当前估计），然后等待按键继续（每一步的停顿和绘图是为了教学目的，除了介绍这个例子，我们不会以这种方式来放慢进程）。这里没有迫切的需要来讨论这些行，尽管你可能希望查阅它们，以获取有关 R 绘图功能的信息细节（R 的绘图功能相当强大，本书中的大部分图都是由 R 生成的）。

这样一来我们的程序介绍就完成了。图 3.3 提供了两张我们刚才讨论的程序所生成的过程快照。左侧子图显示的是数据点和在参数估计开始阶段的回归线，而右侧子图显示的是相同的数据和在参数估计接近结束时的回归线。当我们运行程序时，总共生成了 121 个图形，每个图形都来自于一次 optim 对 rmsd 的调用。换言之，它花了 121 步在误差曲面上从起始值降到最低值（因为数据是随机采样的，所以如果你运行图 3.1 和图 3.2，你在误差曲面上下移的步骤数可能会不同）。

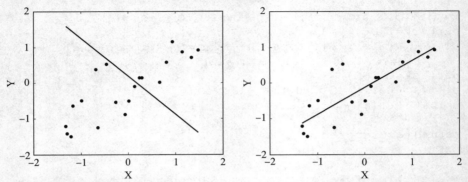

图 3.3　简单回归直线参数估计期间的两个快照。每个子图都显示了数据（绘图符号）和由斜率和截距参数确定的当前预测（实线）。左侧子图显示的是早期快照，右侧子图显示的是接近结束时的快照。

正如我们前面所指出的，起始值与我们所知道的真实值有很大的不同。我们选择了那些相当差的值，以确保图 3.3 的早期快照看起来差异很大。如果我们选择了更好的起始值，那么优化的步骤会更少——但即使是这里的 121 步，也比我们在图 3.2 中为了追踪整个曲面而不得不计算的大约 1600 个预测值有了很大的进步。顺便说一句，令人欣慰的是，我们的程序返回的 b_0 和 b_1 的最终估计值与一开始就以传统方式计算得出的结果完全相同。

让我们简要回顾一下。我们首先形象地展示了在无法直接分析求解时（在认知建模中的绝大多数情况）参数得以估计的机制，然后我们提供了一个在 R 语言中进行参数估计的实例。需要说明的是，我们的示例以及图 3.1 和图 3.2 中的代码要强大得多。虽然我们"只"估计了简单回归直线的参数，但上述框架可以扩展到更复杂的建模，只需将图 3.2 中的第 17 行替换为你喜欢的认知模型（可能会扩展出几十行甚至几百行或者几千行的代码），脚本就会为你估计该模型的参数。为了理解为什么会这样，我们需要讨论一下前面例子中的核心，optim 函数的技术问题。

3.4　黑箱内部：参数估计技术

参数估计技术究竟是如何找到误差曲面的最低点的？有几种技术可供选择。我们首先研究 Nelder 和 Mead（1965）的单纯形法（Simplex）。此方法是 optim 函数的默认方法，就是我们在前面的示例中所使用的方法。

3.4.1　单纯形法

单纯形法的工作原理

单纯形是由任意维度上的任意数量的点互相连接而成的几何图形。例如，三角形和棱锥体分别表示二维和三维的单纯形①。在 Nelder 和 Mead 的多胞形算法（Polytope Algorithm）中，单纯形的维度数对应于参数空间的维度数，单纯形的点个数比参数个数多一个。因此，前面的例子涉及由三个点组成的二维单纯形，即三角形。单纯形的每个点对应于一个参数向量，在前面的例子中，参数向量包含斜率和截距。因此，对于前面的例子，其单纯形是投影到图 3.2 中 X – Y 空间上的三角形。一开始，单纯形在起始值给定的位置上创建，并且单纯形的每个点都进行差异函数估计。接着，单纯形就通过两个可能的步骤之一在参数空间中移动（步骤的选择由一个算法决定，在此不做介绍）：首先，单纯形可能会翻转，这意味着差异最大的点（拟合最差的点）会被翻到另一侧，这就翻了一个下坡跟头，如果是在一个特别有益的方向翻跟头，它可能还会伴随着单纯形的扩张（从而覆盖更多的曲面）；其次，单纯形可以通过将拟合最差的点（或多个点）移近中心来收缩。翻转和收缩会一直持续下去，直到单纯形沿误差曲面翻滚下来，并在底部停止。

这个过程显示在图 3.4 中，它展示了我们之前的误差曲面的二维投影，阴影程度代表差异函数的值（即本例中的 RMSD）。该图包含参数估计过程中的三个假设点（位置 a、b 和 c），介绍了单纯形沿着曲面向下滚动时的行为。在每一点上，单纯形都将通过不同的翻转（a 和 c）或收缩（b）来接近最低值（显而易见的"靶心"处）。这个过程将在单纯形到达 d 点时结束，在那里它将继续收缩，直到它塌缩到一个点②上，这个点的位置对应于最佳拟合参数估计。这个点就是误差曲面上的最低值。

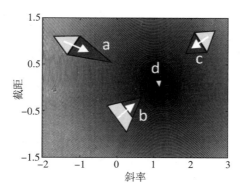

图 3.4 图 3.2 中误差曲面的二维投影。RMSD 的值用阴影的明暗程度表示，较低的 **RMSD** 值对应较暗的灰度。三个大的单纯形展示了三种可能的沿误差曲面向下的移动。**（a）** 翻转伴随着扩张。**（b）** 沿着两个维度收缩。**（c）** 无扩张翻转。注意，这些点的位置是随意确定的，这只是为了说明问题。点 **d** 处的小单纯形表示返回最佳拟合参数时的最终状态。详见正文。

---

① 为了满足你的好奇心，四维单纯形被称为正五胞体，五维单纯形是正六胞体。

② 实际上，单纯形永远不会是一个点，但它的体积可以非常小。直径的大小由收敛容差决定，这个值可以在 optim 的另一个参数中指定。R 语言的帮助文档提供了详细的说明。Lagarias et al.（1998）对单纯形的收敛特性进行了严格的检验。

单纯形法可以到达误差曲面的最低值，而无需知道参数待估的函数，也无需顾虑所涉及参数的数量。该算法所需要的只是每一步的参数值和差异函数的一个计算值。因此，单纯形法实际上实现了我们上文夜间伞兵的类比过程。

单纯形法的局限

虽然单纯形法[①]在很多情况下都能很好地工作，但是它也存在局限性。

第一，尽管单纯形以离散的步骤滚动，但它仍然要求所有的参数都是连续的。因此，单纯形法不能估计那些被限制为整数的参数（例如，人们在回忆一个项目之前要复述它的次数）。在这些情况下，可以将整数的网格搜索（Grid Search）与余数的单纯形法估计结合起来，换句话说，可以对整数参数的每个值进行单纯形法估计。另一种方法需要重新参数化模型，使一个相对于单纯形法来说是连续的参数在模型中具有离散的功能（例如，复述次数的值为 1.3，可以用来表示在 10 轮回忆中有 7 轮回忆是 1 次复述，有 3 轮回忆是 2 次复述的平均预测值）。

第二，大多数模型参数默认被约束在一定的范围内。例如，降低记忆痕迹强度的遗忘率大于 1 是没有意义的（通常遗忘就是遗忘，而不是痕迹加强），因此必须使单纯形法意识到这个约束。一种实现方法是，每当约束被违反时，就给模型的预测（不管它们实际是什么值）分配一个大的差异值。理想的情况是，它将作为一个"屏障函数（Barrier Function）"来执行，当预测接近（甚至超过）参数值的边界时，惩罚就会持续快速地增长，以惩罚特别离谱的值。虽然这种技术可以成功地将参数估计保持在界限内，但是它可能会导致单纯形过早地塌缩到子空间，从而返回不恰当的参数估计（Rowan，1990）。另一种方法是，我们可以使用 optim 以外的优化函数（Optimization Function）来估计参数，并直接将边界传递给它——我们将在第 4 章讨论其中的一些备选方案。

第三，虽然原则上对于可以估计的参数数量没有限制，但是当参数数量变多时，单纯形法的效率相当低。具体而言，如果有 5 个以上的参数，就很难取得高效的估计（Box，1966）。即使参数只有 2 个，也可能出现单纯形法无法收敛到最小值的情况，即便是在表现良好的函数（凸函数上）（Lagarias et al.，1998）。

第四，只有当差异函数与模型参数呈确定性关系时，单纯形法才能很好地工作。也就是说，如果每次评估模型时，相同的参数值产生不同的预测，那么单纯形法就会遇到困难。你可能会奇怪这怎么可能发生，但事实上这很常见：任何包含随机成分的模型（比如前一章的随机游走模型）在相同的参数值下必然会产生变化的预测。这种随机变异可以被认为是反映了被试内部试次间的"噪声"，或者是反映了被试之间的个体差异，或者是这两者兼有。模型预测中随机变异的存在不是一件小事，因为它将误差曲面变成随机的"气泡黏液（Bubbling Goo）"，其中凹点和峰值在瞬间出现并消失。几乎不需要什么思考就能意识到，这将是单纯形法的重大挑战。可以通过在每次调用

---

① 为简洁起见，从这里开始，我们将通过大写它的名称（Simplex／单纯形法）来指代其算法，而仍以小写（simplex／单纯形）来指代其几何图形。

模型时多次重复运行来减少气泡效应，从而将随机误差平均化（完成此操作后，每次使用单纯形法调用模型时，重新设置随机数生成器是有益的，因为这消除了一个不必要的噪声源)[1]。

参数估计的普遍局限

最后一个问题适用于所有参数估计技术，出现于当误差曲面的形状更为复杂之时。到目前为止，我们已经考虑了一个平滑和渐变的误差曲面（图 3.2），但不能保证与我们的模型相关的误差曲面都这样表现良好。事实上，完全有可能表现不良：复杂模型的曲面往往有许多凹陷、低谷、高原或山脊。考虑到你现在对参数估计的了解，这种曲面的负面性一想便知。特别是，单纯形法有可能收敛到局部最小值，而不是全局最小值。这个问题很容易直观地表示出来，如果你想象一个空的鸡蛋盒以一定的角度放置：尽管有一个最小值是绝对的最小值，也就是说，那个衬垫的底部恰好是整个鸡蛋盒的最底部，这取决于你如何放置鸡蛋盒——还有许多其他的局部最小值（所有其他的衬垫底部）也非常吸引翻滚的单纯形。因为单纯形除了能"看到"临近区域以外，对误差全景一无所知，所以它可能被困在局部最小值中。被困在局部最小值中可能是误导性的，因为模型最终给出的拟合度比它所能给出的要差。想象一下鸡蛋盒以一个非常陡峭的角度放置，最低的衬垫在差异函数上接近于零，但是你最终进入了差异巨大的顶部衬垫。你会认为模型无法处理数据，而事实上只要你能找到正确的参数值，它就可以处理。同样，陷入局部最小值也会损害对参数值的任何有意义的解释，因为它们不是"正确"（即最佳拟合）的估计值。

局部最小值的问题普遍存在，无法解决。也就是说，永远无法保证你获得的最小值就是全局最小值，尽管你对它是全局最小值的信心可以通过一些方法来增强：首先，如果参数估计用许多不同的起始值重复执行，并且最后总是得到相同的估计值，那么这些估计值很有可能就代表着全局最小值。相比之下，如果每一组起始值的估计值都不同，那么你可能面对的是一个类似的"鸡蛋盒"曲面。在这种情况下，第二种选择是完全弃用单纯形法，使用另一种替代的参数估计技术，通过允许迭代过程"跳出"局部最小值来缓解（尽管不是消除）局部最小值问题。这种技术被称为模拟退火法（Simulated Annealing，SA；Kirkpatrick et al，1983）。

3.4.2 模拟退火法

到目前为止，我们对参数估计的讨论都建立在一个看似不可避免的假设上，即我们在误差曲面上沿着向下的轨迹移动。乍看之下，放宽这个假设似乎是不可取的——向上移动怎么可能有益呢？然而仔细观察就知道，如果想避免局部最小值，偶尔的向上移动是必不可少的。毕竟避免局部最小值唯一的方法就是先"爬（Climbing）"出

---

① 必须简要提及一种替代技术，即 *Subplex*（Rowan，1990），它是作为单纯形法（Simplex）的替代技术而开发的，用于涉及大量参数、嘈杂预测（即模型包含随机取样）、以及需要频繁消除不符合要求的参数值组合的情况（Rowan，1990）。正如其名称所暗示的那样，Subplex 将参数空间划分为不同的子空间，然后每个子空间由标准的单纯形法独立（和部分独立）地进行估计。

来，然后才能下移到更低的点。这种认识体现在模拟退火法（Simulated Annealing）的参数估计中（见 Kirkpatrick et al.，1983；Vanderbilt & Louie，1984）。

模拟退火法（SA）基于一个物理类比：如果热的液体被快速冷却到冰点以下，那么由此产生的晶体将会有许多缺陷。相反，若液体被缓慢冷却，并在冰点附近花费大量的时间，那么所得的晶体将会更加均匀。对于晶体，你现在所需要知道的是，它代表了一种最低的能量状态——只要把能量这个词替换为差异，把分子当成参数就可以了。

SA 的关键属性是在任何一次迭代中，当前的参数估计被更新时，算法有时会接受参数空间中比当前点有更大差异的新点。具体地说，假设 $\boldsymbol{\theta}^{(t)}$ 表示当前（即在第 t 次迭代时）的参数值向量。我们首先根据下式生成一个新的候选向量：

$$\boldsymbol{\theta}_c^{(t+1)} = D\ (\boldsymbol{\theta}^{(t)}) \tag{3.5}$$

D 是一个"候选函数（Candidate Function）"，我们将在稍后讨论其机制。现在我们需要知道的是，与前面所考虑的技术不同，D 并不能保证新的参数向量必然产生更低的差异。这就为下面的随机决策步骤提供了机会：

$$\boldsymbol{\theta}^{(t+1)} = \begin{cases} A\ (\boldsymbol{\theta}_c^{(t+1)},\ \boldsymbol{\theta}^{(t)},\ T^{(t)}), & \text{当 } \Delta f > 0 \\ \boldsymbol{\theta}_c^{(t+1)}, & \text{当 } \Delta f \leq 0 \end{cases} \tag{3.6}$$

其中 Δf 指代"候选参数向量 $\boldsymbol{\theta}_c^{(t+1)}$ 和原来的向量 $\boldsymbol{\theta}^{(t)}$ 的差异函数值之间的差"。因此，任何低于零的 Δf 都代表着改进，而公式 3.6 也告诉我们，这时的候选向量总是可接受的，新的参数向量（$\boldsymbol{\theta}^{(t+1)}$）就被设置为当前候选向量（$\boldsymbol{\theta}_c^{(t+1)}$）的值。如果事实是候选向量没有改进，而是让事情变得更糟，那将会发生什么？这种情况下，新的参数向量将会取"接受函数（Acceptance Function）" A 的值。接受函数以新的候选向量、当前的参数向量和下面将要介绍的参数 $T^{(t)}$ 为输入参数，其公式为：

$$A\ (\boldsymbol{\theta}_c^{(t+1)},\ \boldsymbol{\theta}^{(t)},\ T^{(t)}) = \begin{cases} \boldsymbol{\theta}_c^{(t+1)}, & \text{当 } p < e^{-\Delta f/T^{(t)}} \\ \boldsymbol{\theta}^{(t)}, & \text{其余情况} \end{cases} \tag{3.7}$$

其中 p 是 [0，1] 区间上均匀分布的一个样本。简单地说，接受函数返回两个可能的结果之一：它要么返回当前的参数向量（$\boldsymbol{\theta}^{(t)}$），这个时候，候选参数被拒绝，过程继续，由公式 3.5 重新得出一个候选参数；要么返回候选参数向量（$\boldsymbol{\theta}_c^{(t+1)}$），尽管事实上它增大了差异函数。上移的概率由两个量决定：差异变大的程度（Δf）和退火过程的当前"温度"（$T^{(t)}$）。

让我们考虑公式 3.6 和 3.7 的含义。首先，需要注意的是，只有当候选向量使情况更糟时（即 $\Delta f > 0$），接受函数才起作用，否则它将不做任何决定，直接接受改进的候选向量。当接受函数被调用时，如果 $\Delta f > 0$，也就是公式 3.7 中的量 $e^{-\Delta f/T^{(t)}}$ 始终小于 1，且这个量将随着 Δf 的增大而趋向于零，这就意味着沿误差曲面向上的大幅移动几乎不可能被接受，但可能接受微小的向上移动。步幅大小和接受概率之间的这种关系还受到温度 $T^{(t)}$ 的进一步调节，因此相较于低温的情况，高温使得向上的移动更容易被接受。图 3.5 显示了这两个变量之间的相互作用关系。

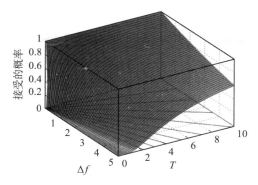

图 3.5 在模拟退火法中接受较差拟合的概率是差异增大（**Δf**）和温度参数（**T**）的函数。这些数据是假设的，但描绘了两个相关变量之间的相互作用。温度的范围遵循先例（**Nourani & Andresen, 1998**）。详见正文。

该图说明，当温度较高时，即使在误差曲面上有较大的向上移动也是可能的，而随着温度的降低，向上移动的概率也会降低。在极端情况下，当温度很低时，无论多么小的沿误差面向上的移动都不会被接受。如果把上述情况看作布朗运动，就很直观了：物体越热，微粒的上下跳动越剧烈，而随着物体的冷却，运动就越来越少。这意味着，当温度很高时，我们不太可能陷入局部最小值（因为我们有机会跳出它，尽管有正的 Δf）。这当然是可取的，但也有问题，因为这意味着我们同样有可能在全局最小值附近跳来跳去，而不会停留在最低点上。有一个显而易见的解决方案：从高温开始搜索，这样就避免了沿途的局部最小值，然后降低温度，这样我们以后就可以在（希望是）全局最小值的范围内停下。所有的 SA 算法都包括一个沿着这些路径的冷却计划表，在迭代过程中逐渐降低温度（这也是上标 t 的由来）。

为了完成我们的讨论，我们还需要知道两件事：第一，温度的初始值是多少，它是如何冷却的；第二，函数 D 的候选向量（$\boldsymbol{\theta}_c^{(t+1)}$）是如何生成的。这两个问题事实上是密切相关的，它们是研究和讨论的主题（例如，Locatelli，2002；Nourani & Andresen，1998）。出于演示目的，我们简要地讨论一个很常见但不一定最优的（见 Nourani 和 Andresen，1998）冷却计划和候选函数。

Kirkpatrick 等人（1983）提出了两个被广泛使用的冷却计划，一个是指数冷却计划：

$$T^{(t)} = T_0 \alpha^t \tag{3.8}$$

另一个是线性冷却计划：

$$T^{(t)} = T_0 - \eta t \tag{3.9}$$

其中 α 和 η 是固定参数，T_0 表示系统的初始温度（T_0 的选择至关重要，它取决于差异函数的性质，可以通过计算随机选择的参数值样本的差异来确定（Locatelli，2002））。无论使用哪种冷却计划，公式 3.8 和 3.9 都意味着在迭代过程中，SA 过程逐渐向图 3.5 中的左侧移动，系统变得越来越稳定，直到最终稳定下来，不可能再向上移动（快速测试：图 3.5 中的曲面是否就是误差曲面，比如前面讨论过的与单纯形法相关的曲面？如果你想说是的话，你应该重新阅读这一节——这两个曲面代表了两个完全不同的概念）。最后，那么，候选向量 $\boldsymbol{\theta}_c^{(t+1)}$ 是从哪里来的呢？也许有些令人惊讶，这是从当前点向随机方向迈出一步产生的，这种情况并不罕见：

$$D(\boldsymbol{\theta}^{(t)}) = \boldsymbol{\theta}^{(t)} + s\,\boldsymbol{\theta}_r \qquad (3.10)$$

式中，s 为步长参数，$\boldsymbol{\theta}_r$ 为随机的参数值向量，限制为单位长度（即 $\|\boldsymbol{\theta}_r\| = 1$）。公式 3.10 定义了候选函数 D（公式 3.5），我们在刚开始时把它当作"黑箱"来生成候选向量。因此，在任何一个给定点，SA 算法在随机方向上迈出一步，然后根据公式 3.6 和 3.7 选择接受或拒绝[①]。

最后一个有待澄清的问题，到目前为止的讨论中，我们使用了相同的上标（t）来指代生成新的候选向量的迭代以及冷却计划表中的迭代，这样做是为了方便介绍。许多真实的 SA 算法会在每个温度下产生多个候选向量，而且冷却的速度要比参数空间里的移动慢得多。

Goldstone 和 Sakamoto（2003）创建了一个视觉冲击力很强的模拟退火交互式探索界面：他们的论文解释了模拟细节，还包含了一个网页链接，在该网页上你可以通过绘制自己的误差曲面和调整刚才讨论的 SA 参数来探索模拟退火的工作原理。我们强烈建议你去探索他们的模拟，因为能看见模拟退火法是如何避免陷入局部最小值的。

R 语言的 optim 函数可以调用模拟退火法的一个变体，你可以使用语句 xout < − optim(startParms, rmsd, data1 = data, method = "SANN") 来探索它在如上的回归示例中是如何工作的。你可能注意到，唯一的差别是在图 3.1 中对应的语句里添加了另一个参数，来调用模拟退火法而不是默认的单纯形法。

3.4.3　参数估计技术的相对优点

单纯形法和模拟退火法的相对优点是什么？简而言之，单纯形法易于使用和理解，而且效率很高。在许多情况下，单纯形法只需要对差异函数进行一次估计，就可以确定下一个翻转的方向。作为一种权衡，单纯形法在高维参数空间不太适用，且易受局部最小值的影响。

与单纯形法相比，模拟退火法更为复杂，在程序编写和执行过程中可能需要更加注意。此外，退火的效率也不高，需要更多的函数估计。但与单纯形法相比，模拟退火算法不太可能陷入局部最小值，而且它能处理高维数据。

总的来说，单纯形法更适合于需要快速且简单探索的小参数空间。有一点需要注意，模拟退火法估计参数所用的时间可能远大于单纯形法。尽管这种差异对于能快速估计参数的简单模型（例如我们的回归模型）可能可以忽略不计，但是当涉及更复杂的模型时，时间差异可能就很重要。显然，参数估计需要几个小时还是一周，这在实际中有很大的差别[②]！

---

① 为了集中于讨论并保持简单，我们只考虑了非常简单的冷却计划表和一个微不足道的候选函数。Locatelli（2002）以及 Nourani 和 Andresen（1998）探讨了更复杂的替代方案。

② 在这种情况下，还要注意的是，R 语言可能比其他"低级"语言（如 C 语言）估计模型的速度更慢。如果运行时间是个问题，那么用另一种语言（如 C 语言）重写模型可能是值得的，这个的前提是你所节省的程序执行时间比用另一种语言重写模型所花费得多。

3.5　参数估计的变异性（variability）

本章所讨论的技术提供了参数值的最佳估计，但作为点估计，它们并不携带关于这些估计的变异性的任何信息。在最后一节，我们将展示如何使用"自助法"技术生成参数估计的置信区间。

自助法（Bootstrapping）

一种获得参数估计的置信区间的方法是使用重采样（Resampling），例如自助法（如 Efron & Gong，1983；Efron & Tibshirani，1994）。自助法允许我们通过从模型或数据中重复采样来构造我们感兴趣的指标的采样分布（在我们的例子中，就是模型参数的分布）。我们因此避开了本章所讨论的方法的局限性，即它们缺乏任何已知的统计特性。

为了构造模型参数的置信区间，一种可取的方法是参数重采样（Parametric Resampling），即从模型中重复抽取样本。具体来说，我们利用模型拟合得到的参数估计，对模型进行 T 次模拟，生成 T 个样本。每个生成的样本应该包含 N 个数据点，其中 N 是原始样本的数据点数量。然后我们对 T 个生成的样本一个一个地拟合模型，这 T 个样本的参数估计的变异性就能给我们一些关于参数变异的信息。生成自助参数估计的过程如图 3.6 所示。

让我们看一个使用自助法构造参数估计的置信区间的示例。我们的例子再次涉及图 3.1 所示的遗忘模型和它想拟合的数据。回想一下，最佳拟合参数值是 $a = 0.95$，$b = 0.13$，以及 $c = 0.58$。

这些估计值的变异是多少？让我们用自助法来找出答案。第一步是从遗忘模型中生成一些样本。这个模型的一个特点是它是完全确定的，即在给定的一组参数下，不管我们运行多少次，模型都会返回相同的预测。

为了生成自助法所需的随机样本，我们根据最佳拟合参数估计，取每个延时间隔条件的正确回忆的预测比例，然后"模拟"与实验中受试者一样多的正确回忆的"观测"比例（$N = 55$，Carpenter et al. 2008）。然后将这些模拟观测值的平均值作为模型拟合的数据。我们多次重复这个过程（例如 $T = 1000$），将遗忘模型拟合回每个模拟数据集，得到 a、b、c 值的分布。

在这个过程中，关键的一步是决定如何从模型预测中生成模拟的"被试"。对于这个例子，我们尝试尽可能地简化这个过程。我们假设每个预测值对应一个二项分布的概率参数 p。我们将在第 4 章详细讨论二项分布，但现在我们需要知道的是，二项分布描述的是二元事件，例如抛硬币。事实上，当 $p = 0.5$ 时，二项分布描述了所有可能的重复抛硬币的结果序列的概率。这里，"抛"的次数等于被试的个数，而 p 则为给定延时间隔下的回忆的预测概率。[1]

---

[1]　这种方法假设图 3.1 中的数据代表了个体的平均水平，每个被试只贡献一个数值——即在该延时间隔条件下，回忆特定测试项目的成功（1）或失败（0）。这一假设与实验方法不符，因为被试在每个延时间隔条件下回忆的项目不止一个。然而，为了便于解释，我们在这里做了这个简化的假设。

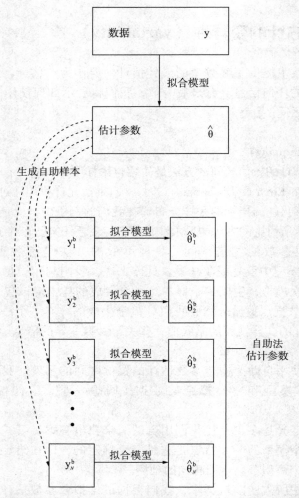

图 3.6　为自助样本做参数估计的过程。从上到下，我们首先将我们的模型拟合到原始数据（向量 y）上以获得参数估计（向量 $\hat{\theta}$）。然后将这些参数估计输入到模型中，来模拟与 y 有相同样本量的新自助数据集（y_k^b）。然后将该模型拟合到每一个自助数据集上，以获得自助参数估计值 $\hat{\theta}_k^b$，每个自助数据集获得一个参数估计向量。

"抛硬币"在 R 语言中实现很简单。例如，根据幂函数模型，一周后的回忆预测水平为 0.65（图 3.1）。为了从这个预测中生成 55 个模拟被试，我们只需在 R 命令窗口中键入语句 rbinom(55,1,0.65)，就可以得到一个由 0 和 1 组成的随机序列，序列中的每一个值对应于一个模拟被试，他们在一周后要么回忆起（1）要么没回忆起（0）测试项目。为了得到所需测量尺度（即回忆比例）的自助样本，我们只需改用语句 mean(rbinom(55, 1, 0.65)) 来计算那些"抛硬币"的平均值。为了说明问题，我们使用这个语句 3 次，得到了 0.6909091、0.5818182 和 0.6545455（因为这些数字是基于随机样本的，所以你将得到不同的值）。每一个数字都是一个延时间隔为一周的自助样本。如果我们现在对每个延时间隔条件重复这个过程，我们就可以将幂函数模型拟合到所有延时间隔条件的每一组自助观测样本集上，并且可以跟踪样本中参数值的分布。

稍后我们将提供更多关于如何实现这一点的细节信息，但首先让我们考虑幂函数模型的一个自助参数值输出。图 3.7 显示了参数值的直方图，这些参数值是由图 3.1 中数据的最佳拟合估计得出的 1000 个自助样本得到的。为了找到每个参数的置信区间的上下限，我们需要找到那些在每个抽样分布的两端截断 2.5% 的参数值。也就是说，我们需要找到数据的 0.025 分位数和 0.975 分位数，以便 95% 的分布位于这些分位数内，从而得到 95% 的置信区间。这些分位数在图 3.7 中用虚竖线标出。很明显，参数 a 的估计值紧密地聚集在一起，而且它非常接近最大值 1。反映了这样一个事实，即在最短的延时间隔条件下，被试的表现非常接近上限。b 和 c 的参数值范围则要大得多。不出所料的是，自助法得到的分布均值（a、b、c 分别为 0.95、0.18 和 0.66）与图 3.1 中报告的最佳拟合估计值（$a = 0.95$，$b = 0.13$ 和 $c = 0.58$）是一致的。

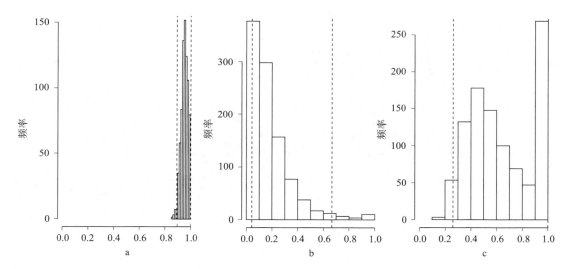

图 3.7 由自助程序所获得的参数估计的直方图，其数据由模型生成，模型再拟合到生成的自助样本上。从左到右，直方图分别显示 a、b、c 的估计值的自助分布。它还显示了通过计算所绘分布的 0.025 和 0.975 分位数而得的 95% 置信区间的上下限（虚竖线）。

让我们看看本例的 R 语言代码。我们从脚本 3.3 开始，它显示了如何生成图 3.1。代码的大部分应该都很熟悉，因为在之前的回归例子中出现过。我们在第 2 行到第 6 行定义了差异函数，如果有任何参数超出范围，它将返回一个非常大的值，否则将返回预测和数据之间的 RMSD。数据的初始化和对 optim 的调用都是规范的，并且遵循之前的回归先例。唯一值得注意的新异之处是第 17 行，该行提取结构 pout 中由 optim 函数返回的最佳拟合参数值，并通过插值计算所有被观测的延时间隔条件的模型的最佳拟合预测（我们使用插值以便让图中的线段变得平滑）。脚本的剩余部分显示了绘制图形所需的代码。

获得了这些最佳拟合估计之后，在脚本 3.4 中我们接着使用自助法。前 4 行代码定义了各种常量，比如被试量和样本的数量，然后为自助样本留出空间（矩阵 bsparms）。真正的自助过程是在第 6 行开始的循环中执行的。循环只包含两行代码，第一行生成

55 个被试的模拟数据，第二行将幂函数模型与这些模拟数据相拟合，以获得参数值的自助样本。第一行包含对 rbinom 函数的调用，你之前应该见过它。我们使用 vapply 函数为数组 bspow_pred 的每个预测值生成模拟数据。每个值对应于不同的延时间隔条件。循环中的第二行包含熟悉的 optim 函数调用，不同的是这里我们不是对函数返回的完整输出，而是对最佳拟合参数估计感兴趣（因此在最后是 $ par）。

　　一旦循环执行完毕，代码的其余部分将生成图 3.7 中的直方图。因为三个直方图都采用了同样的样式，而该样式需要好几行代码来生成，所以我们定义了一个函数来封装想要绘成的直方图，然后对我们的每个参数调用此函数。同时，我们还输出了histoplot 函数返回的两个分位数截止值，这样就得到了参数估计分布的数值摘要信息。

　　这就结束了我们对自助法的讨论。当然，刚刚谈到的程序并不是特定于幂函数遗忘模型。在得到模型的最佳拟合参数估计后，我们可以对任何模型应用自助法重复采样。事实上，自助法与这里所使用的最小二乘法没有联系，我们刚刚所学的关于自助法的所有知识也同样适用于我们将在下一章讨论的最大似然估计法。

```
1  #discrepancy for power forgetting function
2  powdiscrep <- function (parms,rec,ri) { ↵

3    if (any(parms<0)||any(parms>1)) return(1e6)
4    pow_pred <- parms["a"] *(parms["b"]*ri + ↵
       1)^(-parms["c"])
5    return(sqrt( sum((pow_pred-rec)^2)/length(ri) ))
6  } ↵

7
8  #Carpenter et al. (2008) Experiment 1
9  rec <- c(.93,.88,.86,.66,.47,.34)
10 ri <- c(.0035, 1, 2, 7, 14, 42)
11
12 #initialize starting values
13 sparms <-c(1,.05,.7)
14 names(sparms) <- c("a","b","c")
15 #obtain best-fitting estimates
16 pout <- optim(sparms,powdiscrep,rec=rec,ri=ri)
17 pow_pred <- pout$par["a"] ↵
       *(pout$par["b"]*c(0:max(ri)) + 1)^(-pout$par["c"])
18
19 #plot data and best-fitting predictions
20 x11()
21 par(cex.axis=1.2,cex.lab=1.4)
22 par(mar=(c(5, 5, 3, 2) + 0.1),las=1)
23 plot(ri,rec,
24     xlab = "Retention Interval (Days)",
25     ylab = "Proportion Items Retained",
26     ylim=c(0.3,1),xlim=c(0,43),xaxt="n",type="n")
27 lines(c(0:max(ri)),pow_pred,lwd=2)
28 points(ri,rec,pch=21, bg="dark grey",cex=2)
29 dev <- pow_pred[ri+1]
```

```
30 for (x in c(1:length(ri))) {
31   lines(c(ri[x],ri[x]),c(dev[x],rec[x]),lwd=1)
32   }
33 axis(1,at=c(0:43))
```

脚本 3.3　对 Carpenter 等（2008）的遗忘数据拟合幂函数模型的 R 语言代码

```
1  #perform bootstrapping analysis
2  ns <- 55
3  nbs <- 1000
4  bsparms <- matrix(NA,nbs,length(sparms))
5  bspow_pred <- pout$par["a"] *(pout$par["b"]*ri + ←
      1)^(-pout$par["c"])
6  for (i in c(1:nbs)) {
7    recsynth       <- vapply(bspow_pred, ←
         FUN=function(x) mean(rbinom(ns,1,x)), numeric(1))
8    bsparms[i,]    <- ←
         unlist(optim(pout$par,powdiscrep,rec=recsynth,ri=ri)$par)
9  }
10
11 #function to plot a histogram
12 histoplot<-function(x,14x) {
13   hist(x,xlab=14x,main="",xlim=c(0,1),cex.lab=1.5,cex.axis=1.5)
14   lq <- quantile(x,0.025)
15   abline(v=lq,lty="dashed",lwd=2)
16   uq <- quantile(x,0.975)
17   abline(v=uq,lty="dashed",lwd=2)
18   return(c(lq,uq))
19 }
20 x11(5,2)
21 par(mfcol=c(1,3),las=1)
22 for (i in c(1:dim(bsparms)[2])) {
23   print(histoplot(bsparms[,i],names(sparms)[i]))
24 }
```

脚本 3.4　获取参数值自助分布的 R 语言代码

3.6　实例

参数估计实例

Amy H. Criss
（锡拉丘兹大学）

我研究记忆模型，尤其是 REM 框架下的模型已经超过 15 年了。REM 框架有核心假设和许多辅助假设，它们共同构成了针对特定情况的一个模型。对此框架的介绍可参阅 Shiffrin 和 Steyvers（1997）的文章。

57

我已经用 REM 模型拟合了许多数据集，并生成了更多的预测。我想和你分享一个小秘密：我在拟合 REM 时，从来没有使用过本章所描述的参数估计技术（或任何高级的方法）。那么这怎么可能呢？主要有三个原因：

第一，这些是复杂的虚拟模型。这里和其他地方所描述的技术经常会让人"陷入泥潭"。相反，我们倾向于使用有限参数空间的简单网格搜索和大量直觉。对模型表现的敏锐直觉需要大量的时间，而且以我们与人或狗建立感情的方式建立起来——花时间在一起玩耍。在我的研究生生涯中，我花了许多天来运行模拟、调整参数、问自己各种"假如（what if）"的问题（我通过运行另一组模拟来回答这些问题）。一旦这些直觉建立起来了，它们将是无价的。这些直觉是信息性先验知识（Informative Prior）的非正式版本，可与后面章节介绍的贝叶斯方法一起使用。

第二，REM 的定性预测结果严重受限于模型的结构和核心假设。在许多情况下，改变参数值会改变定量结果（如提高或降低准确性），但不会改变定性结果（如对于条件 A 与条件 B 的预测数据的模式）。

第三，我倾向于使用定性预测。毫无疑问，依据模型与特定数据集的匹配程度来评估模型有其优点，其中一个常见的做法是，使用参数估计技术为几个相互竞争的模型找到最佳拟合参数，然后从这组模型中选择差异函数最低的模型（同时也考虑模型的复杂性）。使用这种方法可以将一些模型排除在数据的最佳解释模型之外，但是在许多实际应用中，会出现所有的模型都拟合得很好，只有一个稍微拟合得更好一点的情况。因此以此为依据来排除模型并不完全令人满意，因为被排除的模型也确实解释了数据（而且总会有另一组数据，使得该模型比竞争模型拟合得更好）。你可以想象一下这样的场景，对于某些结果测量，模型 A 预测条件 X > 条件 Y，模型 B 预测条件 Y > 条件 X。在这种情况下，选择能预测观测数据的模型是完全令人满意的，因为边界条件已经确定了。而且假设数据重复出现，那么作出相反数据模式预测的模型就不可能在没有修正的情况下解释这些数据。

我花费了大量的精力来探索这种模型做出不同的定性预测的情况。虽然这种情况在你的建模之旅中不会发生，但是看看最佳拟合参数与观测数据的拟合程度也非常关键。有时定量方法可能会有误导性，你会发现，尽管模型满足定量分析的标准，但却无法捕获数据的定性模式。总之，参数估计技术对于获得定量拟合是有用的，但是定量拟合只是描绘了建模全景的一小部分，它们不能指出模型所预测的数据的模式，也不能说明模型为什么做出这样的预测。这时你就需要利用直觉和对情况的理解来完成这项艰巨的任务。

4 最大似然参数估计

在前面的章节中，我们遇到了计算建模中的关键问题之一：对模型完整且定量的说明不仅涉及对模型的描述（以算法或公式的形式），而且还涉及对模型参数及其数值的确定。尽管在某些时候我们可以使用已知的参数值（例如，根据先前对模型的应用所确定的参数值；请参见 Oberauer 和 Lewandowsky，2008），但在大多数情况下，我们必须从数据中估算这些参数。第 3 章描述了一种通过最小化数据与模型预测之间的差异参数估计的基础。第 4 章将讨论另一种流行且具有原则性的参数估计方法，称为最大似然估计法（maximum likelihood estimation）。

与上一章讨论的不同，最大似然估计源于统计理论。最大似然估计量具有一些最小化 RMSD 估计值所不具备的属性（除了在稍后即将详述的某些特定情况下）。例如，随着样本量的增加，最大似然估计的平均精度也会提高。另外，似然（likelihood）可以表明证据对于特定假设的相对权重，或者表明特定参数的值，或者表明整个模型。这为后续章节中的内容奠定了基础：似然在贝叶斯参数估计中起着关键作用，稍后我们将使用似然作为证据来探索一种为评估科学模型而建立的有原则且严谨的技术。

4.1 概率基础

4.1.1 概率的定义

日常用语中的"似然"与概率可以交换使用；我们可能会考虑明天下雨的似然（在撰写本文时居住在澳大利亚和英国的两位作者之间差异很大），或者从人群中随机选择的某个人可能活到 80 岁以上的似然。相反，当考虑统计或计算模型时，似然一词具有非常严格的含义，这与概率有微妙的区别，但从根本上讲是不同的。

定义似然并将其与概率区分开的最佳方法是从概率本身讲起。我们对概率是什么有一些直观的认识，这些直觉可能与我们将在此处介绍的形式定义有某种联系。概率的严格定义取决于**样本、事件**和**结果**。想想赌场的轮盘游戏，在其中旋转一个装有对应数字插槽的轮盘，然后扔一个球。游戏是对球将要落入的插槽进行赌博（即猜测）。主持人每次转动轮盘，将球扔进插槽中时，我们就获得一个新样本。转动的结果对应于球所在的插槽，这是由插槽构成的**样本空间**中的一种可能的结果。我们还可以定义一个事件，它是样本空间的子集，我们可以通过轮盘进行各种形式的赌博。我可以赌单个数字，也可以赌即将出现的一个偶数，或者一个介于 1～18（含 18）的数字，或者该数字的颜色是红色。其中每一个都涉及一个事件，这是该实验可能的一组结果。例如，事件"奇数"由结果"数字1""数字3""数字5"等组成，一直到"数字35"（轮盘中最大的奇数）。稍后我们将考虑结果不可数的情况（例如，像距离和时间这种连续维度上的概率）。

给事件 a 分配概率 $P(a)$ 涉及给定一个值来反映我们对事件 a 发生的期望。关于这些值的本质，以及它们与世界上的事件的关系将继续进行大量的争论（例如 Keynes，1921；Jeffrey，2004；Venn，1888）。在关注概率的数学而不是其解释时，我们将遵循概率世界的早期先驱者的定义，例如 Pascal，Fermat 和 Newton，他们关注机会和概率的应用，特别是在赌博中的应用（David，1962）。我们对将概率论作为从计算模型中获得推断的数学基础感兴趣。

4.1.2 概率的特性

概率论从以下基本假设或公理开始：

1. 事件的概率必须介于0和1（含1）之间。

2. 所有可能结果的概率之和必须等于1。

3. 对于多个互斥事件（即两个不能同时发生的事件，例如轮盘中的球同时落在一个奇数和一个偶数上），发生其中任何一个事件的概率会等于这些互斥事件发生的概率之和。

这几个假设为我们提供了概率的其他许多有用性质。一个是联合概率的概念，表示为 $P(a,b)$，它给出了 a 和 b 都出现的概率（例如，明天珀斯（Perth）将是干燥的，而布里斯托（Bristol）将会下雨）。联合概率使我们可以定义互斥的概念，该概念在上面的第三个公理中引入：如果 $P(a,b)=0$，则两个事件是互斥的。请注意，联合概率 $P(a,b)$ 必定不会超过单个事件概率 $P(a)$ 和 $P(b)$。

有一个概念对似然（以及后面的贝叶斯技术）的讨论至关重要，那就是条件概率。将事件 b 给定时 a 的条件概率记作 $P(a|b)$，它告诉我们在已经观测到事件 b 的条件下观测到事件 a 的概率。如果 a 和 b 是独立的，则观测到 a 的概率不受是否观测到 b 的影响；也就是说，$P(a|b)=P(a)$。事件的独立性正是我们在执行标准统计检验（例如 t 检验）时做出的一个假设：从一个被试观测到特定度量的概率，不取决于我们从其他被试那里收集到的观测结果。反之如果 a 和 b 不是独立的，则 b 会给我们一些有关 a 的信息，因此会改变我们观测到 a 的概率。

条件相关对于使用数学或计算模型进行推理至关重要，因为我们通常关注数据与模型之间的某些条件关系。具体来说，我们通常关注在给定模型下观测到一组数据的概率。这种关系的重要性在于告诉我们某些数据与某个特定理论的一致程度。一个完全确定的模型将对我们尚未收集的数据做出预测，然后我们可以使用条件概率 $P(data|model)$ 评估该模型对数据进行预测的能力（即模型与数据的一致程度）。

联合概率和条件概率之间存在几种关系，这些关系对于建模者非常有用。首先，如果两个结果是独立的（如上面使用条件概率所定义），则它们的联合概率（同时观测事件 a 和事件 b 的概率）可以通过简单地将它们各自的概率相乘来计算：

$$P(a,b) = P(a) \times P(b). \tag{4.1}$$

一般而言，如果 a 和 b 不是独立的，并且我们知道 a 和 b 之间的条件关系 $a \mid b$，则联合概率由下式给出：

$$P(a,b) = P(a \mid b) \times P(b). \tag{4.2}$$

当偶发事件存在于实验数据中的情况下，这种关系很重要。例如，在一些发育实验中，对一个孩子进行了一些简单的通过/失败测试，然后只有通过了更简单的测试，才向孩子展示一些更困难的任务（Hood，1995；Hughes 等，1994）。由于实验的偶发性（由于第一个测试失败，因此通过第二个测试的概率为 0，因为从未给孩子提供通过测试的机会），通过两个测试的联合概率可以被正确地概念化为公式 4.2 而非公式 4.1。

在开始将概率模型与数据进行详细关联之前，我们首先需要讨论如何形式化模型的预测。我们需要某种方式来衡量可能的数据集与模型的一致程度，并且我们需要对可以观测到的所有可能的数据集执行此操作。这归结为在应用模型的实验中为所有可能结果指定了预测概率。因此，我们首先考虑模型可以预测的所有可能的假设数据集。

4.1.3　概率函数

在最大似然框架中使用模型时，我们通常会考虑模型可以预测的所有可能事件及其概率的相关度量。在本书中，我们通常将这些函数称为**概率函数**（*probability functions*）。事实上，根据数据的性质，我们可能使用几种不同的概率函数来表征模型。在离散事件的情况下，将概率指定为**概率质量函数**（*probability mass function*）。心理学中有许多离散度量的例子，例如，被试提供正确答案的试验次数；儿童是否通过发育测试；或用 Likert 量表对陈述的评分。

图 4.1 中显示了一个概率质量函数作为第 1 章中讨论的分类任务的示例。在这里，我们提出了一种分类模型，即 GCM 模型（Nosofsky，1986），通过评估对象与存储样本的相似性对对象进行分类。GCM 通过计算对象与存储中每个样本的相似度，然后用公式 1.5 描述的简单选择规则将求和的相似度转换为分类概率来产生预测。这个公式被称为 Luce 选择规则（Luce，1959），在两个类别 A 和 B 的情况下，它给出我们在给定刺激 i 的条件下归类为类别 A 的概率 $P(R_i = A \mid i)$。在下面的讨论中，我们将假设一个特定的刺激 i，并只简单地写 P_A，而不是 $P(R_i = A \mid i)$。

作为建模者，我们面临的问题是 P_A 作为概率是对每次试验结果的期望。但是，每次试验都会产生一个离散的结果：即将刺激分为 A 类或 B 类。这与掷硬币的情况非常相似；硬币有可能出现正面或反面的情况，每次抛硬币都会给我们带来一个正面或一个反面。此外，在心理学上，我们通常对一系列试次的结果感兴趣。例如，如果我们对刺激 i 进行 10 次测试，那么多少次它归为类别 A？

这就是图 4.1 中绘制的内容。该图并不是展示实际数据；它展示了在给定统计模型的情况下实验中可能发生的事件。图 4.1 绘制了二项式函数（binomial function）统计模型的预测，我们将在后面更详细地研究此模型。目前，我们可以在图 4.1 中看到，二项式模型为每种可能的结果分配了一个概率。这里的不同结果 N_A 是指将刺激 i 分类为 A 类的次数，假设对 i 进行试验的试次总数为 N；在图中，N 设置为 10。我们需要从模型中获得的唯一信息是P_A，而我们从 GCM 获得了这一信息。因此，我们从 GCM 获取预测的分类概率P_A，然后计算出实验中每个结局N_A的可能性。

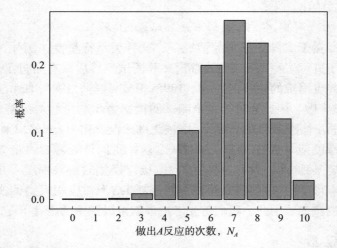

图4.1　概率质量函数示例：在一个分类任务中，在 $N=10$ 次选了N_A次 A 的概率，其中 A 对任何特定项目的反应概率为$P_A=0.7$。

在这一点上，要小心区分两个不同的概率：P_A是二项式概率函数的一个参数（由 GCM 提供给我们），该参数指定将任何一种刺激归为 A 类的概率，而图4.1 中的 y 轴绘制了在给定P_A（在图4.1 中绘制的示例中等于 0.7）下观测到每个结果（选 A 的反应次数，N_A）的概率和试验总数 N（此处 N 设置为 10）。请注意，尽管平均预计一个人会在 10 个试次中有 7 次做出 A 反应，但由于抽样变异性，偶然地它可能只做出 3 次这样的反应，或在所有 10 次试验中全做出 A 反应。这种明显的抽样变异性体现在将明显非零的概率分配给一定范围内的不同的N_A。注意，图4.1 中的所有概率相加等于 1，与概率论的第二个公理一致。这是因为我们对N_A穷尽了整个样本空间：一个人可以将 10 个项目中的 0 个和 10 个项目中的 10 个归为 A 类，N_A可以是 0～10 的任意整数，如图4.1 所示。正如我们不久将看到的那样，结果是我们可以使用二项式函数将模型预测与实际获得的数据相关联，方法是评估给定P_A的情况下某人 10 次中有 7 次将某刺激类别归类为 A 类的可能性。也就是说，给定模型的情况下该数据出现的可能性有多大？

因为这里的离散结果数量是有限的，所以我们能够在图4.1 中绘制概率值图，每个结果都有一个发生概率。如果变量是连续的而不是离散的，该怎么办？心理学的连续变量包括直接度量，例如反应时间（例如 Luce，1986）、皮肤电反应（例如 Bartels 和 Zeki，2000）和神经放电率（例如 Hanes 和 Schall，1996），以及间接度量，例如来自结构方程模型的隐含变量（例如，Schmiedek 等，2007）。当收集了大量观测值或计算出平均准确性时，准确性也经常被视为连续变量。

连续变量的一个属性是，观测特定值的概率实际上为 0（只要我们不对观测结果进行四舍五入将其转化为离散变量）。也就是说，尽管我们可能记录了 784.5ms 的时间，但是对于完全连续的变量，始终可以精确此时间到另一个小数位（784.52 ms），一个

（784.524 ms）和另一个（784.5244 ms）。因此，即使我们不能有意义地指代单个结果的概率，我们仍需要某种方式来表示有关概率的信息。

有两种方式表示连续变量的概率分布。第一个是累积分布函数（Cumulative distribution function，CDF；又称为累积概率函数，也叫概率分布函数）。图4.2中显示了一个示例CDF，该CDF由反应时模型（称为漂移Wald分布，shifted Wald distribution）预测得出（Heathcote，2004；Luce，1986；Matzke和Wagenmakers，2009）。差别在于漂移Wald分布模型中该模型与第2章中讨论的反应时模型（随机游走模型）相似。时间和证据量都是连续的，相反，第2章讨论的随机游走模型假设时间是离散的。漂移Wald分布与Wald分布略有不同，Wald分布仅假设单个（上限）边界，因此更自然地适用于只能做出单个反应（例如，简单反应时间；Luce，1986）或反应概率接近1的情况。现在，我们将模型视为黑盒并简单地注明，当我们将某个参数集输入模型时，将生成如图4.2所示的预测CDF。横坐标给出了我们连续时间 t（图4.2中的反应时间）；沿纵坐标轴，我们有决策时间 x 低于（或等于）时间 t 的概率；形式为

$$F(t) = P(x \leq t) \tag{4.3}$$

例如，时间 $t = 2$ 的CDF给出了预测的时间 ≤ 2s 的概率。请注意，纵坐标是一个概率，因此被约束到0和1（含）之间，与我们的第一个概率公理一致。

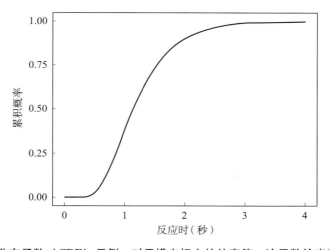

图4.2　累积分布函数（CDF）示例。 对于横坐标上的特定值，该函数给出观测到小于或等于该值的反应时的概率。

连续变量的概率的另一种表示形式是概率密度函数（probability density function，PDF），简称为概率密度，它与似然框架的关系更加密切。图4.3使用了与图4.2中用于生成CDF的相同参数，绘制了由漂移Wald预测的反应时的概率密度函数。目前，这种密度的确切形式并不重要，除非概率密度函数表现出正偏态形状（positively skewed shape），该形状通常与许多任务的反应时相关（Luce，1986；Wixted and Rohrer，1994）。重要的是我们可以从该函数中读出什么。尽管尝试将 y 轴直接解释为概率可能很诱人（图4.1所示），但我们不能这样做：由于我们将反应时视为一个连续维度，因此实际上在该维度上存在无数的精确值，这意味着出现特定反应时的概率极低。但是，

PDF 的高度可以解释为观测每个可能的反应时的相对概率。将这两件事放在一起，我们可以看到为什么将该函数称为概率密度函数。尽管时间维度上的特定点本身没有"宽度"，但我们可以通过查看一系列时间值来计算概率。也就是说，讨论观测到反应时间在 2s 到 3s 之间的概率是有意义的，我们可以通过计算这两个值之间的曲线下的面积来得到其概率。这就是概率密度函数的名称来源，它提供了沿变量整个维度（在这种情况下为时间）的函数高度（密度）的值，然后可以将该密度变成一个区域，因此通过指定对应计算面积的范围来确定概率。举一个现实生活中的例子，考虑一下蛋糕。尽管在蛋糕上进行一次切块实际上没有任何体积（切块不能食用），但是如果我们进行两次切块，我们可以去除切块切下来的蛋糕区域并将其吃掉。概率密度曲线的高度与蛋糕的高度相对应：如果切割距离是一定的，那么更高的蛋糕切出的蛋糕体积也更大。

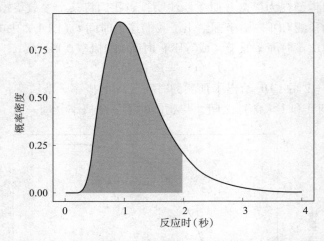

图 4.3　概率密度函数（PDF）示例。有关详细信息，请参见文本。

形式上，PDF 是 CDF 的导数（对于因变量，在这种情况下为反应时）。也就是说，当我们沿着图 4.2 中的水平轴移动时，它给出了累积概率的变化率。为了更加具体，请想象一下图 4.2 绘制了一个 10m 冲刺所覆盖的总距离（而不是概率）随时间的变化。随着时间的流逝，短跑运动员从短跑开始就将覆盖越来越长的距离。在这种情况下，图 4.3 中的 PDF 将给出比赛中任何时刻短跑运动员的瞬时速度。根据图 4.3，这意味着短跑运动员起步缓慢，在 1s 左右加速到某个峰值速度，然后再次减速。

我们也可以翻转一下：CDF 是通过将 PDF 从可能的最小值累加到当前值而获得的。例如，反应时为 2s 时 CDF 的值，是通过将 PDF 从 0 到 2s 积分来获得的；或者计算出 0 到 2s 之间 PDF 下的区域面积，反过来又使我们有机会观测到 0 到 2s 之间的，也就是图 4.3 中浅灰色阴影区域。如果我们在图 4.2 的纵坐标上读取反应时为 2s 的值，发现该概率大约为 0.9，也就意味着预计大约 90% 的时间在 0 到 2s 之间。

因为对连续变量进行观测的概率实际上为 0，所以在某种意义上，PDF 中的纵坐标比例是任意的。但是，要给出 CDF 和 PDF 之间的关系，一个重要的约束条件是 PDF 曲线下的面积等于 1，就像概率被限制为总和是 1 一样。这意味着，如果改变了测量范围（例如，我们以毫秒为单位而不是秒来衡量时间），即使函数本身未更改，PDF 纵坐标上的值也会更改。这再次说明图 4.3 中的标度不能直接解释为概率，但是它确实保留了相对关系，因此更可能的结果将具有更高的值。我们还可以记录一个特定观测值带有误差 ε 时的概率。例如，记录反应时为 784.52ms 的概率等于时间将落在窗口 784.52ms $\pm\varepsilon$ 中的概率（Pawitan，2001）。这等同于测量密度函数下的面积，该面积被下限 784.52ms $-\varepsilon$ 和上限 784.52ms $+\varepsilon$ 所截取。

让我们总结一下图 4.1 至图 4.3 中的内容。这些图每一个都展示了特定参数值的集合下的模型预测。由于模型中和采样过程（即从总体中采样被试、从每个被试采样数据的过程）中固有的变异性，因此模型的预测分散在一系列可能的结果中：A 反应的数量（图 4.1）或以秒为单位的反应时（图 4.2 和图 4.3）。该模型的作用是为每个可能的结果分配一个概率（在离散结果的情况下）或概率密度（在连续结果的情况下）。大多数情况下，模型预测某些结果比其他结果更有可能出现。我们接下来将会看到，这一点在模型与实际观测数据联系起来时极其重要。

4.2 什么是似然（likelihood）

到目前为止，我们仅处理了模型预测。我们浏览的模型为每个可能的结果分配了一个概率或概率密度。反之，这些预测又代表了如果我们进行实验并收集数据，模型期望观测到这些结果的程度。现在，我们讨论似然性的概念，将看到如何将概率和概率密度与我们在实验和分析数据时观测到的实际结果相关联。

目前为止，处理似然性时要理解的第一个重要概念是分布和密度函数（图 4.1 ~ 4.3 中所示的函数）实际上是有条件的。它们显示了给定模型和模型的一组特定参数的情况下的预测分布或密度函数。因此，对于单个数据点 y，模型 M 和参数值向量 θ，我们将给定模型和参数值时观测数据点的概率或概率密度表示为 $f(y \mid \theta, M)$。在此，f 是概率质量函数（图 4.1 中显示了一个示例）或概率密度函数（图 4.3 中显示了一个示例）[①]。在本章的其余部分，我们将假设特定模型，并将 M 排除在以下公式之外，尽管您应该将那些公式视为特定模型 M 的隐含条件。我们将在本书的第 3 部分中重新考虑模型 M，那时我们将基于一组数据比较不同的数学或计算模型（即我们将考虑不同模型下数据的概率）。

当我们观测到一些数据时，我们并不真正在乎整个概率分布。现在我们不再考虑如图 4.3 所示的 y 的所有可能值，而是对实际观测到的数据 y 的概率（离散变量）或概率密度（连续变量）感兴趣。为了说明这一点，图 4.4 展示了一些到目前为止我们获得的数据，其中一个示例数据点已用星号标出。在上图中，我们看到一个用于分类任务的数据点：10 个反应中有 6 个是 A 反应。该数据点可能对应于来自单个被试的 10 个反应，或者对应于分别来自 10 个被试、每个被试的 1 个特定测试项目上的单个反应。虚线说明了如何根据模型读取观测到 10 个中含有 6 个 A 反应的事件的概率；我们从 y 轴读出其概率约为 0.2。实际上，我们不通过图形确定该值，而是将数据 y 和参数 θ 代入函数 $f(y \mid \theta)$，通过计算获得概率。

---

① f 也可以表示 CDF，但在处理似然时，我们很少提到 CDF。

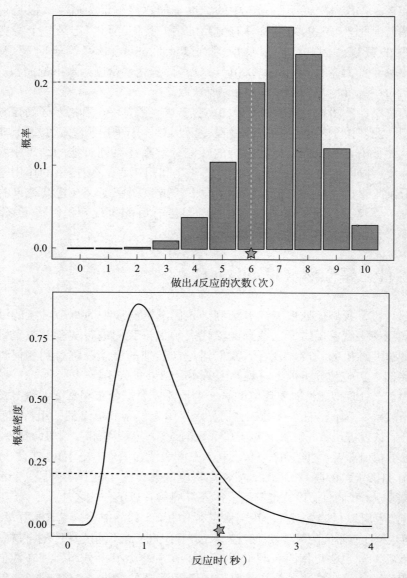

图 4.4 读取离散数据的概率（上图）或连续数据的概率密度（下图）。每个图中的星号表示一个示例数据点，虚线表示如何使用函数将数据值转换为概率或概率密度（从 y 轴读取）。

在图 4.4 图中，我们看到了在反应时实验中只有一个反应时数据的情况。同样，此图中显示了数据点及其概率密度之间关系的图形描述。该原理与上图中所示的原理没有什么不同，只不过我们现在读取的是概率密度。

当然，我们通常有多个数据点。例如，我们可能在实验条件下从被试那里收集 100 次测试的反应时。当我们有许多数据点时（正如我们在心理学实验中通常会遇到的那样），我们假定 y 中的观测值是独立的，我们就可以通过将各个观测的概率或概率密度相乘，得出数据向量 y 中的联合概率或概率密度，如下：

$$f(\boldsymbol{y} \mid \boldsymbol{\theta}) = \prod_{k}^{k} f(y_k \mid \boldsymbol{\theta}), \tag{4.4}$$

其中 k 索引表示数据向量 y 中的单个观测值 y_k（请记住，这也取决于我们的特定模型 M）。

既然我们已经明确认识到可以通过概率函数将收集的数据与模型相关联，那么现在可以回答本节标题中的问题：似然是什么？似然涉及与概率密度完全相同的函数，但它用于不同的目的。概率函数告诉我们关于给定参数向量 $\boldsymbol{\theta}$ 的情况下数据 y 的概率。似然函数从相反方向执行映射：给定数据 y，参数向量 $\boldsymbol{\theta}$ 中的值的似然是多少？与其保持模型和参数值固定不变，检查不同可能数据点的概率函数或概率密度，不如保持数据和模型固定不变，观测似然值随参数值的变化。

当以图形方式显示时，概率函数和似然函数之间的差异更加明显。图 4.5 列出了我们一直在讨论的 Wald 分布。上图显示了在一定范围内针对 t 和 m 的每个可能值绘制出的概率密度函数 $p(t \mid m)$ 的曲面。在此，t 表示单个反应时，m 是 Wald 分布的漂移参数。尽管该曲面用曲线绘制，但其实该曲面沿 x 和 y 轴完全连续。图中的每个轮廓都是概率密度函数，针对 m 的特定值绘制出概率密度函数。图中我们仅绘制了无数个可能的某一些概率密度函数（请注意，m 是连续参数）。作为说明，在上图的曲面上，一条特定的概率密度函数 $p(t \mid m=2)$ 标记为灰线，它在 $m=2$ 处垂直于 m 轴；通过曲面的相应横截面绘制在图 4.5 的中间的图中。

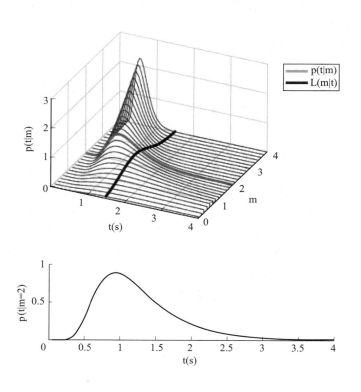

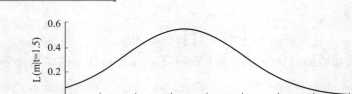

图 4.5 区分概率和似然。顶图绘制了概率密度 $p(t \mid m)$ 作为 **Wald** 模型参数 **m** 和单个反应时间 t 的函数。中间和底部的子图中显示了与概率密度（灰色线）和似然函数（黑线）相对应的横截面。更多细节参见正文。

在图 4.5 的顶图还标出了一条黑粗线，该黑粗线在 $t = 1.5s$ 处垂直于反应时轴。这条线在图 4.5 的底图中以横截面图的形式绘制，它就是似然函数，表示为 $L(m \mid t)$。[①]这代表了我们通常在估计参数时所处的状态，即我们收集了一些数据（在这种情况下，单个反应时 $t = 1.5s$），并且对参数的值有一些不确定性。就像概率密度函数一样，似然函数可以告诉我们世界的可能状态。区别在于，似然函数的状态指的是不同的可能的参数值；而似然函数告诉我们，基于我们已经观测到的数据，这些参数值中的每一个值的可能性。从这个意义上讲，似然函数有点像参数的概率密度，而不是数据的概率密度。但是，重要的警告是，我们不能完全像概率密度那样对待似然函数。它的积分不是 1。如后面的章节所述，我们可以使用贝叶斯规则的机制将 $p(t \mid m)$ 与 m 的先验概率 $p(m)$ 结合起来，以获得给定数据 $p(m \mid t)$ 下的模型参数的概率密度。但似然函数 $L(m \mid t)$ 本身就可用于参数估计。

这一切可能会使您感到困惑，因为概率密度函数和似然函数都是由相同的概率密度函数 $p(t \mid m)$ 指定的。对于给定的 m 和 t 值，$p(t \mid m)$ 始终等于 $L(m \mid t)$。概率密度函数和似然函数可以这样区分：m 是固定的，由 t 追溯出函数（概率密度函数）；或者 t 是固定的，由 m 追溯出函数（似然函数）。

作为图 4.1 中给出的二项式分布示例，图 4.6 绘制了相似的曲面，再次强调这种区别。二项式分布告诉我们期望每个可能结果的概率，在这种情况下即为分类范式中 A 反应的次数（此处记为 N_A）。二项分布根据实验中收集到的反应总数（此处为 N = 10）和参数 P_A（产生 A 反应的概率）给这些概率赋值。参数 P_A 只是一个统计参数，不是心理模型的参数，但请记住，它也可以反过来由诸如 GCM 之类的模型生成。图 4.6 中的曲面绘制了不同的 N_A（数据）和 P_A（二项式模型参数）组合下的 $P(N_A \mid P_A)$。它看起来比较不规整，因为我们考虑的是离散变量 N_A。相反，参数 P_A 是连续的，因为它可以位于 0~1（包括 0 和 1）的任何位置。

在图 4.6 中垂直于 P_A 轴的该表面的每个切线都为我们提供了特定 P_A 值的二项式概率质量函数 $p(P_A \mid N_A)$。曲面上的粗线描绘出一个对于 $P_A = 0.7$ 时的概率质量函数；这个函数与图 4.1 中的函数相同。相比之下，图 4.6 中的每个色带描绘出 N_A 的似然函数，$L(P_A \mid N_A)$；即固定 N_A，允许 P_A 变化。同样，这对应于我们利用观测到的一些数据（例

---

① 似然函数有时表示为 $L(m;t)$

如，10个中有7个是 A 反应）估计参数P_A的情况。似然函数和概率函数之间的差异从它们的不同特性中显而易见：图4.6中的每个概率质量函数由一系列阶梯组成（它是离散函数，如图4.1所示），而似然函数是平滑变化的（在P_A上是连续的）。

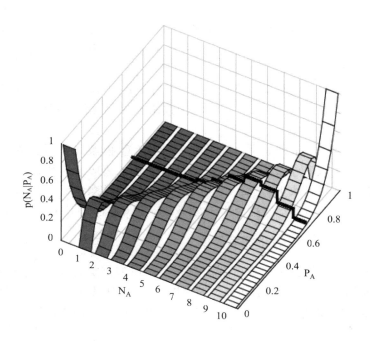

图 4.6 二项式模型下数据点的概率。分类任务中 A 反应的数量的概率，作为模型参数P_A和数据点N_A的函数。实线表示特定P_A值的概率质量函数，而每个条带表示连续的似然函数。

4.3 定义概率分布

在我们使用似然函数将模型拟合到数据之前，首先需要指定概率分布是概率质量函数还是概率密度函数。确定性模型（在给定某些参数值的情况下总是预测到相同结果的模型）将无法利用似然法的优点。如果模型根据一组特定的参数值预测到确定的结果，则我们的 PDF 在预测的数据值处将具有一个奇点（即变为无穷大），其他数据值则将为零。在概率质量函数的情况下，我们将以概率 1 预测某一个结果，而所有其他结果预测为零概率。因此，关键是我们的模型必须在所有可能被观测到的结果中指定一些概率函数。迄今为止，在讨论中可以明显看出概率函数对每种可能结果（即每个可能的数据值）把参数映射为一个概率或概率密度。

在某些情况下，概率函数的确定不仅出于上述原因的要求，而是概率函数本身就是建模的目标。例如，反应时间或选择时间（例如 Balota 等，2008；Brown 和 Heathcote，2005；Carpenter 和 Williams，1995；Ratcliff，1998；Usher 和 McClelland，2001；Wixted 和 Rohrer，1994；参见 Luce，1986 年的综述，而本书第 14 章则是关于选择反应时间模型的更多内容）的一个有趣的方面是：即使在相同的刺激下，不同个体的反应时间或选择时间的表现也会有所不同。并且反应时间模型的主要目的就是刻画反应时间的整个分布（请参阅第 2 章）。将反应时间分布模型应用于数据是有益的，因为与特定心理过程相关的反应时间模型中的不同参数倾向于系统地映射到分布的不同方面。因此，通过估计模型分布的参数，或查看数据本身的位置、形状和偏斜的变化并将它们与模型联系起来（例如，Andrews 和 Heathcote，2001 年），研究人员可以对底层心理过程进行推断。

但是这些概率函数从何而来？我们如何根据特定数据集得到适当的概率函数？对于我们之前看过的示例，这些二项式和 Wald 函数来自哪里，为什么我们特别关注这些函数？

可以通过考虑以下因素来获得合适的概率分布：①模型需要拟合或比较因变量的性质；②模型预测的概率分布。首先，因变量的性质（离散或连续）告诉我们是概率质量函数还是概率密度函数更合适。其次，我们的模型预测的概率分布以及数据的性质，告诉我们是否可以将模型直接应用于数据，还是需要首先引入一些中间概率函数。

4.3.1 由心理模型所指定的概率函数

刚刚讨论的反应时模型是概率密度函数完全由模型指定的一个很好的例子。我们已经讨论过这样的模型，即 Wald 分布。尽管我们将模型描述的重点放在个体试次的发生上，但是它也可以计算出反应时（即随机运动第一次越过边界的时间）的分布，正如 Schr dinger（1915）和 Wald（1947）所研究的那样。如上所述，我们采用漂移 Wald 模型（Heathcote，2004；Matzke 和 Wagenmakers，2009），它可以表示非决定性编码和运动过程的恒定截距。漂移 Wald 概率密度函数表示为

$$f(t\,|\,a,m,T) = \frac{a}{\sqrt{2\pi\ (t-T)^3}}\exp\left(-\frac{[a-m\ (t-T)]^2}{2\ (t-T)}\right),\ t > T. \tag{4.5}$$

在公式中，t 是反应时，参数 m，a 和 T 分别是漂移、反应边界的位置和代表增加的非决策时间的漂移项。如脚本 4.1 所示，这可以在 R 中轻松实现。使用公式 4.5，我们可以根据给定的 m、a 和 T 的值来计算数据点的概率密度。在这种情况下，概率密度函数本身就是行为模型，不需要进一步的假设即可将模型与数据相关联。

```
1  rswald <- function(t, a, m, Ter){
2    ans <- a/sqrt(2*pi*(t-Ter)^3)*
3      exp(-(a-m*(t-Ter))^2/(2*(t-Ter)))
4  }
```

脚本 4.1　漂移 Wald 概率密度函数

4.3.2 基于数据模型的概率函数

并非所有模型都像 Wald 模型一样。在许多情况下，模型只能预测平均表现或总体表现，而不能直接预测整个分布。

GCM 模型就是其中的一种，我们已经讨论过数次了。回顾一下第 1 章中的 GCM 公式。它们逐步描述了我们如何从待分类的刺激——以及与之进行比较的存储的各类刺激——到将该刺激归为 A 类的概率。这些公式一起参与到模型预测的计算中。在此过程中，我们还发现模型参数也参与其中：参数 c 缩放了公式 1.4 中的相似性函数[①]。但是，由于模型没有指定不同可能数据值的概率，因此我们无法直接将模型与数据相关联。相反，我们可以使用二项式函数，从中获取 A 反应的预测概率，指定（给定试验总数的条件下）观测到每个可能的 A 反应次数的概率，然后使用那个函数去确定给定模型参数下我们所获得的数据发生的概率。

脚本 4.2 和 4.3 给出了 R 代码，用于在给定某些参数值的情况下，计算 GCM 下一些数据的似然。我们使用的数据来自 Nosofsky（1991），他向被试展示了如图 1.8 所示的面孔。被试学习将最上面的面孔分为一类，最下面的面孔分为另一类；然后用大量的面孔对他们进行测试，包括许多原始训练集中没有的面孔。目前，我们将计算人们对（图 1.8 左上角的）单张面孔反应的似然。

脚本 4.2 的第 1 行"源引"（"sources"）脚本 4.3，以便调用脚本 4.3 中的函数 GCMpred。对文件进行源引可以执行该文件中的内容，就像它们已在 R 控制台中键入一样。在这里，GCMpred.R 仅包含一个函数，因此源引该文件的作用是定义该函数（它将在稍后被调用）。

```
1  source("GCMpred.R")
2
3  N <- 2*80 # there were 2 responses per face from 80 ppl
4  N_A <- round(N*.968) #N_B is implicitly N − N_A
5
6  c <- 4
7  w <- c(0.19, 0.12, 0.25, 0.45)
8
9  stim <- as.matrix(read.table("faceStim.csv", ↩
       sep=","))
10
11 exemplars <- list(a=stim[1:5,], b= stim[6:10,])
12
13 preds <- GCMpred(stim[1,], exemplars, c, w)
14
15 likelihood <- dbinom(N_A ,size = N,prob = preds[1])
```

脚本 4.2　连接 GCM 模型与二项式函数

以下两行提供建模数据的信息。Nosofsky（1991）对每张面孔的 80 名被试进行了两次测试，因此我们知道一张面孔共被观测 2×80 次，并将其分配给变量 N。变量 N_A 是人们在这 N 次试验中做出 A 反应的次数。我们可以从 Nosofsky 论文中的表 1 得到实

---

　　① 可以通过将公式 1.5 中的量提高到某个程度来推广该模型，它将决定了模型中反应的随机性（即概率与偶然性的接近程度）。见 Ashby 和 Maddox（1993 年）。

验中对每张面孔的反应概率①。面孔 1 的 A 反应概率为 0.968，因此我们将其乘以 N 以得到 A 反应的数量。并将结果四舍五入，得到一个整数值、（当然，如果这是我们自己的实验，我们将知道确切的数字。）。然后，接下来的两行将该整数值分配给某些参数值；这里即为 Nosofsky 获得的最佳拟合参数值。请注意，w 是一个具有四个元素的向量，给出了沿着面孔刺激变化的四个维度中每个维度的权重（稍后将对此进行详细介绍）。

第 9 行读取面孔的属性。文件 faceStim. csv 是一个以逗号分隔的值文件，其中每一行都是一个面孔，各列分别给出该面孔的四个维度的值。这些是从 Nosofsky 的表 A1 获得的多维比例缩放值，它们表示面孔沿着那些值变化的心理维度。这些值是在分类任务的上下文之外通过计算人们对面孔相似度的评分所获得的，然后使用一种称为多维尺度的技术（multidimensional scaling）（Kruskal and Wish，1978）来提取面孔所在的心理维度。基于此，假设人们评估的是这个多维空间内示例和刺激之间的相似性。然后，第 11 行创建一个包含两个矩阵的列表 examplars。第一个矩阵包含训练集中分类为条件 A 的面孔，而第二个矩阵则包含训练集中分类为条件 B 的面孔。

下一行调用函数 GCMpred，该函数在给定存储的 exemplars 列表以及 GCM 的参数，（c 和 w）的情况下，获得对一个刺激（在本例中为 stim［1，］的第一张脸）产生 A 反应的预测概率。GCMpred 是在单独的文件中定义的函数，如脚本 4.3 所示；让我们逐步看看代码逻辑。第 15 行初始化一个变量 dist，该变量记录了探针刺激 probe 和 examplars 中每个样本之间的距离。接下来的几行有些含糊，因为它们使用一些 R 中特定的技巧来避免多个嵌套循环。第 16 行循环处理列表 exemplars 中的元素。给定上一段中描述的 exemplars 结构，这意味着循环将运行两次，一次是 ex 等于 A 类的示例矩阵（exemplars 的第一个元素），第二次是 ex 等于 B 类的示例矩阵。

```
1  GCMpred <- function(probe, exemplars, c, w){
2
3    # calculate likelihod of N_A `A' responses out of N ←
         given parameter c
4    # 'stim' is a single vector representing the ←
         stimulus to be categorised
5    # 'exemplars' is a list of exemplars; the first ←
         list item is the 'A' exemplars
6    #  in memory, and the second list item is the `B` ←
         exemplars in memory
7    #  each list item is a matrix in which the rows ←
         correspond to individual
8    #  exemplars
9    # 'c' is the scaling parameter, and 'w' is a vector ←
         giving weighting for each
10   #  stimulus dimension (the columns in 'stim' and ←
         'exemplars')
```

① Nosofky 指的是类别 1 和类别 2，这里分别称为 A 和 B。

```
11
12   # note: for a large number of categories we could ←
        use lapply to loop across
13   # the categories in the list 'exemplars'
14
15   dist <- list()
16   for (ex in exemplars){
17     dist[[length(dist)+1]] <- apply(as.array(ex), 1,
18                        function(x)
                             sqrt(sum(w*(x-probe)^2)))
19   }
20
21   sumsim <- lapply(dist, function(a) sum(exp(-c*a)))
22
23   r_prob <- unlist(sumsim)/sum(unlist(sumsim))
24
25   }
```

脚本 4.3　从 GCM 获取反应的预测概率的代码

循环中的单个语句做了很多事情。函数 apply 是基础的 R 函数之一，它将一个函数或一个操作作用于数组的每一行或每一列。此处将值 1 作为第二个参数传递进去，表示将函数作用于 ex 的每一行（值为 2 时表示作用于每一列，有关更多详细的信息，请参见 apply 的帮助）。为了确保将列表元素 ex 解释为数组，我们将其包装在 as.array 函数中。apply 的最后一个参数是一个应用于 ex 每一行的函数。在这里，我们通过 function（x）来定义内联函数。这告诉 R，以下材料定义了带有单个参数 x 的函数。实际上，apply 将为输入数组的每一行调用该函数，将该行作为单个参数传给内联函数。因此，在函数中对 x 的引用实际上是指作为第一个 apply 参数传入的数组中的任意行。

内联函数 function（x）实际在做什么？它根据公式 1.3 计算欧几里得距离。对于每个刺激维度（即 x 的每一列），我们计算该刺激维度上的值与 x 维度上的值（特定示例）之间的差，对差进行平方求和，然后取总和的平方根以获得欧几里得距离。函数中的一个新变量是 w，它为每个维度赋予了权重。Nosofsky（1986）认识到，在对刺激进行分类时，人们可能会赋予某些维度更高的权重，并且向量 w 代表分配给每个维度的权重（第一个元素对应于第一个维度，第二个元素对应于第二个维度，依此类推）。我们假设 w 中的权重加起来为 1。

计算出 ex 与 probe 之间每一行的欧几里得距离之后，将其存储在 dist。在循环结束后，dist 是一个列表，其中的每个元素都是一个向量，用于存储该类别（A 或 B）中的每个示例与 probe 之间的距离。然后，下一行通过公式 1.4 将这些距离转换为相似度。现在，我们巧妙地使用 R 函数 lapply；这与 apply 类似，但适用于列表，将函数作用于列表的每个元素。在这里，我们将 dist 作为参数传递，对于 dist 的每个元素（即对于两个类别中的每个类别），我们都将该类别的距离变成相似度——请注意代码中的模型参数 c。然后，我们对这些相似度求和，以得出 probe 与当前正在分析的类别中的所有示例之间的相似度总和；这些存储在列表 sumsim 中。

最后，我们计算反应概率并将其赋值返回变量 r_prob。该行实现公式 1.5 中的选择规则，并将每个求和激活除以激活的总和。我们在这里使用 unlist 函数将列表 sumsim 转换为向量。完成后，r_prob 将为每个反应保留一个反应概率：第一个元素为做出 A 反应的概率，第二个元素为做出 B 反应的概率。然后将向量 r_prob 传递回调用脚本 GCMbinom. R。

脚本 4.2 的最后一行使用 GCM 的预测来计算某些获得的数据 N_A 和试验总数 N 的二项式概率，我们需要采取最后一步将 GCM 与数据联系起来。目前，GCM 只是预测有人将做出 A 反应的固定概率值P_A。在数据中，我们获得了 A 反应的数量N_A，实际上我们可以将其转换为 A 反应的经验概率。但我们需要认识到，即使 A 反应概率是固定的，由于采样的变异性，实际观测到的 A 反应的数量也会有所不同。这种情况与我们将加权硬币翻转 N 次并记录正面（A 反应）和背面（B 反应）数量的情况在形式上完全相同。假设硬币正面朝上的概率为p_{heads}，则在（N 次中）所有可能的正面朝上的次数 k 的概率分布由二项式分布给出：

$$f(k \mid p_{heads}, N) = \binom{N}{k} p_{heads}{}^{k} (1 - p_{heads})^{N-k}, \tag{4.6}$$

其中$f(k)$是 N 次抛掷硬币中恰好有 k 次正面朝上的概率，而$\binom{N}{k}$是 N 次中选择 k 次的组合函数，它给出了 N 次抛掷硬币发生 k 次正面朝上的组合数（如果不熟悉这些概念，大多数关于概率的入门书籍都涵盖了排列和组合）。在 GCM 的情况下，给定 A 反应的概率（替换公式 4.6 中的p_{heads}）时，我们关心的是每个可能数量的 A 反应（在公式 4.6 中为 k）的概率：

$$f(N_A \mid P_A, N) = \binom{N}{N_A} P_A{}^{N_A} (1 - P_A)^{N-N_A}. \tag{4.7}$$

R 提供了 dbinom 函数来实现二项式概率质量函数。来自模型的相关预测是 A 反应的概率，因此我们检查了 preds 的第一个元素，即调用函数 GCMpred 返回的预测概率的向量。请注意，我们已将结果命名为 likehihood：即出出数据N_A，我们计算在给定数据的条件下参数值的似然。

4.3.3 概率函数的两种类型

GCM 的情况可以和漂移 Wald 分布对比，后者如上所述，可以直接预测完整的概率密度函数。图 4.7 中明确了两种情况。

在图 4.7 的左侧，我们展示了类似 Wald 的模型，它是一种心理模型，但也描述了采样过程，该采样过程允许该模型与数据直接相关，因为它会产生完整的概率函数。

图 4.7 的右侧显示了另一种情况，将模型的预测以及有关实验中假定的采样过程的其他信息作为数据模型的输入；然后使用该数据模型生成完整的概率函数。

最后，数据模型没有理论上的意义，我们将图 4.7 中右侧的功能组合视为一个"黑匣子"函数。在将二项式函数应用于 GCM 时，黑匣子给出给定参数 c 和维度权重

w 时 N_A 的各种值的概率，而 GCM 的中间点预测 P_A 被隐藏在黑匣子内。既然这意味着黑匣子确实为我们提供了概率质量函数 $P(N_A|c,w)$，我们可以将其反过来，以指代给定观测数据下的参数的似然 $L(c,w|N_A)$。正如我们在第 4.2 节中所见，特别是在图 4.5 和图 4.6 中所见，$P(N_A|c,w)$ 和 $L(c,w|N_A)$ 的计算是相同的。区别在于我们是想要根据数据（似然性）估算一些未知参数，还是在给定一组已知参数值的情况下，计算我们期待未来观测到哪种类型的数据。

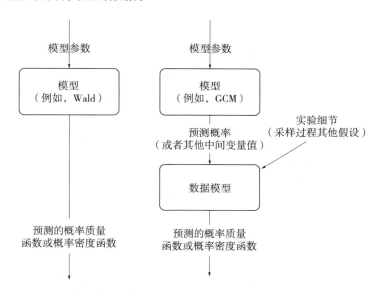

图 4.7 生成预测概率函数的不同方法，取决于模型性质和因变量。在左图，模型参数和模型一起足以预测全概率函数。这通常适用于因变量是连续且显式地建立了模型以预测概率函数（例如，反应时模型）的情况。在右图，模型参数和模型一起预测某些中间变量值（**intermediate values**），如正确反应的比例。这些中间值与采样过程的其他假设一起，利用**数据模型**，指定全概率函数。

图 4.7 还清楚地表明了区分不同类型的概率的重要性。对于具有二项式数据模型的 GCM，我们可以讨论许多种不同的概率：

1. 概率 P_A，即由 GCM 预测的 A 反应的概率。

2. 数据中 A 反应的概率，通过将 N_A 除以 N 获得。

3. 每种可能的结果 N_A 的概率，通过公式 4.7 中的二项式数据模型由 GCM 所预测获得（即图 4.1 中的纵坐标）。

每当使用这类模型时，重要的是不要混淆这些不同类型的概率。为了使这些概率清晰易懂，可能需要考虑如何将这些不同的概率映射到图 4.7（从模型参数到完整的概率函数）和图 2.7（将模型与数据联系起来）。

4.3.4 扩展数据模型

二项式模型不是我们可以使用的唯一数据模型。例如，我们可能要求被试将图 1.8 中的面孔归类为四种可能类别之一。二项式函数只有两种可能的结果，因此，如果存在两种以上类别，则不能使用该函数。作为替代，我们可以使用二项式分布的扩展，即多项式分布（multinomial distribution）。多项式分布的工作方式与二项式函数相同，可以扩展到具有两个以上可能分类结果的因变量。如果我们有 J 个类别的反应，那么我们对每个类别 j 中的观测值 N_j 感兴趣，$j = 1 \cdots J$。我们将在向量 N 中表示出所有的 N_j。多项式分布根据特定观测值落入类别 j 的概率 p_j 来预测它们的频率；我们将在向量 p 中一起表示这些概率。例如，我们可以将类别视为水桶，将观测结果视为扔进水桶的球，每个球都落在一个（也只有一个）水桶中。然后，我们感兴趣的是球如何在桶中分布。

重申一下，N（每个桶中落球的数量）和 p（每个桶中落球的预测概率）都是向量，向量中的每个元素均指类别，每个向量包含 J 个元素。由于我们要在各个类别之间分配固定的观测总数（我们将其称为 N_T，表示观测总数），因此 N 中元素的总和必须等于 N_T。即，$\sum_j N_j = N_T$。类似地，概率必须加起来为 1：$\sum_j p_j = 1$。然后，给定概率 p，多项式函数提供了观测类别 N 中的频率的概率。多项式分布的一般形式如下：

$$f(\mathbf{N} \mid \mathbf{p}, N_T) = \frac{N_T!}{N_1! \, N_2! \, \cdots N_J!} p_1^{N_1} p_2^{N_2} \cdots p_J^{N_J}, \tag{4.8}$$

带有上述 N，p，N_T 和 J 的公式 4.8 中的感叹号并不表示惊讶，而是表示阶乘函数 $k! = 1 \times 2 \times 3 \times \cdots \times k$。事实证明，多项式函数的形式类似于公式 4.6 中的二项式函数。公式 4.6 是表示二项式分布函数的另一种方式的简化：

$$f(N \mid p, N_T) = \frac{N_T!}{N! \, (N_T - N)!} p^N (1-p)^{N_T - N}, \tag{4.9}$$

其中公式 4.6 中的变量和参数已替换为 N，p 和 N_T。您会注意到，公式 4.8 和 4.9 在形式上相似；实际上，二项式分布是当我们只有两个类别（例如正面与反面，或正确与不正确）时获得的多项式分布。公式 4.9 利用以下约束条件简化了公式 4.8：两个结果的概率必须加起来为 1：如果我们认为正确概率为 p，那么不正确的概率为 $1-p$。

多项式函数在 R 中的实现为 dmultinom 函数。它以向量 N，标量 N_T 和向量 p 为输入。因此，如果我们的 GCM 函数 GCMpreds 返回了四个可能的反应类别 A，B，C 和 D 的预测概率，则可以将这些概率组成的向量输入 dmultinom 函数。请注意，此处调用约定与二项式略有不同：dbinom 仅需要一个类别的概率，而 dmultinom 需要对所有类别的反应概率。

4.3.5　扩展到多个数据点和多个参数

图 4.5 和 4.6 中绘制的只是简单的示例，在实践中不能保证如此彻底的操作。通常，我们将有许多数据点和许多参数需要估算，并且数据来自许多被试。尽管如此，上文提到的原则也适用于这类情况。在数据向量 y 中有多个数据点的情况下，如果我们假设数据点是独立的，则可以遵循公式 4.1，将各个观测值的似然相乘来计算联合似然，就像我们将联合概率相乘以获得联合概率（公式 4.4）。即，

$$L(\boldsymbol{\theta} \mid \mathbf{y}) = \prod^k L(\boldsymbol{\theta} \mid y_k), \tag{4.10}$$

其中 k 索引表示各个观测值。然后，我们可以在垂直轴上绘制联合概率 $p(\mathbf{y} \mid m)$ 来重新概念化图 4.5。实际上，二项式函数已通过计算多次试验的概率来做到这一点。如果被试在每个试验中做出离散的 0 和 1 反应，则每个反应都可以用伯努利分布 $f(k \mid p) = p^k(1-p)^{1-k}$ 来描述，其中 k 为 0 或 1。二项式函数扩展这个函数来表示一组试验结果（正面和反面的数量）的联合概率函数；相反，伯努利分布在 R 中使用二项式函数 dbinom 获得，但 N = 1。

如果我们有多个被试的数据呢？我们能否以类似的方式在被试之间获得联合似然？简短的回答是：能。但是，如果这样做，我们需要一个假设，即被试可以由一组参数值共同表征。也就是说，我们假设被试除了每个被试内部的抽样变异所引入的变异之外，被试之间没有变异性。相反，在将模型拟合到数据时，我们通常要考虑参数的个体差异。这将是本书会涉及的主题，我们把对该问题的研究推迟到第 5 章。

通常，我们不仅有多个数据点，还有多个参数。这不会影响我们的似然性计算，但确实意味着我们应该清楚我们对此类模型的概念化。在有多个参数的情况下，图 4.5 和图 4.6 将赋予每个参数一个单独的维度。作为示例，让我们回到本章前面介绍的 Wald 模型，尤其是图 4.5 中的 c 图；提醒一下，该图表示固定的单个观测值 t = 1.5s 时 Wald 参数 m 的似然。图 4.8 通过绘制数据向量 t = [0.6、0.7、0.9] 的联合似然（所有都是单个被试的反应时间，以秒为单位），该似然是 Wald 模型两个参数（m 和 s）的函数；其他参数 T_{er} 固定为 0。图的明暗程度表示 a 和 m 不同组合的似然函数的值，如右侧标度所示，较暗的值表示较大的似然。m 和 a 共同构成参数向量 $\boldsymbol{\theta}$，使得绘制的值为联合似然 $L(\boldsymbol{\theta} \mid t)$，该联合似然由公式 4.10 计算得到。

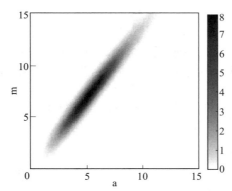

图 4.8 给定数据集 t = [0.6、0.7、0.9] 的 **Wald** 参数 m 和 a 的联合似然函数。这两个维度对应于两个参数，明暗程度表示该点的概率密度（较暗表示更大的密度）。

4.4 寻找最大似然

图 4.8 中的似然曲面（另请参见图 4.5 的 c 图）绘制了一些给定数据，对于 m 和 a 的所有可能值的似然，$L(m, a \mid t)$。通常，我们对所有这些可能的似然值都不感兴趣，而只想知道那些能最好地拟合数据的参数值。也就是说，我们希望找到那些具有最大似然的参数，称为最大似然参数估计。最大似然（maximum likelihood，ML）估计

是一种模值（*modal*）方法：我们正在寻找似然函数的模数 mode（即峰值）。

找到最大值的一种方法是绘制如图 4.5 和图 4.8 所示的似然曲面，并确定曲面最高点处的参数组合（例如 Eliason 1993）。但是，这是一种效率低下的策略，并且在需要估计多个自由参数时，是不切实际的。如第 3 章所述，一种更实用的方法是使用诸如 Nelder 和 Mead（1965）的 Simplex 算法，在参数空间中搜索最适合的参数。实际上，第 3 章讨论的所有方法都可以直接用于最大似然估计。

关于使用第 3 章中讨论的例子的一个警告是，它们寻求最小化（而不是最大化），这意味着当将该值返回给优化函数时，我们需要反转似然值的符号。实际上，我们可以对遵循约定的似然进行其他一些更改，使我们更容易拟合数据。

通常采用的一种约定是取似然的自然对数 ln（即 R 中的 log 函数）来测量*对数似然*。该约定有多重原因可以使估算和沟通更加容易。首先，我们希望在心理学中指定的许多概率密度都来自指数族概率分布，包括概率质量函数（例如二项式、多项式和泊松分布），还有概率密度函数（例如指数，正态/高斯，gamma 和 weibull 分布）。对数和指数具有特殊关系：它们是反函数。即，对数和指数彼此抵消：$\ln(\exp(x)) = \exp(\ln(x)) = x$。结果是，封装在指数函数中的概率函数的任何部分都将被解压。这使得它们更易于阅读和理解，并且还可以揭示目标参数与对数似然之间的多项式关系，从而使最小化变得更容易。自然对数能将乘积转化为求和，这也很有用：

$$\ln \prod_{k=1}^{K} f(k) = \sum_{k=1}^{K} \ln f(k). \tag{4.11}$$

类似地，对数将除法转换为减法。这不仅有助于简化似然函数（稍后将要看到），还涉及一个问题：大量观测值的似然可能超出现代计算机可以表示的范围，因为每次额外的观测都会使似然乘以一个值，通常是一个大得多或小得多的值。求 log 可以压缩该值并将其保持在合理范围内。log 还使多个观测值的信息或多名被试信息的合并更为容易，因为我们可以简单地将独立观测值或被试的对数似然相加以获得联合对数似然：

$$\ln L(\boldsymbol{\theta} \mid \mathbf{y}) = \sum_{k=1}^{K} \ln L(\boldsymbol{\theta} \mid y_k), \tag{4.12}$$

其中 k 为观测值（为了获得单个被试的观测值之和）或被试（为了获得所有被试的联合，即求和对数似然）的索引。

将正态分布作为展现对数似然优点的示例。我们通常将残差的分布假定为钟形概率密度：

$$p(y \mid \mu, \sigma) = \frac{1}{\sqrt{2\pi\sigma^2}} \exp\left(-\frac{(y-\mu)}{2\sigma^2}\right). \tag{4.13}$$

将其作为似然函数 $L(\mu, \sigma \mid y)$，我们可以获得以下对数似然函数：

$$\ln L(\mu, \sigma \mid y) = \ln(1) - \ln\left(\sqrt{2\pi\sigma^2}\right) - \frac{(y-\mu)^2}{2\sigma^2}. \tag{4.14}$$

无论是尝试以解析方式解决此问题，还是使用诸如 Simplex（参见第 3 章）之类的算法，以这种方式表示可以让公式更易读，并很容易消去那些不必要计算的情况。例如，第一项 ln（1）实际上计算为 0，因此可以将其丢弃。另外，如果我们不关心估计

σ 而只估计 μ，则也可以删除第二项 ln（$\sqrt{2\pi\sigma^2}$），因为该项不依赖于 μ，因此在公式中看作常数。如果我们知道 σ 的值，这将使 μ 非常容易估计，因为仅保留了第三项，其中对数似然通过简单的二次函数与 μ 相关。这意味着当哪个 μ 值是对整个公式的最佳估计，它在第一项和第二项为常数的情况下也是最佳的。

处理对数似然的最终优势是其统计解释。在后面的章节中，我们将使用值 $-2\ln L$（通常称为模型偏差，deviance）来评估模型的拟合度，并在其基础上比较不同模型。图 4.9 绘制了一组数据的似然、对数似然，和偏差分别作为 m 的函数时的图像。对数似然函数的峰值比似然函数小，并且通常是负值：每当似然小于 1 时，对数似然将为负值。偏差（右图）与对数似然函数的形状相同，但符号相反。这意味着 m 的最佳估计是似然函数和对数似然函数的最大值，以及偏差函数的最小值（即最接近负无穷大的那个值）。

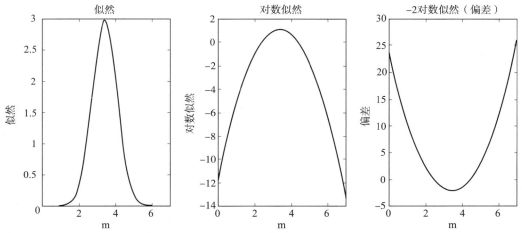

图 4.9 似然函数（左图）和相应的对数似然函数（中）和偏差函数（-2 对数似然，右图）。

由于似然通常（但不总是）是小于 1 的值，所以对数似然通常为负，这意味着由于 $-2\ln L$ 中的负号，偏差通常为正。请注意，负号也会翻转对 $\ln L$ 值的理解：偏差越大表示对数据的拟合越差，而 $\ln L$ 越负则表示拟合越差。

现在，让我们来看一个最大似然估计的可行示例，并继续我们之前看过的 GCM 示例。脚本 4.4 给出了从修改版本的 GCM 中获得预测概率 P_A 和 P_B 的代码。Nosofsky（1991）使用的修改版本假设示例与分类刺激之间的匹配是有噪声的。Nosofsky（1991）假设与单个样本匹配的是标准偏差为 σ 的正态分布；在这里，我们做出更简单（在这种情况下，形式上相同）的假设，即相加后的相似度已添加了正态分布的误差。另外，Nosofsky（1991）假设通过将相似度之和的差值与决策阈值 b 进行比较来对刺激进行分类。

如果 $\sum\limits_{j\in A}s_j - \sum\limits_{j\in B}s_j > b$，则该刺激分类为 A，否则分类为 B。这是确定性决策规则（请参见上文和第 1 章中使用的概率性 Luce 选择规则），相似度总和中的噪声会导致反应中也有噪声。反应概率可以通过累积分布函数 pnorm 计算出相似度之和的差将超过 b

（给定 σ）的概率得到。给定均值为 0 且标准差为 σ 的正态分布，可以算出正态密度的比例低于相似度总和减去 b。这给出了 A 反应的概率；在后面的几章中，将在信号检测理论的背景下对该计算作进一步地解释。

```
1  GCMprednoisy <- function(probe, exemplars, c, w, ←
      sigma, b){
2
3    # calculate likelihod of N_A `A' responses out of N ←
         given parameter c
4    # 'stim' is a single vector representing the ←
         stimulus to be categorised
5    # 'exemplars' is a list of exemplars; the first ←
         list item is the 'A' exemplars
6    #   in memory, and the second list item is the `B` ←
         exemplars in memory
7    #   each list item is a matrix in which the rows ←
         correspond to individual
8    #   exemplars
9    # 'c' is the scaling parameter, and 'w' is a vector ←
         giving weighting for each
10   #   stimulus dimension (the columns in 'stim' and ←
         'exemplars')
11
12   # note: for a large number of categories we could ←
         use lapply to loop across
13   # the categories in the list 'exemplars'
14
15   dist <- list()
16   for (ex in exemplars){
17     dist[[length(dist)+1]] <- apply(as.array(ex), 1,
18                          function(x) ←
                                sqrt(sum(w*(x-probe)^2)))
19   }
20
21   sumsim <- unlist(lapply(dist, function(a) ←
         sum(exp(-c*a))))
22
23   # this only works for 2 categories
24   # we also simplify Nosofsky model in only applying ←
         noise at the end
25
26   r_prob <- c(0,0)
27   r_prob[1] <- pnorm(sumsim[1]-sumsim[2]-b,sd=sigma)
28   r_prob[2] <- 1 - r_prob[1]
29   return(r_prob)
30
31 }
```

脚本 4.4　用确定性反应规则实现 GCM 版本的 R 代码（Nosofsky，1991）

脚本 4.5 中的代码将修改后的 GCM 拟合到 Nosofsky（1991）的数据。我们从引用脚本 4.4 开始，然后加载库 dfoptim，该库提供了用于在一定参数范围进行单纯形法拟合的常规操作。然后，我们定义一个函数 GCMutil，该函数在给定数据的情况下计算参数向量 theta 的似然。在循环里面，对每个测试刺激 i，计算 A 反应的概率，然后通过取对数并乘以 -2 将其转换为偏差。我们还跟踪预测概率；仅当函数参数 retpreds 为 TRUE 时才返回预测概率。还要注意在此函数中获取注意权重 w 的方法。注意权重和必须为 1，并且拟合程序不能直接考虑参数值之间的这种依赖关系。因此，实际拟合的参数值是条件权重。第一权重具有值 $\theta(2)$。第二权重表示为在对第一维分配一些注意力之后剩余的注意权重的比例，并由 $(1 - \theta(2))\theta(3)$ 给出。第三权重表示为尚未分配给前两个维度的注意权重的比例，最终注意权重设置为剩下的所有注意权重。

```
1   source("GCMprednoisy.R")
2   library(dfoptim)
3
4   # A function to get deviance from GCM
5   GCMutil <- function(theta, stim, exemplars, data, N, ←
        retpreds){
6     nDat <- length(data)
7     dev <- rep(NA, nDat)
8     preds <- dev
9
10    c <- theta[1]
11    w <- theta[2]
12    w[2] <- (1-w[1])*theta[3]
13    w[3] <- (1-sum(w[1:2]))*theta[4]
14    w[4] <- (1-sum(w[1:3]))
15    sigma <- theta[5]
16    b <- theta[6]
17
18    for (i in 1:nDat){
19      p <- GCMprednoisy(stim[i,], exemplars, c, w, ←
          sigma, b)
20      dev[i] <- -2*log(dbinom(data[i] ,size = N,prob = ←
          p[1]))
21      preds[i] <- p[1]
22    }
23
24    if (retpreds){
25      return(preds)
26    } else {
27      return(sum(dev))
28    }
29  }
30
31
32  N <- 2*40 # there were 2 responses per face from 40 ppl
33
```

```
34  stim <- as.matrix(read.table("faceStim.csv", ←
        sep=","))
35
36  exemplars <- list(a=stim[1:5,], b= stim[6:10,])
37
38  data <- scan(file="facesDataLearners.txt")
39  data <- ceiling(data*N)
40
41  bestfit <- 10000
42
43  for (w1 in c(0.25,0.5,0.75)){
44    for (w2 in c(0.25,0.5,0.75)){
45      for (w3 in c(0.25,0.5,0.75)){
46        print(c(w1,w2,w3))
47        fitres <- nmkb(par=c(1,w1,w2,w3,1,0.2),
48              fn = function(theta)
                    GCMutil(theta,stim,exemplars,data, N, ←
                    FALSE),
49              lower=c(0,0,0,0,0,-5),
50              upper=c(10,1,1,1,10,5),
51              control=list(trace=0))
52        print(fitres)
53        if (fitres$value<bestfit){
54          bestres <- fitres
55          bestfit <- fitres$value
56        }
57      }
58    }
59  }
60
61
62  preds <- GCMutil(bestres$par,stim,exemplars,data, N, ←
        TRUE)
63
64  pdf(file="GCMfits.pdf", width=5, height=5)
65  plot(preds,data/N,
66      xlab="Data", ylab="Predictions")
67  dev.off()
68
69  bestres
70  theta <- bestres$par
71  w <- theta[2]
72  w[2] <- (1-w[1])*theta[3]
73  w[3] <- (1-sum(w[1:2]))*theta[4]
74  w[4] <- (1-sum(w[1:3]))
75  print(w)
```

脚本 4.5   对一些数据进行拟合的 GCM 修改版本的 R 代码

　　脚本 4.5 中的许多代码与脚本 4.2 很类似。该代码仅适合于拟合 Nosofsky（1991）标记为学习者的被试子集的数据，学习者即那些能够更好地学会类别结构的人。43 到

59 行包括多个起点循环，对于每个起点，使用 nmkb 函数通过 Nelder-Mead 优化执行参数估计。nmkb 函数允许我们在参数值上放置边界，并且我们将三个自由注意权重限制在 0 和 1 之间，并在 c 和 σ 上设置下界 0。内循环的后半部分用于跟踪最佳解，使我们有很大的机会找到全局最小值。循环后面的代码对估计的解进行了一些绘图和展示，包括"解包"（"unpacking"）表示维度权重的参数，以将其放回其原始坐标中（遵循GCMutil 函数内部的转换）。

图 4.10 显示该模型能够很好地解释数据，预测的概率与观测到的概率很好地对应。最大似然参数估计出的参数为 $c = 2.55$，$w1 = 0.37$，$w2 = 0.005$，$w3 = 0.61$，$w4 = 0.01$，$b = 0.079$。这些参数值不同于 Nosofsky（1991）所获得的值，很可能是因为 Nosofsky 还针对相同的刺激拟合了识别记忆任务的数据，并约束了某些参数在识别和分类上必须相等。尽管如此，估计得出的一个明显特征是：被试最关注的只是刺激因素中的两个维度。事实证明，这对于该任务是最佳的，因为正是这些维度在两个类别的示例之间具有最大的分离〔参见 Nosofsky（1991）的第 10 ~ 11 页〕。

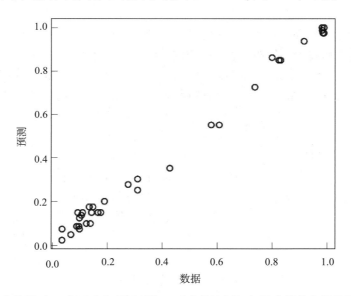

图 4.10 单个数据（34 个面孔中观测到的 *A* 反应的比例）与最大似然参数估计下的 GCM 预测概率之间的散点图。

4.5 最大似然估计量的性质

最大似然估计在统计理论中具有坚实的基础。最大似然参数估计具有一些合乎需要的属性，这些属性依赖于一些容易满足关于似然函数正则性的假设，因此它是完全连续的，并且所有参数都是可识别的（本质上，就某一特定参数而言，似然函数不是平坦的；请参见第 10 章）。我们在下面指出其中一些特征。有关这些属性所依赖的正则性条件以及最大似然估计量的其他属性的更多信息，我们在下面不再讨论（请参阅 Spanos，1999）。

最大似然估计量的主要特征之一是充分性。这意味着，在给定统计模型（例如 Wald 分布）和我们要估计参数 θ（例如 Wald 中的 m）的情况下，θ 的最大似然估计包含样本提供的有关 θ 的所有信息。似然函数至少具有足够的含义，这意味着我们只会通过使用与似然估计不等的其他估计而损失关于 θ 的信息（Fisher，1922；Pawitan，2001）。

最大似然估计的另一个属性是参数不变性：如果将某个变换函数 g 应用于参数，则找到已变换变量 $g(\theta)$ 的最大似然估计等同于首先找到 θ 的最大似然估计，然后应用变换 g（DeGroot，1989；Spanos，1999）。当模型在一种公式中更易于理解，而在另一种公式中更易于实现并拟合数据时，转换参数可能是适当的。例如，Farrell 和 Ludwig（2008）使用新参数 $\lambda = 1/\tau$ 重新参数化了前高斯分布（由 τ 度量）的指数成分，以利于将最大似然估计（MLE）与贝叶斯方法进行比较以估计反应时分布，在这种情况下，τ 的逆变换有助于将似然与先验概率结合起来。参数化不变性使 Farrell 和 Ludwig（2008）找到 λ 的最大似然估计，然后取该估计值的倒数作为原始参数 τ 的最大似然估计。

最大似然估计量的另外两个特性是一致性和效率（Eliason，1993；Severini，2000）。一致性意味着当我们收集的样本越来越大时，"真实"参数值与估计值之差大于某个任意小值的概率趋近于零；换句话说，随着样本量的增加，我们的估计值会更加准确。效率意味着，如果给定一个具有特定一致性的估计量，则最大似然估计将传递最小的参数估计变化。最大似然估计是渐近正态分布的。也就是说，我们拥有的数据越多，似然函数就越接近于正态分布。我们将充分利用此属性作为第 10 章和第 11 章中概述的许多方法的假设。

最大似然估计量通常不具备的一个属性是无偏性（Edwards，1992；Spanos，1999）。也就是说，在生成模型中，如果我们从具有已知参数的模型中生成许多随机样本，并针对各个样本估计该参数（使用最大似然估计），则可能会发现估计参数的平均值偏离了已知值（第 10 章将进一步讨论偏差和方差）。在实践中，因为任何偏差都会被样本间估计值的变化所淹没，因此大多数情况下，最大似然估计量可以被视为有效的无偏估计。一致性的特性还意味着，随着样本量的增加，最大似然估计的行为将更像无偏估计（Eliason，1993）。此外，有人认为要求估计值严格无偏会导致诸如参数化不变性之类的属性丢失，并导致特定样本的异常参数行为（Pawitan，2001）。

另一个需要注意的事项是尽管最大似然估计很有效，但它们的估计值往往过于分散。设想一种情况，我们要检查总体中某些参数的变异性（例如，某种处理速度的度量，例如反应时扩散模型中的漂移率：Schmiedek 等，2007）。从模拟研究中，我们知道相比于该参数中的已知变异性，该参数的最大似然估计将在个体之间具有更大的变异性（例如，Farrell 和 Ludwig，2008；Rouder 等，2005）。这导致我们在建模时采用分层的模型结构来限制参数的变异性，该分层的模型结构为各个被试的参数估计值提供了自上而下的约束。第 9 章专门探讨这些方法。

最后，最大似然估计之所以如此流行，是因为它允许我们系统地比较不同模型对数据的拟合程度，并使用这种比较来推断模型应用领域中的心理机制或表示形式。这个基于最大似然估计的模型比较和从模型得出推论的过程是第 10 章的主题。

4.6 实例

Likelihood：A Halfway House？

Eric-Jan Wagenmakers
（阿姆斯特丹大学）

大约 20 年前，阿姆斯特丹的一个下午，在一座没有吸引力的大楼 10 层的一间小办公室里，我问量化心理学家 Conor Dolan 一个天真的问题："似然是什么？"当 Conor 耐心地回答问题时，我感到一种有趣但刺痛的感觉，当有人解释了一个新概念并且你知道你即将理解一些美好的东西时，您会有这种刺痛的感觉。

即使 20 年后，这一幕仍然让我失望。显然，读完高中，完成四年制的心理学学位课程，包括方法论课程，并完成研究生的第一学年，而这些似然甚至不会出现。著名的统计学家约翰·图基曾经说过："一组统计学家的集体名词是一场争吵。"换句话说，统计学家在任何事情上都意见不一致，这几乎是一个原则问题。但是，如果有一个统计概念的重要性得到广泛认可，那就是似然。

尽管 Conor 的解释打开了统计数学的大门，但直到四年后，我才设法通过了这扇大门。当时，Simon Farrell（这个名字应该出现了，是本书作者之一）和我是芝加哥郊区埃文斯顿的 Roger Ratcliff 实验室的博士后。也许是因为 Roger 的放任式指导风格，在某个时候，西蒙和我会投入大量的时间和精力在与我们的工作完全无关的书籍上。我们俩都喜欢的一本书是 Richard Royall 的《统计证据：似然范式》。就在这时，我走进了大门，对统计的迷恋才真正开始。

似然是在所谓的似然性原则中得以形式化。如果您想了解有关似然原理的更多信息，我建议您阅读 Berger 和 Wolpert 于 1988 年出版的《似然原理》。内容很有趣，是"历史上最糟糕的排版书"奖的有力候选者。如该书（第 19 页）所述，似然原理指出："从实验可获得的有关 θ（统计模型中的参数）的所有信息都包含在给定 x（观测数据）的 θ 的似然函数中。θ 的两个似然函数（来自相同或不同的实验）如果彼此成正比，则它们包含有关 θ 的相同信息。"似然原理最早是由 Birnbaum 在 1962 年提出的，但提到它仍然会让统计学家们望而却步。

似然原理是有争议的，因为它依赖于直觉，可以从没有争议的更简单的原理派生出来，并且因为它完全禁止使用流行的经典程序（例如 p 值和置信区间）。根据似然原理，所有重要的事情都是已观测到的数据。有可能被观测到但实际上未被观测到的数据被视为不相关的信息。但是，这种观点与经典的教条背道而驰。在经典的教条中，统计流程被设计为在长期范围内具有良好的表现，即在重复实验中取平均值。换句话说，是可以观测到但没有观测到的数据。

贝叶斯统计学家 Jimmy Savage 在对 Birnbaum 文章的讨论中预测："一旦似然性原则得到广泛认可，人们就不会在中途停留，而会前进并接受个人主义概率论对统计的影响。"既然我是虔诚的贝叶斯主义者，那么我不再认为似然原理很特殊。似然原理直接遵循贝叶斯推理，当违反似然原理时，可能会发生坏事（Berger&Wolpert 书中提供了令人信服的示例）。然而，一些贝叶斯先验分布是基于假设数据构建的，因此它们违反了似然原理。与经典范式固有的大量违背相比，贝叶斯范式下的违背通常被认为不太重要。在实际中，人们会认为武装抢劫与没有在超市结帐相比有所不同。

我对贝叶斯推理的信念是，这是一个橡木桶。不过，我仍然使用似然和最大似然。例如，当贝叶斯模型无法收敛时，根本原因可能是似然的形状。当我需要的只是对后验分布的一般位置的快速而粗略的估计时，我会使用最大似然。但是，当事情变得艰难，并且建模变得更加复杂和具有挑战性时，那么除完全遵照贝叶斯方法之外就别无选择。

总之，似然性是一个关键概念。没有它，一个人是完全盲目的。但是，如果想要得到完整且清晰的视野，就需要应用贝叶斯定理，在该定理中，似然是重要的组成部分。

5 结合来自多个被试的信息

无论使用最大似然估计（第4章）还是其他模型拟合数据的方法（第3章），我们会遇到的一个问题是如何拟合来自多个单元（units）的数据。这些单元通常是个人（individual），但是我们也可以观察到更高层次的群体的聚类（例如，不同学校的学生）。我们已经在第4章中讨论过的一个问题是如何对来自个体被试的数据建模。从上一章我们知道，我们可以通过将个体的似然概率相乘得到对多个个体的联合对数似然概率分布（或等价地，将对数似然概率相加），但是这开启了多种拟合来自多个个体数据的方法。

本章介绍了拟合来自多个被试数据的不同方法。我们首先强调"平均"拟合的方式是如何影响我们从数据中得出的结论，然后考量对多个被试的不同建模方式。随后我们会讨论识别和拟合被试聚类的方法，并讨论如何在计算模型中考虑个体差异。

5.1 如何结合来自多个单元的数据很重要

假设你是一所重点大学的反歧视行动官员，并且你了解到在该机构近13 000名研究生申请者中，8442名为男性，4321名为女性。此外，还假设其中有44%的男性被录取，但只有35%的女性被录取。这是红色警报！这难道不是招生中存在性别偏见的明显证据吗？当你对这些数据进行统计检验，以确定性别和录取率之间是否存在关系时，你发现χ^2（1）$=110.8$且p值几乎为零。你的怀疑得到了证实。显然，下一步的行动是找出一个或好几个罪魁祸首，即歧视女性的院系，以便采取改正措施。

我们没有编造这些数字：它们代表了1973年加州大学伯克利分校的真实录取数据（Bickel等，1975）。如你所料，这些数据（理所应当地）引起了极大的关注和震惊，大学开始着手审查每个院系的录取记录。进一步的审查结果节选见表5.1，摘自Freedman等人（1991）。该表显示了每个院系的申请人数，按性别细分，以及被录取的申请者百分比。

这是怎么回事？没有一个院系会因为对女性的偏见而受到指责。事实上，如果有的话，男性的录取率（略）低于女性。这个表对所有院系的数据都具有代表性，并且我们没有断章取义；相反，在单个院系层面考虑时，明显的性别偏见消失的原因是女性主要倾向于申请难以进入的竞争激烈的院系（表中标记为C和D），而男性则倾向于申请录取率较高的"较容易"的院系（A和B）。当性别和申请偏好之间这种重要的相关性被忽略时，考量汇总（aggregate）数据会产生对真实情况完全错误的印象（只需将每列的数字求和，然后计算总和的百分比。偏见马上又出现了！[①]）。这种有害的统计问题被称为辛普森悖论（Simpson's paradox），当数据被汇总时，它就可能发生。辛普森悖论不仅限于政治领域，而且还出现在认知实验中。Hintzman（1980）在列联表（contingency table）中提供了对该问题及其影响的彻底处理。

表 5.1　依院系细分的伯克利录取数据

院系[a]	男性		女性	
	申请数	录取数	申请数	录取数
A	825	511（62%）	108	89（82%）
B	560	353（63%）	25	17（68%）
C	325	120（37%）	593	225（38%）
D	191	53（28%）	393	114（29%）

[a] 院系仅用字母代称

你可能认为，辛普森悖论只代表了汇总数据在某些个别情况下的极端后果，因此对一般的认知建模没有任何影响。不幸的是，事实并非如此。数据汇总可能会产生其他一些不利的后果，甚至在被试之间或实验中不同刺激之间相当"无害的"差异，都可能导致对数据的误解。本章概述了在对个体行为建模的背景下，汇总或平均数据的一些后果，并讨论了从多个个体的数据中进行推断的方法。

5.2　平均值的含义

大多数心理实验通常对一个实验条件下的多个被试的反应进行平均，然后报告群体层面的数据。这能出什么问题吗？在涉及我们通常关注的参数和变量之间函数关系的定量建模时，事实证明，求平均值可能会对实验的结果产生误解。

我们首先通过模拟来说明这个问题。在我们的模拟中，被试须在 120 个试次中学习某个任务。任务的性质和被试的背景无关；我们所做的只是设定被试最初的任务成功率处于随机水平（在本例中为 50%），之后才在某个点 s 以线性改善率 r 开始学习。我们假设被试的 s 有相当大的差异（$\sigma_s = 20$），但被试之间的 r 的差异（$\sigma_r = 1.5$）很小。我们的假设体现了这样一种观点，即学习伴随着一种领悟的体验；也就是说，一个问题最初看起来无法解决，但在某个时间点，"顿悟"的突然出现会启动非常快速地学习。

我们的模拟结果如图 5.1 所示。图中展示了一些随机选择的个体数据（每个被试由一条细实线表示）。个体之间的差异是显而易见的，其中一个被试几乎立刻开始学习，而样本中的最慢的一个被试需要 80 个试次后才开始学习。然而，被试之间也有相当大的相似性：一旦开始学习，每个试次的表现几乎都会持续增加。现在考虑圆点：它们代表 100 个模拟被试的平均表现。平均值是否充分描述了学习过程？不。平均水平表明，学习从一开始，就是平稳的、渐进的、高度非线性的。在本模拟中，没有一个被试是以平均学习曲线所假设的方式学习的。

---

① 本表只包含了部分节选，所以对其中数据求和不会得到与 Bickel 等人（1975）的报告完全一致的百分比。

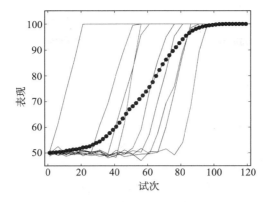

图 5.1 平均学习曲线的模拟结果。细实线表示从 100 个模拟被试中随机选择出的子集被试的个人表现。每一个被试的学习都是线性的，不同的被试中，学习率有轻微的差别，而开始学习的时间点却有相当大的差别。有圆点的实线表示所有 100 个被试的平均模拟表现。

可能有人会反对图中绘制的模拟结果，认为"真实的"数据可能会大不相同。然而，请注意，我们的模拟结果与 Hayes（1953）在一个涉及大鼠亮度辨别学习的实验中报告的结果几乎完全相同（这不足为奇，因为我们将模拟设计的和研究中的老鼠行为类似）。人类行为也可能会如此。在第 1.2.2 节中，我们讨论了 Heathcote 等人（2000）的研究，在技能习得（skill-acquisition）实验中比较了人们学习表现的不同模型函数。作者得出结论，迄今为止流行的关于技能练习的"幂律（power law）"是不正确的，最好用指数学习函数来描述数据。与本章讨论相关的是，他们的结论是基于对个体表现，而非平均水平的审查。Heathcote 等人明确地将幂律早期的重要地位归因于对平均数据的不当依赖。这份研究并非孤例，难以预测的数据汇总已经被多次提及（例如，Ashby 等，1994；Curran 和 Hintzman，1995；Estes，1956）。

Estes（1956）提供了一些数学规则，以识别平均个体数据可能存在的问题。具体地说，如果描述个体表现的函数是已知的，那么可以很容易地确定平均后该函数形式是否看起来不同。对于很多函数，平均不存在问题，其中包括对数函数（$y = a\log x$）和二次函数（$y = a + bx + cx^2$）等非线性函数。上面公式中，x 是自变量，例如试次数；a，b，c 是描述函数的参数[1]，而另外一些函数，例如 $y = a + be^{-cx}$，其形状却随取均值而改变。当然，如果描述个体行为的函数是未知的，那么这些数学信息的作用是有限的；但是，如果一个人尝试多个候选函数并试图区分它们，那么有关其形状不变性的信息就至关重要。例如，指数学习函数在取均值时不能保持其形状这一事实警示我们，不要将（非常类似的）幂函数用于拟合上述取均值的学习数据。

最近，Smith 和 Batchelder（2008）提供了用于检测被试异质性（heterogeneity）的统计方法，这些方法可以避免平均化。这些测试可以在建模之前应用于数据，以确定

---

[1] Estes（1956）提供了以下启发式方法来识别这类函数："……它们的共同点是，函数中的每个参数要么单独出现，要么作为一个系数乘以仅依赖于自变量 x 的量"（第 136 页）。

在什么水平应用某个模型是正确的。当测试显示异质性时，建议不要在汇总数据的水平进行拟合。当测试未显示异质性时，可允许在汇总水平进行拟合。

本章余下的内容讨论对多个被试建模的方法，并总结了建模结果。

5.3 拟合汇总数据

当所有被试（或子实验组中的所有被试）数据在一起考虑时，就会发生数据汇总。这可以通过几种方式来实现。毫不奇怪，最常见的汇总方法是在各个被试之间求平均值。在这种方法中，所有数据被视为由单一来源（即单个被试）生成的，每个待拟合的观测值都是通过对被试之间的基础数据进行平均（或等效地求和）而产生的。例如，如果我们拟合来自一项分类实验的数据，在该实验中每个被试将一个刺激分类为 A 类或 B 类（请参阅第 4 章中的 GCM 示例），我们可以对被试的反应频率求和，并拟合得到的每种反应的频率（或反应的比例），正如 Nosofsky（1991）所做的那样。类似地，在对反应时间建模时，我们可以选择估计一组参数来表达某个技能习得实验中所有试次的平均反应时间。

另一种汇总方法则不只是简单的求平均值，还设法保留关于每个被试反应的结构信息。通过考虑在分布中表示反应的例子可以更好地说明这种方法。这种方法常用于分析和建模反应时（RTs）。在第二章（另请参见第 14 章），我们讨论了反应时分布如何在认知心理学中发挥重要作用，因为它们包含有关基本心理过程的信息，而这些信息不是由平均数等汇总统计给出的。反应时分布可以跨被试平均，方法是首先为每个分布计算一组描述该分布的尺度（scale）、形状（shape）和移位（shift）的参数，然后跨被试平均这些值。具体地说，反应时可以分为几个分位数：例如，0.1、0.3、0.5、0.7 和 0.9 分位数对应于 10%、30%、50%、70% 和 90% 以下分布的临界值（Ratcliff 和 Smith，2004）。然后我们可以在被试之间平均每个分位数；例如，我们可以通过平均每个被试的 0.1 分位数来获得平均 0.1 分位数。结果是一组平均分位数，其相对位置总结了一组个体的曲线形状（例如，Andrews 和 Heathcote，2001；Jiang 等，2004；Ratcliff，1979）。

这一被称为"文森特平均（Vincent averaging）"（Ratcliff，1979）的操作是一个特别有用的汇总工具：与简单平均法一样，它生成一组我们可以拟合的数据，但与简单平均法不同，平均分位数保留了有关个体反应时分布的信息，如果将所有观测值累加在一起，这些信息将丢失。也就是说，正如图 5.1 中的平均学习曲线不代表任何潜在的个体曲线，从所有被试反应时的单一分布不太可能与任何潜在的个体分布相似。然而，如果对这些分布的分位数进行平均，则即使在汇总之后，它们的形状也会保持不变。

脚本 5.1 展示了如何拟合文森特平均得到的数据。在脚本中，我们首先生成一些模拟数据，然后使用一个反应时的分布拟合这些数据。对于这个例子，我们使用的是移位韦伯分布（shifted Weibull distribution）（Rouder 和 Speckman，2004；Heathcote 等，2004；Logan，1992）。韦伯分布已在多个领域中被用于反应时数据的建模（Rouder 和

Speckman，2004；Heathcote 等，2004），而且单个韦伯分布具有表示多个韦伯分布最小值分布的诱人性质。这在 Logan（1992）的实例学习理论（instance of learning）中扮演着重要的角色，在该理论中假设许多实例（每个实例的完成时间各自服从韦伯分布）竞相完成一项任务。

```r
1  nsubj <- 30
2  nobs <- 20
3  q_p <- c(.1,.3,.5,.7,.9)
4
5  shift <- rnorm(nsubj,250,50)
6  scale <- rnorm(nsubj,200,50)
7  shape <- rnorm(nsubj,2,0.25)
8
9  params <- rbind(shift,scale,shape)
10
11 print(rowMeans(params))
12
13 # rows are participants, columns are observations
14 dat <- apply(params, 2, function(x) ↩
       rweibull(nobs,shape=x[3],scale=x[2])+x[1])
15
16 # calculate sample quantiles for each particpant
17 kk <- apply(dat, 2, function(x) quantile(x, probs=q_p))
18
19 ## FITTING VIA QUANTILE AVERAGING
20 # average the quantiles
21 vinq <- rowMeans(kk)
22
23 # fit the shifted Weibull to averaged quantiles
24 weib_qdev <- function(x,q_emp, q_p){
25   if (any(x<=0)){
26     return(10000000)
27   }
28   q_pred <- qweibull(q_p,shape=x[3],scale=x[2])+x[1]
29   dev <- sqrt(mean((q_pred-q_emp)^2))
30 }
31
32 res <- optim(c(225,225,1),
33              function(x) weib_qdev(x, vinq, q_p))
34
35 print(res)
```

脚本 5.1　用韦伯分布拟合来自多个被试的反应时

我们首先指定被试的数量，以及每个被试要模拟的观测结果数量。我们还指定了分位数对应的累积概率，q_p。接下来的几行模拟从总体中抽取的一组被试，每个模拟被试都有自己的尺度（scale）、形状（shape）和移位（shift）参数。对于其他反应时分布，移位会改变分布的平均值（否则使其保持不变），尺度会拉伸分布，形状改变分布的偏度（skewness）。形状参数的值越小，分布越偏斜（当形状参数等于 1 时，我们得到一个指数分布），而增大形状参数会产生一个正态（钟形）的分布。

在第 14 行中我们生成数据。函数 apply 将获取每一列的参数 params（特定个体的参数），然后将这些参数输入 rweibull。rweibull 是一个从韦伯分布中生成变量的 R 函数。生成的 dat 矩阵有 nsubj 列和 nobs 行。然后该矩阵被传递给 apply 函数用于根据每个被试的数据（dat 的每一列）计算分位数，然后对这些数据进行平均以给出平均分位数 vinq。

下一段代码展示了我们如何用模型拟合 vinq 中的平均分位数。我们定义了一个工具函数 weib_qdev，它以韦伯参数（x）、经验分位数拟合（q_emp）以及模型和数据计算得到的分位数对应的概率作为输入。我们检查是否所有参数均不小于 0（如果小于 0，则返回一个很大的拟合差异），否则将会计算模型预测与数据之间的差异。具体地说，第 28 行根据传入的参数值计算由模型预测的分位数，之后下一行计算预测分位数和观测分位数之间的 RMSD。还有其他可以使用的差异函数，但在韦伯分布的前提下，最小二乘拟合被证明是合适的（Rouder 和 Speckman，2004）。最后，第 32 行使用前面章节中介绍的 optim 函数进行拟合。

如果运行此代码，你会发现估计的参数（在表 res 的元素 par 中）与用于生成数据的已知参数值近似。由于随机生成个体参数时引入的变异性，以及从每个人的反应时采样中额外产生的采样变异性，这两组参数不会完全匹配。一个留给读者的练习（请参阅线上练习）是：对许多生成的数据集重复此过程，并确定此方法能在多次模拟中以何种程度恢复已知参数值。

在所涉及的分布或函数的形状很重要，且在汇总过程中需要保留时，应考虑采用文森特平均法。在蒙特卡罗分析的基础上，Rouder 和 Speckman（2004）警告不要将文森特平均法作为默认方法，因为对于某些反应时分布，会返回前后不一致的估计（有关一贯性的更多信息，请参见第 4 章）。但是，在韦伯分布的前提下，由于最大似然估计对于小样本的显著不稳定性，文森特平均法被认为优于最大似然估计。

5.4　拟合个体被试

另一种合理且简单的策略是对单个被试的数据进行拟合，并使用拟合优度或参数估计从一个或多个模型中得出推论。脚本 5.2 延续脚本 5.1，展示了如何使用最大似然估计用韦伯分布拟合个体被试的数据。首先，定义一个函数 weib_deviance 以计算参数为 x 的韦伯模型与向量反应时间（rts）之间的偏差（$-2\ln L$）。如果任何参数低于 0，函数 weib_qdev 将返回一个较大的偏差。否则，我们使用韦伯概率密度函数（dweibull）计算反应时间的概率，然后对 -2 对数似然求和以获得偏差的总体度量。在第 10 行中，我们将优化函数 optim 应用于 dat 的每一行（dat 中的每一行对应来自单个被试的数据），然后最小化 weib_deviance 定义的误差函数。最后，我们循环遍历表 res 以提取参数估计值；请注意，我们还可以使用相同的过程从 optim 中提取其他信息，例如偏差值和误差标签。最后，我们打印出参数估计的均值和标准差。

```
1  ## FITTING INDIVIDUAL PARTICIPANTS
2  weib_deviance <- function(x,rts){
3    if (any(x<=0) || any(rts<x[1])){
4      return(10000000)
5    }
6    likel <- dweibull(rts-x[1],shape=x[3],scale=x[2])
7    dev <- sum(-2*log(likel))
8  }
9
10 res <- apply(dat,2,function(a) optim(c(100,225,1),
11             function(x) weib_deviance(x, a)))
12
13 # Extract parameter estimates and put in to a matrix
14 parest <- matrix(
15    unlist(lapply(res, function(x) x$par)),
16    ncol=3, byrow=T)
17
18 print(colMeans(parest)) # mean parameter estimates
19 print(apply(parest,2,sd)) # SD of estimates
```

脚本 5.2　用韦伯分布拟合来自单个被试的反应时

如果您运行脚本 5.1 和脚本 5.2，通常会发现从文森特平均获得的参数估计值和单个估计值的平均值与用于生成模拟数据的实际参数值非常一致。那么，拟合个体数据的优势是什么呢？其中一个优点是样本变异性可以让我们对整体做出一些推断。例如，我们可以操纵任务的某些方面——在给被试的指导语中强调反应的速度还是准确性（Bogacz 等，2010b），并检查这对模型参数的影响（Ratcliff，1978，例如，扩散模型中的边界分离）。如果我们可以衡量每个参数的样本变异性，则可以做一些经典测试（如 t 检验、方差分析）来确定参数估计值在不同条件下是否有显著差异。

5.5　拟合子组中的数据以及个体差异

到目前为止，详细介绍的方法要么忽略被试之间的差异，要么除了计算参数估计的差异外，并没有明确的方法可以检验这些差异。本节将介绍几种用于检查被试的异质性的方法：混合模型（mixture modeling）、k 均值聚类（k-means clustering）和参数相关性（parameter correlations）。混合模型和 k 均值聚类适用于以下情况：我们怀疑不同的被试执行任务的方式有所不同，这可能是由于能力上的离散差异，也可能是由于所使用的策略的差异，但是除了任务的表现外，我们没有分离子集的外部指标。参数相关性用于检验连续的个体差异，并使用参数作为描述表现的潜在结构的估计量。

5.5.1　混合模型

每当我们期望数据从不同群体或过程中获取时，混合模型就很有用。混合模型假设每个数据点都是从 N 个生成模型中的其中一个抽取的。注意，这不同于每个数据点是通过平均或任何其他方式组合来自不同过程的输出而产生的。

例如，想象一个视觉搜索任务（visual search task），在这个任务中你必须确定视觉阵列中是否存在特定的刺激。Cousineau 和 Shiffrin（2004）指出，如果视觉的运行规则是自动终止搜索（人们扫描位置直到找到目标），那么找到目标的时间分布将是混合分布。例如，对于大小为 2 的阵列，如果目标存在，则人们有 50% 的机会在检查的第一个位置找到目标，搜索时间从一个分布中提取；否则，将在另一个位置找到目标，从而导致从第二分布中提取的搜索时间更长。如果任务中每次检查需要花费大量的时间来完成，但是每次刺激的检查时间的变异性相对较低，则搜索时间的分布将呈现双峰特征（bimodal）。Cousineau 和 Shiffrin（2004）拟合了一个混合模型来量化支持多重分布的证据（以及搜索过早或太晚终止的证据），尽管后来的研究表明，分布混合现象只会在困难的搜索中变得明显（Reynolds 和 Miller，2009）。分布混合的类似例子出现在函数学习（function learning）（Kalish et al，2004）、双任务干扰（dual-task interference）（Pashler，1994）和连续量的一致判断（consensus judgements of continuous quantities）（Floyd et al，2014）等范例中。

我们将关注高斯混合模型，该模型假设数据完全来自两个或多个高斯分布，每个分布都有自己的平均值和标准差。这种混合分布的一个例子是眼跳（saccadic eye movements）。在眼动跟踪实验室中，跟踪眼跳的反应时被观测到有时遵循双峰分布（Fischer 和 Weber，1993）。一个标准的例子是在"间隔（gap）"任务中，注视十字注视点（fixation cross）在眼跳目标出现之前出现（人们的任务是将目光移向目标）。图 5.2 展示了根据 Fischer 和 Weber（1993）描述的数据模拟的直方图。该直方图显示了

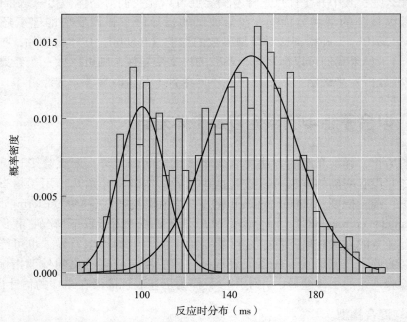

图 5.2　来自间隔任务的模拟眼跳反应时分布。模拟数据由两种类型的眼跳：快速眼跳（$\mu = 100ms$，$\sigma = 10ms$）和稍慢的眼跳（$\mu = 150ms$，$\sigma = 20ms$）的混合产生。其中直方图总结了模拟数据的经验概率密度函数，两个相重叠的密度（实心曲线）显示了使用高斯混合模型估计的两个潜在的高斯成分。

支持对应两种眼跳模式的两个反应时分布的证据："正常"眼跳反应时的分布，以及另一个"快速"眼跳的更快速的分布。目前，我们将暂且不提关于这种极快的快速眼跳的起源和本质问题（例如，Carpenter，2001），而只是问我们如何检测这两种分布。为了方便起见，我们假设这些分布是高斯的（而且，事实上来自简单眼动反应时任务的反应时分布的确看起来很对称）。

我们面临的问题是，如果不知道反应时属于哪个分布，就无法估计这两种高斯分布的参数。尽管我们可以通过计算反应时可能来自哪个分布，从而分配这些反应时，但是在不知道这两个分布的参数的情况下，我们不能这样做。解决方案是迭代地进行估计：我们猜测两个分布的参数，计算每个数据点属于每个分布的概率，然后根据这些概率更新我们的参数估计，如此往复。这一过程被称为期望最大化（Expectation-Maximization，EM），是一种通用而有效的算法，被用于处理信息不足、或缺失及被删剪的数据。EM 算法的工作原理是对缺失的信息进行插补（即进行最佳猜测），然后根据插补的信息进行估计。

脚本 5.3 给出了使用 EM 算法拟合高斯混合模型的代码。我们首先设定模拟的一些详细信息，包括数据点的数量（N）和快速眼跳（pShort）的概率。表 genpars 保存用于模拟数据的两个分布的已知"真"参数；快速眼跳分布的平均值为 100ms（$\sigma=$ 10ms），较慢眼跳分布的平均值为 150ms（$\sigma=20$ms）。然后我们构造一个向量 whichD，该向量指定每个反应时从哪个分布中采样。然后，我们将该向量输入函数 sapply，为每次试验采样一个反应时；所有反应时都是从正态分布（dnorm）中提取的，而生成分布的参数是由该试验是否指定为快速眼跳试验（whichD = 1）还是标准眼跳试验（whichD = 2）来确定的。

```
1  # generate some data
2
3  set.seed(1540614451)
4
5  N <- 1000
6  pShort <- 0.3
7
8  genpars <- list(c(100,10),
9                  c(150,20))
10
11 # we assume equal sampling probability for the three ↩
       distributions
12 whichD <- sample(c(1,2),N, replace=TRUE, ↩
       prob=c(pShort, 1-pShort))
13
14 dat <- sapply(whichD, function(x)
15   rnorm(1,genpars[[x]][1],genpars[[x]][2]))
16
17 # function needed in EM
18 weighted.sd <- function(x,w,mu=mean(x)){
19   wvar <- sum(w*(x-mu)^2)/
20     sum(w)
```

```
21   return(sqrt(wvar))
22  }
23
24  # guess parameters
25  mu1 <- mean(dat,1)*0.8
26  mu2 <- mean(dat, 1)*1.2
27  sd1 <- sd(dat)
28  sd2 <- sd(dat)
29  ppi <- 0.5
30  oldppi <- 0
31
32  while (abs(ppi-oldppi)>.00001){
33
34    oldppi <- ppi
35
36    # E step
37    resp <- ppi*dnorm(dat,mu2,sd2)/
38      ((1-ppi)*dnorm(dat,mu1,sd1) + ↵
          ppi*dnorm(dat,mu2,sd2))
39
40    # M step
41    mu1 <- weighted.mean(dat,1-resp)
42    mu2 <- weighted.mean(dat,resp)
43
44    sd1 <- weighted.sd(dat,1-resp,mu1)
45    sd2 <- weighted.sd(dat,resp,mu2)
46
47    ppi <- mean(resp)
48    print(ppi)
49
50  }
51
52  df <- data.frame(rt=dat)
53
54  pdf(file="GMMexample.pdf", width=5, height=4)
55  ggplot(df, aes(x = rt)) +
56    geom_histogram(aes(y = ..density..),color = ↵
        "black", fill = "white",
57                  binwidth = 3) +
58    stat_function(fun = function(k) ↵
        (1-ppi)*dnorm(k,mu1,sd1)) +
59    stat_function(fun = function(k) ↵
          ppi*dnorm(k,mu2,sd2)) +
60    xlab("RT (ms)") + ylab("Density")
61  #stat_function(fun = function(k) ↵
        (1-ppi)*dnorm(k,mu1,sd1) +
62  #                  ppi*dnorm(k,mu2,sd2))
63  dev.off()
```

脚本 5.3   用混合高斯分布拟合眼跳反应时的模拟双峰分布

96

脚本的其余部分使用 EM 算法拟合反应时 dat。首先，我们指定一个函数 weighted. sd，这类似于内置的 R 函数 weighted. mean，这个函数允许我们计算一个样本的标准差，其中对不同的数据点赋予不同的权重。然后，我们对高斯分布的参数进行第一次尝试，可以简单地从总体样本平均值中估算出均值（两个分布的均值分别稍微向一侧移动，使它们不相同），并且将每个分布的标准差简单地设置为样本标准差即可。我们将混合比例（被认为属于第二个分布的数据比例，ppi）初始化为 0.5。我们还初始化了 oldppi，用于记录上一次迭代中的 ppi。

接下来的 while 循环迭代地应用期望和最大化，直到当前循环和上一个循环（oldppi）之间的 ppi 变化低于阈值。在循环中，我们首先应用期望步骤并计算 dat 中的每个数据点来自第二个（与第一个）高斯分布的概率。请注意，这个计算考虑了 ppi，因为我们不仅要知道给定每个分布的数据点的概率，而且还必须考虑每个分布的基础概率。在此基础上，我们应用最大化步骤，由给定的数据和隶属度概率 resp，得到两个高斯参数的最大似然估计。由于分布是高斯的，我们可以通过取样本的平均值和标准差来快速计算 μ 和 σ 的估计值。但是，平均值和标准差的计算必须根据每个分数在每个分布中的概率进行加权。因此，我们使用内置的 weighted. mean 函数和前面定义的 weighted. sd 函数。最后，我们通过简单地求出 resp 概率的平均值来重新计算 ppi 中的混合比例。

一旦 while 循环终止，变量 mu1、mu2、sd1 和 sd2 将保存两个高斯分布的参数的最终估计，ppi 和 resp 分别保存有关数据（或特定数据点）属于每个分布的概率的信息。参数估计值与真实值相当吻合。快速眼跳的真实概率为 0.3，估计概率为 0.28。估计参数为 $\hat{\mu}_1 = 100.02\text{ms}$，$\hat{\mu}_2 = 150.32\text{ms}$，$\hat{\sigma}_1 = 10.40\text{ms}$，$\hat{\sigma}_2 = 20.40\text{ms}$。代码的其余部分输出图 5.2 所示的直方图，并在其上画出分布估计。图和还原的参数都表明 EM 算法能够描述潜在的分布。

我们可能想进一步问，样本中是否有任何分布是双峰的证据，或者更笼统地说，潜在分布的数量最可能有几个。最直接的方法是使用信息标准（informaiton criteria）来区分不同数量的模型，使用似然比检验（likelihood ratio test）（Reynolds 和 Miller，2009）、赤池信息量准则（Akaike information criterion，AIC）（Freeman 和 Dale，2013）或贝叶斯信息量准则（Bayesian information criterion，BIC）（Keribin，2000）；这些模型比较的方法在第 10 章和第 11 章中进行了描述。尽管混合模型不满足 BIC 的正则性假设（regularity assumption）（Aitkin 和 Rubin，1985），但 BIC 对于估计混合分布中的组分数量是一致的（Keribin，2000）。Steele 和 Raftery（2010）比较了许多信息标准，发现 BIC 在选择混合组分数量方面表现最好。在心理学方面，已经有一些其他用来专门测试双峰性的统计数据被提出或使用（例如，Freeman 和 Dale，2013；Pfister 等，2013）。

本章的重点是混合分布的最大似然估计，但这也可以在下面几章概述的贝叶斯框架中实现。例如，Lee 和 Newell（2011）在他们的决策建模中假设被试来自混合分布：因此一些被试使用一种策略，而另一些被试使用不同的策略。对于反应时，Vandekerckhove 等人（2008）将决策人选择时间建模为三种行为的混合：①正常操作时的漂移扩散模型（例如，Ratcliff，1978）的输出；②猜测；③延迟启动，并发现来自后两个过程的干扰很少。第 7 章介绍了视觉工作记忆的贝叶斯混合模型，假设被试基于完整的短期记忆或者猜测做出反应（Zhang 和 Luck，2008）。

5.5.2　*k* 均值聚类

k 均值聚类是一种解决类似混合建模问题的技术。*k* 均值聚类假设数据属于几个离散聚类中的一个，旨在识别这些聚类并将来自同一个聚类（cluster）的数据组合在一起。簇由质心（centroids，即簇的中心）定义，*k* 均值算法的目的是将单个对象分配给簇，从而最小化簇内平方和（即对象和它们被分配到的聚类的质心之间距离的平方和）。步骤如下：

1．指定集簇数（*k*）。对于每个簇，指定一个初始质心（一个向量）——通常使用随机值进行设置。

2．将每个对象分配给离其最近的簇。每个对象和每个质心之间的距离通常用欧几里德距离来度量。

3．通过对分配给该簇的所有对象取平均，重新计算每个簇的质心。

4．继续重复前两个步骤，直到对象到簇的分配不再改变。

k 均值聚类实际上有多种算法（例如，Forgy，1965；Lloyd，1982；MacQueen，1967）；R 默认使用 Hartigan 和 Wong（1979）介绍的一种高效的算法。

让我们看一个例子。自由回忆任务（free recall task）是一种常用的情景记忆（episodic memory）任务，在任务中，为被试提供（通常不相关的）单词列表，并要求他们以任何顺序回忆这些单词。图 5.3 显示了来自我们实验室的一个未发表的自由回忆实验的结果，其中向被试展示了含有 12 个单词的列表。本实验的一个非标准的特色是每三个单词后会插入一个停顿，从而将列表分成多个子序列。左图显示了人们在每个序列位置准确回忆单词的频率。除了显示出新近效应（recency effect，即对列表末项记忆最佳）和轻微的首因效应（primacy effect，对列表最初几项回忆较好）外，该函数曲线还显示一些与分组一致的扇形起伏（例如，Gianutsos，1972）。然而，这个函数可能无法代表我们生成本图所平均的全部被试。Unsworth 等人（2011）发现了回忆策略存在个体差异的证据，其中一些人主要表现为新近效应，另一些人

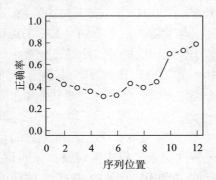
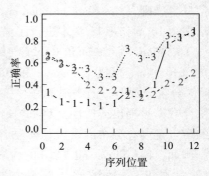

图 5.3　左图：准确性的顺序位置函数；即时自由回忆被分为 4 组每组 3 个的 12 个单词。
　　　　右图：使用 *k* 均值分析得到的三个簇的顺序位置函数。

主要表现为首因效应，而还有一些人（往往准确性更高）同时表现出新近效应和首因效应。我们将使用 k 均值分析来确定是否可以在图 5.3 的左子图中绘制的数据中看到类似的簇。

```
1   # Read in the data
2   # Rows are participants, columns are serial positions
3   spcdat <- read.table("freeAccuracy.txt")
4   #————————————————————————————————
5   pdf(file="gap_plot.pdf", width=4, height=4)
6   par(mfrow=c(1,1))
7
8   library(cluster)
9   gskmn <- clusGap(spcdat, FUN = kmeans, nstart = 20, ↵
        K.max = 8, B=500)
10  plot(gskmn, ylim=c(0.15, 0.5))
11
12  dev.off()
13
14  #————————————————————————————————
15  pdf(file="kmeansSPC.pdf", width=8, height=4)
16  par(mfrow=c(1,2))
17  plot(colMeans(spcdat), ylim=c(0,1), type="b",
18       xlab="Serial Position", ylab="Proportion ↵
            Correct", main=NULL)
19
20  kmres <- kmeans(spcdat, centers=3, nstart=10)
21  matplot(t(kmres$centers), type="b", ylim=c(0,1),
22       xlab="Serial Position", ylab="Proportion ↵
            Correct")
23  dev.off()
```

脚本 5.4　自由回忆数据的 *K* 均值分析

脚本 5.4 显示了 k 均值分析在 R 中的实现。首先，我们读入数据，每一行都是单个个体准确度的序列位置函数（这里总共有 80 个个体）。在设置图形绘制后，第 8 行加载 cluster 包，该包提供在下一行使用的 gskmn 函数。gskmn 函数循环不同的 k 值（簇的数目），并对每个 k 值进行 k 均值分析。返回的临界值是每个 k 值的"间隔统计量（gap statistics）"。间隔统计量由 Tibshirani 等人引入作为确定表征数据集的适当簇数的方法（2001）。该算法的工作原理是，对于每个 k 值，确定簇内观测平方和与在某个零对照（null reference）模型下期望值之间的差（gap，间隔）。零模型下的期望值是通过零模型自助抽样（bootstrapping）来确定的；在最简单的版本中，我们均匀地（uniformly）从数据集每个特征观测值的取值范围（range）采样特征（Tibshirani 等，2001）。然后，我们可以通过找到最小的 k 来选择簇的大小，以使 $Gap(k) \geq Gap(k+1) - s_{k+1}$ 最小，其中 s 是自助估计（bootstrapped estimates）的标准误差。为了辅助说明，图 5.4 绘制了 k 值从 1~8 的间隔统计值。我们将 k 的值确定为第一个均值超过（即不小于）$k+1$ 处的下误差棒的 k。从图中我们可以看到，$k=1$ 满足这个标准，这表明这里实际上只有一个簇。然而，Tibshirani 等人（2001）强调还需要检查整个间隔曲线，因为间隔测试假设簇之间分离充分、分布均匀。您还可以看到间隔统计值在 $k = 3$ 时再次上升，这表明存在大量定义不太明确的簇。对于下面的内容，我们将进一步检测 $k = 3$，但要意识到，本数据可以（在某种程度上）由一个单一的同质簇来表征。

代码的其余部分绘制了图 5.3 左子图中的平均准确度，然后在第 20 行运行 $k + 1$（clusters $= 3$）的 k 均值分析。参数 nstart 指定算法应为簇质心尝试许多不同的随机起始值；如函数最小化一样，如果初始值选择不当，k 均值分析可能得出不合格的解。然后，我们确定分配给每个集群的被试身份，并在每个集群中平均被试的顺序位置。结果如图 5.3 的右子图所示。我们可以看到一种与 Unsworth 等人（2011 年）的观测大体一致的模式：一个表现出广泛新近效应的群体，一个首因效应占主导的群体，以及一个同时表现出新近效应和首因效应的高表现群体。我们还可以看到，第三组最明显地表现出因单词表分组而波动的证据。

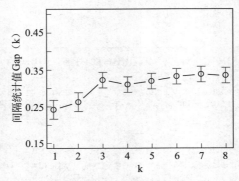

图 5.4　不同 k 的间隔统计值。

5.5.3　对个体差异建模

个体间的差异并不总是表现为离散的簇。通常，个体间在某个维度上的变化会更为连续，我们可以对这种差异进行建模，以了解组成过程在整个人群中如何变化。使用认知模型（而不是统计模型）来描述表现差异性的方法被称为"认知心理测量学（cognitive psychometrics）"（Riefer 等，2002）。

Schmiedek 等人的工作（2007）是认知心理测量学应用的一个例子，他们对反应时和认知能力之间的关系感兴趣。具体来说，Schmiedek 等人（2007）想知道反应速度和准确性是否与工作记忆（working memory）、推理能力（reasoning ability）和心理测量速度（psychometric speed）相关。尽管将反应时均值和准确度均值与其他认知能力的简单联系起来的思路可能很诱人，但由于没有考虑到整个反应时的分布，我们会丢失一些有关表现的信息。此外，速度和准确度不是独立的，而是由速度和准确度间的权衡（speed-accuracy trade-off）相联系的，即有些个体可能会以准确度下降为代价做出更快的反应。相反，Schmiedek 等人（2007）提出的问题是：认知能力选择反应时表现的潜在机制有何关联，正如第 2 章中介绍的一系列顺序抽样模型（sequential-sampling models）所述。Schmiedek 等人（2007）让他们的被试完成各种选择反应时任务（使用

不同 的 刺激，做 出 不同 类型 的 决定）。然后，用 简化 版本 的 漂移 扩散 模型（Wagenmakers et al，2007）拟合 每个 任务 中 每个 被试 的 数据，该 模型 在 概念 上 类似 于 第 2 章 所述 的 随机 游走 模型（random walk model），在 第 14 章 中 会 有 详细 介绍。依照 该 模型，Schmiedek 等 人（2007）对 每个 被试 × 任务 的 组合 获得 了 漂移率（倾向 某个 决策 的 信息 提取 平均 速率；请 参见 第 2 章）、边界 分离（需要 累积 多少 证据 才能 做 出 决策；保守度 的 度量）和 非 决策 过程 的 时间（例如，手动 反应 的 时间）的 估计。

为了 将 他们 的 扩散 模型 与 认知 能力 的 测量 相 关联，Schmiedek 等 人（2007）拟合 了 一个 结构 方程 模型（structural equation model，SEM）。结构 方程 涉及 在 多个 观测 变量 的 基础 上 识别 潜在 变量。潜变量 是 心理 结构 极为 有力 的 衡量 标准。SEM 同时 估计（a）潜变量 和 观察（显式，manifest）变量 之间 的 相关性，和（b）潜变量 之间 的 相关性。对于 选择 RT 任务，Schmiedek 等 人（2007）指定 了 三个 潜变量：漂移率，边界 分离 和 非 决策 时间。每个 潜变量 都 通过 多个 任务 中 的 几个 参数 估计 识别。因此，漂移率 这 一 潜变量 是 所有 选择 RT 任务 中 漂移率 的 一般 度量。

图 5.5 描绘 了 该 模型 的 估计。方框 是 显变量，圆圈 是 跨 任务 估计 的 潜变量。箭头 显示 了 不同 变量 之间 的 关系（权重），最 关注 的 是 来自 三个 扩散 模型 参数 的 箭头，分别 标记 为 v（漂移率），a（边界 分离）和 T_{er}（非 指定 时间）。Schmiedek 等 人（2007）发 现 潜变量 与 其 相应 的 显变量 相关性 很 高：从 潜变量 到 显变量 的 扩散 模型 参数 箭头 给出 了 不同 CRT 任务 中 这些 相关性 的 取值 范围，且 这些 取值 都 较 高。这 表明 扩散 模型 参数 描述 了 选择 行为 的 相对 一般 的 性质（例如，对 一种 类型 的 选择 保守 的 人 往往 对 另一种 选择 保守）。更令 人 感兴趣 的 是 扩散 模型 的 隐式 变量 与 认知 能力 的 潜变量 之间 的 相关性

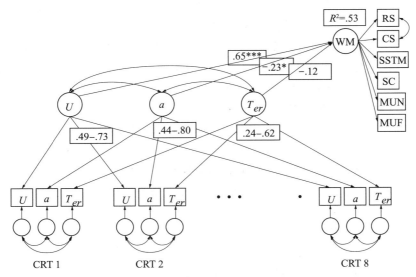

图 5.5 用于 选择 反应时 任务 的 结构 方程 模型。方框 是（观测）显变量，圆圈 是 跨 任务 的 潜变量。变量 之间 的 线 表示 假设 的 相关性，并 展示 了 某些 相关性 的 值。**Schmiedek 及 其 同 事 发现，漂移率 v 与 工作 记忆 表现 的 相关性 最强。经 Schmiedek 等 人（2007 年）许可 转载。**

模式。施密德克等人（2007）发现漂移率（v）和边界分离（a）都与工作记忆的潜变量相关，但漂移率明显是认知能力的最强的预测因子，这表明处理效率是控制认知能力的主要因素。

在个体差异研究中使用模型参数作为变量的例子很多：在检验分类（categorization）表现的个体差异（Lee 和 Webb，2005）及其与工作记忆的关系（Lewandowsky，2011）中，以及临床人群在记忆（Riefer 等，2002），学习（Rutledge 等，2009），和决策（Yechiam 等，2005）方面的缺陷。有潜力的方向是使用贝叶斯分层建模（Bayesian hierarchical modeling）来同时估计个体之间和个体内的差异性（Vandekerckhove 等，2011；Rouder 等，2005）。我们将在第 9 章更详细地介绍分层模型。

5.6　实例

对多个被试使用多种方法

Trisha van Zandt

（俄亥俄州立大学）

我整个职业生涯都在使用反应时模型。被试在我的实验中执行包括从心理物理任务到信心评级任务，反应时都是很重要的。

研究人员为解释这类数据而构建的模型通常基于这个理论：人们随着时间的推移从环境中（或他们对环境的心理模型中）积累与任务相关的证据。一旦证据水平"足够高"（"足够高"的具体定义由所讨论的模型确定），就会触发反应。这些模型被统称为顺序采样模型。模型由随机过程表示：关注证据水平随时间波动变化的统计检验力模型。这些模型包括漂移扩散模型（drift diffusion model）、线性弹道累加器（linear ballistic accumulator）、泊松过程（Poisson process），以及几个累加器机制同时运转的"赛马（horse race）"过程（第 14 章将对其中一些模型进行深入讨论。）。

所考虑的模型通常是由执行的任务所驱动，而不是由实际执行任务的被试所驱动。我们认为这种观点是必要的：我们想知道一般人类大脑解决问题的方式。我们要求人们执行的任务非常简单，即使彼得的做法与保罗略有不同，我们也希望正在研究的认知过程如此基础，以至于不同个体的认知过程可以用相同的模型结构来表示，即使模型的参数不完全相同。

那么什么是参数呢？模型展示了我们的数据是如何分布的。观测到的反应时是对反应时分布的一个样本，该分布描述了一个累加器中的证据累积到阈值时间或几个累加器中的第一个达到阈值的最小时间。这些分布的形状由表示信息质量（累积率）、阈值、反应偏差等的参数值确定。当我们收集一系列反应时时，我们可以使用众所周知的程序如最大似然或最小平方和来估计不同参数的值。重要的是，我们在不同的实验条件下收集数据（例如，困难和容易），并寻找与理论一致的参数变化。如果简单条件导致快速累积速率，则简易条件下的估计速率应大于困难条件下的估计速率。

现在出现了一个问题：如果依据第一个人给出不同条件下的反应时，我估计速率参数并发现"容易"条件下的速率高于"困难"条件下的速率，那么，我从第二个人那里收集数据会发生什么？第二个人是否也会表现出相同的累积率差异？如果没有，这是模型的问题吗？还是她的问题——也许她无法区分困难和简单之间的区别？

在心理实验中，我们从很多人那里收集数据。这并不总是因为我们对每个人都感兴趣，而是因为收集大量数据为我们提供了需要的统计检验力（statistical power），从而检测参数估计的"显著性（significant）"变化。有时，为了获得最好的结果，我们将所有人的数据汇总在一起，并为整个分组做一次模型参数估计。棘手的是如何将数据放在一起。我们不能只是假设所有个体的数据都来自相同的分布，因为有些人明显比其他人慢或快。因此，我们可能会根据反应时分位数进行平均，希望保留分布的整体形状。从这种平均分布估计出来的参数可以被解读。许多已发表的研究都采用了这种方法。

另一种常见的方法是假设每个人都可以使用相同的模型结构表示，但使用不同的参数。这就是我在早期工作中所做的。我和我的同事分别用模型拟合每个人的数据，获得每个实验条件下每个人的参数估计。然后，我们以与分析样本均值相同的方式，对这些参数估计进行统计检验（t 检验，方差分析等）。这样一来，来自每个人的反应时数据被简化为来自这些数据的参数估计，而这些参数估计成为目标数据。

最近，我对个体参数取均值或推论统计检验（inferential tests）这两种处理方式都不太满意。为了理解为什么，让我们数一数，在解释从模型和数据拟合中重构的参数之前，需要满足哪些潜在和明显的前提：①如果我们决定对数据的分位数取均值并为每个人提取一组参数，我们假设每个人的表现都可以用具有固定参数值的相同模型结构来表征。②如果我们求平均值，我们也假设我们在平均值中看到的效果对在个体观测值中看到的效果有代表性；即，我们不会受到辛普森悖论的影响。辛普森的悖论发生在通过折叠个体数据获得的平均结果与个体单独显示结果模式相反时。③也许是担心辛普森悖论，如果我们决定允许个体存在差异并分别估计每个人的参数，我们仍然假设相同的模型结构适合每个人；即每个人都以完全相同的方式执行任务。④每个人的观察结果都是独立同分布的（independent and identically distributed，统计学家称其为"iid"）。这两个密切相关的假设是根本性的，因为它们允许我们使用最小二乘法或最大似然法来估计参数。但是，独立同分布假设的隐含意义是丰富且能够证明是错的。

数据会因为一个人的任务表现随着时间的推移变化而不再独立同分布。这意味着，当人们学习了必须通过经验建立的反应策略时，适合于实验的前期的参数值或模型结构可能不再适合实验的后期。我们也知道我们从同一个人获得的重复测量并不是独立的。由先前试验中的错误，先前呈现的刺激或实验条件的波动引起的顺序效应（sequential effect）不仅在重复测量中普遍存在，且其本身是科学研究的主题。最后，即使一个人随着时间的推移以相同的方式执行任务，参数值不会随着时间的推移而改变，她就算尽最大的努力也会偶尔出差错（打喷嚏或抓痒或做白日梦）导致未被研究的过程的观测受到污染。

那么，认知建模者该怎么做呢？我们中的许多人试图忽视这样一个事实，即重复观测产生的数据是复杂且动态的过程的结果，并且有些人执行他们被要求执行的任务，而另一些人则不执行。我很长一段时间都忽略了这一点，用我们需要掩盖认知问题中一些较难的部分，以便可以专注更易于解决的问题中较小方面的论点来合理化我的建模行为。然而，在过去的几十年中，心理学已经出现了一种处理个体差异的新方法，即分层模型（hierarchical model）。分层模型允许我们通过，首先让每个个体拥有自己的参数的方式从而解释实验条件在群体层面（group-level）的效应以及个体差异的影响。然而，个体层面（individual-level）的参数受到来自更高级的群体层面分布的限制，这些分布的参数随实验条件而改变。

你之前可能听说过分层模型。它们又被称为多级模型（multilevel models）、随机效应模型（random-effects models）、分层线性模型（hierarchical linear models）或混合模型（mixed models）。拟合这些模型的流程通常基于线性、等方差以及（再次）观测独立性的假设。但是，我使用的模型类型是高度非线性的，我想接受数据中的非独立性（dependencies）和非平稳性（nonstationarities）。因此，几年前，我开始使用贝叶斯模型。在贝叶斯框架中，我不受线性限制，可以为我的参数构建自回归结构，从而使它们随时间变化并在多次试验中使测量结果之间产生相关性。我还可以构建混合模型，允许不同的人以不同的方式执行任务，甚至允许人们随着时间的推移改变执行方式。

你可以想象这些模型有多复杂。但数据本身就很复杂，我如果忽视这个事实，就是自欺欺人。折叠个体差异不仅仅会增加数据的变化性，还会丢失有关试图研究的认知结构的重要信息。我当前的工作将传统的累加器模型嵌入更大的动态分层结构中，以试图解释个体差异。通过同时对时间和个人等"烦人的"变量以及我们真正感兴趣的事物进行建模，我们不仅可以更好地了解大脑在做什么，也会了解到一些我们认为很烦人的东西实际上非常有趣而且重要。

6 贝叶斯参数估计 I

本章旨在让读者深入理解贝叶斯参数估计的原理以及贝叶斯方法在解析和数值方法上的应用。对贝叶斯统计的更多相关背景感兴趣的读者不妨参考 Kruschke（2011）、Gelman et al.（2004）或 Jaynes（2003）的著作，这里只提了一些我认为特别有用的。

6.1　什么是贝叶斯推理

在第 4 章我们已经介绍了一种给观测数据找到参数最可能的值的方法，名为似然函数（likelihood function）。我们告诫读者不要混淆似然和概率。似然允许不同参数值之间的相对比较——因此允许我们最大化似然以获得参数估计值——但是似然不适合用于对绝对概率的估计。

对于参数估计，人们可能会问一些最直观、最明显的问题，所以我们需要一种不同于最大似然估计的方法。假设我们要从一组代表工作记忆（working memory）的数据估计出一个参数 M，我们认为它代表了工作记忆的容量；也就是说，人在注意力分散时能同时记住多少个项目（如 Kane et al., 2005）。我们不需要在意这个例子中的估计是如何实现的，让我们假设算出的最佳估计值是 3.2。但像这样用单一点描述的结果告诉我们的信息相对较少，因为我们知道无论如何巧妙地设计实验，总会存在一些与单一估计相关的测量误差。我们真正想知道的是"真"参数的可能取值区间，这个区间可以通过测量推断出来。理想情况下，我们希望获得有关该参数的概率分布的信息，以便得出更有根据的结论。

这就需要使用贝叶斯参数估计。在接下来的四章中，我们将进一步探索这一概念。现在，让我们从介绍条件概率（Conditional Probability）开始。

6.1.1　从条件概率到贝叶斯定理

在 4.1 节中我们介绍了条件概率，在那一章的剩余部分我们主要关注的是 P（*data* | *model*），或一般地，用模型参数 P（$y | \boldsymbol{\theta}$）表示。如我们在 4.2 节所见，即使我们在用似然函数 L（$\boldsymbol{\theta} | y$）从数据中估计参数时，条件概率的方向始终保持不变。但似然并不是概率，因此它不能用来推断 P（$\boldsymbol{\theta}$）。所以，虽然 L（$\boldsymbol{\theta} | y$）看起来像是 P（$y | \boldsymbol{\theta}$）的反向，但实际上并非如此。

为了调换条件概率的方向，我们需要利用 Reverend Thomas Bayes 在几个世纪前推导出的概率定理。该定理很实用，因为它能在两个差异很大的实体之间建立起桥梁。

比如，在道路潮湿的条件下水管破裂的概率，与在水管破裂的条件下道路潮湿的概率，这两者有很大不同。同样，已知一个人是女性，该人怀孕的概率，和已知一个人怀孕，该人是女性的概率也不同。

为了推导出贝叶斯定理，我们回顾公式4.2，对其做变形后，让条件概率位于式子的左侧[①]，得到：

$$P(a \mid b) P(b) = P(a, b). \tag{6.1}$$

换句话说，公式6.1告诉我们道路潮湿和水管破裂的联合概率 $P(a, b)$ 等于水管破裂的概率 $P(b)$ 乘以在水管破裂的条件下道路潮湿的概率 $P(a \mid b)$。

我们注意到可以对条件概率的另一个方向做出相同的操作：

$$P(b \mid a) P(a) = P(a, b). \tag{6.2}$$

换句话说，道路潮湿和水管破裂的联合概率 $P(a, b)$ 等于道路潮湿的概率 $P(a)$ 乘以道路潮湿的条件下水管破裂的概率 $P(b \mid a)$。因为两式得到的结果是一样的，我们可以把它们合并成：

$$P(b \mid a) P(a) = P(a \mid b) P(b). \tag{6.3}$$

将公式6.3两边同除 $P(a)$，我们可以将一个条件概率表示为另一个条件概率的函数，得到：

$$P(b \mid a) = \frac{P(a \mid b) P(b)}{P(a)}. \tag{6.4}$$

公式6.4就是贝叶斯定理！更准确地说，这是贝叶斯定理的一种写法。我们现在可以利用它将概率条件的一个方向转向另一个方向。

在建模背景下讨论，我们将公式6.4写为：

$$P(\boldsymbol{\theta} \mid y) = \frac{P(y \mid \boldsymbol{\theta}) P(\boldsymbol{\theta})}{P(y)}. \tag{6.5}$$

好了，我们现在可以计算给定数据 y 的条件下参数 $\boldsymbol{\theta}$ 的概率。注意，$P(\boldsymbol{\theta} \mid y)$ 可以得出与 $L(\boldsymbol{\theta} \mid y)$ 非常不同的推论：不同于由似然得到的相对的结果，$P(\boldsymbol{\theta} \mid y)$ 是一个实际的可能性。也就是说，我们可以给它一个直接的概率解释。比方说，以前面提到的工作记忆为例，我们可以这样说："工作记忆的容量有95%的概率落在2和4之间。"

本章的其余部分将介绍一些可以用来估计这些概率的技术。由于贝叶斯定理涉及许多项，而所有这些项都是概率，公式6.6重写了前面的公式，引入了我们接下来要用的术语：

$$\underbrace{P(\boldsymbol{\theta} \mid y)}_{posterior} = (\underbrace{P(y \mid \boldsymbol{\theta})}_{likelihood} \times \underbrace{P(\boldsymbol{\theta})}_{prior}) / \underbrace{P(y)}_{evidence}. \tag{6.6}$$

我们按照反映贝叶斯定理原理在科学语境中应用的顺序，介绍各种术语：

● 先验（prior）：先验概率描述了在收集实验数据之前我们对模型参数的认识。比如，我们可能在实验之前就对工作记忆 M 的容量有一些想法。也许我们会倾向于认为 M = 3 的概率为30%，M = 4 的概率为70%。这些概率估计就是由先验 $P(\boldsymbol{\theta})$ 描述

---

① 按照惯例，左边只包含一项。在这个例子中，出于教学原因，我们为了强调条件性而忽略了这个约定。

的。在实验之前，我们也许已经知道或是假定了这些概率，或者我们至少可以对它们的值做出一些合理的假设。重要的是，这些假设往往是体现在一个分布中，它可以是离散的，如记忆容量；它也可以是连续的，只要我们的参数是连续的。

- 似然（likelihood）：在实验中收集到数据 y 后，我们可以根据参数 θ 的先验来计算得到特定结果的概率。比如，假设实验得到的平均工作记忆容量为 3.2。那么，根据我们对 M 值的先验知识，这个结果的概率是多少？直到实验数据到手之后我们才可计算似然。一旦有了数据，我们就可以利用参数的先验从模型中生成似然。

将 $P(y \mid \theta)$ 称为似然有点奇怪，在前面的章节中我们用 $L(\theta \mid y)$ 来表示似然。怎么能用相同的术语来描述两个看起来不同的量呢？事实上，正如在图 4.6 讨论的，这两个量是相同的，仅在什么是给定的、什么是可变的有所不同。这里，在公式 6.6 的右边，我们认为参数是给定的、数据是可变的，因为我们关心的是观测数据的概率。

- 证据（evidence）：证据代表数据整体的概率，与参数的值无关。现在我们需要注意的是，它作为一个归一化因子，能够确保我们得到的后验缩放至概率的范围（即 0 ~ 1）。我们后面马上会对这一项做补充说明。

- 后验（posterior）：参数 θ 的后验概率是运用贝叶斯定理得到的结果。与先验一样，后验是模型参数值的概率分布。后验概率分布可以告诉我们很多有趣的答案。比如说，我们可以通过找出后验分布的峰值（mode）来得到一个参数最有可能的值（例如，刻画工作记忆容量的参数 M）。

通过结合我们对参数的先验知识和实验数据，我们可以得到后验，得到更新后的参数值的相关信息。

6.1.2 边际概率（Marginalizing Probabilities）

我们仅仅依靠条件概率，介绍了贝叶斯定理。在我们应用贝叶斯定理之前，我们需要引入另一个量，即边际概率（marginal probability）。当我们从两个随机变量的概率开始，仅考虑其中一个变量并对另一个变量进行求和时，就得到了边际概率。这些概率被称为"边际"，因为它们通常写在两个随机变量的联合概率表格的边际。

举例来说，表 6.1 展示了一个例子，其中包含了一个对 202 人的假想调查，根据性别和教育程度对他们做了分类。表中每一个子框表示具有特定性别和特定教育程度的人数。将各子框中的数字除掉总人数 202 即可得到概率。例如，样本中某个人为男性且有高中文凭的概率就是 $40/202 = 0.198$，等等。很明显，样本为男性的边际概率 $P(a = male)$，即 $110/202 = 0.54$。这种边际概率是通过忽略教育程度得到的，即将不同教育程度的男性人数相加，在本例中指对教育结果求和：$P(a = 男性) = (40 + 40 + 30)/202 = 0.54$。一般地，我们有下式：

$$P(a) = \sum_b P(a, b), \tag{6.7}$$

$P(a, b)$ 是在公式 6.1 中定义的，在此我们需对 b 的所有取值进行求和。

表6.1　联合和边际概率

教育程度	性别		边际
	男	女	
高中	40	30	70
大学	40	40	80
研究生	30	22	52
边际	110	92	202

接下来分为两步：第一步，我们重新思考贝叶斯定理，我们注意到公式6.5中的分母 $P(y)$ 是边际概率，正如我们之前提到的，这一项代表数据的整体概率而与模型参数无关。这类似于"不管受教育程度如何，成为男性的总概率"。因此，公式6.5的分母有时也被称为边际似然（marginal likelihood），而不是"证据（evidence）"。第二步紧随其后，我们重新表示分母，首先把它分解成它的组成部分，然后通过等价的条件概率重新表示各个联合概率：

$$P(y) = \sum_{\theta} P(y, \theta) = \sum_{\theta} (P(y \mid \theta) \times P(\theta)). \tag{6.8}$$

将公式6.8代入公式6.5的分母，得到：

$$P(\theta \mid y) = \frac{P(y \mid \theta) \times P(\theta)}{\sum_{\theta} (P(y \mid \theta) \times P(\theta))}. \tag{6.9}$$

公式6.9是贝叶斯定理最有用、最易理解的形式。它基本上告诉我们，后验的分布是，在给定我们对参数的先验知识的情况下，实验中得到特定结果的概率，除以根据我们的先验知识所能观察到的所有可能结果的空间形成的分数。我们现在探索贝叶斯定理如何生成参数估计，且这些估计可以用合适的方式来解释——也就是用绝对概率的语言来解释。

6.2　计算后验的解析方法

我们第一个贝叶斯推断的例子涉及一个稍微有偏差的硬币的多次抛掷实验。这个例子实际上涉及一个自然过程，但我们在后面才会揭示这个过程。

我们的目标是准确计算这个硬币的偏差有多大，并利用贝叶斯定理，估计表征硬币行为的参数。为了利用贝叶斯定理，我们需要确定公式6.6中的各个因素的表达式。每次使用贝叶斯方法估计参数时，这些因素都必须针对当前的特定模型和情况重新规定。在本节的剩余部分，我们假设实验数据由一系列抛硬币的结果记录组成。我们依次讨论公式6.6中的各个成分。

6.2.1　似然函数

我们首先注意到单次投掷中，硬币正面朝上的概率由前面提到的公式4.10中的伯努利分布给出：

$$f(k \mid \theta) = \theta^k (1-\theta)^{1-k}, \tag{6.10}$$

其中，k 的取值为 0（背面向上）或 1（正面向上），参数 θ 表示硬币的偏差。当 θ 为 0.5 时，硬币是公平的，正面向上的概率是 $f(k=1 \mid 0.5) = 0.5^1 \times (1-0.5)^{1-1} = 0.5$，背面向上的概率是 $f(k=0 \mid 0.5) = 0.5^0 \times (1-0.5)^{1-0} = 0.5$，两者相同。如果硬币偏向正面（$\theta > 0.5$），概率将再不相等，即 $f(k=1 \mid \theta) > f(k=0 \mid \theta)$。

将公式 6.10 推广到多次抛掷是简单直接的，假设 n 次抛掷的结果是独立的（就像我们通常对硬币所做的那样），也就是说，得到所观察到的正反面序列的概率就是描述单个事件的概率的乘积[①]，即：

$$f(\{k_1 \cdots k_n\} \mid \theta) = \prod_{i=1}^{n} \theta^{k_i}(1-\theta)^{1-k_i}. \tag{6.11}$$

这和之前的计算没什么区别，只不过现在 k 带了下标 i 来区别这 n 次抛掷。为了方便，公式 6.11 可以简写为：

$$f(h \mid \theta) = \theta^h (1-\theta)^{n-h}, \tag{6.12}$$

其中 h 是在 n 次抛掷序列中正面朝上的次数。

当 θ 值给定不变时，公式 6.11 和 6.12 描述在多个抛硬币实验中得到不同结果的概率分布。如果我们转换角度，考虑结果是给定不变的，也就是说，我们已获得正反面的特定序列——那么我们可以认为 θ 是可变的，公式 6.12 则构成了似然函数（如果这里看起来不直观，你可以回顾第 4 章的内容）。

6.2.2 先验分布

我们在投掷硬币之前，对应该期待何种结果有了一些认知。根据之前的经验，我们知道，没有偏差的硬币正反面朝上概率一致，即 $\theta = 0.5$。但是，我们考虑硬币可能存在轻微的制作错误导致轻微偏差的可能性。在这个例子中——涉及至今未知的自然过程，类似于一个有偏差的硬币——我们也许会假设 θ 偏离 0.5，甚至远远偏离。我们可以在进行硬币实验之前做出这些假设，这些假设体现在先验分布中。

为了用贝叶斯定理将认识规范化，我们需要找到一种方法指定先验概率分布。具体来说，我们需要一个概率分布来描述先验概率，即在抛硬币之前，我们需要一个分布来确定不同 θ 值的概率。

Beta 分布能够很好地满足这一目的。Beta 分布有几个性质：第一，和正态分布一样，Beta 分布由两个参数确定（虽然它们不是均值和标准差，更多信息见下文）。第二，与正态分布不同，根据这两个参数的值，Beta 分布可以呈现多种形状——从 U 形到平形再到钟形。第三，Beta 分布的定义域在有界的 0 和 1 之间，这使它在表示概率时特别有用。最后，Beta 分布允许我们以自然的方式"积累"信息。首先，我们将给出一个直观的示例来说明 Beta 分布有哪些属性，然后再将其规范化为针对我们稍有偏

---

① 在许多情况下，重点是在一个给定的抛硬币次数中正面朝上数目的分布，而不考虑正面数目出现的次序。这种情况可以用二项分布来描述，二项分布给出了能够产生所观察到的正面次数的全部序列。比如说，我们在四次投掷中得到两次正面，即 HHTT、HTHT、TTHH 等。二项分布记录了所有的可能性。这里我们关心的是在一个序列中正面朝上的次数，这是二项分布的定义域（Kruschke, 2011）。

差的硬币问题的先验分布。

少年棒球比赛的安打率

让我们暂时停止抛硬币吧！假设你正在指导一支青年棒球队或是职业棒球队，你关心球队中队员的安打率（Batting average）。即一个球员安打（base hit）的次数与击球次数的比值。计算这个比值很简单，但这个比值并没有包含所有我们关心的信息：比如说 Johnnie 共击球 6 次，其中有两次安打；而 Jane 击球 24 次，有 8 次安打。Johnnie 和 Jane 有相同的安打率，但你对他们在场上的表现有相同的信心吗？你应该有吗？

考虑 Beta 分布。结论是，Beta 分布的两个参数 α 和 β 可以分别解释为一个伯努利实验序列中"成功"和"失败"的次数。比如，一次"成功"可指一次安打或是一个正面朝上的硬币，等等。由此可知，我们对 Johnnie 和 Jane 的安打率的认识可以由图 6.1 的 Beta 分布总结。图 6.1 是脚本 6.1 的几行 R 语言代码生成的，命令"dbeta（x，2，4）"生成了 $\alpha = 2$ 和 $\beta = 4$ 的 Beta 分布的概率密度函数。相同的命令可以用来生成参数值不同的 Beta 分布的概率密度函数。

```
1 curve(dbeta(x, 2, 4),ylim=c(0,6),ylab="Probability ←
    Density",las=1)
2 curve(dbeta(x, 8, 16),add=TRUE,lty="dashed")
3 legend("topright",c("Johnnie","Jane"), ←
    inset=.05,lty=c("solid","dashed"))
```

脚本 6.1 绘制简单的 Beta 分布

图 6.1 证实了我们对 Johnnie 安打率的信心应该小于对 Jane 安打率的信心。即使两者数值上相同，但 Johnnie 的分布比 Jane 的分布更加分散，并且 Johnnie 的大部分概率质量（probability mass）小于 0.33。我们可以通过 R 语言命令 pbeta 得到 Beta 分布曲线下的面积来量化这点。在这个例子中，我们对 x 的范围在 0.18 到 0.48（在估计均值 0.33 ± 0.15 范围内）间曲线的面积感兴趣。这一块面积对应于实际安打率落在这个上下限之间的概率。对于 Johnnie，执行命令 pbeta（0.48，2，4）– pbeta（0.18，2，4），计算结果为 0.56。对于 Jane，执行命令 pbeta（0.48，8，16）– pbeta（0.18，8，16），计算结果为 0.89。换句话说，Johnnie 的安打率有几乎一半的可能落在 0.18 ~ 0.48 这个范围之外，而我们对于 Jane 的安打率落在这个范围之内更有信心。

现在假设赛季继续，Johnnie 又挥打 12 次，其中有 4 次击中。他的 Beta 分布曲线是怎样的？我们将这留为一个练习，您需要在 R 语言命令行键入 curve(dbeta(x, 2+4, 4+8), ylim = c(0,5), ylab = "ProbabilityDensity", las = 1) 来看看发生了什么。我们明确新的安打数是"2 +4"，新的失败击球数是"4 +8"，这充分说明 Beta 分布是刻画不稳定情况的完美工具，我们收集了关于概率估计的额外信息。结果表明，Beta 分布也很好地适用于表示我们的先验，然后根据数据进行更新。

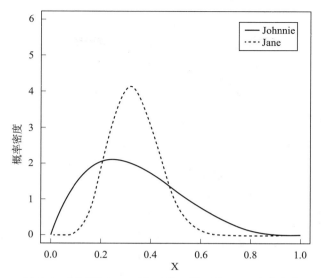

图 6.1　通过脚本 6.1 的 R 代码得到的 Beta 分布曲线

对一枚有微小偏差硬币的先验期望

回到硬币的例子，我们知道硬币是存在微小偏差的，虽然并不知道它偏向于哪一面。相应地，我们的先验知识是 θ 约为 0.5，这可以在一个参数选择合理的 Beta 分布中被捕捉到。要做到这一点，我们需要确认一个服从 Beta 分布的随机变量 X 的期望为：

$$E\,(X)\ =\frac{\alpha}{\alpha+\beta}, \tag{6.13}$$

其中 α 和 β 就是之前提到的 Beta 分布的两个参数。如果我们希望 θ 集中于 0.5，公式 6.13 提示 α 应等于 β。为了进一步限制参数取值，我们注意到 Beta 分布的方差满足

$$Var\,(X)\ =\frac{\alpha\,\beta}{(\alpha+\beta+1)\,(\alpha+\beta)^2}. \tag{6.14}$$

当我们说硬币是"稍微"有偏差时，我们不能确切知道"稍微"意味着多少，但在平均意义上认为 θ 偏离 0.5±0.1 是说得通的。换句话说，我们假设 Beta 分布的标准差是 0.1，即 $\alpha=\beta=12$，你可以通过上述的 R 语言命令观察这个分布。

如果我们接受 α 和 β 的取值，那么我们对这枚有偏差的硬币的先验可以写成：

$$P\,(\theta)\ =beta\,(\theta\mid\alpha,\ \beta)\ =beta\,(\theta\mid12,\ 12). \tag{6.15}$$

6.2.3　证据或边际似然

为了得到贝叶斯定理的分母（公式 6.6），我们还需要计算"证据"（evidence）或/即边际似然（marginal likelihood）。回想一下，这一项表示数据——在这个例子中，n 次投掷中有 h 次正面向上的序列——在所有参数的可能值下——此处为 θ 中获得的整体概率 $p\,(h,\ n)$。

在利用贝叶斯定理进行计算时，边际似然往往是最大的障碍，因为它是难以处理的。在这个例子中，我们可以使用一些技巧来定义后验，而不需要明确地写出边际似

然值。

首先，让我们写出证据（evidence）的完整公式。证据，或边际似然，是通过对整个参数空间的似然进行积分，并通过先验进行加权得到的。这个概念是本书第 11 章的重点。目前，我们简单写出以下公式并把它作为给定的：

$$p(y) = \int p(y \mid \boldsymbol{\theta}) p(\boldsymbol{\theta}) d\boldsymbol{\theta}. \tag{6.16}$$

在伯努利分布下，可将公式 6.16 写为

$$p(h, n) = \int \theta^h (1 - \theta)^{n-h} beta(\theta \mid h, n - h). \tag{6.17}$$

这是一个很丑的公式！好在我们不需要直接处理这个方程，而是通过 Beta 分布的一些特征去确定证据（或者说边际似然）是什么。

为了了解这是如何实现的，我们先写出教科书上 Beta 分布的定义：

$$beta(\theta \mid \alpha, \beta) = \frac{\theta^{\alpha-1} (1 - \theta)^{\beta-1}}{\int_0^1 \theta^{\alpha-1} (1 - \theta)^{\beta-1} d\theta}. \tag{6.18}$$

我们可以认出，分子的函数形式和公式 6.12 的似然函数是一样的。但是，回想一下似然函数没有被归一化（第四章），所以积分值不为 1。为了使得积分结果为 1，我们需要除以在似然函数下的总面积。这就是公式 6.18 所做的：它确定了似然函数下的总面积（分母中的积分），并将每个似然函数值除以该总面积。虽然所有概率密度函数的积分都为 1，但它们并不总是在它们的公式中明确表示出归一化。

基于先前的数学知识，我们现在可以进一步认出分母与 Beta 函数（不是分布！）相同。Beta 函数可以写成 $B(\alpha, \beta)$。虽然看起来只是一个简化，但它有一个显著的优点：经过积分，它不再是 θ 的函数。我们可以用简化后的分母重新写上面的方程。

$$beta(\theta \mid \alpha, \beta) = (\theta^{\alpha-1} (1-\theta)^{\beta-1}) / B(\alpha, \beta). \tag{6.19}$$

以这种方式简单地重新表示 Beta 分布，我们已经为写下抛硬币例子中的后验概率打开了大门。

6.2.4　后验分布

让我们用最简洁、最易记忆的方式将前面讨论的项归纳为贝叶斯定理：

$$\underbrace{P(\theta \mid h, n)}_{posterior} = \underbrace{\theta^h (1-\theta)^{n-h}}_{likelihood} \times \underbrace{beta(\theta \mid \alpha, \beta)}_{prior} / \underbrace{P(h, n)}_{evidence}, \tag{6.20}$$

其中，n 和 h 分别代表我们在特定的投掷序列中得到抛掷硬币的总次数和正面朝上的次数，α 和 β 根据公式 6.15 设为 12。

我们接下来将公式 6.20 的每一项替换为前几节的完整定义，特别是公式 6.19 中 Beta 分布函数的展开形式：

$$P(\theta \mid h, n) = \theta^h (1-\theta)^{n-h} \times \frac{\theta^{\alpha-1} (1-\theta)^{\beta-1}}{B(\alpha, \beta)} / P(h, n). \tag{6.21}$$

经过移项和化简，我们得到：

$$P(\theta \mid h, n) = \theta^{(\alpha-1)+h} (1-\theta)^{(\beta-1)+(n-h)} / [B(\alpha, \beta) P(h, n)]. \tag{6.22}$$

虽然上式看起来仍然很笨拙，但我们可以再思考一下如何简化公式 6.22。有三点关键的见解可以让我们走得更远：

第一，公式 6.22 中的分子和公式 6.18 中 Beta 分布的分子有相同的形式。也就是说，公式 6.22 的分子就是 $beta$（$\theta \mid \alpha + h$，$\beta + n - h$）的分子。

第二，公式 6.22 的分母不依赖于 θ，是一个常数。也就是说，公式 6.22 定义了一个概率分布，其分子属于 Beta 分布，分母是一些未知的常数。

第三，公式 6.22 必须是一个 Beta 分布，其分母必须与公式 6.18 定义的比例因子相同！简而言之，如果公式 6.18 定义了一个 Beta 分布，那么公式 6.22 所表示的后验必然也是一个 Beta 分布。

如果公式 6.22 是一个 Beta 分布，我们知道，根据公式 6.18，公式的分母必然是一个 Beta 函数。根据公式 6.19，Beta 函数必须和 Beta 分布有相同的参数。我们可以通过观察公式 6.22 的分子来得到这些参数。回顾前面第一点的关键见解，如果我们将公式 6.22 的分子与公式 6.19 的分子匹配，则描述后验分布的 Beta 分布必须以 $\alpha + h$ 和 $\beta + n - h$ 为参数，得到下式：

$$B（\alpha，\beta）P（h，n）= B（\alpha + h，\beta + n - h），\qquad (6.23)$$

所以，

$$P（\theta \mid h，n）= \theta^{(\alpha - 1) + h}（1 - \theta）^{(\beta - 1) + (n - h)} / B（\alpha + h，\beta + n - h）$$
$$= beta（\theta \mid \alpha + h，\beta + n - h）. \qquad (6.24)$$

换句话说，如果先验是以 α 和 β 为参数的 Beta 分布，那么后验分布就是以 $\alpha + h$ 和 $\beta + n - h$ 为参数的 Beta 分布。请注意，我们是如何以这种方式写下后验分布，而不用考虑它们边际似然的形式。

我们刚刚观察到的性质，即先验和后验同属一个函数族，被称为共轭性。当先验分布与一个特定的似然函数是共轭时（就像 Beta 分布和伯努利分布），贝叶斯定理的计算将被大大简化。我们会在下面介绍如何轻松地估计这些参数。

6.2.5 估计硬币的偏差

在公式 6.15 中，我们将有偏差硬币的先验设为 $\alpha = 12$，$\beta = 12$ 的 Beta 分布。这个先验分布在图 6.2 中表示为粗实线。接下来，我们通过抛硬币获得三组数据，并将其表示为 $\{h, n\}$，即 $\{14, 26\}$、$\{113, 213\}$ 和 $\{1130, 2130\}$。三组数据中正面向上的概率几乎不变，分别为 0.538、0.531 和 0.531。

实验的后验分布可以表示为 $p（\theta \mid h，n）= beta（\theta \mid 12 + h，12 + n - h）$，分布曲线在图 6.2 中。只需将脚本 6.1 中的 R 语言代码做细微的修改即可得到这些分布曲线。

因为这是我们第一次看到后验分布以图像的形式展现，现在不妨停下来，提醒自己，后验分布告诉我们，在综合了观测数据和先验的信息之后，参数取不同值的概率（或概率密度）。换句话说，解释后验分布是十分直接且直观的：后验分布看起来像在告诉我们参数的概率，确实如此！相比于第四章的似然面，这就是它的主要优势，似然面不能这样直接解释成概率。

对图 6.2 中的后验分布进行一些评注。第一，当样本数增加时，估计的精度也变高，后验分布曲线形状变尖。当 n = 2130 时，基本上所有的概率质量集中在略大于先验 θ = 0.5 的位置。这和我们的直觉相符，即增加的样本量会转化为更高的精度。

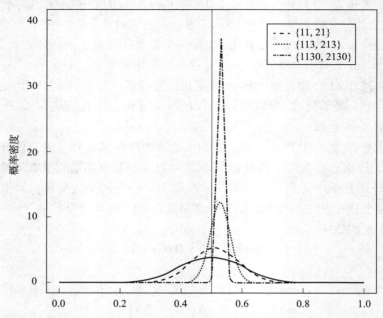

图 6.2　对 R 语言脚本 6.1 的代码做修改后得到的贝叶斯先验和后验分布。粗实线代表公式 6.15 中的先验，3 条细线表示与 {h, n} 三组数据对应的三种后验分布。垂直实线代表先验均值 θ = 0.5。

第二，我们设计先验分布的中心是集中在 θ = 0.5 的垂直线，但三个后验分布都由于硬币的缺陷偏离了中心位置。同样，这符合我们的直觉，因为先验假设受到了数据的挑战。但是，后验分布存在几个方面的行为乍一看似乎是反直觉的，尤其是随着样本量的增加，后验偏离 0.5 的程度增大。三个后验分布的均值，按照样本量增加的顺序，分别是 0.520、0.527 和 0.530（公式 6.13），即使观察到的正面向上的比例基本不变。值得注意的是，对于最小的样本，后验均值比观察到的比例低了近 2 个百分点（0.520 和 0.538）。这样的差异在大样本间（0.530 和 0.531）却消失了。虽然后验均值"低于"观察到的比例看起来很奇怪，但这是完全合理的，并且符合贝叶斯方法的预期：鉴于我们对硬币有很强的先验知识，我们确实需要相当多的证据来确定偏差的存在。

一般地，贝叶斯方法总是平衡先验知识和实验中获得的证据。如果实验结果与强烈支持的预期相差甚远，那么就需要（且应有）更多的证据（数据）来说服我们，这些数据要求我们对预期进行修正。我们选择的先验决定了如何衡量现有知识和新知识。举例来说，如果我们对硬币一无所知，我们也许会用参数 $\alpha = \beta = 1$ 的 Beta 分布来作为先验，它对应于均匀分布。这是一个很好的代表无知的分布，因为在收集数据之前，

所有 θ 值都是可能的。结果在服从均匀分布的先验下，即使是小样本[①]，后验分布的均值也无法和实验得到的正面朝上的比例区分。我们会在 6.3 节中提及先验的选择。现在，我们用图 6.2 中大样本的后验分布来回答关于硬币的问题。所有贝叶斯推断和参数估计都涉及对后验的解释。一旦我们有了后验，就有效地完成了最艰苦的工作，只需要将后验总结出来。

硬币的偏差有多大？

我们有偏差硬币的参数 θ 最有可能的取值范围是什么？在频率统计中，置信区间常常有误导性，并且不能为统计推断提供一个好的出发点（Morey et al.，2016a）。与之不同的是，根据贝叶斯后验分布得到的区间更容易被直观地理解，并给出我们想要的答案。R 语言命令 qbeta（c（0.025，0.975），1130，1000）返回 θ 的 95% 置信区间的上下界，分别是 0.51 和 0.55，因此我们有 95% 的信心相信 θ 的真值落在这个范围内。

我们"有偏硬币"的例子实际上是基于由 CIA 提供的（https://www.cia.gov/library/publications/the-world-factbook/fields/2018.html）美国人口的性别比例（即在出生人口中，男性对女性的比例）。在出生时，人类的性别存在轻微但高度一致的不平衡，即男婴的比例比女婴的比例高出几个百分点（秘鲁是个例外，每 100 个女婴仅对应 83 个男婴）。如果我们事先知道"有偏硬币"的数据实际上是由什么组成，我们可能会对先验分布做出不同的选择，而不是假设公平。我们可以利用庞大的数据库得到男性出生性别稍多，选择 $\alpha = 13$、$\beta = 12$ 作为参数，这些关于先验选择的内容在 6.3 节和第 11 章提及。

6.2.6 总结

有偏硬币的例子中有这样一种情况，即后验分布可以从先验和观测中推导出来。也就是说，虽然我们花了很多时间推导这是如何实现的，来说明贝叶斯方法的优美之处，但公式 6.24 最终结果是简单的，只需要一行 R 代码。

然而，也存在解析方法失效的情况。在这些情况下，从被方程式描述的意义上来说，后验概率在方程中仍然可能是"可知的"，但不能通过求解该方程来获得后验概率。相反，后验概率必须通过数值模拟来估计。出于历史原因，这类方法称为蒙特卡洛技术（Monte Carlo techniques），我们将在下一章专门讨论它们。

6.3　确定参数的先验分布

贝叶斯推理、统计和建模的核心是将先验知识与新证据相结合以修正个人对事物的了解。但是我们的先验知识是什么？我们的先验知识应在多大程度上影响我们的推理？

---

① 人们对先验的重视程度也有心理学成分。Mckay（2012）曾认为一些错觉，如卡普格拉氏错觉（Capgras delusion），即认为一个亲密朋友或亲人被一个外表完全相同的冒名者顶替。这是完全无视该事件的先验概率的结果。

6.3.1 无信息先验分布

托马斯·杰斐逊（Thomas Jefferson）为当代贝叶斯模型奠定了基础。他曾说过："无知比错误更可取，选择无知的人比相信错误事物的人离真理更近。"换句话说，如果我们对某个问题一无所知，我们希望完全无知，而不是错误的期望，无意间使我们的建模产生偏差。这种无知会被具象化到无信息的先验中。

将无知规范化会带来许多意外且反直觉的结果。比如，考虑对一个类硬币的物体进行一系列伯努利实验，我们希望通过一个序列的抛掷结果推断它正面朝上的概率 θ。

在这个例子中，无信息先验是什么？如果我们对类硬币物体没有任何了解，那么什么分布可以描述我们的无知状态？如果一个人对一个参数一无所知，那么所有的结果都应被认为有同等的可能性。换句话说，我们的无知可以由一个描述 θ 值的均匀先验分布表示。这个假设确实是由贝叶斯提出的（Jaynes，2003），但我们现在知道这是有问题的。

一个问题来自于"所有结果"这一表述不明确的短语：如果说"所有 θ 的值都是相同的可能性"，那么就可以用一个关于 θ 的均匀分布先验来表示该陈述。但是，如果"所有结果"是指"θ 的所有数量级均等可能"，那么这将被对数先验捕获，即分布在 $\log(\theta)$ 而不是 θ 上均匀。这种情况令人非常不满意，因为两个同样热衷于无知但偶然以不同方式理解"所有结果"的研究人员，可能最终会使用两个不同且彼此相差很大的先验分布。该问题被称为变换问题（Transformation problem），当先验分布在同一问题或模型的不同参数化之间为不变量时，就会出现此问题。

Jeffreys（1946）提出了在伯努利分布情况下对这一问题的解决方案，即使用 Jeffreys 先验。Jeffreys 先验分布是参数值 $\alpha = 0.5$，$\beta = 0.5$ 的 Beta 分布，我们将它展示在图 6.3 中。与均匀分布不同的是，此分布在变换时保持不变（详细推导请参考：Zhu 与 Lu，2004）。

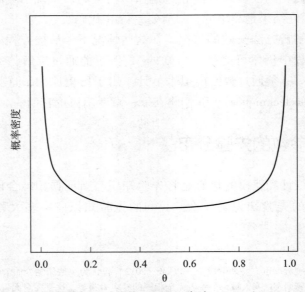

图 6.3　针对伯努利过程的 Jeffreys 先验，Beta（0.5，0.5）

令人困惑的是，图 6.3 的分布看起来似乎完全不是无信息的：完全的无知怎么能被一个最大密度为 0 和 1，而中间密度很低的分布表示呢？这难道不意味着我们对结果分布在 0 和 1 上有很强的先验期望吗？

为什么这种分布可能是无信息的（或几乎无信息），我们需要回顾前几章中伯努利过程和 Beta 分布的几个性质。首先，我们需要回想起 Beta 分布与伯努利似然是共轭的。如公式 6.24 所示，如果伯努利过程的先验是以 α 和 β 为参数的 Beta 分布，则后验为以 $\alpha+h$ 和 $\beta+n-h$ 为参数的 Beta 分布，其中 h 表示试验成功的次数，n 是试验的总次数。其次，我们回想起 Beta 分布的均值是 $\alpha/(\alpha+\beta)$（公式 6.13）。最后，我们回想在第 4 章中提到伯努利过程参数 θ 的最大似然估计 $\hat{\theta}$ 是 k/n：即试验成功次数比试验总次数。

现在我们可以将这一先验知识应用到两个假设的序列（$n=10$ 次试验）中，我们希望对类硬币物体的参数进行估计。假设第一个序列有 $k=10$ 次成功（如正面向上），第二个序列中 $k=5$。这种情况下的最大似然估计分别是：对前者 $\hat{\theta}=1$，对后者 $\hat{\theta}=0.5$。

我们现在考虑贝叶斯后验估计（即 Beta 后验分布的期望）在两种先验 Beta（1，1）的均匀分布和 Beta（0.5，0.5）的 Jeffreys 先验分布）的情况下分别会是怎样？对于一个无信息先验，它必须对不同结果的贝叶斯估计产生相同的影响。

首先考虑一个 5 个正面、5 个反面的试验序列：对于均匀先验 Beta（1，1），后验分布是 Beta（6，6）（如公式 6.24），其均值是 6/（6+6）=0.5（如公式 6.13）。对于 Jeffreys 先验 Beta（0.5，0.5），后验分布是 Beta（5.5，5.5），它的平均值也是 0.5。换句话说，我们的贝叶斯后验估计与最大似然估计相同。

现在考虑 10 次均为正面的序列：对于均匀先验，后验分布是 Beta（11，1），期望是 11/（11+1）=0.92。这个后验估计不同于最大似然估计的值 $k/n=1.0$。我们现在面对着一个明显的难题：尽管我们的均匀先验应该是无信息的，但它显然改变了估计。当 $k=5$ 时，后验估计和最大似然估计相同，但当 $k=10$ 时，两者不同。这与之前我们所说的，无信息先验应该平等对待所有可能结果相悖（Zhu 与 Lu，2004）。但对于 Jeffreys 先验，后验分布是 Beta（10.5，0.5），期望是 0.95。虽然这仍然偏离了最大似然估计，但它比使用均匀先验获得的估计值更接近。

很明显，选择均匀先验还是 Jeffreys 先验对观察到的结果有影响。对于成功次数 $k=10$ 的序列，需要先验为 Beta（0，0）才能让贝叶斯后验估计值为 1——如果先验信息不足，我们就会期待后验为 1，因为那时所有后验估计值都将与最大似然估计值相同。这样后验的期望就是 Beta（10，0）的期望，正是我们预期的 1.0。现在，一个 $\alpha=\beta=0$ 的 Beta 分布是相当不明确的，尝试画出这个分布，你会发现它是多么不明确。我们可以考虑一个分布 Beta（ε，ε）（$\forall \varepsilon>0$）。虽然这个分布比图 6.3 中的 Jeffreys 分布更加集中，但几乎所有概率质量都集中在点 0 和 1。实际上，这个分布是信息最少的先验，因为无论实验结果如何，贝叶斯后验估计的结果都与最大似然估计的结果相同。考虑到最大似然估计的结果不受任何先验观点的影响，先验为 Beta（ε，ε）时得到的贝叶斯估计结果相同的事实，让这样的先验成为了无信息先验（Zhu 与 Lu，2004）[①]。

总的来说，我们表明了规范化无知的方式是一个非常重要的问题，而且会导致一些反常的、令人吃惊的结果。对于伯努利的例子，我们用由 Zhu 与 Lu 在 2004 年提出的一种直观方法的变体推导出了无信息先验。Jaynes（2003）提供了更普遍的推导无信息性先验的原则方法。无论采用哪种方法，重要的结论都是伯努利情况下的无信息先验分布看起来是反直觉的。

然而，还剩下一个显而易见的问题：我们提出 Jeffreys 先验是无信息开始的讨论，只是说明了另一个分布 Beta（ε，ε）是更加无信息的。这种由什么是无信息的不同观点所引起的模糊不清受到广泛关注。比如，Berger（1985）指出，"也许无信息先验最尴尬的一点就在于它可以有如此之多"（p. 89）。相信即使是在简单的伯努利情况下，对于什么是"最好的"无信息先验的辩论仍在继续（Kerman，2011；Tuyl 等，2009）。应对这种模糊性的一个方法是发展"客观"先验，通常被称为参考先验（reference priors）（Berger 等，2009，2015；Bernardo，1979；Kass 与 Wasserman，1996），它将无信息规范化。

6.3.2 参考先验

参考先验背后的思想是简单的：客观的无信息先验可以使实验数据对先验知识的支配最大化。在前面的示例中，我们已经通过推导伯努利实验中使数据占最大优势的分布，来非正式地应用这一思想。参考先验通过根据实验数据寻求最大化后验和先验分布间差异的度量来规范化这一思想。差异越大，先验分布就越不重要。一旦得到参考先验，这个先验分布就提供了一个参考点（这就是参考先验名称的来历），可以和其他可能的先验进行比较[②]。

参考先验存在一个明显的难点，那就是它是根据数据定义的。根据定义，先验是指观察到数据之前的知识状态，如果先验依赖于数据，那么如何获得先验呢？这种明显的循环性问题的解决方法涉及对（想象的）数据进行建模。目前研究者已经提出了一些解决方法，比如，由 Bernardo（1979）和 Berger 等（2009）提出的方法。我们没有更多时间来详细探讨这些解决方案。目前，只要将参考先验理解为最大程度上受数据支配的分布，且因此最大程度上无信息就足够了。

[①] 这个分布实质上与 Haldane 分布 $\theta(1-\theta)^{-1}$ 相同，由 Haldane 于 1932 年提出。Jaynes 认为这是伯努利情况的合适的无信息先验。由于 Haldane 分布不像一般的概率函数那样积分值为 1，它被称为反常先验（improper prior）。反常先验的事实在大部分情况下并不引起我们的关注，就像在这个例子中，后验分布是恰当的并且积分值为 1。

[②] 在文献中存在混淆的可能性，因为"参考先验"在广义和狭义上都有使用。Bernardo（1979）将这个词用于他们的方法，而 Kass 与 Wasserman（1996）则认为参考先验的指代应当具有一般性，它应该包括所有建立先验分布的客观方法。在这里我们使用狭义的 Bernardo 命名方法。

6.4 实例

贝叶斯的基本知识

Joachim Vandekerckhove
（加州大学尔湾分校）

对于很多心理学学生，贝叶斯统计仍然笼罩在神秘之中。在本科阶段，贝叶斯定理也许会被作为概率论的部分教学内容，但不幸的是，概率论和科学推理之间的联系却很少被涉及。这一联系在近一个世纪前提出，为科学知识上的量化提供了稳健的基础。正如 Wrinch 和 Jeffreys（1921）以及 Harold Jeffreys 在其著作中所提到的，概率理论是拓展的逻辑；Jaynes（2003）称其为"科学的逻辑"。确实，如果所有的命题都完全"真"或"假"——也就是说，所有的概率不是 0 就是 1，那么很容易看出概率论是如何直接映射到命题逻辑的。以 $P(A \mid B) = 1$ 为例，"如果 B 真，那么 A 发生的概率为 1"，这只是"B 推出 A"（$B \rightarrow A$）的另一种表达方式。类似的，$P(A \mid B) = 0$ 和 $B \rightarrow \neg A$ 相同。概率理论将这一概念推广到不确定情况，但概率论的规则与逻辑学的规则有相同的地位：如果前提是正确的，它们可以用来推出必然正确的陈述。借用 Edwards 等（1963, p. 164）所言：概率是有序的不确定性，根据数据进行推理是在获得新信息后对不确定性的修正。贝叶斯定理只不过是概率论在推理实际问题上的应用。

概率论与逻辑的紧密联系引出了更加丰富的见解。比如，关于贝叶斯方法的一个常见误解是，因为贝叶斯方法的结论可能依赖于参数或假设的先验概率，所以从这个角度来说贝叶斯方法是无效的。用形式逻辑的术语来说，逻辑演绎是无效的，因为结论依赖于前提。显然，推理过程不会因为其结论依赖假设而病态，反之亦然。不依赖于假设的结论可能是可靠的，但它们并不比那些与不依赖于观察的结论更理性。

然而，对先验概率的依赖涉及另一个维度的误解：乍一看，似乎先验将分析者的信念（作为一种主观元素）引入到推理之中。如果我们希望在科学研究中保持客观，这显然不是我们期待的。有两点可以说明这个问题。首先，必须强调——以免我们忘记——"主观的"并不等同于"武断的"。我们可以把概率视为传递信息而不是信念。相关信息是主观的一点也不奇怪，毕竟不是所有人都能获得相同的信息。因此，在概率分布中编码的信息可能是主观的，但这不意味着它是可选择的。信念这一词在概率论里不是指一种意志的表现，而仅仅是一个人被动的发现自己所处的状态。因此，不同的科学家利用不同的信息源可以合理地得出不同的结论。

关于先验主观性的第二点观察来自于对公式 6.5 中贝叶斯定理的检验。在公式右侧，分子为 $P(y \mid \theta) P(\theta)$ 乘积：似然和先验一起决定了 θ 所有可能值的相对密度。现在考虑公式 6.20，其中作者给出了两个分布。在对选择哪个先验分布的问题上做了充分论证之后，Beta 分布被从（0，1）间的众多可能分布中选出，并且 Beta 分布的两个参数值都设为 12。似然也就这样被定义了。

指定公式 6.20 组成部分的方式有点让人想起圣经中对创造天堂的描述，"God

made two great lights; the greater light rule the day, and the lesser light to rule the night: he made the stars also"(Gen 1：16, KJV)。就像这节经文中，数十亿乃至数万亿恒星是如何被创造的是事后的想法，尽管似然函数比先验重要很多，但通常认为对似然函数的定义不需要太多论证，毕竟即使是适量的数据，先验也通常会被淘汰而倾向于似然。值得肯定作者的是，本章对似然的选择给出了相当多的论证，但不是典型的情况，而且默认的正态分布残差假设是普遍存在的。Jaynes（2003）写道："如果一个人不能明确先验，那么推理问题就像没有指定数据一样是不适定的"（p. 373），这里的强调可以应用在公式 6.5 右侧分子的两个因子上。如果我们没有质疑似然，这就好像我们没有去质疑先验一样。

在某些情况下，质疑似然是常见的：我们会问这个或者那个模型是否是"数据对应的正确模型"。比如，在用反应建模时（第 14 章），我们可能想知道，一个标准线型弹道累加器是否对一组观测结果有最恰当的描述，还是说用其他随机变量来描述更加合适。在更常见的情况中，我们有时担心方差相等的 t 检验是否合适，是否应该用方差不齐性的程序来代替。这就引出一个问题：如果我们想要估计某个操纵效应的大小，但又不愿意使用模型 E（方差齐性）或模型 U（方差不齐），该怎么办？毫不意外，概率论提供了一个答案。假设模型 M（$M \in \{E, U\}$），其效应大小的后验分布是 $P(\delta \mid y, M)$，当 E 是两个模型之中的正确模型时，后验分布是 $P(E \mid X) = 1 - P(U \mid X)$。那么对这两个模型做平均后，由概率的可加性，我们可以立刻得到 δ 的后验分布：

$$p(\delta \mid y) = p(\delta \mid y, E) P(E \mid y) + p(\delta \mid y, U) P(U \mid y).$$

对以上公式的一个解释是，模型的确切身份是一个多余的变量，我们可以通过对每个模型的后验概率进行平均加权来积分。它提供了 δ 的后验分布而不假设模型 E 或模型 U 是正确的——只有它们其中一个是。这种将模型边际化（marginaliziry）的技巧是概率论的一个直接结果，通常被称为贝叶斯模型平均（Bayesian model averaging），它可以被应用在各种环境中。

虽然大多数心理学家可以很容易地根据主观的和不恰当的似然得出结论，但对这些假设不满意的人都可以使用贝叶斯模型平均来减少担忧。这样，我们可以通过对似然函数做平均，来避免使用一组特定的模型，对先验也是如此。

Joachim Vandekerckhove's *In Vivo* was originally published as "Afterthoughts" on PsyArXiv Preprints at https://osf.io/preprints/psyarxiv/9mc2h/. It was adapted to include references to this chapter, and licensed under CC BY 4.0:

https://creativecommons.org/licenses/by/4.0/.

7 贝叶斯参数估计 II

蒙特卡罗方法

本章主要介绍了在后验分布无法解析的情况下的参数估计方法。我们考虑参数为 α 和 β 的 Beta 分布。从公式 6.13 可以知道，其均值为 $\alpha/(\alpha+\beta)$。但是，如果我们不知道该公式该怎么办？我们仍可以通过对 R 语言中的分布进行大量抽样，并使用命令 mean［rbeta（n，alpha，beta）］来计算得到 Beta 分布的均值，其中 n 表示一个足够大的样本数。只要我们可以从分布中进行抽样，并给定足够多的样本，即使我们没有该分布的明确的解析式，也可以得到该分布的许多特征。

这种常见的抽样方法是通过大量样本来估计未知分布，它是所有贝叶斯推断的蒙特卡洛方法的基础，尽管不同方法对潜在分布在已知和未知的假设上存在很大的不同，表 7.1 总结并比较了本章介绍的贝叶斯推理和参数估计的主要方法。该图阐明了只有在完全了解所涉及的所有分布的情况下，才能用上一章中的方法。如果了解的信息有限，我们可以采用本章概述的采样方法。

表 7.1　本章讨论的贝叶斯参数估计的所有方法的总结。该表列出了每种方法必须知道或可知的含义。

所需的知识	解析解法 （第 6 章）	蒙特卡罗方法 （7.1 部分）	近似贝叶斯计算 （7.3 部分）
先验分布	假定的	假定的	假定的
似然	可被计算的，已知	可被计算的，已知	不可被计算，但结果能被模拟出来
后验分布	解析推导得到： $P(\theta \mid y)$ 能被全部评估且积分	MCMC 采样得到： $P(\theta \mid y)$ 能否被评估取决于一个等比常数	比较数据和候选的模拟结果而采样得到： $P(\theta \mid y)$ 和 $P(y \mid \theta)$ 既不需要也不能被计算

7.1 马尔可夫链蒙特卡罗法（Markov Chain Monte Carlo Methods）

马尔可夫链蒙特卡罗法的基本思想很简单：用一个性质与后验分布特性相仿的大量样本替换未知的后验分布，以方便地解释有关模型参数的问题。

如果后验分布表达式不可知，我们应如何获得该样本？答案在上一章的公式 6.9 和 6.20 的贝叶斯公式中。虽然我们可能无法写下得出后验分布的表达式，也无法求解出参数 θ，但仍然可以得到公式的右侧。特别地，我们必须知道参数的先验分布，因为我们通过公式化这些假设来开始我们的推断。我们通常还知道在给定参数的情况下所观察到数据的似然分布（尽管这样，第 7.3 节会放宽这一点）。由于观察到的数据至少能与后验密度成比例，故这两个已知项分布足以计算出任何特定 θ 的样本。因为公式 6.9 中的分母（证据或边际似然）相对于 θ 是常数（请参见公式 6.5），样本与后验分布成正比。因此，如果将我们的关注点限定于相对比较，则该分母常数可以忽略不计。考虑到这一事实，贝叶斯规则通常也写为：

$$P(\boldsymbol{\theta} \mid y) \propto P(y \mid \boldsymbol{\theta}) \times P(\boldsymbol{\theta}), \tag{7.1}$$

其中 $\propto$ 代表"正比于"。因此，只要能够计算公式 7.1 右侧的项，我们就可以使用被称为马尔可夫链蒙特卡罗（Markov Chain Monte Carlo，MCMC）的技术，从后验分布中采样。

马尔可夫链（Markov Chain）是由随机过程形成的，该随机过程在状态之间进行转换，其中时间 $t+1$ 的状态仅取决于时间 t 的状态。因此，马尔可夫链是无后效性的（ahistorical）或"无记忆的"（memory-less），因为它的当前状态完全独立于上一状态前发生的多次转换。例如流行的棋类游戏"蛇和梯子"（Snakes and Ladders）可以用马尔可夫链表示：在每一回合中，一个棋子都从给定的方块（即状态 t）开始，并且从那里出发有一组固定且容易确定的概率来将其移动到其他不同方块（状态 $t+1$）。但是，$t+1$ 的那组概率完全独立于棋子从初始位置到达状态 t 方块的过程。

同样的，MCMC 中，我们依概率从一个状态转换为另一状态，尽管连续的成对状态会因此彼此相关，但相距多于一步的状态会随着它们之间的距离增加而越来越接近相互独立（在实践中，正如我们将在第 7.2.2 节中看到的那样，连续样本的自相关问题比直观印象中要少。）。已经有几种不同的 MCMC 算法被提出来，我们就从一个特别简单的变体开始讨论。

7.1.1 MCMC 的 Metropolis-Hastings 算法

该算法可以追溯到几十年前（Hastings，1970；Metropolis 等，1953），并且被认为是 20 世纪十大最具影响力的算法之一（Beichl 和 Sullivan，2000）。该算法可以简要概括为：我们做一个猜测，添加一些随机噪声，如果这可以改善我们的猜测，我们则接受答案，继续添加该噪声。如果猜测不能随噪声变得更好，我们则拒绝。噪声回到最初的猜测并继续进行。当我们做了很多次重复后，我们接受的猜测就构成了我们所需的后验样本。

我们现在规范地写出这个过程，并定义以下术语：

1. 我们为参数设置估计一个合理的起始值，该参数的后验分布正是我们希望估计的。我们称该后验分布为 MCMC 的目标分布（target distribution）。这就作为我们当前的样本。

2. 我们从提议分布（proposal distribution）中对噪声进行随机抽样，并将该噪声添加到当前样本中得到一个提议样本（proposal sample）。提议分布必须以零为中心且对称，以允许往任一方向上波动。

3. 我们将提议样本在目标分布的值（即至少正比于后验的密度或后验的"高度"中的某一个的量）与当前样本在目标分布的值进行比较。

（1）如果该提议样本与当前样本相比具有更大的值，则接受。

（2）如果提议样本具有更小的值，则根据两个值比率的概率接受它，否则拒绝它。

4. 如果提议样本已被接受，它将成为链中的下一个样本。如果提议样本被拒绝，则当前样本将重新用作链中的下一个样本。

5. 返回第 2 步，将下一个样本作为当前样本，然后继续执行该过程，直到获得足够的采样样本为止。

在某些必要且合理的假设下，当获得足够的样本时，该算法将收敛于所需的目标分布（Andrieu 等，2003）。请注意，由于公式 7.1 所述的原因，在步骤 3 中计算的值仅需与后验成比例。在大多数情况下，这意味着这些值来自非归一化分布（即不需要像理想真正的概率密度函数那样积分为 1，参见 Kruschke 2015，第 130 页）。

一个无关先验的简单示例

我们以简化的版本来说明 Metropolis-Hastings MCMC 方法，该方法实现了 MCMC 原始的 Metropolis 版本。完整的 Metropolis-Hastings 算法（在大多数现代应用场景中使用）包括一些扩展（参见 Chib 和 Greenberg，1995）。我们从一个简单而具体的例子开始，这个例子跟 van Ravenzwaaij 等在对 MCMC 的简短介绍中的例子类似。假设我们对一群被认为特别有天赋的孩子中的一个孩子进行智力测验。在一场成绩为已知 $\sigma = 15$ 的正态分布的考试中，这个孩子成绩为 $y = 144$。假设 μ 是均匀的先验分布，那么这些天才儿童所对应的 μ 是多少？我们假设均匀的先验分布的原因是，公式 7.1 中的 $P(\theta)$ 项会消掉：均匀分布不会改变似然度与后验密度之间的比例关系[①]。

---

① 请注意，均匀先验在心理学上是不现实的，因为它将允许负智商或数以百万计的智商。但是，对于此介绍性示例，我们接受这种不切实际的做法以保持计算简单。实际上，我们通常对 μ 使用高斯先验。

```
1  chain <- rep(0,5000)
2  obs <- 144
3  propsd <- 2         #tuning parameter
4
5  chain[1] <- 150  #starting value
6  for (i in 2:length(chain)) {
7      current <- chain[i-1]
8      proposal <- current + rnorm(1,0,propsd)
9      if (dnorm(obs,proposal,15) > ↵
          dnorm(obs,current,15)) {
10         chain[i] <- proposal  #accept proposal
11     } else {
12         chain[i] <- ifelse(runif(1) <
              dnorm(obs,proposal,15)/dnorm(obs,current,15), ↵

13                            proposal,
14                            current)
15     }
16 }
```

脚本 7.1　Metropolis-Hastings 对正态分布平均值的估计

脚本 7.1 展示了一个基于 Metropolis-Hastings 算法的解决方案（注意，这个示例是表达式已知的，即使可以通过分析计算得到，使用 MCMC 也并没有什么害处）。

第 1 行到第 3 行定义了一些必要的变量：我们为马尔可夫链留出空间，记下单次观察到的分数，并确定提议分布的标准差。后者也称调优参数（tuning parameter），不能与先验分布或后验分布的标准差相混淆。我们将很快探讨调优参数的影响。

然后，我们在第 5 行中为链添加合理的值。这对应于上面 Metropolis-Hastings 算法步骤列表中的步骤 1。

第 6 行开始的循环包含了该算法的核心。每次迭代都涉及获取当前样本并通过添加一些随机噪声将其添加到提议样本中，这些随机噪声的均值为 0 且标准偏差定义在之前的代码中（变量"propsd"）。

然后，我们使用 R 的内置函数 dnorm 返回正态概率密度，比较当前样本和第 9 行中的提议样本的在目标分布中的值（或后验的高度；van Ravenzwaaij 等）。因为在我们的示例中，先验不起作用，所以目标分布的预期值只是给定参数下数据的似然度，其中参数是开始已经定义的标准差（$\sigma = 15$）和当前样本或提议样本。

如果提议样本的概率密度较高（即更接近目标分布的平均值），则该提议样本会被接受并成为链中的下一个样本（第 10 行）。如果提议样本的概率密度较低，则仍可以接受该提议样本，但只能与其相对值成正比：接受的概率等于提议样本与当前样本的密度之间的比率。通过第 12 行开始的"if-else"语句可以实现这种比较和决策。

图 7.1 包含三个子图，总结了在不同情况下有天赋儿童的智力测验分数的后验估计。a 图显示了图 7.1 中程序运行的结果。每个子图的上半部显示了 $\mu = 144$，$\sigma = 15$（灰色粗灰线）的正态概率密度函数，以及基于后验样本的等效密度估计（黑色虚线，

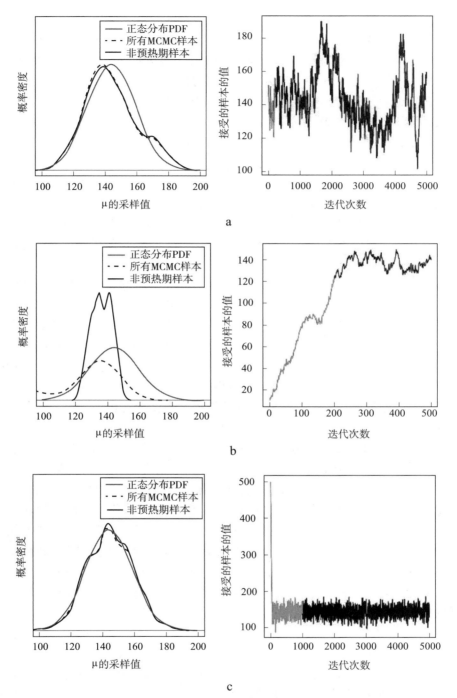

图 7.1 通过脚本 7.1 获得的不同参数值下的 MCMC 输出。a. 为脚本 7.1 输出结果。b. 起始值设置为 10，链限制为 500 次迭代。c. 起始值为 500，但是提议分布的标准差为 20，并且链进行 5,000 次迭代。在每个图中，左边的图显示了 $\mu = 144$，$\sigma = 15$（灰色粗线）的正态概率密度函数，以及包括所有 MCMC 样本（黑色虚线）或排除来自于预热期的样本（黑色实线）。右边的图显示了链的迭代过程中接受的样本的值。预热期用灰色进行标注。

暂时忽略黑色实线）。

可以看出，MCMC 方法以合理的精度恢复了预期的概率密度。在 a 图中采样的后验均值为 143.58，标准差为 16.31。这两个值分别与已知的真实值 144 和 15 相差不大。

每个图的下半部显示了整个链中每次迭代的接受样本。在 a 图中，起始值（150，请参见图 7.1 中的第 5 行）接近于实际值，因此链在整个迭代过程中保持相当稳定，且大多数采样值在 120～160 的范围。

在 b 图中，情况看起来有很大不同，b 图显示了仅具有 500 次迭代（而不是 5000 次），起始值为 10（而不是 150）的方案的结果。b 图的上半部显示整个 MCMC 分布（虚线）向左偏移，分布尾部较厚。下半部分显示了原因：不合理的起始值意味着采样器需要花费大量时间才能收敛到实际分布的中心。在每次迭代中，新提议采样将相对接近链的当前值，因为提议分布的标准偏差有限（在这种情况下为 2）。尽管指向更远离实际后验概率质量的提议采样可能会被拒绝，但在样本取合理值之前，还需要进行多次迭代，并且往后样本的序列会变得合理平稳。这是所有 MCMC 方法（不仅是 Metropolis 方法）的已知特点，并且为了防止选择不合理的起始值，通常会忽略链的早期样本。此早期时段称为"预热"（"burnin"），每个部分中的下半部图形以灰色标识该时段。按照惯例，预热样本将被丢弃，而 MCMC 的结果仅由预热后获得的样本组成。在下一章中，我们将在 MCMC 的实际应用环境中再次讨论预热问题。在 a 图和 b 图中，预热期包含 200 次迭代。每个子图的上半部使用实心黑线显示排除了预热期的采样后验分布。可以看出，当起始值不合理时，排除预热样本会改善估计结果：b 图上半部的实线不再具有较厚的尾部，尽管其概率质量与真实密度相比仍向左偏移。使用额外样本，该问题可能会消失。读者可以通过使用脚本 7.1 中的代码来自己验证。

这些问题在 c 图中得到了解决，c 图显示了一个具有更异常的起始值（即 500）的结果。尽管如此，该极端起始值仍不影响结果（注意上图中的采样后密度与实际密度几乎没有区别），其原因有三点：首先，迭代次数已重置为 5000，这确保了估计的更大稳定性。其次，预热时间已扩展到包括前 1000 次迭代，因此即使起始值是异常值，链也有足够的时间达到中心概率质量。最后，提议分布的标准差已从 2 增加到 20。每个部分子图下半部的图显示了标准差增加的影响：链实际上经过少次迭代就从极端的初始值跳到分布的中心部分。Chib 和 Greenberg（1995），Gelman 等（1996），以及 Roberts 等（1997 年）讨论了将提议分布标准差的适当值作为目标分布性质的函数。

引入非均匀先验

出于简化考虑，前面的示例使用了均匀先验。现在，我们考虑另一种涉及正态分布的情况，在这种情况下，我们在公式 7.1 中重新引入了先验的作用。对于这个例子，我们关注的是估算英国单个县的家庭平均净资产（即资产减去负债，称记为 μ）。我们使用统计信息得出先验的期望，并假设英国各县的净资产分布是正态分布，平均值为 $\mu_0 = £$ 326 英镑（以千英镑计），标准差 $\sigma_0 = £$ 88 英镑（同样以千英镑计）。

现在让我们假设在萨默塞特郡随机抽样一个家庭，并请会计师评估该家庭的净资产。她返回得出了 $x = £\ 415$ 英镑的估算值，并指出根据她过去的表现记录，已知她的估算误差均值为零，且标准差 $s_x = £\ 20$ 正态分布。我们对萨默塞特郡家庭平均净资产的最佳猜测是什么？

脚本 7.2 显示了提供解决方案的 R 脚本。脚本 7.1 中的大部分内容没有变化，但是有一些重要的变化值得讨论。

```r
obs <- 415
obssd <- 20
priormu <- 326
priorsd <- 88

chain[1] <- 500 #starting value
for (i in c(2:length(chain))) {
    current <- chain[i-1]
    proposal <- current + rnorm(1,0,propsd)
    if ((dnorm(obs,proposal,obssd)*
        dnorm(proposal,priormu,priorsd)) >
        (dnorm(obs,current,obssd)*
        dnorm(current,priormu,priorsd)) ) {
      chain[i] <- proposal  #accept proposal
    } else {
        llratio <- (dnorm(obs,proposal,obssd)*
                    dnorm(proposal,priormu,priorsd)) /
                    (dnorm(obs,current,obssd)*
                    dnorm(current,priormu,priorsd))
        chain[i] <- ifelse(runif(1) < ←
            llratio,proposal,current)
    }
}
```

脚本 7.2 提供信息性先验时的后验正态密度计算

第 1 行到第 4 行发生了一个显著的变化，即现在也定义了先验分布的参数值。这些参数称为超参数（hyperparameters），因为它们定义了参数分布的性质。这些超参数用于第 10 行和第 16 行中提议样本与当前样本之间的关键比较中（每个比较跨越多行）。与以前的脚本（脚本 7.1）不同，此处对提议样本和当前样本在目标分布中的值的比较，不仅基于似然度，而且还可以通过已知参数值的先验分布来获得信息。根据公式将这两个信息源相乘，结果如图 7.2 所示。

结果如图 7.2 所示。在每张图中，灰色虚线表示 μ 的先验分布，而灰色实线表示 $\mu = 415$ 和 $\sigma = 20$ 时的正态概率密度函数。也就是说，对于我们单个家庭的估计净资产和对应的误差，黑线表示通过 MCMC 获得的后验密度。

子图 a 显示了非常分散的先验（$\sigma_0 = 88$）结果。误差较小的单个观测值足以压倒先验，后验密度几乎与灰线相同。在这种情况下，先验信息不足。在面板子图 b 中，先验的分散度小了很多（$\sigma_0 = 20$），并且其标准差与单个数据点的标准差相同。因此，灰线（实线和虚点划线）描绘出了形状相同但在不同位置的分布。因此，单一观察产生的后验分布位于这两个极端之间，平衡了我们的先验知识和单一观察提供的少量证据。该结果强化并放大了之前在图 6.2 首次引入的内容，即后验分布既可以捕获先验知识，又可以捕获数据中包含的证据（即似然度），并通过证据的强度进行适当加权。

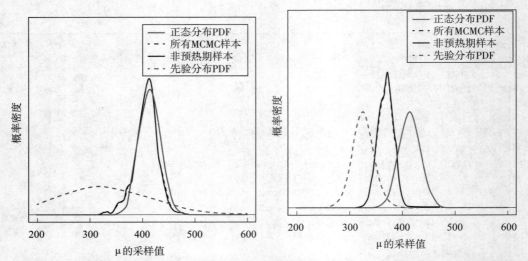

图 7.2　通过脚本 7.2 获得的不同参数值下的 MCMC 输出。**a.** 的确正如图 7.2 中所采用的 $\sigma_0 = 88$。**b.** 除了先验分布的标准偏差为 $\sigma_0 = 20$，其他设定与 a 相同。在每个子图中，$\mu = 326$，$\sigma = 20$ 的实际正态概率密度函数以灰色实线显示。包括所有 MCMC 采样的后验密度以黑色虚线显示，而排除了预热期样本的后验时间以黑色实线显示。灰点虚线显示了先验分布的正态概率密度函数，其中 $\mu = 326$，σ_0 适用于每个子图。

7.1.2　多参数估计

到目前为止，我们仅考虑了涉及单个参数的情况。当然，实际上大多数模型都涉及多个参数。幸运的是，到目前为止介绍的方法很容易推广到多参数模型。

我们对具有多个参数的贝叶斯参数估计使用了视觉工作记忆著名的"混合模型（mixture model）"（Zhang 和 Luck，2008 年）。我们通过扩展已经引入介绍的 Metropolis-Hastings 算法来说明该模型及其参数的估计。

视觉工作记忆的混合模型

一种流行的视觉工作记忆任务涉及图 7.3 中所示的过程。任何给定的试验中，被试都会短暂看到不同数量的彩色方块（通常在 2~8 个；图 a），不久之后，他们会借助色环（图 b）回忆随机提示的其中一个方块的颜色。这些颜色在图 7.3 中以黑白形式呈现；实际上，方块有不同的颜色，同样色环也会有颜色（西南为蓝色，北方为红色，东南为绿色）。

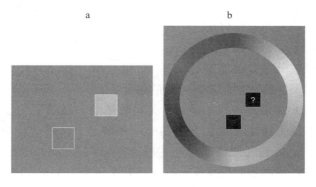

图 7.3 用于视觉工作记忆任务的实验程序，被试必须记住不同数量的方块的颜色（此处的颜色以灰度表示）。**a.** 刺激较短地呈现（例如 **100ms**），然后是空白的间隔（例如 **900ms**）。**b.** 其中一项变为线索提示要回忆（通过 "**?**"），被试可以通过单击色环来选择他们对原始颜色的记忆。

色彩回忆实验的典型结果如图 7.4 所示，该图展示了 Zhang 和 Luck（2008）报告并由 van den Berg 等人提供的色彩回忆实验中单个受试者的数据（2014）。我们分别显示了方块数量为 3 和 6 时的距正确答案不同距离（沿着色环以度为单位）的比例：垂直虚线表示 0 错误误差，对应于被试精确单击色环上的正确位置。该线左侧的值表示沿一个方向（例如，逆时针方向）的误差越来越大，而右侧的值对应于沿色环的另一方向（例如，顺时针方向）的误差越来越大。

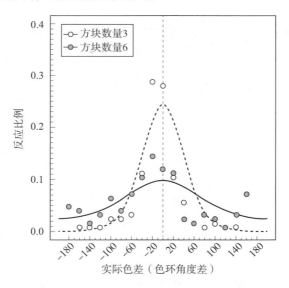

图 7.4 来自 **Zhang and Luck**（2008）的色彩估计实验的单个被试的数据（圆圈）和混合模型的模拟（实线）。显示的是方块数量 3（空心圆，虚线）和方块数量 6（实心圆，实线）的反应。有关详细信息，请参见文本。

该图毫无疑问地显示了精度随着方块数量的增加而下降。也就是说，垂直零误差线附近的实心圆少于空心圆。显然，小误差比大误差更常见。这也不足为奇，因为即使记忆力非常好，也很难从提供无限个选项的环上精确匹配记忆的颜色。该图另一个有趣的方面是，对于更大的方块数量，一旦绝对误差超过 ±30°，误差的比例就不会进一步下降，而是保持平稳——如果有的话，实际上在更极端的一端可能会有回升的趋势。对于此特点的误差分布有很多解释。Zhang 和 Luck（2008）在他们的混合模型中提出了一个引起我们关注的特别简单而优雅的解释。

根据混合模型，人们要么通过在记忆中有限数量的"插槽"中编码一个或几个来记住一个物体，要么就无法完全记住它。在前一种情况下，被试获得了一些关于物体可用的信息，并且其记忆表现能够通过一些峰态的且对称的分布来描绘其记忆表现。在后一种情况下，被试根本不会获得任何有关该物品的信息，故其表现应该是随机的，并且结果沿色环均匀分布。这个"插槽"（slot）概念的优点已被广泛讨论（Bays 等，2011；Donkin 等，2013；Kary 等，2015；Ma 等，2014；van den Berg 等，2014），但是在这里我们先把这些讨论放在一边，并将重点放在图 7.4 所示的这个简单模型模拟的具体技术方面。

通过 MCMC 模拟混合模型

脚本 7.3 展示了一个 R 函数，该函数执行 MCMC 参数估计。这个称为 getMixtmodel 的函数依次调用一些辅助功能，这些辅助功能未在此脚本中显示，将在后面进行说明。到目前为止，此函数中的许多功能我们应该已经很熟悉，主要的区别在于它将 MCMC 采样扩展到具有多个参数的模型。

```
1  getMixtmodel <-function(data,svalues) {
2    chain <- matrix(0,5000,2)
3    burnin<-500
4    set.seed(1234)
5    propsd <- svalues*.05
6    lb <- c(0,4)
7    ub <- c(1,360)
8
9    chain[1,] <- svalues #starting values for parameters
10   for (i in c(2:dim(chain)[1])) {
11     cur <- chain[i-1,]
12     doitagain <- TRUE
13     while (doitagain) {
14       propl <- cur + rnorm(2,0,propsd)
15       doitagain <- any(propl<lb) || any(propl>ub)
16     }
17
18     lpropval <- logmixturepdf(data,propl[1],propl[2])
19                   +logprior(propl[1],propl[2])
20     lcurval  <- logmixturepdf(data,cur[1],cur[2])
21                   +logprior(cur[1],cur[2])
22     llratio  <- exp(lpropval-lcurval)
23     if (runif(1) < llratio) {
24       chain[i,] <- propl
25     } else {
```

```
26          chain[i,] <- cur
27      }
28  }
29  finparm<-apply(chain[-c(1:burnin),],2,mean)
30  print(finparm)
31
32  td<-c(-180:180)
33  pred<-(1-finparm[1])*
34      dvonmises(mkcirc(td),mkcirc(0),sd2k(finparm[2]))+
35      finparm[1]*dunif(td,-180,180)
36  posterior<-chain[-c(1:burnin),]
37  return(list(preds=pred,posteriors=posterior))
38  }
```

脚本 7.3　混合模型执行 MCMC 的函数

函数 getMixtmodel 从命令行或其他调用它的程序接收两个输入参数（第 1 行）。参数"data"是记录角度的数字向量，其对应于被试的每个试次反应的误差。"data"的直方图将产生一个类似由图 7.4 中的空心圆或实心圆所展示的形状。另一个参数"svalues"包含混合模型的两个参数 g 和 σ_{vM} 的起始值，将用于初始化 MCMC 采样。

第一个参数 g 对应于随机猜测的比例。在混合模型中，g 反映了在区间 [−180，180) 均匀分布的概率密度的比重。第二个参数 σ_{vM} 表示了平均值为零的"圆形"高斯分布的标准差，以描述反应是记忆对物体的反馈而非凭空猜测。该分布的均值为零，反映以下假设：人们对某事物具有记忆时，其表达不会产生系统性的偏差。因此，由记忆不精确引起的误差被假定为以零为中心分布的。因为反应都分布在色环周围（图7.3），所以我们在这里不能使用标准的高斯分布。相反，我们使用一种被称为冯米塞斯（von Mises）的分布，可以将其视为圆上的高斯分布。

首先使用起始值确定提议分布的标准差（第 5 行）。因为比例（g）限制在 0 到 1之间，而人产生的误差的标准差 σ_{vM}（以度表示）可能会更大（图 7.4），由于两个参数量级不同，所以需要针对每个参数分别指定提议分布。提议分布为参数指定下限（lb）和上限（ub）后迅速调整。出于计算原因，σ_{vM} 的下限是必需的，因为较低的值可能会导致上溢或下溢（4° 的下限远低于人们在实验中可能看到的任何值）。

MCMC 迭代包含在从第 10 行开始的循环中。与脚本 7.1 几乎没有什么不同，只不过链现在有多个列，每个列对应一个参数。同样，在第 14 行中采样的提议样本返回两个值而不是一个。请注意，这两个参数的提议样本是独立采样的。原则上，如果我们有理由假设参数之间的相关性，则没有理由不能使提议样本之间彼此相关。

MCMC 循环的其他方面值得考虑。首先，来自提议分布的抽样被嵌入到 while 循环（第 13 行）中，该循环将丢弃超出参数范围限制的提议样本。在未定义模型的情况下，试图评估模型的似然是毫无意义的（例如，概率猜测超过 100%）。

其次，在比较当前样本和提议样本的目标分布值（第 18 行和第 20 行）时，我们使用似然和先验的对数。对数的使用可以防止非常小（或很大）的数字相乘时出现的数值问题。这样一来，乘法变成加法：脚本 7.2 中，我们将先验和似然相乘，但这里我们将先验和似然的对数加在一起。同样，通过减法而不是除法来计算目标分布中的两个值之比（第22行）。因为该比率必须在0~1的范围才能与均匀分布随机数进行比较，所以对数的减法运算在同一行中取幂，以回到原始的未变换空间（两个对数之间的指数差与原始数字之间的比率相同）。

最后，我们提高了接受提议样本的决策效率。前面的示例（脚本7.2）中，我们首先判断提议样本的目标分布值是否大于当前样本的目标分布值。如果是，则我们接受该提议样本；如果不是，则进行第二次判断，将值的比率与随机数进行比较，以决定是否应接受该提议样本。在这里，我们将两个决策合并到第23行中的单个测试中。这样做之所以如此有效，是因为如果提议样本的值大于当前样本的值，则值的比率必然大于1，因此均匀分布的随机数永远不能大于比率，提议样本将始终被接受。当该比率小于1时，第23行中的判断将像前面的示例一样进行工作。

一旦MCMC链完成，预热阶段样本将被丢弃，其余的样本将被用于计算并输出最终参数估计值，该估计值为所有后验样本的平均值（第29行）。该函数通过计算样本参数平均值的混合模型的预测概率密度来得出结论。图7.4中绘制的实线就为变量"pred"预测出的值。

函数getMixtmodel与早期的MCMC示例有很多共同点，因此，从抽象程度看，它应该相对容易理解。但是到目前为止，我们跳过了该示例的核心创新点，即混合模型的计算和先验的确定。脚本7.4展示了这两个重要部分以及计算所需的其他一些函数。如代码所示，其中一些函数改编自Suchow等（2013）和Bays等（2009）。

```
1  library(circular)
2
3  #pdf for mixture model (Suchow et al., 2013)
4  logmixturepdf <- function(data,g,sdv) {
5    data4vm <- mkcirc(data)
6    return(sum(log((1-g)*dvonmises(data4vm,mkcirc(0), ←
       sd2k(sdv)) ←
7
                    + g*dunif(data,-180,180)))))
8  }
9
10 #convert SD into Kappa (Suchow et al., 2013)
11 sd2k<-function (d) { #input is in degrees
12   S <- (d/180)*pi #go to radians
13   R <- exp(-S^2/2)
14   K = 1/(R^3 - 4*R^2 + 3*R)
15   if (R < 0.85) {K <- -0.4 + 1.39*R + 0.43/(1-R)}
16   if (R < 0.53) {K <- 2*R + R^3 + (5*R^5)/6}
17   return(K)
18 }
19
20 #jeffreys prior for precision (Suchow et al., 2013)
21 jp4kappa <- function(K) {
22   z <- exp((log(besselI(K,1,TRUE)) + K) -
```

```
23              (log(besselI(K,0,TRUE)) + K))
24    return(z * (K - z - K*z^2))
25
26
27  #jeffreys prior for a proportion
28  jp4prop <- function(p) {p^-0.5 * (1-p)^-0.5}
29
30  #get overall prior for model parameters
31  logprior<- function(g,sdv) {
32    return(log(jp4kappa(sd2k(sdv)))+log(jp4prop(g)))
33  }
34
35  #make it circular in degrees
36  mkcirc<-function(td)
37  {as.circular(td,control.circular=list(units="degrees"))}
```

脚本 7.4　混合模型的各种函数

这些函数依赖于 R 程序包"circular",因此,它在脚本的第一行中被加载到 R 的工作空间中。核心函数是 logmixturepdf,它在数据 y 和参数值 θ（即 g 和 σ_{vM}）作为参数输入时返回似然度 $P(y \mid \theta)$。该函数包含两个语句:首先使用 mkcirc 函数（第 5 行）将数据转换为"圆形"类型（脚本末尾的第 36 行）。这是必需的,因为在下一行（第 6 行）作为 circular 包一部分的 dvonmises 函数需要这种类型的输入。

第 6 行通过将 von Mises 分布和均匀分布的对数似然相加,来完成计算。这两种似然度由猜测参数 g 加权,该参数确定猜测的比例,因此乘以均匀分布的密度。von Mises 分布对不是猜测的选择进行建模,因此将其加权为 $1-g$。由于前面提到的原因,在最终将所有数据点求和成单个值之前,将似然转换为对数。

dvonmises 函数需要提供的参数包含数据（转换为所需的 circular 类型）、分布的均值（由于前面提到的原因,其均值为零）以及该分布的散布的估计值。与许多其他 R 函数（例如 dnorm）不同,对于 dvonmises,分布的散布不是标准差而是精度。精度是方差的倒数,而标准差（以及从度到弧度的转换）的转换是从第 10 行开始的 sd2k 函数中实现的。此函数的详细信息此处无需我们关注。

接下来 jp4kappa,jp4prop 和 logprior 三个函数提供了特定参数值 $P(\theta)$ 的先验概率,并假设了它们的先验分布。在这里,我们使用无信息性的 Jeffreys 先验,我们已经在 6.3.1 节中讨论过。这些先验分别在函数 jp4kappa 和 jp4prop 中使用,用于实现冯米塞斯分布和均匀分布（Suchow 等人,2013）。Jeffreys 先验的理想特性之一是,它试图在所讨论参数允许值的整个范围内均匀地最大化数据的影响。[1]

预测和后验分布

通过函数 getMixtmodel 获得的混合模型的预测在图 7.4 中显示。参数值的相应后验

---

① 严格来说,仅当估计单个参数时,此属性才成立。使用多个参数,情况会稍有变化,正如我们将在下一章中看到的那样。在本示例中,不必让这种细微差别阻止我们使用 Jeffreys 先验。

分布（也由 logmixturepdf 返回）如图 7.5 所示。

看来，这个被试很少随机猜测（两个设定大小的均值 g = .01），并且他们的记忆精度随着 set size 的增加而大大降低（均值分别为 σ_{vM} = 39.6 和 σ_{vM} = 86.3）。毫不奇怪，单个被试的估计值与 Zhang 和 Luck（2008）报告的总体样本值有很大差异。

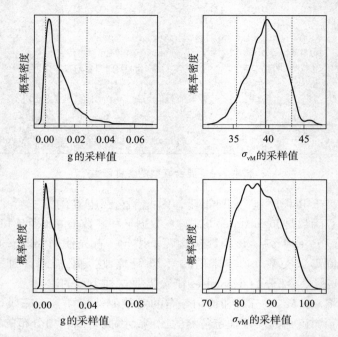

图 7.5 将混合模型模拟到图 7.4 中的数据时获得的 g 和 σ_{vM} 参数估计的后验分布。子图的顶部行显示了方块数量 3 时的估计，而底部行显示了方块数量 6 时的估计。在每个子图中，粗的垂直线表示后验均值，细的虚线表示后验分布的 5% 百分点和 95% 百分点。请注意，所有横坐标都有不同的比例。

7.2　与 MCMC 采样相关的问题

任何 MCMC 算法都受到至少两个问题的困扰。第一个问题称为收敛问题，这意味着采样器被卡在无法突破的子空间中。第二个问题是由于 MCMC 涉及马尔可夫过程。因此，即使在预热期之后，链中的连续样本也不能独立，因为根据定义，马尔可夫链通过过渡矩阵控制从任何状态 i 到 $i+1$ 的转移。我们忽略了这两个问题，因为它使我们可简化 R 程序。现在我们需要解决这两个问题。

7.2.1　MCMC 链的收敛

直到现在，我们对 MCMC 方法的讨论都默认，如果有足够的时间，该算法将以足够的精度绘制出整个后验分布。如果该链遍及整个分布，并且如果对分布的探索不再依赖于初始值，那么就会逐渐收敛。但是，至少在某些情况下这种收敛仍然难以捉摸。

尤其是任何多峰后验（例如，具有两个不同的峰且其间有一个非常浅的谷的分布）

都对 MCMC 方法都是一个挑战（例如 Justel 和 Pen Pena，1996；Matthews，1993）。MCMC 算法可能失败的其他情况包括在回归情况下检测异常值。这些情况通过估计混合分布并估计每个观测值隶属于一个或另一个分布的后验概率来建模（Justel and Pen Pena，1996）。之所以会发生这种情况，是因为外围数据点在回归线上施加了相当大的杠杆作用。也就是说，该线被过度拉向了这些点，并且一旦发生，残差非常小，以至于数据点不太可能被归类为离群值。

收敛问题引起了很多研究关注。尽管前面的示例涉及统计估计而不是认知建模，但是收敛问题超越了特定的应用，因此每当应用 MCMC 技术时，我们都需要意识到这一点。从概念上讲，MCMC 收敛问题与我们在第 3 章中讨论过的与参数估计过程相关的问题几乎没有什么不同。因此，尽管可以采取多种预防措施，但类似于第 3 章中讨论的内容，对于收敛问题没有确切的解决方案。

在几乎所有的 MCMC 统计软件包（包括我们将在下一章介绍 JAGS 软件包）中实例化最明显的解决方案是执行和分析多个 MCMC 链，每个链均来自不同的起始值。简而言之，就像其他参数估计技术一样，如果即使链起源于不同的地方，所有链依旧都收敛于相同的结果，则可以增强人们的信心（尽管在某些情况下收敛性可能明显比真实更大；Matthews，1993）。

多链的使用引起了两个问题：首先，我们需要决定初始值的最佳选择。其次，我们需要解释整个链条上的结果，尤其是，我们需要知道标准，告诉我们什么时候，链已经收敛到后验；反过来，需要知道什么时候我们可能遇到问题。

关于初始值的选择，已经有相当多的共识，即这些值应"足够分散"，即它们之间应足够远，以超出后验分布的可能范围（例如，Kass 等人，1998）。Gelman 和 Rubin（1992）就如何选择起始值提供了建议。在前面的示例中，我们选择的起始值落在二元正态分布的可能质心之外，并且进一步建议从可能的质心之外的不同起始值开始运行。

让我们转向收敛判别，这是一个正在进行的研究领域（例如 Cowles 和 Carlin，1996），并且存在多个正在使用的标准。在 R 中，软件包 superdiag 提供了一整套的收敛判别的方案。在下一章中，我们将讨论一个收敛判别的例子。

7.2.2　MCMC 链中的自相关

我们在本章开头简要地指出，根据定义，MCMC 链中的连续样本必然相关。这是因为任何马尔可夫过程都由转移矩阵（或连续变量情况下的"核"）控制，该矩阵限制了可能的成对序列的数量。直观地讲，这很明显，因为每一步都涉及一个相对于参数空间中当前位置抽样的提议样本。只有当人们考虑沿着链条进一步隔开间隔较远的样本时，它们才变得基本独立。鉴于我们对分布中的独立样本感兴趣，因此连续 MCMC 样本之间的自相关可能会出现问题。在极端情况下，由于自相关所有相邻样本几乎相同，那么很容易看出，该链确实需要很长时间才能绘制出整个分布，从而妨碍了我们找到正确的分布。

自相关问题的一种解决方案称为"稀释"（thinning）的过程，该过程通过仅考虑每 k 个样本采样一次，来避免样本之间的依赖性，其中 k 的范围可以从 2～40 甚至更大

（Link 和 Eaton，2012 年）。稀释的计算代价是显而易见的：如果 $k=40$，则要获得 10 个可用样本，我们需要整体生成 400 个样本，然后丢弃 390 个样本。

事实证明，在大多数情况下都不需要稀释，在这里主要为了使您在文献中遇到该术语时做好准备。如 MacEachern 和 Berliner（1994）所示，当重点在于估计后验分布的均值时，稀释将无益。当强调重点在于估计方差时（例如，计算参数的置信区间），稀释依然未必是必须的（Link 和 Eaton，2012；MacEachern 和 Berliner，1994），尽管有时会因为链中的自相关极高必须稀释（Wabersich 和 Vandekerckhove，2014 年）。

7.2.3　展望

我们提供了两个将 MCMC 方法用于贝叶斯参数估计的详细示例。在这两种情况下，我们都提供了 R 脚本以通过 Metropolis-Hastings 算法执行 MCMC，并且实现模型。但是，这种方法的适用性是受限的。

脚本 7.1 和 7.3 足以介绍 MCMC，但它们不足以提供实际情况下参数估计所需的全部计算能力和便利性。因此，下一章将再次致力于贝叶斯模型模拟和模型选择，但是该章将使用 JAGS 软件包，而不是使用我们自己的代码来执行 MCMC 采样。JAGS 允许 MCMC 探索任何可能用 JAGS 语言表达的模型。正如我们将会看到的 JAGS 语言与 R 语言无缝地对接。

7.3　近似贝叶斯计算：无似然法

到目前为止，我们假设可以计算出似然度 $P(y\mid\theta)$（请参见表 7.1）。在某些情况下无法计算似然度似乎是令人惊讶和违反直觉的——毕竟，如果我有一个模型并且知道这些参数，我怎么会不知道其预测是什么？但是，正如我们很快看到的那样，这些情况经常出现。

当无法计算似然函数时，我们仍然可以通过一种称为"近似贝叶斯计算"（Approximate Bayesian Computation，ABC）的相对新颖的技术将贝叶斯技术应用于参数估计（有关近似贝叶斯计算的简要历史，请参见 Sunnåker 等人，2013）。简而言之，近似贝叶斯计算用有关模型的模拟代替了似然函数的计算（Hartig 等，2011）。因此，与其用数学表达式（如脚本 7.4 中的函数 logmixturepdf 中的单行代码）来计算似然度，我们将 $P(y\mid\theta)$ 替换为其模拟的近似值，类似于我们已经使用 MCMC 来采样近似值代替后验分布 $P(\theta\mid y)$ 的计算。

7.3.1　无法计算的似然度

许多认知模型不是以能够计算似然度的方式构建的。例如，我们将在第 13 章中讨论的神经网络模型通常不适合这种计算。其他例子包括认知架构，例如 ACT-R（Anderson，1983a；Anderson 和 Lebiere，1998；Anderson，2007），它们是从人工智能研究衍生而来的复杂模型，旨在解释一些广泛的认知发现（有关概述，请参见 Lewandowsky 和 Oberauer，2016）。

即使是相对简单的记忆模型，例如 TBRS * （Oberauer 和 Lewandowsky，2011），SOB-CS （Oberauer 等，2012），REM （Shiffrin 和 Steyvers，1997），以及 BCDMEM （Dennis 和 Humphewwys，2001）也无法直接计算。[①] 尽管没有直接可计算的解，但是在所有这些情况下，都可以相对轻松地模拟出模型的预测。例如，可以通过随机采样的特征值来表示待存储列表中的项目，并且可以通过在多个试验中模拟许多这样的项目来估算这些项目的编码和随后检索的成功（例如，Oberauer 等人，2012）。

因此，在剩下的讨论中，我们的基本假设是可以在给定的参数集下得到模型的模拟结果。我们用符号 $\eta(\theta)$ 来描述模拟，并且由于模拟是随机的，因此在相同参数值下进行多次模拟运行将显示出结果 X 的分布，我们将其表示为 $X \sim \eta(\theta)$。

7.3.2 从模拟到后验估计

采样过程的抽象概述

图 7.6 概述了最简单的近似贝叶斯计算算法，它被称为拒绝算法。该示例涉及单个假设参数 θ，其先验分布显示在图的上方。我们希望基于观察到的数据 y 来获得该参数 $P(\theta|y)$ 的后验分布，这些数据展示在图 7.6 左上方图中。

对于此示例，我们假设似然度 $P(y|\theta)$ 无法计算。相反，我们诉诸模拟，如子图的中间行所示。对于每个模拟 i，我们从 θ 的先验分布中采样特定的 θ_i 值，并通过模拟 $\eta(\theta)$ 使用该值生成模型结果 X_i。在观察次数和实验条件等方面，每个结果都具有与数据相同的形式。我们执行了许多这样的模拟，然后选择"成功"的模拟来推断 θ 的后验分布。

模拟 i 的成功取决于其结果 X_i 与数据 y 的接近程度。为了测量 X_i 和 y 之间的接近度，首先要用一个统计量来总结两者——在这种情况下，μ 用于数据，μ_i 用于模拟。注意，汇总统计量 μ 与参数 θ 完全不同。例如，μ 可能是样本平均值，以毫秒为单位表示（用于反应时），而 θ 可能是概率，依此类推。一旦计算了这些总结的统计信息（我们将讨论怎样操作和为何进行此操作），我们将使用一些函数 $\rho(\mu_i, \mu)$ 来总结模拟 i 与数据之间的差异（有关差异函数的讨论，请参见第 3 章）。常见的差异度量是模拟数据和观测数据的某些总结统计量之间的平方误差总和（Turner 和 Van Zandt，2012 年）。每当差异低于某个小数 $\in$ 时，我们就将模拟 i 视为合理的候选者，并将 θ_i 的相关值添加到后验样本中。

在许多此类试验中，我们获得了采样分布 $P(\theta|\rho(\mu_i, \mu) < \in)$。如果 $\in$ 足够小，则该采样分布将接近所需的后验分布 $P(\theta|y)$，如图 7.6 底部所示。在极限情况下，当 $\in \to 0$ 时，采样分布将是精确的后验分布。相反，当 $\in \to \infty$ 时，采样分布将与先验分布完全匹配。

现在，我们将更详细地介绍近似贝叶斯计算中涉及的所有步骤，并提供一个说明性示例。

---

① 自模型最初发布以来，BCDMEM 的数值解决方案已经可用（Myung 等，2007），但长期以来，该模型一直被认为是不可计算的。

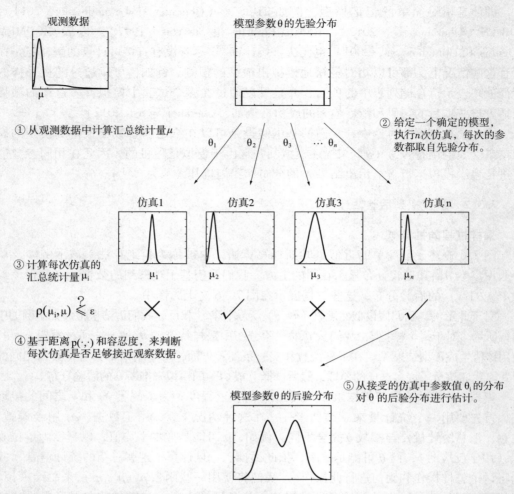

图 7.6 一个简单的近似贝叶斯计算（Approximate Bayesian Computation，ABC）拒绝算法概述。有关详细信息，请参见下文文本。此图经 Sunnáker 等人许可转载（2013）。

足够的数据汇总和模拟结果

近似贝叶斯计算的核心是函数 $\rho(\cdot)$，它用于计算观测数据 y 与模拟结果 X 之间的差异。为了便于计算，函数 $\rho(\cdot)$ 用于汇总统计信息（Turner 和 Van Zandt，2012），例如数据和预测的平均值。在图 7.6 中，我们使用平均值 μ 来汇总数据和预测。因为均值只是许多可能的汇总统计信息之一，所以我们用 S 来指代可能的统计信息的集合。

汇总统计的选择并非易事（Turner 和 Van Zandt，2012 年）。理想情况下，统计量应该是"充分的"（sufficient）——也就是说，S 应包含与整个数据集一样多的关于参数 θ 的信息。例如，样本均值对于具有未知均值但已知方差的正态分布是充分统计量。一旦计算出均值（如果我们有多个实验条件或被试，则为平均值的向量），就无法从样本中获得有助于我们进一步了解分布参数的信息。反过来，对于任意分布，样本中位数不足以估计总体均值。即使在计算了中位数之后，样本也可以提供有关均值的更多信息。例如，如果包含大量正离群值，则均值将大于中值，样本中的该信息在计算中位数时将会丢失。建立统计数据的充分性并不是件简单的事，我们不在此关注细节。感兴趣的读者可以参考 Turner 和 Van Zandt（2012）。

充分性只是事情的一半。另一半涉及 $\rho(\cdot)$ 的选择。假设我们已经为摘要统计确定了样本均值，如图 7.6 所示。我们仍然必须对 $\rho(\cdot)$ 做出选择。例如，我们应该使用 $\rho(\mu_i, \mu) = |\mu - \mu_i|$ 吗？还是应该使用 $\rho(\mu_i, \mu) = (\mu - \mu_i)^2$？这种选择并不容易，因为在不知道似然函数的情况下——请记得如果该函数是可计算的，我们将不会进行近似贝叶斯计算——我们在未知中就 S 的充分性以及对 $\rho(\cdot)$ 的选择都会感到困惑。幸运的是，对于许多模型而言，这些选择不会对结果产生实质性影响（Turner 和 Van Zandt，2012），我们在结论部分承担与近似贝叶斯计算相关的各种细微风险之前，可以自信地着手讨论我们的示例。

7.3.3 范例：近似贝叶斯计算的实际运用

示例中，我们考虑一个再认记忆实验，在实验中被试首先学习单词列表，然后提供一系列的测试项目。每个测试项目要么是学习列表中的一个单词（旧），要么是以前未曾见过的单词（新）；在测试序列中，旧单词和新单词通常以相同的概率出现。被试通过指示每个测试项目是"旧"还是"新"来做出回应。图 7.7a 显示了来自此类实验的假设数据。这种情况下，被试有 60% 的概率得分为"击中"（正确识别旧单词），而有 11% 的概率"虚报"（错误地将新单词标记为旧单词）。被试正确拒绝了新单词的概率达 89%，但也有 40% 的概率"漏报"了旧单词。

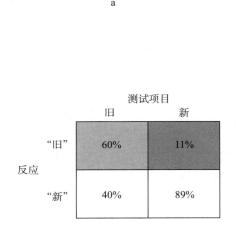
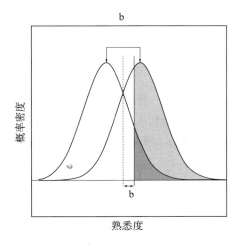

图 7.7　a. 来自一个假设的再认记忆实验的数据，其中人们用"旧"或"新"选择来针对测试项目是旧的或新的进行反应。**b.** 图 a 是数据的信号检测模型。区域的阴影对应于图 a 中单元格条目的白色部分。确定了模型的两个参数 **d** 和 **b**。垂直虚线表示最佳标准，实心垂直线表示由参数 **b** 确定的被试的实际标准位置。新项目曲线下的深灰色区域表示误报，而旧项目曲线下的浅色区域表示击中。

用信号检测模型描述再认记忆的表现

图 7.7b 展示了该被试表现的信号检测模型。再认表现经常通过各种信号检测模型进行分析（例如 Jang 等，2009；Wixted，2007）。在这里，我们着眼于最简单的等方差模型（equal-variance model）（Swets 等，1961）。该模型假定记忆是由一维、嘈杂的熟悉信号捕获的。对于新项目，熟悉程度以零为中心（即平均来说没有记忆），如图 7.7b 左侧的高斯分布所示。相反，对于旧项目，分布向正方向移动以表示对项目的学习提高了他们的熟悉程度。由右侧分布表示，该右侧分布向上移动量由参数 d 表示。d 的大小由实验变量（例如显示持续时间、保留间隔等）决定。

人们可以通过决策标准将这种嘈杂的熟悉信号转换为明确的反应。超出标准的任何感知的熟悉程度都会产生"旧"反应，而低于标准的任何熟悉程度都会产生"新"反应。观察者会将标准放在两个分布之间的中间位置（即 $d/2$），如图 7.7b 中的垂直虚线所示（这假设信号和噪声试验具有相同的概率，就像我们在此处所做的一样；有关详细推导，请参见 Knoblauch 和 Maloney，2012）。即使采用最佳位置的标准，由于这两个分布有很大的重叠，因此误差是不可避免的。在图 7.7b 所示的示例中，被试使用了一个更为保守的标准：在人们愿意说"旧"之前，必须对项目进行充分地熟悉。这在图中用实心垂直线表示。在我们对模型的参数化中，标准位置由参数 b 表示，b 表示实际反应标准相对于最佳位置的偏移量（Stanislaw 和 Todorov，1999）。正值（在这种情况下）将准则向右移动并表示日益增加的保守性——也就是说，倾向于以更多的漏报为代价减少误报。负值将代表该准则更宽松的位置——也就是说，倾向于以增加误报为代价最大化击中率。为了说明此决策过程，图 7.7b 中曲线下方的两个区域用阴影标识。准则右侧曲线下方的区域直接为我们提供了表格中的概率。击中的概率是来自信号分布的样本超出标准的概率，而该概率又由正常密度的累积概率分布的余数给出（即有多少信号分布超出标准分布的信号的量？）。因此，在展示新项目的试验中，观察者仍有 11% 的概率将其分类为"旧"（深色阴影）。呈现旧项目时，观察者有 60% 的概率将其正确分类为"旧"（浅色阴影）。

在此示例中，参数值为 $d = 1.5$ 和 $b = 0.5$。当然，通过查找正态分布下的各个区域，可以轻松计算出这些值。但是，在此示例中我们将忽略此快捷方式，而是求助于近似贝叶斯计算。脚本 7.5 中实现了这种方法。

```
1  y      <- c(60,11)   #define target data
2  dmu <- 1             #define hyperparameters
3  bmu <- 0
4  dsigma <- bsigma <- 1
5
6  ntrials <- 100
7  epsilon <- 1
8  posterior <- matrix(0,1000,2)
9  for (s in c(1:1000)) {  #commence ABC
10    while(TRUE) {
11      dprop <- rnorm(1,dmu,dsigma)
12      bprop <- rnorm(1,bmu,bsigma)
```

```
13      X<-simsdt(dprop,bprop,ntrials) #simulate proposal
14      if (sqrt(sum((y-X)^2)) <= epsilon) {break}
15    }
16    posterior[s,]<-c(dprop,bprop) #keep good simulation
17    print(s)                      #show sign of life
18 }
```

脚本 7.5　信号检测模型的近似贝叶斯计算

近似贝叶斯计算信号检测建模方法

程序根据图 7.7a 的结果，通过定义目标数据 y（第 1 行）开始。我们的目标是估计与这些结果相关的 d 和 b 的值。注意，我们仅提供击中和误报，因为其他反应类别（漏报和正确拒绝）可以通过减法得出。

之后几行定义了 d 和 b 先验分布的超参数。我们在先验知识的基础上假设这些分布的均值分别为 1 和 0，它们的标准差都为 1。d 的均值为 1 是基于大量现有研究表明人们倾向于记住研究列表（他们当然会！），b 的平均值为 0 是基于这样的假设：即平均而言，人们的标准准则没有偏差。d 和 b 正态分布的假设并非巧合。击中率和误报率通过正态分布的累积分布函数（CDF）与 d 和 b 的值相关，该函数定义了图 7.7b 所示曲线下的区域。统计的一个根本结果是概率积分变换定理（Angus，1994）。它表示，如果任何随机变量 X 具有连续的累积分布函数 F（?），则随机变量 $Y = F$（X）是均匀分布的。由于正态分布的 CDF 是连续的，因此与 d 和 b 相关的击中率和误报率本身是均匀分布的（另请参阅 Lee 和 Wagenmakers 2013，第 158 页）。因此，我们假设的先验分布对于可能观察到的数据而言是无信息的（noninformative）。

然后，我们定义实验次数（第 6 行）和接受标准 epsilon。我们将 epsilon 设置为 1，这意味着我们将接受产生的数据在观察到的击中率和误报率 ±1% 之内的任何模拟。

近似贝叶斯计算算法的核心从第 9 行开始。for 循环中有一个 while 循环，其退出条件为 TRUE。当然，除非程序通过发出 break 命令退出，否则此循环永远不会自行结束。这发生在第 14 行中，条件是模拟结果 X 与数据 y 足够接近（即 ≤ $epsilon$）。我们使用欧氏距离来确定我们的模拟结果是否足够接近数据（Turner 和 Van Zandt，2014）。欧氏距离实际上与我们在第 3 章中介绍的 RMSD 相同。

那么，模拟数据来自何处？答案是来自第 11 行开始的三行提供的。我们首先从参数 d 和 b 的先验分布中获得提议值。请注意，我们假定两个参数均使用前面讨论的超参数正态分布。然后，我们将这些候选值以及有关实验设计的一些信息提交给函数 simsdt，该函数将返回模拟的候选结果 X。

尽管此时我们对 simsdt 一无所知，但应该清楚的是，脚本 7.5 中的算法实例化了图 7.6 中描述的过程：我们对候选参数值进行采样，模拟相关结果，以及任何"足够好"模拟的参数值保留在我们不断增长的后验样本中。一旦程序完成，我们只需要计算后两列的均值即可得出 d 和 b 的估计值。运行该程序时，我们获得了 1.45 和 0.48，但是由于随机化的差异，您可能会获得略有不同的结果。但是，获得的值应接近 1.5 和 0.5，这是可以通过直接计算图 7.7a 中的数据获得的"真实"参数值。当我们运行脚本时，后验分布的 2.5% 和 97.5% 分位数对于 d 分别为 0.90 和 2.00，对于 b 分别为 0.22 和 0.77。

剩下的就是仔细看一下函数 simsdt，如脚本 7.6 所示。该函数从图 7.7 b 的正态分布中抽取了两个类样本，一个类是旧项目，其平均值为提议值 d 的建议值的旧项目，另一个类是平均值为 0 的新项目。由于该实验设计中新单词和旧单词出现次数相等。我们对每个类别采样 ntrials / 2 个事件。

然后，通过将采样的熟悉程度与反应标准进行比较，将其转换为反应，通过上面定义的参数该反应标准位于 $d/2 + b$（请参见图 7.7b 中的实心垂直线）。根据事件是旧项目还是新项目，超出标准的熟悉程度分别分类为击中或误报，然后以百分比形式返回这两个值。

```
1  #simulate sdt given parameters and number of trials
2  simsdt<- function(d,b,ntrials) {
3    old <- rnorm(ntrials/2,d)
4    hits <-sum(old>(d/2+b))/(ntrials/2)*100
5    new <- rnorm(ntrials/2,0)
6    fas <- sum(new>(d/2+b))/(ntrials/2)*100
7    return(X<-c(hits,fas))
8  }
```

脚本 7.6　模拟近似贝叶斯计算的信号检测模型

近似贝叶斯计算的应用

此示例用于说明近似贝叶斯计算方法，但它至少有一个局限性，使其无法在实践中直接应用，即脚本 7.6 中的算法（称为拒绝采样）非常浪费。也就是说，在模拟出足够接近可接受的数据之前，可能需要 while 循环进行许多轮迭代。在我们的例子中，这无关紧要；但是对于更复杂的模型和更大的数据集，拒绝采样是极其低效率的，该方法基本上将不再有多少用处。因此，实际上，近似贝叶斯计算总是依靠更精细的采样算法。为了简要说明，Turner 和 Sederberg（2012）引入了近似贝叶斯计算的"差异演化"（differential evolution）版本，即 ABCDE 方法。我们没有详细讨论那些更精细的算法。感兴趣的读者可以参考 Wilkinson（2013）中对各种算法的综述。

在实践中，通过在 R 中编写自定义程序来执行近似贝叶斯计算通常很困难且耗时。幸运的是，有两种可用于执行近似贝叶斯计算的程序包，它们分别称为 abc 和 EasyABC，都可从 CRAN 获得。

7.4　实例

MCMC：一个找到结果的聪明办法

Don van Ravenzwaaij

（格罗宁根大学）

我初次听说马尔可夫链蒙特卡洛（MCMC）采样应该是在大学期间。在很长的时间内，我一直努力真正理解 MCMC 采样的意义。通常对这种技术的解释如下："我们想知道什么是未知的潜在概率分布，但是我们无法观察到：我们没有解析表达式来获得所述分布。MCMC 允许我们通过采样来近似此分布……"等（其余的介绍对我的理解没有多大帮助）。采样如何？当然，如果我们有根据数据计算概率的方法，那么我们需要 MCMC 做什么？而且，如果我们没有根据数据计算概率的方法，那么 MCMC 究竟添加了什么？

我的突破来自于一年一度的 Erasmus-IP（强化计划）数学心理学研讨会，该研讨会于 2009 年在图宾根（Tübingen）举行。我读博士已经有一年了，并且开始学习有关 MCMC 的更多信息，但是仍然没有解决我原来的问题：MCMC 的魔力是什么？Francis Tuerlinckx 在 2009 年版的会议计划中的其中一个研讨会上发表了有关 MCMC 采样的信息。研讨会上有很多很好的内容，但是 Francis 说的其中一句话对我的整个职业生涯（当然顺便说一句，以及我对 MCMC 采样的理解）产生深远的影响。Francis 讲了很久，我被各种公式搞得头昏眼花，然后他说："好，我该结束了，几乎到午餐时间了。您总是可以尝试自己构建其中一个 Gibbs 采样器，你知道的，为了自娱自乐。"感谢他！

最后，所有人都去了午餐室，除了我。我尽可能地多带了食物，然后带着可信赖的笔记本电脑和一堆食物回到宿舍。我花了一个半小时的时间来完成这项工作，如果在研讨会之前我没有可用的 Gibbs 采样器版本，那就麻烦了。在接下来的一个半小时里，隔壁房间听到很多诅咒声，我不会说我的最终结果特别可行，但确实可以运行。午休后，我走到 Francis 面前，向他展示了我的工作。他对我微笑（因为我的代码确实很糟，这清楚地表明了他是一个好人），然后说："干得漂亮。"

那么，我从构建自己的 MCMC 采样器中学到了什么呢？好吧，它并不是一个神奇的计算器。有了似然度，您就可以为每种可能的参数值组合计算概率，而无需 MCMC 采样器（很好，四舍五入到某个小数）。事实证明，诀窍在于进行所有这些计算需要花费大量时间。您使用的参数越多，参数值的组合就越多，涉及的计算所花费的时间呈指数增长。MCMC 就是提供一种聪明的方法，即策略地选择计算的概率来计算和近似基础分布，而不是在整个可能的网格中费劲。

我从中学到的东西概括起来就是：盯着一堆公式（尽管绝对有用）您只能学会这些公式本身。而通过自己实现"复杂"的东西（例如 MCMC 采样器），您将更深入地了解实际情况。这些年来，我对 MCMC 采样器的理解加深了，足以撰写有关工作方式的教程，并有希望帮助其他人理解 MCMC 采样器。

您从中得到的信息应该是："您是否想知道某事是如何运作的？自己去搭建吧！"本章和 van Ravenzwaaij 等人提供的示例应该可以帮助您入门，但是请不要回避，尝试使用更复杂的 MCMC 采样器版本！这会使它提供的学习体验变得更加有价值，即使您永远不会使用它们（我当然也没有再碰过我的第一个 Gibbs 采样器）。

贝叶斯参数估计 —— JAGS 语言

本章的目标是使用 JAGS 编程语言在某些实际模型中应用上一章中的理论（Plummer，2003）。JAGS 是 Just Another Gibbs Sampler 的缩写，是几种现代计算机软件包之一，其依靠特定形式的称为吉布斯采样（Gibbs Sampling）的 MCMC 算法。JAGS 是几种用 MCMC 进行贝叶斯建模的现有软件包之一，其他软件包包括 WinBUGS（Spiegelhalter 等，2003）和 Stan（Carpenter 等，2016），它们各有优缺点。我们之所以选择 JAGS，是因为其扩展的灵活性（Wabersich 和 Vandekerckhove，2014），并且易于在 R 中使用。本章提供的示例数量有限，感兴趣的读者推荐参考 Lee 和 Wagenmakers（2013），这本书提供了更多示例。

8.1　吉布斯采样

JAGS 依赖于一种特定的 MCMC 算法，称为吉布斯采样（Gibbs Sampling）。尽管以 19 世纪末的美国物理学家 Josiah Willard Gibbs 的名字命名，但该采样方法在其去世 80 年后才被发明。以他的名字命名是因为这种采样方法与吉布斯对统计理论的贡献相似（Geman 和 Geman，1984）。

吉布斯采样与上一章介绍的 Metropolis-Hastings 方法有很多共同点。两种算法都涉及样本的马尔可夫链；当给出足够大的样本时，两种算法都收敛于目标分布。但是，也存在一些重要的差异。吉布斯采样的关键特性是它从条件分布中采样，即使在联合密度不可用于积分的情况下，条件分布也常常是已知的，这是计算模型中的边缘似然性（或"证据"见公式 6.8 的分母）所必需的。具体来说，尽管在许多情况下可能无法从联合后验分布对所有参数进行采样，但在了解其他参数的情况下，我们通常可以轻松地从一个后验采样一个参数。通过参数中的迭代参数，在其他条件不变的情况下，吉布斯采样为我们提供了每个参数的后验分布。

8.1.1　吉布斯采样的双变量示例

下面我们要引入吉布斯采样。考虑两个随机变量 x 和 y 的双变量情况。我们假设不能直接采样或计算它们的联合密度 $f(x, y)$，但是可由它们的条件分布 $f(x \mid y)$ 和 $f(y \mid x)$ 采样。在这种情况下，吉布斯采样涉及以下形式的样本交替生成：

$$x^{(i+1)} \sim f\left(x \mid y^{(i)}\right)$$　　　　　　　　　(8.1)
$$y^{(i+1)} \sim f\left(y \mid x^{(i+1)}\right),$$

其中上角标从起始值 $x^{(0)}$ 和 $y^{(0)}$ 开始枚举样本。注意，在第一步中获得的新样本 $x^{(i+1)}$ 作为新样本 y 的条件，y 反之又作为下一个样本 x 的条件，以此类推。在合理的假设下，最终样本 $x^{(i)}$，随着 $i \to \infty$，将是来自边际分布 $f(x)$ 的样本。相反，当 $i \to \infty$ 时，最终样本 $y^{(i)}$ 也将是来自边际分布 $f(y)$ 的样本。因此，我们有效"集成"了其他参数对每个参数的影响，而不必进行实际的积分。

　　脚本8.1给出了一种吉布斯采样用于估计双变量正态分布的参数的R脚本。通常对于这种简单的示例，我们可以得到解析。实际上，我们可以在代码中执行此操作，得到真实解，从而评估吉布斯采样器的表现。

```
1  require(mvtnorm)
2  require(MASS)
3
4  nsamples <- 1000
5  rho <- .8
6  mux  <- muy <- 0
7  sigx <- 1
8  sigy <- .5
9  sigma <- ↵
       matrix(c(sigx^2,rho*sigx*sigy,rho*sigy*sigx,sigy^2),
10              nrow=2)
11 #draw contour plot of known distribution
12 fiftyticks <- seq(from=-3, to =3, length.out=50)
13 y<-rep(fiftyticks,50)
14 x<-rep(fiftyticks,each=50)
15 z<-matrix( dmvnorm(cbind(y,x),c(mux,muy),sigma),50,50)
16 contour(list(x=fiftyticks,y=fiftyticks,z=z),
17         ylim=c(-3,3),xlim=c(-3,3),drawlabels=FALSE)
18
19 #gibbs sampling
20 sxt1mr <- sqrt(sigx^2*(1-rho^2))
21 syt1mr <- sqrt(sigy^2*(1-rho^2))
22 rxy <- rho*(sigx/sigy)
23 ryx <- rho*(sigy/sigx)
24 xsamp <- ysamp <- rep(0,nsamples)
25 xsamp[1] <- -2
26 ysamp[1] <- 2
27 for (i in c(1:(nsamples-1))) {
28     xsamp[i+1] <- rnorm(1, mean=rxy*ysamp[i], ↵
           sd=sxt1mr)
29     ysamp[i+1] <- rnorm(1, mean=ryx*xsamp[i+1], ↵
           sd=syt1mr)
30 }
31 points(xsamp[-c(1:500)],ysamp[-c(1:500)],pch=21,bg="red")
32 for (j in c(1:5)){
33   points(xsamp[j],ysamp[j]-.005,pch=21,cex=3.5,bg="white")
34   text(xsamp[j],ysamp[j],as.character(j))
```

```
35 |}
36 | cor.test(xsamp,ysamp)
37 | sd(xsamp)
38 | sd(ysamp)
```

脚本 8.1　一个实现简单的吉布斯采样器

首先，通过指定两个正态分布的均值（μ）、标准偏差（σ）、相关系数（ρ）和方差 – 协方差矩阵（σ），在第 4 到第 10 行中建立双变量结构。然后，我们绘制双变量分布的等高线图（第 12 至 17 行）。请注意，此处的某些函数调用需要脚本开头包含的两个库。图 8.1a 显示了由这几行代码生成的等高线图。这两个变量之间的方差差异清晰可见，沿横坐标（x 轴）的分布远大于纵坐标（y 轴）的分布。变量之间的相关性反映在等高线的向上倾斜趋势中。

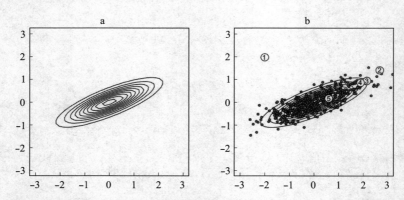

图 8.1　双向正态分布的吉布斯采样器的图示 **a.** $\sigma x = 1$，$\sigma y = 0.5$ 和 $\rho = 0.8$ 的二元正态分布的等高线图。**b.** 与图 8.1 中的吉布斯采样器相同的双变量正态模拟的前 5 个（带圆圈的数字）和最后 500 个（实心点）样本。起始值在圆圈 1 中。为使得图 8.1 简洁，未标记坐标轴。

第 20 行到第 30 行实现吉布斯采样，由 MCMC 估计相同双变量结构的参数。采样过程的核心是 for 循环，该循环从第 27 行开始，到第 30 行结束。此循环的每次迭代都绘制另一对条件采样，如公式 8.1 所示。

为了了解采样的细节，我们需要考虑公式 8.1 中的一般条件分布，并注意其对双变量正态情况的具体实例化：

$$x^{(i+1)} \sim f\left(x \mid y^{(i)}\right) = N\left(\mu_x + \rho\left(\frac{\sigma_x}{\sigma_y}\right)\left(y^{(i)} - \mu_y\right), \sqrt{\sigma_x^2\left(1 - \rho^2\right)}\right) \quad (8.2)$$

$$y^{(i+1)} \sim f\left(y \mid x^{(i+1)}\right) = N\left(\mu_y + \rho\left(\frac{\sigma_x}{\sigma_y}\right)\left(x^{(i+1)} - \mu_x\right), \sqrt{\sigma_y^2\left(1 - \rho^2\right)}\right),$$

对于这个示例 $\mu_x = \mu_y = 0$，简化为

$$x^{(i+1)} \sim f\left(x \mid y^{(i)}\right) = N\left(\rho\left(\frac{\sigma_x}{\sigma_y}\right)y^{(i)}, \sqrt{\sigma_x^2\left(1 - \rho^2\right)}\right) \quad (8.3)$$

$$y^{(i+1)} \sim f\left(y \mid x^{(i+1)}\right) = N\left(\rho\left(\frac{\sigma_y}{\sigma_x}\right)x^{(i+1)}, \sqrt{\sigma_y^2\left(1 - \rho^2\right)}\right).$$

在第 28 行和第 29 行中实现了公式 8.3，以加快采样过程，其中一些常数项（例如 $\rho \dfrac{\sigma_x}{\sigma_y}$）在第 20 行至第 23 行的循环外部被初始化——当一次简单初始化可以实现目的的时候，没有必要数千次地计算相同的常数。请注意 MCMC 链的起始值，该值在第 25 行和第 26 行中初始化。

图 8.1b 是由最后几行代码生成的，其绘制了最后 500 个采样的 $x-y$ 对。尽管为了说明采样器从起始值开始的路径，我们标识了前五个样本的编号，但是作为常规预热（burnin），我们舍弃前 500 个采样样本。有以下几点说明：首先，采样样本以分级的密度覆盖等高线图——靠近中心峰，样本更聚集，而远离峰的样本更少。

作为结果的确认，如果对样本进行统计汇总，那么它们的均值，标准差和相关系数都接近我们所知的事实。例如，在一次程序运行中，我们得到 $s_x = 1.06$，$s_y = 0.53$ 和 $r = .80$，即使每次运行图 8.1 中的脚本时，这些数字都会略有不同。最终样本的解释与上一章介绍的 Metropolis-Hastings 算法完全相同。我们可以将这些样本作为估计数量的后验分布的近似值，就像我们解释 MCMC 的 Metropolis-Hastings 变体的输出结果一样。

现在考虑图 8.1b 中链的前五个样本。第一个样本位于图的左上方，位置 $x = -2$，$y = 2$，表示第 25 行和第 26 行中确定的起始值。第二个样本的 y 值相差不大，但 x 值的翻转到 x 轴的另一端。这是因为根据公式 8.1 和 8.3，每个样本 $x^{(i+1)}$ 是从 $y^{(i)}$ 的先前值得出的。类似地，每个 $y^{(i+1)}$ 都从 $x^{(i+1)}$ 的当前值得出。因此，由于这种相互依赖性，链条沿着主对角线迅速向下发展，从而捕获了两个变量之间的相关性。第五个样本已经非常接近二元等高线的质心。从那一点起，大多数（但不是全部）样本都保持在那个伸长的质心附近。

8.1.2 吉布斯采样 vs. Metropolis-Hastings 采样

吉布斯采样器与上一章算法之间的一个明显区别是，吉布斯采样仅适用于存在多个变量且已知单个变量的条件分布的情况。相比之下，Metropolis-Hastings 算法也可以在单变量情况下运行。

到目前为止，它们之间第二个区别也是显而易见的：在 Metropolis-Hastings 算法中，采样是基于对具有分级概率（graded probability）的"备选"的接受，而图 8.1 中的吉布斯采样器的采样是确定性的。也就是说，在第 28 行和第 29 行中获得的任何样本都将被接受，而不会进一步考察其可能性。但是，算法之间的差异比真实情况更加明显，甚至吉布斯采样器也会默认评估"备选"，然后接受该"备选"。但是，在所有情况下，接受概率都等于 1（有关推导，请参阅 Andrieu 等人，2003，第 22 页），因此无需将该步骤明确编码进算法。

吉布斯采样器与 Metropolis-Hastings 算法之间的进一步关系是，Metropolis-Hastings 采样可以嵌入到吉布斯采样器中。也就是说，如果我们的问题涉及条件分布不适合直接采样的变量，则可以将 Metropolis-Hastings 算法插入吉布斯序列，以便从这些变量中采样。

8.1.3 多元空间的吉布斯采样

吉布斯采样器的主要优势及其在 JAGS 等程序包中进行广泛编程的原因，是其能够同时估计大量参数。

这可以通过将公式 8.1 扩展到涉及变量 x_1，x_2，x_3，… x_k 的多变量情况来实现。

$$x_1^{(i+1)} \sim f\left(x_1 \mid x_2^{(i)},\ x_3^{(i)},\ \cdots,\ x_k^{(i)}\right) \tag{8.4}$$

$$x_2^{(i+1)} \sim f\left(x_2 \mid x_1^{(i+1)},\ x_3^{(i)},\ \cdots,\ x_k^{(i)}\right)$$

$$\vdots$$

$$x_j^{(i+1)} \sim f\left(x_j \mid x_1^{(i+1)},\ \cdots,\ x_{j-1}^{(i+1)},\ x_{j+1}^{(i)},\ \cdots,\ x_k^{(i)}\right)$$

$$\vdots$$

$$x_k^{(i+1)} \sim f\left(x_k \mid x_1^{(i+1)},\ x_2^{(i+1)},\ \cdots,\ x_{k-1}^{(i+1)}\right).$$

总结来说，对 x_j 的所有采样都取决于对变量 x_1，…，x_{j-1} 的当前（第 $i+1$ 次）采样以及对变量 x_{j+1}，…，x_k 的上一次（第 i 次）采样。

我们不在 R 脚本中实现多变量（$k > 2$）吉布斯采样器，因为这样不能进一步增进对基本底层过程的理解。取而代之的是，我们现在转向 JAGS，以及如何使用 JAGS 估计模型参数的几个具体特定示例。

8.2 JAGS：简介

8.2.1 安装 JAGS

由于 JAGS 是一个单独的程序包，因此必须单独安装才能在 R 中使用。要安装 JAGS，请从以下网站下载相关文件：http://mcmc-jags.sourceforge.net/。然后运行安装程序，这需要进行一些简单的操作才能将程序放置在正确的位置。

我们在 Mac 和 Windows 计算机上使用 JAGS，但 JAGS 也可用于 Linux 计算机。一旦安装好 JAGS，你就可以忘记它的存在，因为从这里开始，我们将使用 R 与 JAGS 进行交互。为此，我们需要使用命令 install. packages（"rjags"）安装 R 软件包。安装完成后，我们现在可以从任何开头包括 require（rjags）或 library（rjags）的 R 脚本中访问 JAGS（R2jags 软件包提供了另一个与 JAGS 交互的选项。这两个软件包都可以完成工作，我们随机选择专注于 rjags）。

8.2.2 JAGS 的脚本处理

到目前为止，我们所有的 R 脚本基本上都是自己编写的。脚本所做的工作都是由我们在 R 中逐行编程进行的。在某些情况下，我们将脚本分解为多个组件，并将特定任务归为单独的函数。例如，在图 7.3 中，我们编写实现混合模型中的 MCMC 函数。使用 JAGS，我们将向模块化迈进一步：我们使用 R 来管理和驱动 JAGS，但是实际的建模是使用 JAGS 本身完成的。JAGS 从我们需要在 R 之外创建的文件中读取其自己的源代码。图 8.2 使用两个文件 myscript. R 和 mymodel. j 来概述 R 和 JAGS 之间的交互作用，这两个文件是必须编写的，其内容我们将在下面补充。请注意，".j"扩展名是我们的选择，并不是 JAGS 需要的。其他作者可以使用其他扩展名（例如，".txt"或".jags"）。这完全是随意的，只要在 R 脚本中使用了正确的扩展名，就都可以实现 JAGS 的功能。

该图显示了每个文件的关键组件：R 脚本必须包含命令 library（rjags），以便可以从 R 调用安装 JAGS。由于我们从没真正"看到"JAGS，因此，在图 8.2 用带有虚线的方框表示，与其他两个表示必须编写的文件的实线框不同。

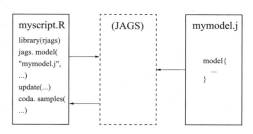

图8.2 如何在 R 中使用 JAGS 的概述

R 脚本包含三个进一步的强制性语句：jags. model←（"mymodel. j",...），update（...）和 coda. samples（...），它们与 JAGS 有联系。第一条语句告诉 JAGS 通过吉布斯采样在哪里找到适合的模型（本例中为 *mymodel. j* 文件），第二条语句执行模型的 burnin。最后的声明要求 JAGS 执行实际的 MCMC。所有语句都使用省略号来表示，这表明要知道 JAGS 做什么，还需要指定许多其他参数。

转到我们的另一个输入文件 *mymodel. j*，这个文件指定 JAGS 的模型正在使用自己的编程语法。也就是说，从现在开始，使用 JAGS 进行建模时，我们不再使用 R 而是使用 JAGS 语言指定模型。在本章的其余部分，我们将逐步介绍这种语言，但是现在，我们仅注意到脚本 8.2 中的 *mymodel. j* 包含单个语句 model {...}。该语句必须存在于每个 JAGS 程序中，并且在括号 {...} 中包含模型的详述。当然，这些模型的详述将在不同的 JAGS 程序之间有所不同，具体取决于要实现的模型。

JAGS 语言的一个核心属性是声明性的而不是程序性的。从一开始就了解这种区别有助于避免以后的混乱。诸如 R 之类的程序性语言，从其程序本身以显而易见的顺序实时执行，即第一个程序语句首先执行，继而执行第二个语句，依此类推。这种自上而下的流程的例外仅在逻辑语句（例如 if ... else 语句）或其他控制结构（例如 for 循环）中出现。但是即使有这些例外，读者也可以通过与小提琴家按预期音符演奏勃拉姆斯奏鸣曲几乎相同的追踪乐曲的方式来追踪 R。声明性语言（例如 JAGS）则非常不同，因为语句的顺序与 JAGS 的执行没有什么关系。所有语句的作用是声明变量的分布及其之间的关系，但是对声明的顺序几乎没有限制。从一开始就牢记这一点是有帮助的：不要将 JAGS 程序看作是"被执行"的任何东西，而应看作是声明性语句的集合，这些语句告诉你一个不可见的程序该做什么。JAGS 程序不是乐谱，而是一组节奏指令（例如 adagio 或 presto）和形式（例如"ballabile"或六角琴），提供给不可见的作曲家和乐团制作乐曲。

我们的 JAGS 第一个示例涉及估计正态分布的参数。我们试图获得参数 μ 和 σ 的后验估计，它们分别代表分布的均值和标准差。

脚本 8.2 显示了此示例的 R 脚本。该程序首先加载 rjags 库，然后，在第 4 行生成均值 $\mu = 0$ 和标准偏差 $\sigma = 2$ 的 1000 个正态分布观测值的数据集。这些数据存储在变量 x 中。

```
1  require(rjags)
2
3  N <- 1000
4  x <- rnorm(N, 0, 2)
5
6  myj <- jags.model("mymodel.j",
7                    data = list("xx" = x, "N" = N))
8  update(myj,n.iter=1000)
9  mcmcfin<-coda.samples(myj,c("mu", "tau"),5000)
10
11 summary(mcmcfin)
12 plot(mcmcfin)
```

脚本 8.2   调用 JAGS 的 R 函数

下一条语句跨越 6~7 行，并通过调用 jags. model 函数在 JAGS 中创建模型。该函数调用中的第一个参数指定定义模型的 JAGS 源文件。脚本 8.3 中显示了此源文件，在考虑 R 脚本中的其余部分之前，我们接下来先考虑这个。

```
1  #Gaussian
2  model {
3      #model the data
4      for (i in 1:N) {
5          xx[i] ~ dnorm(mu, tau)
6      }
7      #priors for parameters
8      mu ~ dunif(-100,100)
9      tau <- pow(sigma, -2)
10     sigma ~ dunif(0, 100)
11 }
```

脚本 8.3   JAGS 中的一个简单模型详述

脚本 8.3 包括 model 语句的必要部分。脚本 8.3 的第一部分说明了如何对数据建模：第 4 行中的 for 循环指定所有数据点均以均值 μ 和精度 τ 为正态分布，用变量 xx 表示。

尽管此循环中的大部分看起来与 R 命令相同，但仍存在一些重要的区别。首先，函数 dnorm 的参数不同于 R；JAGS 不需要指定正态分布的均值和标准差，而是需要均值和精度（*precision*）。精度定义为 $\tau = 1/\sigma^2 = \sigma^{-2}$，或简单地说是方差的倒数。我们首次在 7.1.2 节中提到了精度，它是与视觉工作记忆的混合模型结合使用的。我们在脚本 8.3 中将精度定义为单独的变量（tau），因为许多已发布的 JAGS 脚本都以这种方式调用 dnorm，并且因为它阐明了 JAGS 中的 dnorm 的特点，这种函数需要精度而不是标准差，这一点与 R 不同。但是，可以使用语句 xx［i］˜dnorm（mu，1／sigma^2）来避免额外变量并直接使用标准偏差进行工作。

其次，由于 JAGS 是一种声明性语言，因此不会以常规方式执行循环。也就是说，尽管 R 中的 for 循环可以逐步跟踪其迭代过程并遍历其迭代，但是 JAGS 循环从不实际运行。JAGS for 循环为在其主体内定义的变量指定了分布假设。换句话说，我们指定每个数据点 xx［i］的可能性。此定义是静态的，不会实时转换为程序流。

脚本 8.3 的最后部分指定了参数的先验分布。第 8 行定义了 μ 的先验分布，该分布是均匀分布，并且跨越非常宽的范围（从 –100～100）。这体现了一个假设，即 μ 可能以相等的概率在该范围内取任何值。选择的特定范围将与所考虑的变量不同；例如，如果我们关心智商值，则可能不允许使用负值。精度的先验值 τ 是从标准偏差 σ 的分布中得出的，该标准偏差在很宽的正值范围内是均匀的。请注意，第 9 行中的语句使用 pow 函数得到平方并对标准偏差取倒数以获得精度。还要注意，该语句位于 sigma 的定义之前。如果您在 R 中尝试过此操作，则第 9 行将引发错误，因为它尚不知道变量 sigma。相反，在 JAGS 中，语句不是以常规方式执行的，而是提供模型及其参数的定义，因此可以按任何顺序发生。

你可能想知道这个 JAGS 程序如何与我们的 R 脚本对接。JAGS 如何知道数据？为什么数据在名为 xx 的变量中？JAGS 如何知道有 N 个观测值？答案包含在脚本 8.2 中第 6 行到第 7 行中对 jags. model 的函数调用的一部分是将数据指定为变量列表。在这里，R 中的变量映射到 JAGS 中的变量：我们将 R 变量 x 分配给 JAGS 变量 xx，将 N 分配给 N。这种分配的重点是，调用 R 程序中的称为 JAGS 的变量可能与 JAGS 中使用的相同，但不一定如此。除非 R 变量通过 data 参数传递，否则 JAGS 无法访问它们。

在 JAGS 中设置好模型后，接下来我们将执行常规的 Burnin，然后使用第 8 行中对函数 update 的调用来执行此操作。此函数将适合作为第一个参数提供的任何模型。参数 n. iter 用于指定完成此操作的次数。

在 Burnin 之后进行 MCMC 采样，这是通过调用 R 脚本第 9 行中的对函数 coda. samples 的调用来执行的。该函数将通过调用 jags. model 定义的模型作为其第一个输入，然后从模型参数的后验分布中采样。第二个参数 c（"mu"，"tau"），指定应"监视"哪些参数。JAGS 在此向量中指定的所有参数的采样过程中保留并返回历史记录。第三个参数指定了 MCMC 样本的数量，这也是必需的。

调用 coda. samples 返回一个 R 对象，可以很容易地对其进行汇总和绘制，如脚本 8.2 的最后两行所示。当您在 R 和 JAGS 中运行此脚本的这种组合时，应该获得分别在 0 和 0.25 左右的 mu 和 tau 的估计值。回想一下，正态分布的"真实"标准差为 2，并且因为精度是方差的倒数（即 1/4），所以 tau 的估计值应约为 0.25。我们在这里重申方差和精度之间的关系，因为存在混淆的可能性（R 本身使用标准差而不是精度）。

rjags 库的其中一个不错的特性是，它容易对 MCMC 的输出结果进行诊断。因此，在 R 脚本的最后一行中对 plot 的调用将自动对每个参数的后验密度以及 MCMC 期间接受的样本进行绘制。图 8.3 显示了我们在脚本 8.2 的一次运行中获得的 R 的输出。

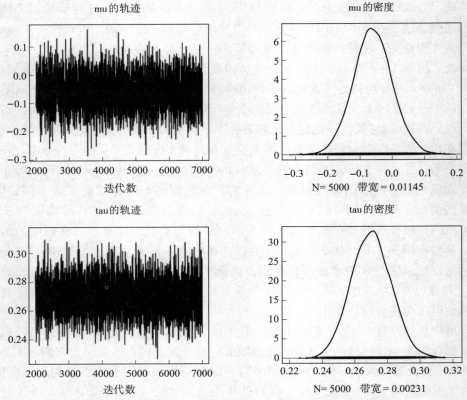

图 8.3　R 作图的输出。由 pbt 命令作用于 MCMC 对象所得，
该 MCMC 对象是由函数 coda. samples 输出返回。

该图与上一章的图 7.1 非常相似。但是，尽管我们不得不通过编写特殊的 R 程序来定制该早期图形的设计，但是这里只需要调用 plot 即可。rjags 库提供了多种进一步的诊断和输出管理工具，我们将从此处开始逐步探索。

这个简短的例子为我们通过 JAGS 探索几种认知模型奠定了基础，其中一些在先前的章节中已经遇到过。

8.3　JAGS：重新探究一些已知模型并突破边界

8.3.1　信号检测理论的贝叶斯建模

我们使用 JAGS 估计最初在图 7.7 中显示信号检测数据的参数。我们在图 8.4 中重现数据，但另外在界面 b 的曲线下的相关区域上标记了将在 JAGS 脚本中使用的符号：φh 和 φf 分别表示命中率和误报率。

脚本 8.4 包含了图 8.4 中用于信号检测模型的 JAGS 代码。与第一个示例（脚本 8.3）不同，该脚本不包含 for 循环，因为我们假设只有一对数据点，由图 8.4a 中的命中率和误报率构成。该脚本首先定义可分辨性（d）和偏差（b）参数的先验分布（第 4 行）。先验分布和超参数的值与第 7.3.2 节中使用的分布和值相同。回顾一下，如果

d 和 b 服从正态分布，那么击中率和误报率是均匀分布的。

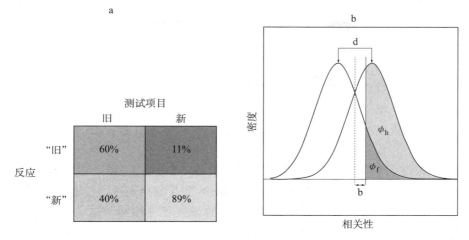

图8.4 **a. 数据来自假想再认记忆实验的数据，其中人们反应"旧"或"新"来测试旧的或新的项目。b. 界面 a 中数据的信号检测模型。区域的阴影对应于界面 a 中单元格条目的阴影，确定了模型的两个参数 d 和 b。垂直虚线表示最佳标准，实心垂直线表示由参数 b 确定的被试的实际标准位置。新项目曲线（ϕ_f）下的深灰色区域表示误报，而旧项目曲线（ϕ_h）下的浅色区域表示击中。**

```
1   # Signal Detection Theory
2   model{
3       # priors for discriminability and bias
4       d ~ dnorm(1,1)
5       b ~ dnorm(0,1)
6
7       # express as areas under curves
8       phih <- phi(d/2-b)      #normal cdf
9       phif <- phi(-d/2-b)
10
11      # Observed hits and false alarms
12      h ~ dbin(phih,sigtrials)
13      f ~ dbin(phif,noistrials)
14  }
```

脚本8.4 在 JAGS 中实现的信号检测模型

为了将参数与数据相关联，使用 d 和 b 的值来生成击中和误报的预测比例（第8行和第9行）。这可以通过调用函数 phi 来实现，该函数提供了标准正态累积分布函数。从概念上讲，这对应于图 8.4 b 中的阴影区域，JAGS 变量 phih 和 phif 分别映射到 ϕ_h 和 ϕ_f[①]。最后一步是将预测的概率与观察到的命中次数和错误警报数（脚本中的变量 h

---

① 如果您在使用图 8.4b 中的图形表示法将参数与函数 phih 关联起来时遇到困难，请记住 phih 是累积分布函数，因此仅返回参数左侧的区域。因此，在与自变量的对应关系变得明显之前，必须在想象翻转图 8.4b 中的曲线。

和 *f*）相关联。这是通过第 12 行实现的，该行告诉 JAGS 假定这些变量是二项分布的随机变量。调用 dbin 的参数是预测比例（分别为 phih 和 phif）和每种类型的试验总数（信号存在 vs 仅有噪声）。

脚本 8.5 显示了刚刚检查过的 JAGS 代码的 R 脚本。我们从第 3 行到第 5 行中的数据初始化（在这种情况下只是一次命中率和误报率）开始。与第一个示例（依赖于默认值）不同，这次我们还初始化了 MCMC 链的起始值（第 8 行）。然后，我们将该初始过程复制 4 次（第 9 行），然后在下一行中向初始化过程添加一些随机噪声。在本示例中，我们使用独立的初始化过程，因为我们正在运行 4 个独立的 MCMC 链来探索上一章（第 7.2 节）中讨论的收敛问题。

我们在第 11 行到第 15 行中用常规调用 jags. model 来设置 JAGS 中的信号检测模型。像以前一样，我们将数据作为 R 变量分配给 JAGS 变量的列表进行传递。与第一个示例不同，此处 R 中的所有变量名称都与 JAGS 中的相应名称相同。这也是我们指定运行 4 条链的地方，并将每个链的初始化传递给 JAGS。设置好模型之后，我们首先运行通常的 burnin 程序，然后在第 20 行进行 MCMC 采样。

```
1   library(rjags)
2   #provide data from experiment
3   h <- 60
4   f <- 11
5   sigtrials <- noistrials <- 100
6
7   #initialize for JAGS
8   oneinit <- list(d=0, b=0)
9   myinits <- list(oneinit)[rep(1,4)]
10  myinits <- lapply(myinits,FUN=function(x) lapply(x, ←
        FUN=function(y) y+rnorm(1,0,.1)))
11  sdtj <- jags.model("SDT.j",
12                     data = list("h"=h, "f"=f,
13                                 "sigtrials"=sigtrials, ←
                                   "noistrials"=noistrials),
14                     inits=myinits,
15                     n.chains=4)
16  # burnin
17  update(sdtj,n.iter=1000)
18  # perform MCMC
19  parameters <- c("d", "b", "phih", "phif")
20  mcmcfin<-coda.samples(sdtj,parameters,5000)
21
22  summary(mcmcfin)
23  plot(mcmcfin)
24  gelman.plot(mcmcfin)
```

脚本 8.5　R 程序在 JAGS 中对信号检测数据建模

我们在此脚本中的两个主要对象上花一点时间。第一个对象是 sdtj，它是在 JAGS 中基于脚本 8.4 设置的模型。请注意，在用作执行调用 MCMC 中的参数之前，此对象是由一个函数创建的，然后由另一个函数"burned in"创建。第二个主要对象是 mcmcfin，它不是模型，但包含 MCMC 的输出。可以将这种类型的对象传递给几个标准的 R 函数（例如 plot），如脚本 8.5 的最后三行所示。

我们跳过了 summary 命令的输出，该命令仅给出后验分布的数字摘要。图 8.5 显示了使用刚才讨论的两个脚本进行的估算运行得出的 plot 命令的结果。b 和 d 的后密度分别达到约 0.5 和 1.5 的峰值，但这并不奇怪，这是图 8.4a 中所示数据的"真实"值。这些值可以与上一章（第 7.3.3 节）中使用近似贝叶斯计算获得的估计值进行比较。

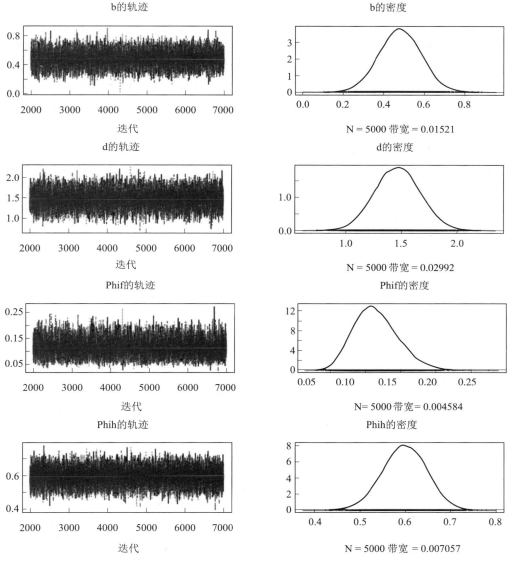

图 8.5 信号检测模型的 JAGS 输出，该模型如图 8.4 所示。

脚本的最后一行使用 Andrew Gelman 及其同事开发的技术（Brooks 和 Gelman，1998；Gelman 和 Rubin，1992）获得链的收敛性诊断。该诊断基于以下简单直接的思想：如果对多个链条进行独立采样，那么如果每个链条都收敛到后验，则无论是跨越多条链，还是将所有链条中的样本混合在一起，所考虑的采样量的样本均值和方差都应该相同。

更正式地讲，如果有 m 条链分别运行 n 个样本（post-burnin），则每个链都允许对参数进行可能的推断（例如，估计其平均值）。如果在这 m 个不同的推断上的方差与基于将所有链一起考虑时获得的 $m \times n$ 个样本的单个推断的方差相同，则这些链可被视为收敛的。换句话说，它们的采样已经与它们的起始值无关，并且这些链基本上是无法区分的。

盖尔曼（Gelman）方法得出的收敛估计值表示为这两个方差之比。该值称为比例缩小因子（SRF）或收缩因子，如果链已收敛，则该因子趋向于一致。你可能已经从方差分析（ANOVA）中注意到了收缩因子和常规 F 值之间的相似性。ANOVA 基于相同的概念，即如果零假设为真且各组除随机差异外没有差异，则实验中组间差异和组内差异应相同（因此它们的比率等于1）。收缩因子表示针对 MCMC 链优化的同一方法的一种更复杂的变体。

图 8.6 显示了我们示例的 Gelman 诊断程序的输出。如果所有链条混合良好，则它们之间的方差应等于每个链条内的方差。该收敛标准由水平虚线 1.0 表示。显然，这些链收敛得非常迅速。

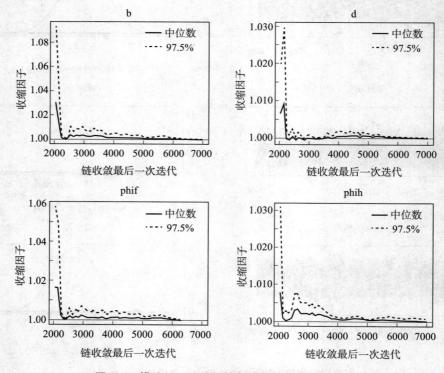

图 8.6 描述 JAGS 信号检测模型的收敛诊断结果

8.3.2   多项式树模型的贝叶斯方法：高阈值模型

我们通过引入一类称为多项处理树（Multinomial Processing Tree，MPT）的模型（例如 Batchelder and Riefer，1999；Riefer and Batchelder，1988；Erdfelder et al.，2009）来构建上述示例。MPT 方法适用于具有定义明确的反应响应类别的分类数据，这些类别由多项分布表示。例如，识别记忆实验中的命中和误报满足这些条件，而我们的MPT 模型的第一个示例是识别的"一个高阈值模型"（1HT 模型）（例如 Swets，1961）。该模型假设记忆表现由两个认知状态来描述。一个特征是记忆强度高于阈值并可以确定某件物品已经过时，而另一个特征则是低于阈值的记忆强度，代表完全的不确定性。与信号检测理论不同，1HT 模型并不像信号检测理论一样包含反应标准，1HT 模型依赖于两个参数：由参数 θ_1 捕获的处于特定状态的概率和用 θ_2 描述的不确定状态时的猜测为"旧"的概率。

因此，该模型的特征由以下两个方程式表达：

$$p\ (hit)\ = \theta_1 + \ (1 - \theta_1)\ \theta_2, \tag{8.5}$$
$$p\ (FA)\ = \theta_2$$

其中，p（hit）和 p（FA）分别代表观察到的命中率和错误警报的比例。图 8.7 将1HT 模型显示为与 MPT 模型关联的常规"树"图。该树从左到右流动，在左侧显示输入，在右侧为观察到反应反应：所有可观察到的事件和数量均由阴影节点表示。在这种情况下，有两类事件构成了模型的入口点：给被试呈现新项目或旧项目。如果该项目较旧，则模型将进入具有 θ_1 概率的确定性状态。一旦进入该状态，"旧"反应是不可避免的。如果不存在概率为 $1 - \theta_1$ 的回忆，则模型进入不确定状态，并选择以概率 θ_2 猜测"旧"和以互补概率 $1 - \theta_2$ 猜测"新"。对于新项目，选择更简单：因为该项目不会伴随一定的回忆体验，所以人将始终处于不确定状态，因此用相同的猜测来猜测"旧"或"新"概率分别为 θ_2 和 $1 - \theta_2$。

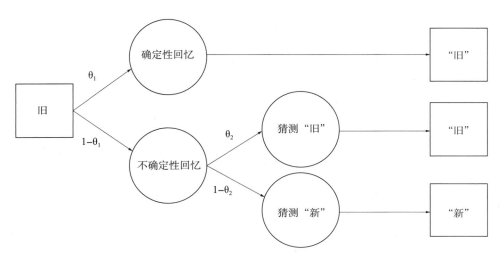

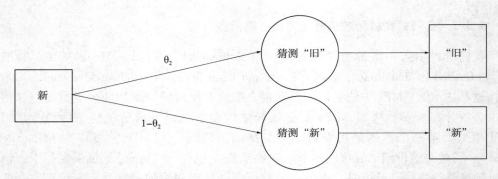

图 8.7 表示为多项处理树模型的记忆识别高阈值（1HT）模型。阴影节点表示可观察到的数量，未填充的节点表示假设的认知状态。圆圈代表连续变量，正方形代表离散变量。

通过找出命中和误报的可能路径，可以从图 8.7 导出公式 8.5，也可以从图 8.7 中得出公式 8.5，并找出命中和误报的可能路径。由于一定的再认（概率为 θ_1）或由于再认失败而进行的猜测（$(1-\theta_1)\theta_2$）都可能会导致击中。因此，命中的总概率是两个分量的概率之和。错误警报只能通过存在新项目的情况下猜测"旧"来产生，因此它们的概率仅为 θ_2。其他反应类型的概率（缺失和正确拒绝）可由类似的方式得出。

图 8.6 显示了 R 脚本，该脚本调用 JAGS 来估计 1HT 模型的参数，图 8.7 包含 JAGS 模型。我们再次将该模型应用于图 8.4a 中的假设识别记忆数据。与信号检测示例（图 8.5）相比，R 代码变化不大。前几行再次提供了数据和实验参数，我们在第 8 到 12 行中调用 JAGS。与前面的示例不同，为了简洁，我们省略了初始化。JAGS 将通过执行自己的默认初始化来解决此问题，尽管所有链的初始化都是相同的（实际上，我们因此可能会使用在链之间略有不同的显式初始化）。脚本的最后几行与以前相同，尽管为简洁起见，我们删除了绘制结果的代码部分。

```
1  library(rjags)
2  #provide data from experiment
3  h <- 60
4  f <- 11
5  sigtrials <- noistrials <- 100
6
7  #define JAGS model
8  onehtj <- jags.model("1HT.j",
9                    data = list("h"=h, "f"=f,
10                         "sigtrials"=sigtrials,
11                         "noistrials"=noistrials),
12                   n.chains=4)
13 # burnin
14 update(onehtj,n.iter=1000)
15 # perform MCMC
16 parameters <- c("th1", "th2", "predh", "predf")
17 mcmcfin<-coda.samples(onehtj,parameters,5000)
```

脚本 8.6 用于在 JAGS 中建模高阈值（1HT）模型的 R 程序

JAGS 脚本同样类似于信号检测模型，但有两个关键区别。首先，参数的先验分布是均匀的，而不是正态分布（第 4 至 5 行）。其次，击中和误报的预测比例不涉及正态分布下的区域，而是使用公式 8.5 直接从参数计算得出的，该公式在 JAGS 中的第 8 行至第 9 行中进行了编码。

```
1  # High-threshold model
2  model{
3      # priors for MPT parameters
4      th1 ~ dbeta(1,1)
5      th2 ~ dbeta(1,1)
6
7      # predictions for responses
8      predh <- th1+(1-th1)*th2
9      predf <- th2
10
11     # Observed responses
12     h ~ dbin(predh,sigtrials)
13     f ~ dbin(predf,noistrials)
14 }
```

脚本 8.7　用 JAGS 实现的高阈值（1HT）模型

    图 8.8 显示了脚本 8.6 和 8.7 的输出。毫不奇怪，预测击中和误报的后验分布与图 8.5 中的信号检测模型所观察到的几乎相同；尽管早就知道高阈值模型会受到数据的挑战（Swets，1961 年），但它仍然可以拟合一对命中率和误报率以及一个信号检测模型。

    在此示例中，我们要做的另一件事是检查 MCMC 链中的自相关性。一旦程序运行，可以通过在 R 命令窗口中发出命令 acfplot（mcmcfin）来实现。图 8.9a 显示了所监测的所有参数的自相关性（如图 8.6 中的第 16 行所指定的），每个链由不同的线绘制。可以看出，连续样本之间的自相关性开始时很高，但随着样本之间的间隔增加，其自相关性迅速下降。正如我们在第 7.2.2 节提到的，这些自相关性并不一定影响我们解释参数估计。

    为了进一步说明，我们可以通过由稍稍更改第 17 行的方式代码，重新运行 MCMC 来细化 JAGS 中的链，以便现在读取 mcmcfin < − coda. samples（onehtj，parameters，5000，thin =4）。最后一个参数，thin =4，指定仅考虑 MCMC 链中的每第四个样本来估计后验分布[①]。细化后得到的自相关如图 8.9b 所示。显然，自相关现在在零标记附近，并且没有任何明显的正偏差。自相关衰减的代价是样本量从 5,000 减少到 1,250。尽管此处未显示该图，但细化后得到的参数估计值与图 8.8 所示的值没有区别。这证实了我们在 7.2.2 节中得出的结论，即不必频繁细化。

----

    ①　或者，我们可以在获得完整链并发现自相关性过高后执行细化。我们只是丢弃适当数量的中间样本。在采样缓慢且我们不知道是否需要细化的情况下，这种操作可能会更有效率。

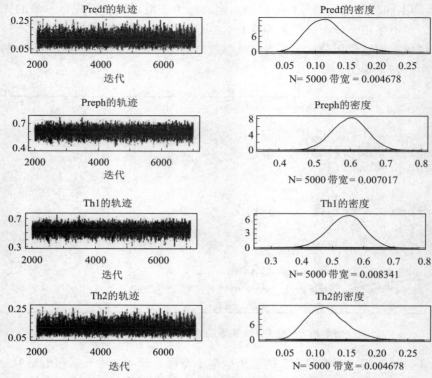

图 8.8 图 8.7 所示的高阈值（1HT）模型的 JAGS 脚本输出

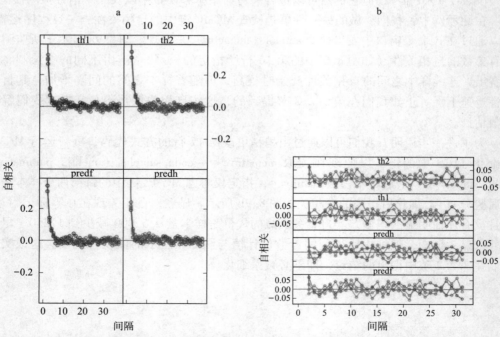

图 8.9 **a.** 如图 8.8 所示的输出的自相关模式。**b.** 细化后的自相关相同。在每个 MCMC 链中，仅考虑每四个样本。图形以 **R** 的格式显示，只是以灰度复制。

8.3.3　多项树模型的贝叶斯方法

现在，我们转到一个更现实的 MPT 建模示例，其中涉及 Elizabeth Loftus 及其同事在 1970 年开发的经典的目击者错误信息范式（例如，Loftus 等，1978）。在这种范例中，被试首先"见证"了一场车祸（以一系列幻灯片的形式呈现），并且在随后的提问阶段中，还提供了更多信息。这个实验中最令人感兴趣的是，询问过程中提供的信息（例如，"行人是否在汽车到达停车牌时过马路?"）与被试所见证的实际事件不一致（在幻灯片中，没有停车牌，只有交通）。在这种信息不一致的情况下，在回答问题与正确信号灯的信息一致的情况下相比，被试在随后涉及的两张分别带有停车标志和交通信号灯的照片的强制选择中，识别测试不太可能选择正确的幻灯片。这种被广泛复制的发现通常被解释为反映了反应误导事后信息的记忆可塑性（Ayers 和 Reder，1998 年）。但是，由于认知过程存在一些不确定性，会导致错误信息的产生，因此我们将使用 MPT 建模来进一步说明那些错误。

我们的示例基于 Wagenaar 和 Boer（1987）的一项研究，该模型为范例增加了另一个阶段，要求被试回忆在一系列幻灯片中目睹过的交通信号灯的颜色。表 8.1 总结了它们的设计以及总体结果。在第三阶段中，错误信息的影响显而易见，在一致信息和不一致信息的条件下，准确性相差 20%。第二阶段的问题既未确认也未更改最初提供的信息，处于中立条件，导致表现处于中等水平。但也许有些令人惊讶的是，条件在最后阶段没有变化：当实验者在第四阶段确认交通信号灯的存在时，被试回忆其正确颜色的能力不受第二阶段所提供信息的影响。

Wagenaar 和 Boer（1987）考虑了三种 MPT 模型，以解释第三阶段和第四阶段条件下的结果模式。所有这些模型不仅考虑表 8.1 中所示的平均准确度，还考虑了两个阶段中可能的反应序列的完整补充，即正确 – 正确序列的比例（即阶段Ⅲ中正确识别交

表 8.1　**Wagenaar 和 Boer（1987）的实验总结。所有的被试都经历了四个阶段。如下所示，条件仅在第二阶段有所不同。灰色数字表示阶段Ⅲ和Ⅳ中每种条件的正确反应百分比。**

阶段	条件		
	一致条件	不一致条件	中立条件
Ⅰ	在 22 张一系列交通事故的幻灯片中，第 11 张出现交通灯		
Ⅱ	行人是否在汽车到达交通信号灯时过马路?	行人是否在汽车到达停车牌时过马路?	行人是否在汽车到达十字路口时过马路?
Ⅲ	强制选择识别测试 选有交通信号灯的幻灯片（正确）或者有停车牌的幻灯片（错误）。		
	86	64	76
Ⅳ	肯定交通信号灯的存在后，回忆交通信号灯的颜色。		
	50	57	53

通信号灯，阶段Ⅳ中正确回忆灯光颜色），以及正确－不正确，不正确－正确，不正确－不正确的对应项。

　　Wagenaar 和 Boer（1987）考虑的第一个模型是破坏性更新模型，该模型假定在阶段Ⅱ中出现不一致的信息时，将使原始记忆消失并被新信息替换。第二种模型是共存模型，当对冲突的信息进行编码时，初始记忆被抑制但未被破坏。因为这种抑制是暂时的，所以它可能会逐渐消失，并且原始记忆可以在以后重新表达自己。还有一种模型是无冲突模型，在该模型中不一致的事后信息既不会替换也不会抑制初始信息，而是仅在初始信息不可用时（要么因为从未编码过，要么因为被遗忘），才在测试中被提取使用（要么因为从未编码过，要么因为被遗忘）。因此，在此模型中，两个竞争的记忆可以共存，但是正确的记忆可以在没有任何冲突的情况下被调用。

　　我们在这里集中讨论无冲突模型。图 8.10 中说明了信息不一致情况的模型。该图以底部灰色框的形式将所有可能的假定路径映射到了阶段Ⅲ和Ⅳ中的反应序列。该模型假定存在三种编码机会：在观看初始幻灯片放映时，被试可以某种概率 p 编码交通信号灯的存在（未能成功，则以概率 $1-p$ 编码）。如果编码成功，则他们可能以概率 c 对它的颜色（随机为红色，黄色或绿色）进行编码（未能成功，则以概率 $1-c$ 编码）。在阶段Ⅱ中，当提出有关停车牌的误导性问题时，被试可能会以概率 q 对停车牌进行编码（未能成功，则以 $1-q$ 概率编码）。

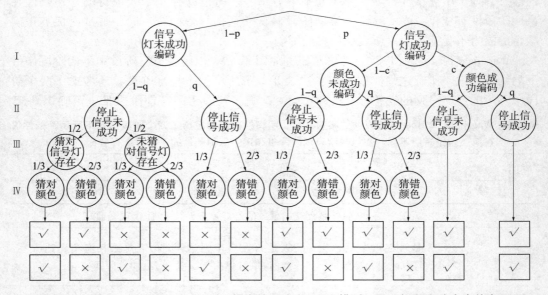

图 8.10　Wagenaar 和 Boer（1987）提出的无冲突 MPT 模型，用于解释实验中在信息不一致的情况下的表现。底部灰色两行分别表示阶段Ⅲ和阶段Ⅳ的反应，对勾表示正确的反应，叉表示错误的反应。左侧的罗马数字表示各实验阶段如何映射到假定的编码和猜测过程。

　　如果被试未能对信号灯进行编码，并且未能对停车标志进行编码（图 8.10 中最左侧的分支），那么被试在阶段Ⅲ的识别测试中以 1/2 的概率猜测是否存在交通信号灯。除非被试对灯及其颜色进行编码，否则他们需要在阶段Ⅳ以 1/3 的可能猜对其颜色。

该树阐明，被试可以通过多种方式获得正确的两个反应（即底部两行中的彼此上方的两个对勾）。值得注意的是，其中一些路线包括对停车标志的正确编码，这实例化了此模型中的无冲突理念：即使灯光，其颜色和竞争停车标志都已被编码，第三阶段的反应也是正确的（树的最右边的分支）。同样，阶段 IV 中对颜色的正确反应不受记忆中停车标志的影响。

现在，我们可以计算各种反应序列的预期概率。为了说明这一点，被试可以通过三种方式使 III 期正确和 IV 期错误，并且该反应配对的总概率是这三种路径的总和：

$$P\ (III+,\ IV-)\ =2/3\times1/2\times(1-q)\times(1-p)+2/3\times$$
$$(1-q)\times(1-c)\times p+2/3\times q\times(1-c)\times p$$
$$=(1+p-q+pq-2pc)\ /3. \tag{8.6}$$

根据参数 p，q 和 c 的值，我们可以使用公式 8.6 预测被试的预期比例，这些被试在阶段 III 中会选择正确图片但在阶段 IV 中无法回忆出正确颜色的被试的预期比例。可以通过图 8.10 中的路径并求和它们各自的概率，类似的计算公式 8.6 中引入的其余三个序列 P（III－，IV－，P（III＋，IV＋）和 P（III－，IV＋）的概率。表 8.2 列出了所有条件和反应序列的方程式，以及 Wagenaar 和 Boer（1987）报告的数据。注意，公式 8.6 在表 8. 2 的第 2 行中重复。

表 8.2　在图 8.8 和 8.9 中提出的所有条件和无冲突模型的预测的 Wagenaar 和 Boer（1987）实验对象的表现

阶段		预测反应概率	数据		模型	行
III	IV		N	%	%	
		一致条件（$N=170$）				
+	+	$(1+p+q-pq+4pc)\ /6$	78	46	48	1
+	−	$(1+p+q-pq-2pc)\ /3$	70	41	39	2
−	+	$(1-p-q+pq)\ /6$	7	4	4	3
−	−	$(1-p-q+pq)\ /3$	15	9	9	4
		不一致条件（$N=250$）				
+	+	$(1+p-q+pq+4pc)\ /6$	102	41	40	5
+	−	$(1+p-q+pq-2pc)\ /3$	55	22	23	6
−	+	$(1-p+q-pq)\ /6$	40	16	12	7
−	−	$(1-p+q-pq)\ /3$	53	21	25	8
		中立条件（$N=142$）				
+	+	$(1+p+4pc)\ /6$	63	44	44	9
+	−	$(1+p-2pc)\ /3$	45	32	31	10
−	+	$(1-p)\ /6$	13	9	8	11
−	−	$(1-p)\ /3$	21	15	17	12

注：数据和预测都是基于被试数和被试百分比来呈现的。

Wagenaar 和 Boer（1987）通过最小化卡方偏差使模型与数据拟合。Vandekerckhove 等（2015）展示了如何使用 JAGS 模型获得贝叶斯参数估计，我们在此依靠于他们的工作。JAGS 中无冲突模型的实现只不过是表 8.2 的简单转换。脚本 8.8 包含了 Vandekerckhove（2015）等人提供提出的无冲突模型的 JAGS 代码。显而易见，第 12 行到第 28 行实现了表 8.2 中模型预测的方程。每行末尾的注释可与表中的相应行进行交叉引用。

第 3 行到第 5 行提供了三个参数 p，q 和 c 的先验分布的定义。我们假设这些参数的先验分布无信息。接下来的三行声明了该数据的模型，在每种条件下，给定了受试者被试人数，我们假设该模型是每种条件下四个反应序列的预测概率（predprob）的多项分布（如果忘记了多项式分布的细节，参照第 4.3.4 节。）。注意，predprob 被声明为二维数据结构，其中第一维索引条件，第二维索引四个不同的反应序列。

该代码高效而直接，剩下要做的是识别允许程序与外界通信的输入和输出变量。除了参数 p，q 和 c 外，还有不言自明的变量，它们是 consistent，inconsistent 和 neutral，其包含三个条件下的观测数据，还有 Nsubj，包含这三个条件下被试的数量（在表 8.2 中可见）。

```
1  model {
2  # Priors: all uniform
3  p ~ dbeta(1,1)
4  q ~ dbeta(1,1)
5  c ~ dbeta(1,1)
6
7  # Data: multinomial as a function of predicted ←
        probabilities
8  consistent[1:4]    ~ dmulti(predprob[1,1:4], Nsubj[1])
9  inconsistent[1:4] ~ dmulti(predprob[2,1:4], Nsubj[2])
10 neutral[1:4]        ~ dmulti(predprob[3,1:4], Nsubj[3])
11
12 #Predictions for all three conditions
13 #Row numbers refer to Table X.1
14 # Consistent condition
15 predprob[1,1] <- (1 + p + q - p*q + 4 * p*c)/6 #Row 1
16 predprob[1,2] <- (1 + p + q - p*q - 2 * p*c)/3 #Row 2
17 predprob[1,3] <- (1 - p - q + p*q)/6        #Row 3
18 predprob[1,4] <- (1 - p - q + p*q)/3        #Row 4
19 #  Inconsistent condition
20 predprob[2,1] <- (1 + p - q + p*q + 4 * p*c)/6 #Row 5
21 predprob[2,2] <- (1 + p - q + p*q - 2 * p*c)/3 #Row 6
22 predprob[2,3] <- (1 - p + q - p*q)/6        #Row 7
23 predprob[2,4] <- (1 - p + q - p*q)/3        #Row 8
24 # Neutral condition
25 predprob[3,1] <- (1 + p + 4 * p*c)/6        #Row 9
26 predprob[3,2] <- (1 + p - 2 * p*c)/3        #Row 10
27 predprob[3,3] <- (1 - p)/6                  #Row 11
28 predprob[3,4] <- (1 - p)/3                  #Row ←
        12
29 }
```

脚本 8.8 在 JAGS 中实现的 Wagenaar 和 Boer（1987）的无冲突模型

```
 1  library(rjags)
 2
 3  # initialize the data
 4  consistent    <- c( 78, 70,  7, 15)
 5  inconsistent  <- c(102, 55, 40, 53)
 6  neutral       <- c( 63, 45, 13, 21)
 7  Nsubj         <- c(170, 250, 142)
 8
 9  #define JAGS model
10  noconflict <- jags.model("wagenaar.j",
11                      data = list("Nsubj"=Nsubj,
12                                  "consistent"=consistent,
13                                  "inconsistent"=inconsistent,
14                                  "neutral"=neutral),
15                      n.chains=3)
16  # burnin
17  update(noconflict,n.iter=1000)
18  # perform MCMC
19  parms4j <- c("p", "q", "c","predprob")
20  mcmcfin<-coda.samples(noconflict,parms4j,5000)
```

脚本 8.9　用于 Wagenaar 和 Boer 数据的无冲突模型的 R 程序（1987 年）

　　脚本 8.9 包含了控制 JAGS 来估计无冲突模型所必需的几行 R 代码。第 4 到 7 行初始化了实验数据。请注意，这些数字与表 8.2 中显示每个反应序列的被试人数相对应的对应关系如何。由于多项分布对样本大小敏感（有关多项分布的更多内容，请参见第 4 章），因此数据以被试人数而非百分比表示。

　　第 10 行至第 15 行用脚本 8.8 中的 JAGS 脚本定义了模型，使用了现在你应该熟悉的语法。接下来是常规的 burnin，然后在第 19 行中识别参数，并在第 20 行中收集 MCMC 样本。变量 mcmcfin 现在包含 MCMC 采样的结果，并在命令行中键入 summary（mcmcfin）将提供 MCMC 期间正在监视的所有参数的摘要统计信息。请注意，第 19 行将模型预测包含在"参数"列表中，一旦 MCMC 完成，该模型就可以检查预测（我们使用图 8.5 中的技巧来获得预测的命中率和错误警报率。）。表 8.2 中所示的模型预测是在使用 summary（mcmcfin）命令运行 MCMC 之后获得的。该命令还为我们提供了参数的平均估计值，如下：$p = 0.50$，$q = 0.49$ 和 $c = 0.57$。这些估计与 Vandekerckhove（2015）和 Wagenaar 和 Boer（1987）等人得出的结果相近。

　　脚本 8.11 绘制了一次 MCMC 运行（即脚本的一次运行）中这三个参数的估计后验分布。该图是使用前面讨论的 plot（mcmcfin）命令获得的。（对于此次运行，第 19 行的参数列表中省略了 predprob，以使该图保持整洁。）

　　鉴于模型与数据拟合良好（比较表 8.2 中的数据和模型百分比），我们现在可以提出有关参数的问题。例如，我们可能有兴趣对确定人们是否将信息编码到记忆中的可能性大于偶然性感兴趣。脚本 8.10 包含回答此问题所需的几行代码。我们首先定义一个函数 allpost，该函数将各个链组合到该参数的单个后验中，该参数的名称作为第二个输入参数。然后，对于三个参数中的每一个计算其出高于偶然性标志 0.5 的分布比例（通过 > 0.5 操作，返回的 1 和 0 序列的平均值，等于该比例）。

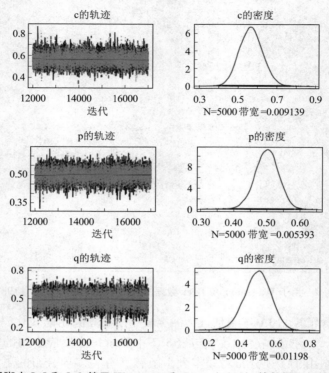

图 8.11　使用脚本 8.8 和 8.9 基于 Wagenaar 和 Boer（1987）的数据运行的无冲突模型的输出

```
1  allpost <- function(mcmcfin,pn) {
2    return (unlist(lapply(mcmcfin,FUN=function(x)↩
        c(x[,pn]))))
3  }
4  mean(allpost(mcmcfin,"c")>.5)
5  mean(allpost(mcmcfin,"p")>.5)
6  mean(allpost(mcmcfin,"q")>.5)
```

脚本 8.10　R 命令查询 Wagenaar 和 Boer（1987）数据的无冲突模型的后验

当我们在 mcmcfin 中获得 MCMC 结果之后运行脚本 8.10 中的代码时，超过机会标记的参数估计值的比例对于 c 为 .87，对于 p 为 .50，对于 q 为 .46。就是说，给定观察到的数据的机会超过最高编码的概率最多为 84%，这并不是特别有力的证据，因为人们知道存在信号灯，因此他们编码了许多有关交通信号灯颜色的信息。不足为奇的是，没有证据表明人们首先编码将交通信号灯或停车标志编码的可能性高于偶然性。

由于版面限制，我们不再展示和研究 Wagenaar 和 Boer（1987）提出的另外两种 MPT 模型。有兴趣的读者可以查阅 Vandekerckhove 等（2015），了解这些模型之间的详细比较，我们将在第 10 章和第 11 章专门研究模型比较技术。

8.3.4 总结

我们已经在 JAGS 中提出了几种认知模型，其中一种已经在前面的章节中通过其他方式进行了研究。这为我们提供了 JAGS 语言的缩略图，以及如何从 R 中访问它。

在下一章中，我们将继续在分层级模型中探索 JAGS，即显式囊括被试之间差异的模型。为此，我们将介绍一种可视化贝叶斯认知模型的新方法。

8.4 实例

有效样本量，JAGS 模型陈述和图表

John K. Kruschke

（印第安纳大学）

该评述提出了使用 JAGS 时的三种最佳实践建议。其中一点是关于 MCMC 中有效样本大小（effective sample size，ESS）的重要性，以及如何在 JAGS 中监视 ESS。第二点是关于 JAGS 模型详述中语句的顺序以便读者可以理解的排序。第三点是与 JAGS 模型详述相对应的模型结构的图形表示。这三点在 Kruschke（2015）的书中得以扩展，特别是其第 7 章和第 8 章。

1. 运行 MCMC 以达到 10,000 的有效样本量（ESS）

只有借助采用抽象模型详述并返回后验分布表示形式的现代软件，才能对复杂模型进行贝叶斯分析。在使用 Markov 链蒙特卡罗（MCMC）方法的软件（例如 JAGS）中，表达形式是固有的噪声。随着链越来越长，来自 MCMC 的随机噪声趋于被抵消。但是后验分布的不同方面受到噪声的影响不同。一个相对稳定的方面是链的中位数。这个中位数倾向于相对快速地稳定下来，即链相对较短，因为中位数通常位于后验的高密度区域，并且中位数的值不取决于与异常值的距离（与均值不同）。但是后验分布的其他关键方面往往需要更长的链才能达到稳定值。

特别地，参数分布的关键方面是其宽度。较窄的分布表示参数估计中的确定性更高。分布宽度的一个非常有用的指标是其 95% 最高密度区间（highest density interval，HDI）。95% HDI 内的参数值具有比 HDI 外部的参数值更高的概率密度，而 95% HDI 内的参数值具有 95% 的总概率。一个 HDI 的例子如图 8.12 所示。

由于 HDI 的限制通常位于分布的低密度尾部，所以 MCMC 链中接近限制的步骤相对较少。因此，要花费较长的时间才能生成足够多的代表性参数值，以稳定 HDI 限值的估计。

要得出 95% HDI 的稳定估算值需要多长时间？一个有用的启发式答案是 10 000 个独立步骤。启发式的原理在 Kruschke（2015）的 7.5.2 节中进行了解释。请注意，要求是 10 000 个独立步骤。不幸的是，大多数 MCMC 链是高度自相关的，这意味着连续的步骤彼此靠近并且不是独立的。因此，我们需要一种考虑链自相关的链长测量方法。

此类措施称为有效样本量（ESS），在 Kruschke（2015）的 7.5.2 节中提供了正式定义。

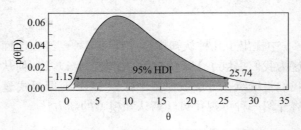

图 8.12　最高密度区间（HDI）95% 的示例。在图的坐标轴上，θ 表示模型中的一个参数，p（$\theta|D$）表示该参数的后验分布。HDI 的极限由双向箭头的两端标记。HDI 内的任何 θ 值都比 HDI 外的任何值具有更高的概率密度。95% HDI 内的质量（图中用灰色阴影表示）为 95%。

ESS 是由 effectiveSize 函数（位于 coda 包中，而后者又是 JAGS 的 rjags 包的一部分）在 R 中计算得出的。例如，假设我们已经使用 rjags 函数 coda.samples 生成了 MCMC 链，并将且生成的对象称为 mcmcfin。然后，我们可以通过 effectiveSize（mcmcfin）来找到参数的 ESS。

至关重要的是要认识到，（i）ESS 通常比 MCMC 链中的步骤数少得多，并且（ii）多参数模型中的每个参数都具有不同的 ESS。一些参数可能有较大的 ESS，而其他参数则具有较小的 ESS。此外，参数的组合，例如两个均值的差，与单独的参数相比，可以具有完全不同的 ESS。因此，检查每个研究人员感兴趣的参数的 ESS 以及任何感兴趣的参数组合的 ESS 都是很重要的。

2. 编写 JAGS 模型语句以提高可读性

所有数学模型都旨在描述数据结构。从逻辑上讲，要理解一个模型，我们首先必须知道该模型要描述什么样的数据。我们从描述数据如何依某种似然函数的概率而分布开始。似然函数具有参数，这些参数通常描述数据中的某些趋势或数据间的关系。这些参数可以用更高级别的参数表示。最后，参数具有不确定性，表示为参数的先验分布。JAGS 模型详述语言使我们能够以这种有逻辑且易于理解的方式编写模型：从数据开始，编写似然函数，然后编写参数之间的任何依存关系，最后完成参数的先验分布。这使编写模型变得容易，并且重要的是读者也更容易理解。

例如，考虑一个 JAGS 模型详述，该详述描述了一组具有正态分布的数据（如之前讨论的图 8.3），再看脚本 8.11。脚本 8.11 中的模型详述易于按阅读顺序依次理解。

```
1  model {
2      for ( i in 1:N ) { y[i] ~ dnorm( mu , 1/sigma^2 ) }
3      mu ~ dunif( −100 , 100 )
4      sigma ~ dunif( 0 , 100 )
5  }
```

脚本 8.11　用 JAGS 描述具有正态分布的数据

JAGS 不会像执行程序 R 命令那样执行模型详述的各行，JAGS 会检查整个模型语句的结构一致性。即使脚本 8.11 中的模型详述中的三行可以按任意顺序放置，而 JAGS 也并不在意。例如，JAGS 还允许脚本 8.12 中的顺序。

```
1  model {
2      sigma ~ dunif( 0 , 100 )
3      mu ~ dunif( -100 , 100 )
4      for ( i in 1:N ) { y[i] ~ dnorm( mu , 1/sigma^2 ) }
5  }
```

脚本 8.12　正态分布的替代 JAGS 描述

就信息内容而言，无论说"膝盖骨与大腿骨相连，大腿骨与髋骨相连"，还是说"大腿骨与髋骨相连，膝盖骨与大腿骨相连"都是对的。

但是对于试图理解这些陈述的读者而言，顺序确实很重要。特别是对于有陌生或任意参数名称的复杂模型，要理解那些陈述首先指定参数先验，然后再指定这些参数在哪些分布中起作用，以及数据与参数之间的关系的模型。因此，对读者和几个月后回顾这些代码的自己要"好"一些。从数据似然性开始指定 JAGS 模型，然后通过参数及其先验条件进行工作。这些想法在 Kruschke（2015）书的第 199 页和第 414 页上有更多的示例表示。

3. 制作模型图以便于理解和简化编程

JAGS 模型详述可以显示模型的完整结构，它可以帮助人们以图形方式表示模型。图表可以帮助查看者全面了解参数及其相互之间以及与数据的含义之间的关系。良好的模型概念图也可以指导编写 JAGS 模型详述。

例如，图 8.13 展示了上一节中使用的正态模型的表示形式。由于概率分布图的惯例，数据必须显示在图的底部。从 y_i 开始，该图显示来自具有参数 μ 和 σ 的正态分布的数据。该图的顶部说明了参数的先验分布。

图 8.13 中的图表类型具有几个有用的属性。它在同一空间有序表达了同一分布的相关参数。例如，我们可以看到参数 μ 和 σ 都参与相同的分布，并且该图标还表明 μ 用于中心趋势，而 σ 用于比例规模（标准差）。此外，该图完全捕获了模型的所有结构，显示了先验分布的形式以及似然函数。确实，图中的每个箭头在 JAGS 模型详述中都有对应的代码行，就如上一节中所示。通常，当我创建一个新模型时，我首先会先按以图 8.13 的样式绘制一个图，然后确定具有一致的结构，之后从下往上扫描这个图，将模型键入 JAGS。

有时还使用另一种惯例来说明贝叶斯模型。此惯例在一些统计模型的一般处理中具有历史渊源，这些统计模型指定了参数之间的概率依存关系，以至于没有依存关系会自行循环。这种结构被称为有向无环图（directed acyclic graphs，DAGs）。特别地，DAG 图被软件 DoodleBUGS 使用，该软件是 JAGS 的前身 WinBUGS 的组件（Spiegelhalter 等，2003）。

图 8.14 显示了正态模型的 DAG 图。变量之间的箭头表示数据 y_i 取决于参数 μ 和参数 σ。但是该图未指示这两个参数是参与相同的分布还是来自不同的分布。该图也没

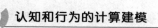

有显示先验分布。重要的是，由于图中的箭头与 JAGS 中的代码行之间没有关系，图中就无法提供在 JAGS 中表达模型的线索。通常地，当使用 DAG 进行说明时，该图将附指定模型的所有方程式的列表。当方程式提供完整的信息时，读者必须在方程式和图表之间来回扫描才能理解图表。

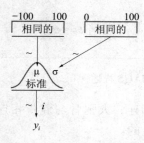

图 8.13　以《Doing Bayesian Data Analysis》（Kruschke，2015）一书的风格绘制的普通模型图。从下至上扫描图表，即从底部的数据 y_i 开始。注意到 JAGS 模型详述中的每个箭头都有对应的代码行。

图 8.14　是常规图形模型样式的正态模型图。阴影节点表示观察值（非估计值）。框表示重复。注意，箭头与 JAGS 模型详述中的代码行无关。

更多讨论请参见 Kruschke（2015）书的第 197 页。该书中在许多不同的模型中都反复强调了，通常情况下，模型图中的每个箭头在 JAGS 中都有相应的代码行。

在此博客文章中查看图表的另一个比较：http://doingbayesiandataanalysis.blogspot.com/2012/05/graphical-model-diagrams-in-doing.html

在此博客文章中查看用于创建图的工具：http://doingbayesiandataanalysis.blogspot.com/2013/10/diagrams-for-hierarchical-models-new.html

9 多层级建模或分层建模 (Multilevel or Hierarchical Modeling)

在第五章，我们介绍了如何在模型中更好地解释来自于多个被试的数据。我们之前提供了两种解决方法：第一种，对单个被试的数据分别进行拟合，从而可以防止 5.2 节中讨论过的平均化伪迹的情况。第二种，拟合合并的数据，这种方法有引入噪声伪迹的风险，但也有利用了由数据平均所带来的稳定性的优势。现在，我们准备讨论第三种解决方法。这种方法被称为"分层建模"或者"多层级建模"（这两个说法通常可以互换）。与拟合合并数据的方法一样，分层建模也同时考虑来自所有个体被试的数据。然而，与拟合单个个体被试的数据不同的是，分层模型不分开独立考虑不同被试的数据。

这一章首先在一般意义上对分层模型进行了概念化，然后详细介绍了三个贝叶斯认知分层模型的例子。之后，在给出一些建议前，我们将简要介绍分层模型的最大似然方法，随后给出使用该模型的一些建议。

9.1 分层建模的概念化

分层模型的关键之处在于：尽管它承认个体差异，但它也假设这些个体差异受到一个有序的分布来控制。这种跨个体的分布通常被称为母体分布（parent distribution）。母体分布描述了决定每个个体的先验参数的分布。因此，母体分布有时也被称为"超先验分布"（hyperprior distribution）（Gelman 等，2013），因为它决定了每个个体的先验。一个分层模型因此总能体现出一种个体差异的理论，无论其多么初级。

对每一个被试表现的描述取决于所采用的模型的描述。原则上，任何认知模型都可以被实例化为一个分层模型。当使用模型拟合数据时，每个被试的个体参数与母体分布的参数一起被估计。后者有时被称为超参数（hyperparameters）（Gelman，2006）。

使用分层方法必然会在拟合每个被试（通过估算最优的个体参数）和拟合整个被试组（通过寻找最小化的母体分布的方差）之间产生权衡。我们将会看到，正是这种权衡使分层建模变得如此强大①。

---

① 我们之所以称之为"分层"模型，是因为这似乎比"多水平"更直观。

9.2　贝叶斯分层建模（Bayesian Hierarchical Modeling）

尽管分层建模的大体思想在参数估计方法的选择上是没有偏向性的，但实际上贝叶斯模型代表了迄今为止最自然的方法。因此，我们主要关注贝叶斯分层模型。

9.2.1　图模型（Graphical Models）

我们将介绍一种描绘和概念化贝叶斯模型的有效方法：即图模型。到目前为止，我们一直依赖公式或其他形式来表示我们的模型。例如，对于上一章中目击者证词的多项式树模型，我们使用一个表（表8.2）来说明预测是如何生成的，并将表的条目直接转换为 JAGS 代码（脚本8.8）。对于更复杂的模型，这个过程可能变得烦琐且令人费解，因此许多研究人员使用图模型来表示和理解数据、参数和预测三者之间的关系。

在图模型中，所有变量都表示为"节点"（即圆形或正方形），它们的依赖关系用箭头表示（Jordan，2004；Lee，2008；Shiffrin 等，2008）。在图模型中，被表示的变量包括数据（即例如观测变量）以及模型组件（即例如模型的参数或预测）。模型组件称为不可观测变量，并可依次分解为随机变量和确定性变量。我们下面用一个例子来简要地解释这些变量之间的区别，但我们需要先介绍一些关于图的术语。

作为传统惯例，我们使用圆形节点表示连续变量和用方形节点表示离散变量。无论节点的形状如何，观测到的变量（即例如数据）都以灰色阴影填充，而不可观测变量则不作填充。随机的不可观测变量，如具有先验分布的参数，节点由具有单边框的节点表示。不可观测的确定性变量，例如根据模型参数计算得到的模型的预测，由具有双边框的节点表示。表9. 1 总结了这些符号。

图模型的符号用图 9.1 所示的第一个示例图模型来说明，该模型重新解释了上一章中信号检测理论的贝叶斯模型（第8.3.1节）。左侧为图模型的基本结构，右侧列出了所有变量和参数的分布假设，对基本结构进行补充。

图模型的许多元素曾出现在前面的图 8.5 中。首先考虑底部的灰色正方形节点：回顾表9.1中的符号，我们知道这些节点表示离散的观测变量（因为他们被填充成灰色，且它们是正方形）。标记为 S 和 N 的两个节点分别表示信号和噪声试次的数量。它们的数量很重要，因为它决定了剩余两个正方形框中观测到的击中（h）和误报（f）的分布。右侧的分布假设如右图所示，观测的击中和误报分别被假设为来自具有基本概率参数 φ_h 和 φ_f 的二项分布的采样。

关于双边圆形节点，我们从表9.1中可知，这些节点是不可观测的（未填充）确定性（双边）变量。它们是确定的，因为它们代表了模型预测的 φ_h 和 φ_f，且它们完全由反应标准（b）和可分辨性（d）的值决定。也就是说，一旦这两个参数已知，就可以完全确定的预测击中率和误报率，而不受任何随机影响。

表 9.1　图模型中节点的表示法

变量	变量的类型	
	离散的	连续的
观测的	■	●
未观测的		
随机的	□	○
确定性的	◻	◎

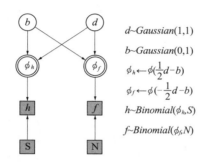

$d \sim Gaussian(1,1)$

$b \sim Gaussian(0,1)$

$\phi_h \leftarrow \phi(\frac{1}{2}d - b)$

$\phi_f \leftarrow \phi(-\frac{1}{2}d - b)$

$h \sim Binomial(\phi_h, S)$

$f \sim Binomial(\phi_f, N)$

图 9.1　第 8.3.1 节中的信号检测范例的图模型

最后，顶部的未填充的圆形表示不可观测的随机参数 b 和 d。如前一章所述，它们的先验分布是高斯分布。这些高斯分布的超参数也与前一章相同（图 8.5）。

图 9.1 演示了图模型表示法，但没有引入任何新的概念。接下来，我们通过稍微修改信号检测理论的图模型，朝分层建模迈出一步，如图 9.2 所示。此模型与前一个模型的不同之处在于添加了一个"板块"，其中包含图模型中的所有变量。在图模型中，板块表示它所包含的所有变量在许多情况下都可被复制，无论是被试、被试组还是不同的条件。在本例中，模型中的所有变量都有 n 个副本，如板块右下角的标签 $i = 1, \cdots, n$ 在板块的右下角所示。

因此，图 9.2 右侧公式列表中的所有变量现在都添加下标 i，表示存在多个观测值。在目前的情况下，我们可以认为这些多个观测值来自不同的被试，每个被试提供一组观察到的击中和误报，并且为每个被试估计出一组不同的参数。因此，图 9.2 中的图模型将通过对每个被试的数据运行前一章（图 8.2 和图 8.3）中的信号检测模型来实现。这种方法将产生大量独立的估计参数来刻画个体差异，但是正如我们接下来要展示的，更可取的办法是用一种层级化建模的方法来明确个体差异的分布。

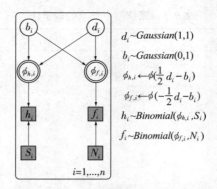

$d_i \sim Gaussian(1,1)$

$b_i \sim Gaussian(0,1)$

$\phi_{h,i} \leftarrow \phi(\frac{1}{2}d_i - b_i)$

$\phi_{f,i} \leftarrow \phi(-\frac{1}{2}d_i - b_i)$

$h_i \sim Binomial(\phi_{h,i}, S_i)$

$f_i \sim Binomial(\phi_{f,i}, N_i)$

图 9.2　应用于不同条件或被试的信号检测理论的图模型

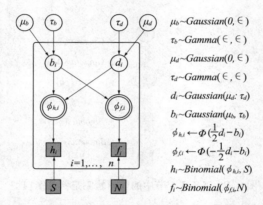

$\mu_b \sim Gaussian(0, \in)$

$\tau_b \sim Gamma(\in, \in)$

$\mu_d \sim Gaussian(0, \in)$

$\tau_d \sim Gamma(\in, \in)$

$d_i \sim Gaussian(\mu_d, \tau_d)$

$b_i \sim Gaussian(\mu_b, \tau_b)$

$\phi_{h,i} \leftarrow \Phi(\frac{1}{2}d_i - b_i)$

$\phi_{f,i} \leftarrow \Phi(-\frac{1}{2}d_i - b_i)$

$h_i \sim Binomial(\phi_{h,i}, S)$

$f_i \sim Binomial(\phi_{f,i}, N)$

图 9.3　应用于不同条件或被试的分层信号检测理论的图模型

9.2.2　信号检测任务结果表现的分层建模

Rouder、Lu（2005）和 Lee（2008）将用于对信号检测结果表现建模的分层贝叶斯方法引入心理学中。图 9.3 显示了一个与 Lee（2008）文中所使用类似的分层模型，该模型是图 9.2 的直接扩展。

在这个例子中，图 9.3 的板块只包含所有被用于建模的变量的一个子集。首先，我们将信号和噪声试次的数量（S 和 N）移出板块，即假设所有被试接受相同试次的实验。因此，这些变量也不再下标在图右侧的公式列表中。请注意，这与分层型无关，这么做仅仅是因为表示起来更简单。

第二个变化更具实质性：虽然板块包含了每个被试的模型中除 S 和 N 之外的其余变量，但图中还引入了位于板块外的另外四个新变量。它们的位置体现出这些变量在所有被试之间具有共同的值。这些变量表征了模型参数 b 和 d 的母体分布（Rouder 和 Lu，2005）（而母体分布的参数依次在图 9.3 板右侧的公式列表文本公式中给出）。每个被试的辨别力和反应标准通常都由高斯先验（Gaussian prior）表示，但每个人的先验分布的均值和精度又依次采样于母体分布，该母体分布在所有被试中保持不变。具体而言，每个人的反应标准（b）的先验和均值（μ_b）本身就是从一个均值和精度分别

174

为 0 和 ε 的高斯分布采样得到的。类似地，每个被试的高斯先验的精度（τ_b）是从一个均值和精度都为 ε 的 gamma 分布中采样得到的，辨别力（d）也是如此。

图 9.3 中的图模型由 JAGS 脚本 9.1 实现。图 9.3 到脚本 9.1 的转化是相对直接明了的：图 9.3 中的板块已经被第 10 行开始的循环所取代，这一循环第 10 行包含了信号检测模型的定义，与前一章（图 8.4）所示的非分层版本基本没有变化。唯一的变化是所有的变量——先验、预测和观测——现在都添加了下标，以表明它们是分别为每个被试单独建模的（与以前版本相比，d 的先验现在是从均值为 0 的母体分布中采样得到的，而不是初始化为 1）。

```
1   # Hierarchical Signal Detection Theory
2   model{
3       # parent distributions for priors
4       mud ~ dnorm(0,epsilon)
5       mub ~ dnorm(0,epsilon)
6       taud ~ dgamma(epsilon,epsilon)
7       taub ~ dgamma(epsilon,epsilon)
8
9       #modeling all n subjects
10      for (i in 1:n) {
11          # priors for discriminability and bias
12          d[i] ~ dnorm(mud,taud)
13          b[i] ~ dnorm(mub,taub)
14
15          # predictions for hits and false alarms
16          phih[i] <- phi( d[i]/2 - b[i])
17          phif[i] <- phi(-d[i]/2 - b[i])
18
19          # Observed hits and false alarms
20          h[i] ~ dbin(phih[i],sigtrials)
21          f[i] ~ dbin(phif[i],noistrials)
22      }
23  }
```

脚本 9.1　分层的信号检测模型，用 JAGS 实现图 9.3 中的图模型

分层模型的新组件（即先验的母体分布）由脚本 9.1 中第 4 至 7 行定义。与其他变量不同的是，母体分布是没有下标的，它与映射到图 9.3 中板块外的相应节点位置相对应。

脚本 9.2 显示了可用于调用脚本 9.1 中分层信号检测模型的 R 代码。脚本中省略了解释最终输出结果的语句，如 summary 或 plot 等，但是它包含了执行建模所需的信息。

程序首先在第 3 行到第 6 行中模拟 10 个被试的实验数据。具体来说，每个被试的数据包括每种类型的 100 个试次中的击中次数和误报次数，分别使用 0.8 和 0.2 的概率表示潜在的击中率和误报率。因此，每个被试将做出大约 80 次击中和大约 20 次误报，尽管我们期望模拟出的被试具有较大的差异变异。通过使用模拟数据可以让我们在以后考察许多有趣的问题。

```
1  library(rjags)
2  #simulate data from experiment with 10 subjects
3  n <- 10
4  sigtrials <- noistrials <- 100
5  h <- rbinom(n,sigtrials, .8)
6  f <- rbinom(n,noistrials,.2)
7
8  #initialize for JAGS
9  oneinit <- list(mud=0, mub=0, taud=1, taub=1, ↵
       d=rep(0,n), b=rep(0,n))
10 myinits <- list(oneinit)[rep(1,4)]
11 sdtjh <- jags.model("SDThierarch.j",
12                    data = list("epsilon"=0.001,
13                               "h"=h, "f"=f, "n"=n,
14                               "sigtrials"=sigtrials,
15                               "noistrials"=noistrials),
16                    inits=myinits,
17                    n.chains=4)
18 # burnin
19 update(sdtjh,n.iter=1000)
20 # perform MCMC
21 parameters <- c("d", "b", "taud", "taub", "mud", ↵
       "mub", "phih", "phif")
22 mcmcfin<-coda.samples(sdtjh,parameters,5000)
```

脚本 9.2　用于在 JAGS 中执行分层信号检测模型的 R 程序

接下来我们初始化各种变量和参数（第 9 行），然后在第 12 行到第 18 行中定义模型。程序的其余代码行用于执行常规的预热（burnin）和 MCMC 采样，不需要进一步解释。我们还省略了模型的标准输出，将重点放在分层建模的新内容上。表 9.2 显示了脚本的一次执行所观测到的和预测的击中率和误报率。"观测的"比率是由脚本 9.2 中第 5 行第 6 行所得到的模拟数据生成的，"预测的"比率对应于值 $\varphi_{h,i}$ 和 $\varphi_{f,i}$，其值是基于每个被试的 b_i 和 d_i 的估计。因为第 22 行在观测的参数集中包含了 phih 和 phif 变量，所以预测将成为 mcmcfin 对象的一部分，可以在表 9.2 中显示。

该表显示模型很好地区分了个体表现的差异。因为即使每个被试都有自己的分辨性和反应标准参数，但它们的参数值受母体分布的约束。因此，该模型不能完全自由地拟合每个模拟被试的数据，每一个被试的参数估计取决于其他被试的数据。

图 9.4 展示了个体不同参数估计间的相互依赖关系，同时呈现图 9.4 绘制的分层估计（即表 9.2 中模型的预测估计）与对应的个体传统的关于击中和误报估计（即对表 9.2 中观测数据的估计）的关系。可以看出，观测结果比分层估计结果更加分散。如果两者相同，那它们都将落在虚对角线上。分层估计中个体差异的衰减被称为收缩（shrinkage），这是分层模型的普遍属性，值得进一步考虑。

表 9.2 图 9.2 中分层信号检测模型一次运行得到的观测和
预测的击中率和误报率

被试	击中率		误报率	
	观测的	预测的	观测的	预测的
1	.89	.83	.25	.21
2	.79	.80	.18	.18
3	.84	.81	.21	.19
4	.81	.80	.14	.17
5	.74	.79	.21	.18
6	.84	.81	.16	.18
7	.81	.80	.18	.18
8	.75	.78	.12	.16
9	.75	.79	.18	.17
10	.78	.79	.17	.17

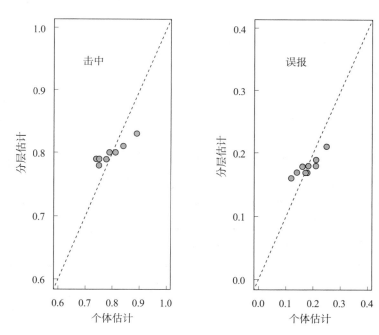

图 9.4 分层估计得到的单个个体击中率（左图）和误报率（右图），显示了表 9.2 中数据相应的个体频率估计的函数关系（请注意两图坐标轴数值差异）。

乍一看，收缩似乎是一个问题或者是一个"Bug"。毕竟，如何合理地通过缩小弱化个体之间的差异来系统性地改变对个体的评估呢？如果一个人被所观测到的击中率为 0.85，那么有什么理由将其调整为 0.78 呢？答案是矛盾的。事实上，这种现象太过于自相矛盾，以至于这种现象有了自己的名字。它在统计上被称为斯坦因悖论（Stein's paradox）（Efron 与 Morris，1977）。斯坦因悖论认为，对一个人的真实能力的最佳估计不是只看他们的表现，而是一种经过调整的衡量标准，该标准可以使得对一个人的表现估计与其他人的观察结果更加一致。Efron 与 Morris（1977）用棒球运动员在赛季上半场的平均击球命中率来说明斯坦因悖论。事实证明，这些上半场的击球命中率不能很好地预测下半场球员的表现。通过计算一个综合指标，参考所有球员的总均分对每个球员上半场的得分进行校正调整，则可以大大改善预测结果。

在我们举例的信号检测模型例子中，斯坦因悖论不应该让我们感到惊讶。回顾脚本 9.2 中的第 5 行和第 6 行，它们为我们模拟的被试生成了数据。在每一行中，我们通过从相同的基础二项式分布进行采样来获得所有被试的击中率和误报率。换句话说，我们所有的被试具有相同的“能力”，并且仅由于抽样过程中引入的随机误差而有所不同。因此，在这种情况下，收缩是应该的，因为所有被试“真实”击中率和误报率都是相同的。模型不会知道这点，但是它确实知道个体的分数离总体均值越远，该偏差被随机误差放大的可能性就越大。为了解释这种可能的误差，估计值会朝均值收缩。

你可以通过将模型拟合至被试的前半部分模拟试次，然后计算分层估计与其余试次之间的预测误差（通过 RMSD，请参见公式 3.2），并将其与每个被试的前半部分和后半部分的预测误差进行比较，使自己确信斯坦因悖论不是自相矛盾的。你会发现 RMSD 较低，因此与被试的表现相比，分层估计的预测更好。

有了这些基本知识，我们现在可以涉及复杂一些的贝叶斯分层认知模型的例子。

9.2.3　遗忘的分层建模

我们有时会在几秒钟内遗忘。举个例子来说，当我们被介绍给某人后，立即出现的一声巨响会分散我们的注意力（Muter，1980）。有时，我们需要几十年的时间才会遗忘，比如我们高中同学的名字或长相（Bahrick 等，1975）。遗忘的普遍性引起了人们对其原因（例如，Lewandowsky 等，2009），以及记忆曲线的形状（例如 Averell 和 Heathcote，2011；Wixted，2004 b）的研究兴趣（例如，Lewandowsky 等，2009）。

我们使用贝叶斯分层模型来检验遗忘函数的形状（或记忆曲线）。有两个主要的候选模型来描述此函数：第一个候选模型假定遗忘是呈指数形式的，因此假设遗忘率是不随着时间的推移而改变的——在任意时刻 t，记忆中任何信息中的一定比例的信息都会在时刻 $t+1$ 被遗忘。第二个候选模型是幂函数，它假设遗忘速率本身会随着时间的流逝而变慢——在经历过多次遗忘后，同样在时刻 t 与 $t+1$ 之间，遗忘初期剩余信息的遗忘比例更高。这两个函数可以通过多种方法形式化，在这里我们遵循 Averell 和 Heathcote（2011）的方法：

$$\theta_t = a + (1-a) \times b \times e^{-\alpha \times t}, \tag{9.1}$$

$$\theta_t = a + (1-a) \times b \times (1+t)^{-\beta}. \tag{9.2}$$

在两个公式中，都假定对材料进行编码后立即将 t 设为零，然后 t 随着记忆间隔的增加而增加。参数 a 是一个渐近线，表示经过无限长的时间并且全遗忘之后的最小记忆级别。关于这个渐近线是否大于 0，存在很多争论，在这里将其作为我们估计的参数。参数 b 允许这样一种可能性，在时间 $t=0$，即展现材料呈现之后而且任何遗忘都没发生之前，如果 $b<1$，则表现可能不完美，记忆编码本身可能是不完整的。这可能

是因为在编码过程中个体分心而导致的。最后，参数 α 和 β 都决定了遗忘的速度斜率，但是由于它们在两个函数之间的作用和取值不同，所以给它们指定了不同的名称。

对于分层建模，我们假设参数（a、b、α 和 β）的值在被试之间有所不同，因此对它们添加下标并从它们各自的母体分布中采样抽取，如图 9.5 中的图模型所示。该图模型代表了遗忘的指数和幂函数模型。两者如此相似，以至于它们可以用相同的图模型表示，其中一些节点存在"双重标记（double badged）"（例如，$\beta_i \mid \alpha_i$）。同样地，在图的右边有两个关于 θ_{ij} 的方程，对方程的选择取决于我们使用指数函数还是幂函数的遗忘模型。

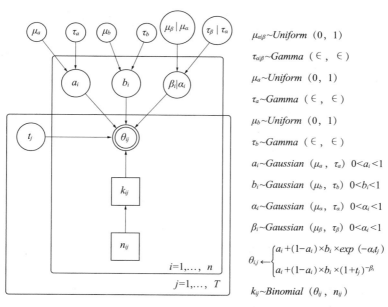

$\mu_{a|\beta} \sim Uniform\ (0,\ 1)$

$\tau_{a|\beta} \sim Gamma\ (\in,\ \in)$

$\mu_a \sim Uniform\ (0,\ 1)$

$\tau_a \sim Gamma\ (\in,\ \in)$

$\mu_b \sim Uniform\ (0,\ 1)$

$\tau_b \sim Gamma\ (\in,\ \in)$

$a_i \sim Gaussian\ (\mu_a,\ \tau_a)\ 0 < a_i < 1$

$b_i \sim Gaussian\ (\mu_b,\ \tau_b)\ 0 < b_i < 1$

$\alpha_i \sim Gaussian\ (\mu_a,\ \tau_a)\ 0 < \alpha_i < 1$

$\beta_i \sim Gaussian\ (\mu_\beta,\ \tau_\beta)\ 0 < \alpha_i < 1$

$$\theta_{i,j} \leftarrow \begin{cases} a_i + (1-a_i) \times b_i \times exp\ (-\alpha_i t_j) \\ a_i + (1-a_i) \times b_i \times (1+t_j)^{-\beta_i} \end{cases}$$

$k_{ij} \sim Binomial\ (\theta_{ij},\ n_{ij})$

图 9.5　记忆保留的分层模型的图模型。该图同时表示两种模型，具体取决于预测的回忆概率 θ_{ij} 是来指数函数模型（使用参数 α）还是幂函数模型（参数 β）。因此，我们有两个关于 θ_{ij} 的方程。

图模型和 JAGS 之间的转换，现在看来应该十分简单明了。脚本 9.3 显示了指数模型的代码。该代码沿用先前信号检测示例中的一些功能。因此，个体参数均值的母体分布是均匀相同的，而标准偏差是从 Gamma 分布中采样的。类似地，像先前说的一样，个体均值从正态分布（第 12 行至第 14 行）中采样值的范围被限制在区间[0, 1]，在这些行中用 T（0, 1）表示后缀。

```
1  # hierarchical exponential forgetting model
2  model{
3    # Priors for parent Distributions
4    mualpha   ~ dunif(0,1)
5    taualpha  ~ dgamma(epsilon,epsilon)
6    mua       ~ dunif(0,1)
7    taua      ~ dgamma(epsilon,epsilon)
8    mub       ~ dunif(0,1)
9    taub      ~ dgamma(epsilon,epsilon)
10
```

```
11   # individual sampled parameters
12   for (i in 1:ns){
13     alpha[i] ~ dnorm(mualpha,taualpha)T(0,1)
14     a[i]     ~ dnorm(mua,taua)T(0,1)
15     b[i]     ~ dnorm(mub,taub)T(0,1)
16   }
17
18   # predictions for each subject at each lag
19   for (i in 1:ns){
20     for (j in 1:nt){
21         theta[i,j] <- ↵
                a[i]+(1-a[i])*b[i]*exp(-alpha[i]*t[j])
22     }
23   }
24
25   # observed data
26   for (i in 1:ns){
27     for (j in 1:nt){
28       k[i,j] ~ dbin(theta[i,j],n)
29       }
30   }
31 }
```

脚本 9.3　图 9.5 中图模型
在 JAGS 中实现的分层指数级遗忘模型

在第 21 行中模型预测对每个被试和每种延迟进行了计算，这是对公式 9.1 的直接转换。最后，用分层信号检测模型中对击中率和误报率用相同的方式对数据进行建模，即从包含 n 个列表项的二项分布取样，并以预测的回忆概率 theta 为参数的样本。

这个 JAGS 模型的 R 语言代码在脚本 9.4 中所展示。它也沿用了之前的信号检测例子中的一些特性，因此不需要过多解释，尤其是从第 20 行开始的第二部分，因为除了变量名称上有明显差别之外，它与我们前面关于 JAGS 和 R 语言之间接口的例子没有什么不同。

```
1  library(rjags)
2  epsilon <- .001
3  #simulate data for 4 subjects
4  tlags <- c(0, 1, 5, 10, 20, 50)
5  nlags <- length(tlags)
6  nsubj <- 4
7  nitems <- 20
8  nrecalled <- matrix(0,nsubj,nlags)
9  for (i in c(1:nsubj)) {
10   a     <- runif(1,.0,.2)
11   b     <- runif(1,.9,1.0)
12   alpha <- runif(1,.1,.4)
13   print(c(a,b,alpha))
14   for (j in c(1:nlags)) {
```

```
15        p <- a + (1-a) * b * exp(-alpha*tlags[j])
16        nrecalled[i,j] <- rbinom(1,nitems,p)
17    }
18 }
19 #define model
20 forgexpjh <- jags.model("hierarchforgexp.j",
21                    data = list("epsilon"=epsilon,
22                                "t"  = tlags,
23                                "k"  = nrecalled,
24                                "n"  = nitems,
25                                "ns" = nsubj,
26                                "nt" = nlags),
27                    n.chains=1)
28 # burnin
29 update(forgexpjh,n.iter=1000)
30 # perform MCMC
31 parameters <- c("mualpha", "mua", "mub",
32                 "taualpha", "taua", "taub",
33                 "a", "b", "alpha","theta")
34 mcmcfin<-coda.samples(forgexpjh,parameters,5000)
```

脚本 9.4　在 JAGS 中进行分层指数遗忘建模的 R 语言程序

脚本 9.4 的创新之处在于第 4 行到第 18 行的代码。我们再次模拟来自不同被试的数据，但是这次我们改变了参数。因此，我们使用不同的 a，b，α 的值从每个被试对象的指数遗忘函数来生成每个被试的数据。对于每个被试，我们在 6 种不同的记忆间隔或延迟时间条件下分别生成回忆对象物品的数量（共 20 个）。延迟（lag）为 0 是指在列表呈现显示之后立即进行的回忆，其余的延迟是用时间单位表示的。注意在生成数据时，我们在脚本第 13 行打印出每个模拟被试的实际参数值，这用来使我们能够将它们与分层模型返回的估计值进行比较。

这个脚本的另一个创新之处在于我们没有像以前那样明确初始化参数，而是依赖于 JAGS 来生成初始值。同样，为了方便，我们只运行一条链来加速；虽然在这个例子中这样是可行的，但是在现实中，我们总是会运行多个链，并观察它们的收敛性。

当我们运行 R 脚本并检查输出（脚本 9.4 再次省略了获取输出所需的语句）时，我们发现每个被试的记忆曲线拟合得相当好。图 9.6 呈现显示了 4 名被试的（模拟）数据以及模型的平均预测值和后验预测分布的中心 95%。

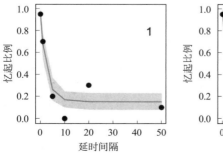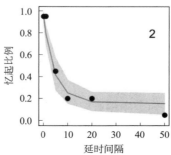

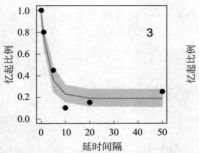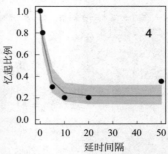

图 9.6 显示了脚本 **9.3** 和 **9.4** 中定义的分层指数遗忘模型的运行结果。每个子图显示了模拟数据（大圆点）、平均后验预测（灰色实线）与每个被试后验预测分布的中央 **95%** 部分（灰色阴影区域）。

在本例中，后验预测分布是变量 theta 值的分布，我们可以通过将其加入到脚本 9.4 第 33 行要监控的参数列表中来获取。当我们使用常规通常的 summary 命令（没有在此处呈现显示，但是在脚本 8.5 中有）时，我们可以获取整个 MCMC 样本预测分布的信息。

我们接着使用类似的方式检查参数 a、b、α 的后验分布。图 9.7 分别展示了每个被试的三个参数的后验密度。从图中可以看出，所有被试的 a、b 参数的后验密度的峰值分布较为集中，尽管分别都在量表的两端接近峰值。如果您返回到脚本 9.4 顶部的数据模拟部分，您应该明白为什么会发生这种情况（提示：检查 runif 调用的第二个和第三个参数）。对 α 而言，被试间差异很大，这种较大的差异可以由数据生成的方式所解释（见脚本 9.4 中第 12 行）。

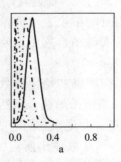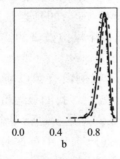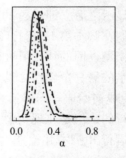

图 9.7 显示了脚本 **9.3** 和脚本 **9.4** 中定义的分层指数遗忘模型的参数 a、b、α 的后验密度。每个子图中分别显示了四个被试的后验密度。

在结束对遗忘的讨论之前，我们还将探讨幂函数对描述人们如何表征记忆随时间的变化的潜力。为此，我们对 R 语言和 JAGS 语句进行了微小的调整，如脚本 9.5 和脚本 9.6 所示。每个代码段仅显示出发生显著改变的地方，使用与先前脚本中相同的行号以便互相参照。R 语言脚本中的主要改变在第 15 行，该行实例化了公式 9.2 来模拟被试的数据。JAGS 命令中相对应的改变更改在第 21 行中，该行使用了与模拟数据相同的幂函数对每个对象被试的表现进行建模。脚本 9.5 和 9.6 中所有其他未显示的代码均保持不变，一些变量名称除外（例如，我们现在将用 beta 而不是 alpha 来表示遗忘参数）。

```
9   for (i in c(1:nsubj)) {
10      a      <- runif(1,.0,.2)
11      b      <- runif(1,.9,1.0)
12      beta <- runif(1,.1,.4)
13      print(c(a,b,beta))
14      for (j in c(1:nlags)) {
15          p <- a + (1-a) * b * (tlags[j]+1)^(-beta)
16          nrecalled[i,j] <- rbinom(1,nitems,p)
17      }
18  }
```

脚本 9.5　使用幂函数的分层遗忘模型的 R 程序节选

```
18      # predictions for each subject at each lag
19      for (i in 1:ns){
20          for (j in 1:nt){
21              theta[i,j] <- ←
                    a[i]+(1-a[i])*b[i]*pow((t[j]+1),-beta[i])
22          }
23      }
```

脚本 9.6　JAGS 中实现分层幂函数遗忘模型的节选

　　图 9.8 显示了幂函数遗忘模型的一次运行的结果。与图 9.6 中的指数函数模型相比，幂指数函数模型上模拟的表现性能的变异性更高，且整体的准确性更高：这是因

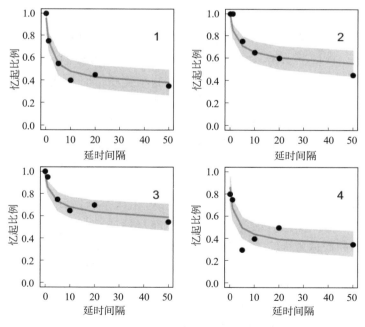

图 9.8　显示了脚本 **9.5** 和 **9.6** 中定义的分层指数级遗忘模型的运行结果。每个子图显示了模拟数据（大圆点）、平均后验预测（灰色实线）与每个对象被试后验预测分布的中央 **95%** 部分（灰色阴影区域）。

为我们将两个模型中的所有参数都初始化为相同的数值，而两个模型不同的参数化方式导致表现结果大不相同——相同大小的 alpha 和 beta 值对模型表现有非常不同的影响。对两个模型的不同参数设置相对比，alpha 值比相同大小的 beta 值有更大的影响（我们没有详细报告此模型的参数估计，你可以通过运行程序来获得）。

尽管我们将有关如何具体地评估贝叶斯分层模型的拟合效果的讨论推迟到下一章，但对两个图的比较发现，每个模型都能够很好地拟合包含个体差异的数据（另外，你可以在 Averell 和 Heathcote 2011 的文章中查阅到如何对此处考虑的两种遗忘模型进行定量比较。）。因为每个图中的数据都是由已经拟合过这些数据的模型生成的。

接下来，我们将讨论另一个稍微复杂的分层模型，它能够建模处理人们对未来的看法。

9.2.4　跨期偏好的分层建模

我们重视现在胜过未来。如果可以选择的话，比起现在能拿到 50 美元，很少有人愿意等一个月再拿到 51 美元，即使这段时间的利息相当于年利率的 27%。对现在这种根深蒂固的"跨时期"偏好，以及它所引起对未来的折现似乎是人类认知的稳定特点。的确，与现在相比，低估未来是完全合理的。首先，如果奖励被显著地往后推迟，我们可能在得到奖励之前就已经不在人世了。因此，对于一个 85 岁的老人来说，10 年后获得的 100 万美元似乎显得并不那么有价值，他可能更愿意立即获得 10 万美元。与普遍认同的急躁是年轻人的特性相反，人们对未来的轻视会随着年龄的增长而增加（Trostel 和 Taylor，2001）。即使剔除死亡的因素，按照基本经济学原理，折现也常常是明智的：如果人们能以 3% 的实际收益回报率进行投资，那么从现在起，现在收到的 100 美元在一年后将价值 103 美元。如果一个寻求最大程度地增加自己的财富的人比起现在得到 100 美元更偏好喜欢一年之后得到 102 美元。只要我们的偏好是一致的，并且按照合理的利率进行校准。那么选择即时获得的小奖励，而不选等待后获得的较大回报，是完全合理的，且从经济学的角度上来说是明智的。但是，有更多证据表明事实并非如此（例如 Thaler，1981）。

考虑到跨期选择是许多政策的核心，例如从退休储蓄计划到长期投资再到气候变化，了解人们如何对未来的奖励打折和未来回报折现是相当重要的。

跨期的标准实验任务中，被试需要反复回答以下问题："您是愿意选择立即得到 A 数量的钱还是在 D 天之后得到 B 数量的钱？"其中 A 和 B 的相对大小以及延迟（D）在整个任务实验中都受到操控。该任务易于控制而且被试对刺激的反应没有困难。但是在解释此任务中的数据方面存在一些挑战。首先，要获得稳定的折扣估算，需要的试次数量可能需要超出被试时间允许或能够保持的试次。其次，由于人们的回答不可避免地产生错误，因此对跨期偏好的估计可能会非常不可靠。

这些问题的一种解决方案涉及分层贝叶斯模型，是我们将现在基于 Vincent（2016）的文章提出一种时间折扣模型。该模型包括两个主要部分：第一个部分产生需要所考虑的选项（A 和 B）中的当前主观价值（present subjective value，*PSV*）。*PSV* 代表了相当于未来预期的金额的主观心理量级。第二个部分是使用 *PSV* 将选项 A 和 B 转换为显性偏好决策。我们在下面介绍了基于 Vincent（2016）的方法，给出了两个部分的实例化，进行并实施了一些简化以减少参数数量。

9.2.5 当前主观价值（Present Subjective Value，PSV）的计算

证据一致表明，人们对当前价值的偏好比传统的经济逻辑认为的更强（Thaler，1981；Zauberman 等，2009）。例如 Thaler（1981）的研究表明，在评估彩票时，人们会放弃现在获得的 15 美元并等待三个月，前提是三个月后会获得 30 美元，这时对应的折扣率为 277%。但是，同样的人会选择等待一年来获得 60 美元（折扣率 139%）和等待三年获得 100 美元（折扣率 63%）。主观折扣函数的这种陡度下降可以用双曲线函数描绘（例如 Zauberman 等，2009），形式如下：

$$V^B = B \times \frac{1}{1+kD}, \qquad (9.3)$$

其中 V^B 是延迟货币金额 B（例如，以美元为单位）的当前主观价值，D 是奖励延迟时间。请注意当 $D=0$，$V^B = B = A$ 时说明，即时奖励不会受到任何折扣。参数 k 决定折扣函数的陡度。为了说明，对于 $k=0.18$ 的值，公式 9.3 得出的当前主观价值（±\$4.50）大约相当于 \$15（±\$4.50），与分别延迟奖励 3 个月、12 个月和 36 个月的 \$30，\$60 和 \$100 奖励一致，这也粗略对应了上述 Thaler（1981）的例子。直观地可以通过取 k 的倒数来理解公式 9.3，该倒数揭示了折扣的半衰期。例如，当 $k=0.02$ 时，一个人会在 50 个单位时间（$1/0.02 = 50$）后感知到延迟后的奖励价值是其当前现值的一半，而如果 $k=0.01$，则半衰期将是 100 个单位时间。

9.2.6 当前主观价值（PSV）的选择

根据公式 9.3 对两个奖赏金额进行折扣，被试必须在 V^A 和 V^B 之间进行选择。根据 Vincent（2016）的模型，选择延迟奖励的概率为：

$$P\left(choose V^B\right) = \Phi\left(\frac{V^B - V^A}{\alpha}\right), \qquad (9.4)$$

其中 Φ 是累积正态分布函数，α 是确定决策边缘清晰度的参数。α 的值越小，决策过程就越接近阶跃函数，其中任何值（$V^B - V^A$）＞0 都一定会导致对延迟奖励的偏好；相反，任何值小于 0 的值都一定会导致对即时奖励的偏好。

9.2.7 实例化模型

对于不同的被试，我们使用公式 9.3 和 9.4 和两个参数（折扣常数 k 和决策函数的敏感度 α）在不同被试间来模拟人们的跨期决策。每个参数都由均值和方差作为超参数的母体分体中采样。图 9.9 以图模型格式显示了我们的分层跨时期决策模型。该模型是 Vincent（2016）提出的模型的简化版本。

每个被试（p）和试次（t）的反应（R_{pt}）是离散的（可观测到的，在图中用阴影标出），分别为 1（选择延迟奖励）或 0（选择即时奖励）。奖励金额（A 和 B）是连续的而且在所有试次和被试之间也有所不同，并且每个量都对应一个特定的延迟。模型

的选择概率是对应 PSV 各个数值的确定性函数，其由被试间都存在差异的折扣参数决定。选择概率还受敏感度参数的影响，敏感度参数在不同被试之间也有所不同。k 和 α 的母体分布以常规的方式，用它们各自的均值和标准差来表示。请注意，k 和 α 的节点位于内部板块之外，这说明对于不同被试（外部板块）中这些参数是不同的，而对于不同试次（内部板块）中的这些参数没有差异。

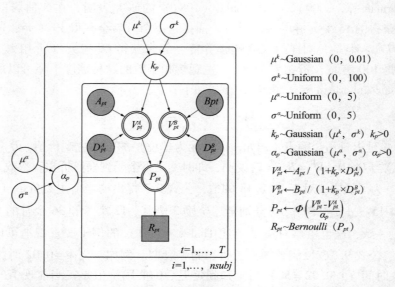

$\mu^k \sim Gaussian\ (0,\ 0.01)$

$\sigma^k \sim Uniform\ (0,\ 100)$

$\mu^\alpha \sim Uniform\ (0,\ 5)$

$\sigma^\alpha \sim Uniform\ (0,\ 5)$

$k_p \sim Gaussian\ (\mu^k,\ \sigma^k)\ k_p > 0$

$\alpha_p \sim Gaussian\ (\mu^\alpha,\ \sigma^\alpha)\ \alpha_p > 0$

$V_{pt}^A \leftarrow A_{pt}\ /\ (1 + k_p \times D_{pt}^A)$

$V_{pt}^B \leftarrow B_{pt}\ /\ (1 + k_p \times D_{pt}^B)$

$P_{pt} \leftarrow \Phi\left(\dfrac{V_{pt}^B - V_{pt}^A}{\alpha_p}\right)$

$R_{pt} \sim Bernoulli\ (P_{pt})$

图 9.9 跨期决策分层模型的图模型。我们的模型是 **Vincent**（（**2016**））提出的模型的简化版本。

脚本 9.7 显示了图 9.9 中图模型的 JAGS 代码。从之前的例子中，我们应该已经对于许多 JAGS 命令十分熟悉了，所以仅重点关注这几行代码。

```
1  model{
2      # Group-level hyperpriors
3      # k (steepness of hyperbolic discounting)
4      groupkmu          ~ dnorm(0, 1/100)
5      groupksigma       ~ dunif(0, 100)
6
7      # comparison acuity (alpha)
8      groupALPHAmu          ~ dunif(0,5)
9      groupALPHAsigma       ~ dunif(0,5)
10
11     # Participant-level parameters
12     for (p in 1:nsubj){
13       k[p]          ~ dnorm(groupkmu, ←
             1/(groupksigma^2)) T(0,)
14       alpha[p]      ~ dnorm(groupALPHAmu, ←
             1/(groupALPHAsigma^2)) T(0,)
```

```
15
16          for (t in 1:T) {
17              # calculate present subjective value for each ↩
                    reward
18              VA[p,t] <- A[p,t] / (1+k[p]*DA[p,t])
19              VB[p,t] <- B[p,t] / (1+k[p]*DB[p,t])
20
21              # Psychometric function yields predicted choice
22              P[p,t] <- phi( (VB[p,t]-VA[p,t]) / alpha[p] ↩
                    )
23
24              # Observed responses
25              R[p,t] ~ dbern(P[p,t])
26          }
27      }
28 }
```

脚本 9.7　跨期决策分层模型的 JAGS 代码

在代码的第 18 行和第 19 行分别对公式 9.3 中奖励 A 和 B 进行实例化，并计算其当前主观价值。在代码的 22 行将当前主观价值转换为选择的概率。与先前示例不同的是，此处我们使用伯努利分布（Bernoulli distribution）（第 25 行）对每个个体的反应进行建模。这与之前涉及二元反应的示例中使用的二项式分布不同，因为之前我们是在各个试次的总体层面上考虑二元反应的（例如，脚本 9.1 中的第 20 行）。

尽管 JAGS 实例化很简单，但是对应的 R 语言代码就复杂一些。在某种程度上，这是因为我们使用实验中的真实数据进行演示，而不是在模拟内部生成数据，从而导致了这种复杂性。我们使用的是由 Vincent（2016）采集的 15 名被试的跨期决策任务的数据子集（有关使用更复杂的贝叶斯分层模型的详细数据资料，请参见 Vincent，2016 年的文章）。在实验中，给被试呈现 27 种跨期的金钱奖励选项。在所有条件情况下，被试都必须在立即获得奖励（A）和延迟一段时间后获得较大的奖励（B）之间进行选择。延迟时间可能是延迟 7~186 天的时间，并且延迟奖励的金钱幅度由 30 美元到 80 美元不等。由于直接奖励的金额大小也有所不同（从 11 美元到 80 美元不等），并且由于在 27 个被试试次中这两项的奖励额度量级各自有很大程度的变化，因此难以有效地汇总总结数据。在图 9.10 中，我们尝试对数据进行可视化，提供一个可行的数据快照，图 9.10 显示了随着延迟时间的增加，人们对延迟奖励的偏好的变化。大体上来说，人们更偏爱立即获得奖励，而不愿意等将来的奖励，几乎没有人愿意为了一个奖励等待半年。当然，折扣的程度将随着延迟奖励对于立即奖励的相对大小而变化，这个在图 9.10 中没有表现出来。相反，人们对于即时奖励与延迟奖励之间的折扣，能通过应用模型并检查结果的参数估计值，我们能够更好地理解个体对于即时奖励与延迟奖励的折扣。

脚本 9.8 列出了应用图 9.10 中数据的分层模型的 R 语言代码。

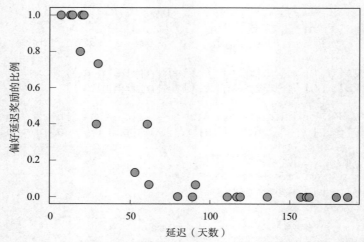

图 9.10 显示了 Vincent（2016）跨期决策实验中 15 名被试的数据。其中每个数据点汇总了各个被试不同试次在不考虑奖励金额大小时对特定延迟的反应。因变量是给定奖励组合中选择延迟奖励所占的比例。

```
1  library(rjags)
2  grabfun<-function(x,p,var) {return(x[x$subj==p,var])}
3
4  itcdata<-read.table("hierarchicalITC.dat",header=TRUE) ←
5  subjects <- unique(itcdata$subj)
6  ntrials  <- dim(itcdata)[1]/length(unique(itcdata$subj))
7  nsubj    <- length(unique(itcdata$subj))
8
9  delays4A  <- t(vapply(subjects,FUN=function(x) ←
          grabfun(itcdata,x,"DA"),integer(ntrials)))
10 delays4B  <- t(vapply(subjects,FUN=function(x) ←
          grabfun(itcdata,x,"DB"),integer(ntrials)))
11 amounts4A <- t(vapply(subjects,FUN=function(x) ←
          grabfun(itcdata,x,"A"),integer(ntrials)))
12 amounts4B <- t(vapply(subjects,FUN=function(x) ←
          grabfun(itcdata,x,"B"),integer(ntrials)))
13 responses <- t(vapply(subjects,FUN=function(x) ←
          grabfun(itcdata,x,"R"),integer(ntrials)))
14
15 #initialize model for JAGS
16 hierITC <- jags.model("hierarchicalITC.j",
17                 data = list("nsubj"=nsubj,
18                             "DA"=delays4A,
19                             "DB"=delays4B,
20                             "A"=amounts4A,
21                             "B"=amounts4B,
22                             "T"=ntrials,
23              "R"=responses),
24                 n.chains=4)
```

```
25 # burnin
26 update(hierITC,n.iter=1000)
27 # perform MCMC
28 parameters <- c("k", "alpha", "groupkmu", ←
       "groupksigma", "groupALPHAmu", "groupALPHAsigma",
29                "VA","VB","P","DB")
30 mcmcfin<-coda.samples(hierITC,parameters,5000)
```

脚本 9.8　对应用实验数据的跨期决策分层模型的 R 语言代码

要了解该程序，我们需要了解数据文件的结构。图 9.11 提供了数据文件（hierarchicalITC. dat）的前 5 条和后 5 条记录的片段，数据文件由我们脚本中的第 4 行读取。read. table 函数会自动生成一个与具有数据文件第一行中变量名同名的一个数据框架（因为我们设定 header = TRUE）。图 9.11 告诉我们，第一行代表着被试需要在立即获得 80 美元和 157 天后获得 85 美元之间做选择。不出所料，被试选择了立刻（$R = 0$）获得奖励。下一行代表着被试在立即获得 34 美元和等待 30 天之后获得 50 美元之间选择，而且被试选择等待了延时（$R = 1$）的奖励，依此类推。

读取数据后，脚本中第 5 行和到第 7 行根据数据框架中的信息来计算各种试验的常数，例如被试人数和试验次数。如果后期再向数据中添加更多的被试，也无需更改程序，因为它会自动计算出实验中有多少个被试。

脚本中接下来的几行（9 到 13 行）需要将数据从文件中存储的格式转换为 JAGS 所需的格式。如果简要回顾脚本 9.7，你会注意到关键的实验变量即奖励金额（A 和 B）和延迟（D^A 和 D^B），它们用矩阵表示，矩阵的行是被试，矩阵的列是试次（详见图 9.7 中第 18 和 19 行）。我们的 R 语言程序使用了名为 grabfun 的函数（位于脚本 9.8 的第 2 行中）来生成与数据文件不同结构的这些矩阵（详见图 9.11）。顾名思义，该函数返回单个被试的单个变量数值。其中被试（p）和变量（var）是函数中的参数。

A	DA	B	DB	R	subj
80	0	85	157	0	1
34	0	50	30	1	1
25	0	60	14	1	1
11	0	30	7	1	1
49	0	60	89	0	1
.	.	.	.	.	.
.	.	.	.	.	.
.	.	.	.	.	.
33	0	80	14	1	15
24	0	35	29	0	15
78	0	80	162	0	15
67	0	75	119	0	15
20	0	55	7	1	15

图 9.11　脚本 9.8 中的 R 语言脚本使用的 Vincent（2016）实验数据文件的片段。图中显示了数据文件的前 5 条记录和后 5 条记录。文件共有 406 条记录（15 名被试，每名被试进行 27 个试次）。

第 9 行到第 13 行针对数据文件中不同的变量（例如 DA，A，R 等）挨个调用此函数。在这些行中使用的一个技巧是，通过调用函数 vapply，我们可以用一行代码获取所有被试的数据。在这种情况下，vapply 会将任何传入的函数当作参数作为某个向量的所有元素，此处是指其中 grabfun 函数的返回值向量，被试编号向量 subjects。我们仔细考虑以下几行代码：对于你从在任何实际建模应用程序从文件中读取的实验数据，很有可能需要按照与此处相同的方式来处理数据。因此，了解如何将数据转换为 JAGS 通常所需的矩阵形式会对你有所帮助。

从这往后，R 语言程序的其余部分没有什么新的内容：第 16 行至第 24 行在 JAGS 中建立模型，随后是进行常规的预热（burnin）和 MCMC 采样（第 30 行）。可能值得注意的是，包括模型预测（P）在内的参数以及一些内部变量，$PSVs$（VA 和 VB）一直在 MCMC 采样期间被监控；详见第 29 行。这样，最终 mcmcfin 可以告诉我们有关模型内部变量以及实际模型参数的一些信息。

9.2.8 模型输出

图 9.12 展示了模型的输出。左侧子图展示了在所有试次和被试中得到的对延迟奖励的平均预测偏好，以及这些偏好预测的 95% 范围波动误差。与图 9.10 的比较表明，该模型捕获了折扣函数的整体形状。函数中轻微的非线性反映了奖励金额的特定组合：尽管人们通常偏爱现在而不是将来，但如果延迟可获得的奖励比立刻获取的奖励大得多，人们可以忍受等待（尤其是很短的时间的等待）。

右侧子图展示了延迟奖励的预测偏好，即两个奖励之间 PSV 差异的函数。该子图有效地显示了公式 9.4 的形状，且随着建模的延迟奖励（V^B）的主观印象逐渐超过立即奖励（V^A）时，预测的选择也将偏向于延迟奖励。注意，子图中没有行为模拟类比参照，因为很难在独立的两个奖励的选择中衡量人们的主观价值。

图 9.12 显示了该模型可以在大体上刻画数据。接下来，我们通过检查模型参数的后验估计来探索建模的个体差异。图 9.13 中第一行（实线）显示了母体分布参数的后验估计，后两行（虚线）显示了四个被试的折扣参数（k）和敏感度参数（α）的个体估计。

该图显示了人们的时间偏好（中间行）与他们的敏锐度（最底行）相互独立：尽管 3 号被试中的 k 比其他被试大得多，可就敏锐度而言，4 号被试与其他被试的差异很大。如果按照我们应用之前的经验法则，则 3 号被试奖励的半衰期约为 50 天（$1/k$ 约为 50），而其他被试的半衰期约为 100 天（$1/k$ 约为 100）。也就是说，100 天后的延迟奖励（B）必须是即时奖励（A）的两倍时，被试才会对两种奖励显示出中立的偏好。图 9.10 没有显示出这样中立偏好的证据，这并不奇怪，因为在 Vincent（2016）的实验中，延迟 100 天的奖励仅比立即奖励高了大约 20%。

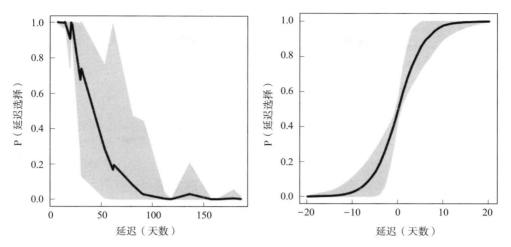

图 9.12 显示了对 **Vincent**（**2016**）跨期决策分层模型的试验预测。该模型采用了 **15** 个被试的数据。左侧子图显示整合奖励额度后，对延迟奖励的预期偏好与延迟时间的函数关系，是对奖励大小的累加，包含整体奖励的延迟天数对延迟奖励预期偏好的函数。右侧子图显示了延迟奖励的预期偏好与两种奖励之间当前主观价值的差值对延迟奖励的预期偏好的函数关系。在两个子图中，灰色阴影均代表了 **MCMC** 期间所有样本的 **95%** 波动范围。

9.2.9 总结

至此我们已经展示了三种复杂程度不同的描述性的贝叶斯分层模型。你应该基本了解如何使用 JAGS 和 R 来编写新的贝叶斯认知模型。对更多示例感兴趣的读者，请查阅《数学心理学杂志》（*Journal of Mathematical Psychology*）关于贝叶斯分层模型的专著特刊（Lee，2011 年），或查阅 Lee 和 Wagenmakers 2013 年撰写的关于贝叶斯认知模型的优秀著作。

我们将在其余几章的特定上下文背景中再次谈论贝叶斯分层模型。例如，我们将在第 14 章中介绍反应延迟时间的分层模型。接下来，我们将简要介绍第 4 章中的最大似然方法。

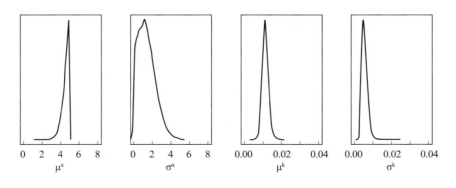

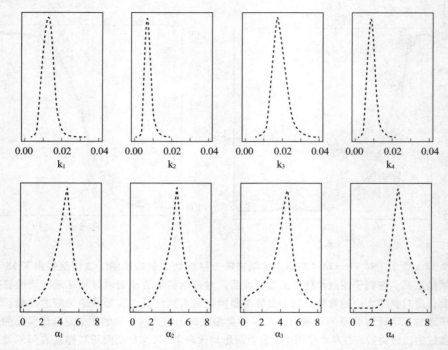

图 9.13 分层跨期决策模型的参数应用于 Vincent（2016）探索的实验的条件后验密度。第一行四张图片表示母体分布参数的密度，第二行表明 4 个被试的折扣参数（k）的密度，最后一行表示 4 个被试的敏感度参数（α）的密度。母体分布参数由实线表示，个体估计由虚线表示。请注意 x 坐标轴的数值差异。

9.3　分层最大似然建模

文献中已经报道了几种针对分层建模的最大似然方法（例如 Farrell 和 Ludwig，2008）。它们是将长期统计实践（例如 Baayen 等，2007）扩展到建模上下文中。最大似然估计的优点是：对于分层似然函数完全可处理的问题情况，它的计算成本比贝叶斯 MCMC 低。但是当不满足此条件时，最大似然估计的计算优势将不复存在。贝叶斯估计因此变得更具吸引力，因为与最大似然估计法所需的推导相比，分层图模型更简单且更容易确定（有关详细见 Farrell 和 Ludwig，2008）。

9.3.1　信号检测任务的分层最大似然建模

由于获取分层最大似然估计相关的复杂性，我们只讨论那些可以利用 R 语言专门的软件包进行计算的统计模型中，例如，我们使用 lme 包来估计广义线性混合模型（GLMM）。尽管这些模型是专为分层数据分析而设计的，也就是说，统计分析明确地模拟了被试者之间的差异（例如 Baayen 等，2007），但事实证明，几种心理模型对于 GLMM 是同构的。因此，我们可以让 R 来处理建模的复杂性，而我们自己关注于心理学本身。

9.3.2　回归项中的信号检测

对于此示例，我们引入了信号检测表现的分层模型的最大似然的变体，类似于在 9.2.2 中介绍的贝叶斯模型。事实证明，信号检测模型可用相对简单的统计回归模型的变体来实现（DeCarlo，1998；Knoblauch 和 Maloney，2012）。要理解缘由，请再次思考图 8.4 中用于说明信号检测模型的一对常见的钟形曲线，它们说明了信号检测模型。到目前为止，在我们的讨论中（以及在文献中的大多数应用中），这些分布都被假定为高斯分布。但是，为了解释信号检测理论与某些统计回归形式之间的同构，我们现在简要地认为这些分布是 logistic 逻辑分布而不是高斯分布。尽管其数学性质不同，logistic 逻辑分布看起来与正态分布没有太大区别。具体来说，对于 logistic 逻辑分布，点右边的曲线下方的面积 c 由下式给出：

$$P(x > c) = \frac{1}{1 + e^{(c-u)/\sigma}}, \tag{9.5}$$

其中，μ 和 σ 分别是逻辑分布的均值和标准差。

如果我们按照常规的信号检测假设 $\sigma = 1$ 且噪声分布的平均值为零，那么在信号检测实验中，我们可以使用公式 9.5 为击中率 $P(r = 1 \mid s)$ 和误报率 $P(r = 1 \mid n)$ 的预期比例生成表达式。在这里标准的函数记为 c，信号分布的平均值记为 d'：

$$P(r = 1 \mid s) = \frac{1}{1 + e^{c-d'}}, \tag{9.6}$$

$$P(r = 1 \mid n) = \frac{1}{1 + e^{c}}. \tag{9.7}$$

如果我们将这些公式转换为对数比（log odds）（也称作对数变换 $logit(p) = log(p/1-p)$），则上述公式可简化为：

$$logit(P(r = 1 \mid s)) = d' - c, \tag{9.8}$$

$$logit(P(r = 1 \mid n)) = -c. \tag{9.9}$$

这些公式表示当信号分别为存在和不存在时，被试反应为"是"的对数比。我们可以通过创建变量 X 来组合公式 9.8 和 9.9，该变量 X 对信号的存在（$X = 1$）或不存在（$X = 0$）进行编码：

$$logit(P(r = 1 \mid X)) = -c + d'X \tag{9.10}$$

但是公式 9.10 只是一个简单的逻辑回归模型，其截距是（减去）反应判别标准 c，二分式独立变量的斜率参数是 d'。逻辑回归是普通线性回归在因变量为二分式（例如 0 或 1 反应）的情况下的一般化。至关重要的是，我们可以很容易地使用 R 语言估计逻辑回归模型。

我们现在距估计信号检测表现的分层最大似然模型仅几步之遥。首先，我们需要回溯到标准假设，即信号和噪声分布是高斯分布，而不是 logistic 逻辑分布。事实证明，可以通过简单地将 *logit* 替换为 *probit* 来实现：*probit* 函数是标准正态分布的累积分布函数的逆函数，尽管概率回归（probit regression）不如逻辑回归（logistic regression）常见，但它也可以由 R 语言轻松估算。其次，我们需要区分从公式 9.5 到 9.10 中的反应

标准 c 与我们用于贝叶斯建模的反应标准 b（例如，在 9.2.2 节中）被参数化的过程是不同的。具体而言，b 表示为偏离反应标准的点 $d'/2$ 位置，c 表示为与噪声分布平均值的距离。反应标准的两个公式恰好指向同一点，一个可以作为另一个函数的重新表达；$b = c - d'/2$，但是切忌不要混淆这两个不同的参数化过程。

9.3.3　R 语言中的分层概率回归

```
1  require(lme4)
2  n <- 10
3  sigtrials <- noistrials <- 100
4  ntrials <- sigtrials + noistrials
5  h <- rbinom(n,sigtrials, .60)
6  f <- rbinom(n,noistrials,.11)
7
8  subj <- rep(c(1:n),each=ntrials)
9  stim <- rep(c(rep(1,sigtrials),rep(0,noistrials)),n)
10 resp <- as.vector( vapply(h,FUN=function(x)
11                      as.integer(c(rep(1,x),
12                          rep(0,ntrials-x))),
13                          integer(ntrials))
14                  +
15              vapply(f,FUN=function(x)
16                      as.integer(c(rep(0,sigtrials),
17                          rep(1,x),rep(0, ←
                                noistrials-x))),
18                          integer(ntrials)) ←
                                )
19
20 #model with intercept = z(FA) default
21 mlhierarchSDT <- glmer(resp ~ stim + (1+stim|subj), ←
       family=binomial(probit))
22 summary(mlhierarchSDT)
23
24 #reparameterize so intercept = c
25 reparmstim <- cbind(-1,stim)
26 colnames(reparmstim) <- c("_c", "_d'")
27 mlhierarchSDTc <- glmer(resp ~ reparmstim-1 + ←
       (1+stim|subj), family=binomial(probit))
28 summary(mlhierarchSDTc)
29
30 #reparameterize so b is not highly correlated with d'
31 rmstim <- stim-.5
32 reparmstim <- cbind(-1,rmstim)
33 colnames(reparmstim) <- c("_b", "_d'")
34 mlhierarchSDTrp <- glmer(resp ~ reparmstim-1 + ←
       (1+rmstim|subj), family=binomial(probit))
35 summary(mlhierarchSDTrp)
```

脚本 9.9　用于信号检测的分层最大似然建模的 R 语言代码

脚本9.9包含用于信号检测的分层模型的R语言代码。因为我们没有使用贝叶斯方法，所以不需要单独的JAGS文件即可估算模型。取而代之的是使用lme4包中的glmer函数执行建模，我们在第1行中的脚本起始部分开头加载了lme4包。

接下来的几行（第2行至第6行）与脚本9.2中的相应部分相同。这是因为在此处，我们使用与贝叶斯模型完全相同的方式为10个被试生成数据。

之后几行（第8行至第18行）将每个被试的击中率和误报率转换为实际的二分的刺激（信号与噪声）和反应（"是"与"否"）序列，以进行回归分析。

第21行使用将来自10个模拟被试的数据拟合分层概率模型。通过调用使用包含固定和随机效应的模型glmer函数来完成建模。固定效应由stim表示，它对应于公式9.10中的变量X，并能预测反应变量resp。在模型公式中，用由（1 + stim | subj）代表模型分层结构成分的随机效应。这指明该术语指定被试之间的截距（反应标准c），以及信号效应影响的大小随被试的变化也有所不同，并且应该对这种差异进行明确建模。

该初始模型的部分结果如下所示：

```
Random effects:
 Groups Name        Variance Std.Dev. Corr
 subj   (Intercept) 0.011033 0.10504
        stim        0.002414 0.04913  -1.00
Number of obs: 2000, groups:  subj, 10

Fixed effects:
            Estimate Std. Error z value Pr(>|z|)
(Intercept) -1.14786    0.06123  -18.75   <2e-16 ***
stim         1.37840    0.06703   20.57   <2e-16 ***
---
Signif. codes:  0 *** 0.001 ** 0.01 * 0.05 . 0.1   1
```

截距是反应标准c（的负值），因此估计约为1.15。steim的作用效应等于$d' = 1.38$。如上面所报告的数值所示，被试之间的差异很小。因为假定所有模拟被试都是相同的（假定击中率为0.60，误报率为0.11），这也就不足为奇了。

此模型的一个小缺点是需要反转截距的估计以获得标准的估计（因为给出的截距为$-c$）。因此，我们对模型进行了参数化，以满足这一额外的处理步骤的需求。脚本第25行创建了一个名为reparmstim的两列结构，该结构将一列-1s与刺激值的向量（即是否仅存在信号或噪声）组合在一起。在下一行中再次调用glmer之前，我们对这些列命名以便于记忆的名称。请注意，固定效应已由我们的紧跟"-1"的两列结构reparmstim代替：-1信号在模型中不包含常规的截距，因为我们在reparmstim创建了自己的（符号反转）截距。

第二个模型输出的片段如下所示：

```
Fixed effects:
              Estimate Std. Error z value Pr(>|z|)
reparmstim_c   1.14786    0.06122   18.75   <2e-16 ***
reparmstim_d'  1.37839    0.06703   20.57   <2e-16 ***
---
Signif. codes:  0 *** 0.001 ** 0.01 * 0.05 . 0.1    1

Correlation of Fixed Effects:
            rprms_
reprmstm_d' 0.771
```

这表明 c 的估计有翻转信号而且是可直接说明的。然而，这里还有一个问题：最后一行的输出包含了一个关于两个模型参数 c 与 d' 间相关性的估计。考虑到信号检测模型的主要功能之一是将表现分解为偏差度（反应标准 c 表示）和敏感度（辨别力 d' 表示），这个相关性高得令人不安。由于两者之间的高相关性，对这两者的区分必然不完美。

c 的参数化过程至少在一定程度上导致了这种高相关度。假设所有被试都将标准定在两种分布中间的最优点上。如果 d' 在不同的被试中是不同的（这是必然的），那么 c 的估计值就会与 d' 的估计值完全相关，尽管反应标准在心理层面上保持不变。这个问题很容易通过参数化反应标准来解决，不再将其认为是到 0 的距离，而是到最优位置 $d'/2$ 作为标准的距离。当然，这与跟我们在贝叶斯模型中一直使用的参数 b 相对应。

因此，我们提出了第三种模型，就像前面的贝叶斯模型一样将反应标准参数化为 b。第 31 行显示，可以通过重新参数化过程，将预测因子 stim 减去 0.5 来非常简单地实现。在本书中我们不对这一种重新参数化的过程进行正式地推导，推导可参照在 Knoblauch 和 Maloney（2012）的文章中找到［直觉上，以零为中心的 stim，它的水平是 – 0.5 和 +0.5，而不是 0 和 1，它与另一个预测值（为 –1 的一列）的相关性将为零］。这种重新参数化达到了预期的效果，如下所示：

```
Fixed effects:
              Estimate Std. Error z value Pr(>|z|)
reparmstim_b   0.45866    0.04135   11.09   <2e-16 ***
reparmstim_d'  1.37839    0.06703   20.57   <2e-16 ***
---
Signif. codes:  0 *** 0.001 ** 0.01 * 0.05 . 0.1    1

Correlation of Fixed Effects:
            rprms_
reprmstm_d' 0.330
```

总的来说，我们首先将信号检测理论重新表述为回归模型。为了展示和解释两者之间的同构，我们需要采用与之前建模不同的方法对反应标准进行参数化。最终我们再将模型重新参数化使其与先前的模型保持一致。需要注意的是，这个练习并不仅仅是一个针对特定而且可能深奥的问题的解决方案。相反，重新参数化在很多情况下都是很有用的，正如前文 3.4 节所提到的。

9.3.4 信号检测中最大似然与贝叶斯分层模型对信号检测的对比

我们现在可以用最大似然模型与我们之前的贝叶斯模型做比较。当这两个模型都对十个模拟被试使用了相同的随机数据后进行拟合（在上面 glmer 的输出提到过），我们可以计算模型对不同被试的预测之间的相关性。在最大似然模型中，我们对取每个被试的击中率和误报率计算拟合数值［使用名为 fitted（mlhierarchSDTrp）的函数］。而在贝叶斯模型之中，我们使用预测的击中率和误报率的后验平均值（详见在之前的表格 9.2 中提出）。两个模型击中率的相关度 $r = 0.994$，误报率的相关度 $r = 0.999$，这能表明两个模型的预测结果十分接近。

我们将在本章总结出使用分层模型的一些建议和它们所存在的一些局限性作为总结。

9.4 一些建议

与简单方法相比，累积伪迹分层模型具有许多优点。与非分层模型不同，分层模型不受我们在 5.2 节中讨论的累积伪迹的影响。与独立拟合个体数据被试不同，当个体参数估计相互存在关联时，分层模型可以从收缩结果中受益。此外，通过对被试之间的变异性进行建模，分层模型可以减少参数估计中的偏差。如果不对这种变异性进行建模，在任何非线性模型中都会引入渐近偏差（Rouder 和 Lu，2005）。

从概念上讲，分层模型的优势在于它们可以迫使理论学家提出更完整的认知模型：模型不仅要描述每个被试的表现，而且还必须明确指定个体差异的本质（Lee 和 Newell，2011）。使用分层模型可能产生的负面影响在于有时不会比个体参数估计的效果表现更好。Scheibehenne 和 Pachur（2015）表明，当模型的参数高度相关时，这会导致分层模型的过度收缩，从而消除了相比于独立估计每个被试的优势。

总而言之，我们认为在对复杂数据建模时，分层模型通常是最强大的工具。正如 Michael Lee 在下面的 9.5 实例中阐明的那样，它们的功能超越了对个体差异建模的能力。通过第 7.3 节中介绍的 ABC 方法（"Approximate Bayesian Computation"）的延伸，分层模型的功能进一步增强。Turner 和 Van Zandt（2014）提出了一种称为 Gibbs ABC 的算法，该算法克服了与传统 ABC 技术协作时需要估计大量参数时所遇到的问题。对于无法用 JAGS 表示或不具有可计算似然函数的模型，这项新技术的面世为这些模型的模型打开了大门。

最后，我们请读者参考 Lee 和 Wagenmakers（2013）的书，其中包含大量贝叶斯模型案例及其在 WinBUGS 中的实现示例（Spiegelhalter 等，2003）。WinBUGS 与 JAGS 十

分相似，在大多数情况下，两种语言的脚本都可以轻松转换。

9.5 实例

分层建模的多种方法

Michael Lee
（加州大学尔湾分校）

Charles Kemp 在 2004 年芝加哥认知科学协会会议上发表的会议论文（Kemp 等，2004；同样的工作 Kemp 和 Tenenbaum，2008）使得贝叶斯模型第一次引起了我的注意。Charles 提交介绍的论文涉及人如何表征知识，以及标准的表征结构（例如特征、维度和树）。创新的分层结构部分展示了如何通过共同常见的总体生成过程来统一这些不同的表征可能性。这些如何实现并不太重要：将树的突变建模为泊松到达过程，并且通过数据证明其固有的贝叶斯推断的简单性，将树简化为一维的线或独立特征。十多年后，我发现使用该方法存在很多问题，而且我怀疑 Charles 还能发现更多。重要的是，随着分层的统一，我们越发能够理解人们如何和为什么在不同的领域学习不同种类的表征。坚实的理论和建模过程触动了我。根据我在该领域的经验，诸如维度、特征和树之类的表征通常被视为分离的不合理的建模，研究人员在开始正式建模之前只是简单挑选一种进行尝试。

我很幸运能够接触到这部作品，因为它充满智慧且十分精美，尤其是考虑到 Charles 在当时只是一名刚入学的研究生。我更幸运的是，因为这是分层贝叶斯建模的一个示例，该示例专注于使用分层结构来扩展建模的理论范围，并不特别关注于区分个体差异。事后看来，这种经历使我避免了从将贝叶斯分层建模视为某种统计"技巧"，或者将贝叶斯分层建模视为个体差异建模的代名词。

当然，分层贝叶斯方法具有统计属性，包括关键属性，这些属性被不同地区分为收缩（shrinkage）、合并（pooling）甚至是共享统计强度（sharing statistical strength）。这样的属性可以有效地用于研究和实际应用。例如，收缩提供了一种对相对大量的被试各自完成相对有限数量的试次时，对数据进行建模的方式。分层贝叶斯方法还能自然有效地用于对许多认知设定下的个体差异进行建模。对于分层模型，在个体水平之上添加群体组别水平意味着你不再假设没有个体差异，就像在汇总或平均数据时隐性地做的那样，就好像默认单个大型被试完成了任务一样。你也不必从每个被试收集大量数据，就像在被试能够忍受的用心理物理学建模那样常规的做法，因此你可以根据每个人独立地应用模型。

我认为研究分层模型的统计属性是值得的。我本人已经做过一些研究（例如 Lee 和 Webb，2005），并赞赏认知建模学者朝着这个方向所做的不断努力（例如 Katahira，2016；Scheibehenne 和 Pachur，2015）。我也认识到，分层模型对于处理个体差异是非常宝贵的。我最早想尝试对 Shiffrin 等（2008）的记忆保留例子实现分层建模。我从 Jeff Rouder 及其同事在该领域进行的类似早期工作中学到了很多，这些工作涉及信号检测理论和反应时模型（例如 Rouder 等，2005，2007）。认知建模学者现在经常使用分层模型来研究或适应个体差异，有时还与潜在变量混合建模结合使用，这已成为我们建模能力的重要补充。

但是仅将分层贝叶斯建模视为整合个体差异的一种统计方法实在太狭窄了。分层贝叶斯建模是一种建模方法，应重视其具有扩展模型理论范围的能力而进行评估，而不是仅基于其所使用的统计技巧进行评价。更重要的是，分层方法适用于要解决的认知现象的任何部分，而不是仅适用于个体差异。Charles Kemp 的论文是关于这种广度和普遍性的早期例子。重要的是为了将理论运用到认知模型中，并扩展，使其在解释范围上更进一步。

回顾当今认知模型使用分层贝叶斯方法的方式，以上这两种误解似乎都在起作用。认知建模学者有时候把分层方法当作统计工具，然后认为正确的做法就是评估这个工具的准确性。我认为这种思考方式很快就会变得低效，尤其是遇到一些关于分层方式是否在本质上更好地基于模拟的测试。我认为分层模型是一种拓展能力，这种能力可以用来做好事也可以用来做坏事。可能这是一个有用的比喻：非分层模型就像简单的英语句子，只有一个独立分句（"I don't like dogs"）；而分层模型就像是允许添加从属分句的复杂句（"I don't like dogs that people parade as conversation-starters outside coffee shops"）。你可以用一个复杂句来表达更多的意思，这可能很有效，但是这并不意味着你添加的任何成分都是重要的。同样的，分层方法也允许将额外的理论运用在模型中，但是模型的成功常取决于假设的有用性。一个表现不佳的分层模型会导致对模型背后理论的批评，而不是对使用分层模型的批评。类似于像"如果模型参数是对的，分层模型也可能会失败"这样来自模拟学习的结论对我来说毫无意义。正确的结论应该是"如果缺少了建模的关键成分而且没有考虑参数之间的相关性时，一个模型的运行结果不会很好"。错在理论上而不是方法上。

我还认为，这个领域正在失去使用分层模型和贝叶斯推理来发展和评估更多有想法的认知模型的机会。那些使用贝叶斯推理作为思想比喻的人，例如运用"理性分析"或"大脑中的贝叶斯"的 Josh Tenenbaum 和他的同事们，已经抓住了这些机会。过度假设让我感到吃惊，它在我看来，是对人类发展建模的一个有用的理论补充，生成图式似乎对理解因果推理也同样有用，等等（例如 Griffiths 等，2010；Lake 等，2015；Tenenbaum 等，2011）。

在传统的认知过程建模中，使用分层贝叶斯很难找到同样的目标。这是一个遗憾，因为有太多机会了。我几次冒险进入这个领域是我做过的研究主题中最令我个人满意的工作之一。Lee（2006）提出了在最优停止问题上关于人员绩效的分层贝叶斯模型。我做这项工作的方法与 Kemp 等（2004）的论文有很大的相似之处，我不仅试图模拟人们如何使用阈值来解决这些问题，还试图模拟阈值本身是如何建立的。我还喜欢对Wolf Vanpaemel 和我提出的对不同抽象模型的分层拓展（Lee 和 Vanpaemel，2008）。这里的主要思想是使用分层建模来合并类别表示的生成理论，这样从原型到范例表示的范围就能够被统一和建模了。

总的来说，我认为认知过程建模并没有用在分层贝叶斯方法上来深化和拓宽模型的理论范围，除了在个体差异上的应用。这个领域正在错失机会。几乎每一个重要的认知过程模型都迫切需要分层模型来解决那些由于理论范围的限制产生的关键问题。这些关键问题通常表现为：假设代表关键认知变量的参数而不说明这些变量从何而来。例如，顺序采样模型中决策的时间进程，如扩散模型，通常将重要的心理变量，如测量刺激证据的漂移率、控制反应警告的边界和控制个体差异偏差的起点作为自由参数（如 Ratcliff 和 Smith，2004）。一个更完整的认知模型应该包含关于这些数值是如何建立和适应并应用的理论。例如，漂移率可能是由刺激的性质决定的，例如在动作辨别任务中的比例或在词汇判断任务中单词的词频。刺激的性质是如何与漂移率测量的数值有关度量之间的确切关系本身就是一个重要的心理建模问题。在扩散模型的分层扩展中加入这样一个证据模型，可以更完整地描述所观察到的决策行为。例如，它可以使模型泛化并对刺激做出概括和预测，而不是直接在实验中测量。

我希望认知建模学者能够使用贝叶斯分层方法来面对并解决这些挑战。分层模型迫使理论家退回到更深层的抽象层次，从而使更丰富、更完整的认知理论得以被形式化、评估和应用。它们不仅是一种方便的统计工具或对标准建模框架的调整，而且是一种关于表达和理解大脑如何工作的新创意的能力。

第三部分

模型比较

10 模型比较

本书的第二部分探讨了在给定一些数据的情况下估算模型参数的多种方法。我们从最大似然估计开始，研究了在给定一组数据的情况下，如何找到最可能的参数值。然后，我们花了几章来探讨贝叶斯参数估计的不同方法。其中，我们用似然更新先验来获得参数值的后验分布。

在本章及下一章中，我们将讨论如何比较模型。在心理学研究中参数估计通常很有用，因为参数值在理论上能够提供有用的信息（例如，信号检测模型中的 d' 估计值是否大于 0，被试是否由此区分世界的不同状态？）。然而，我们同时也想比较不同的模型，并测试这些数据可以更好地支持哪个模型。接下来的两章将介绍用于解决该问题的多种方法。

我们首先考虑如何解释单个模型中的拟合，之后讨论模型灵活性这一重要问题。

10.1 心理学数据和糟糕的完美拟合

1976 年，Chang Ri Law University 的 Sue Do Nihm 发表了一篇让人印象深刻，但也被低估的心理物理学理论。文章 Nihm（1976）指出，人们提出了各种将感觉刺激的物理强度与其所经历的强度相联系的理论，但是这些理论往往没能提供与数据完美拟合的结果。Nihm 引入了感官多项式定律，强度为 s 的刺激感知大小 m 可以由下式给出：

$$m = \beta_0 + \beta_1 s + \beta_2 s^2 + \beta_3 s^3 + \cdots + \beta_k s^k. \tag{10.1}$$

这是一个多项式函数，k 是多项式的阶数。Nihm 指出了此函数的几个重要性质，其中与本章相关的是，它始终可以得到一个完美的拟合。因此，她得出结论："感觉总是强度的多项式函数"（原书第 809 页）。

我们可以通过拟合生成的数据来证实多项式定律的这种明显的优越性。

图 10.1 绘制了一些"数据"（四个图中的十字），这些数据是通过物理强度与感知强度之间的对数函数生成的。为了模拟我们通常会遇到的情况，即数据通常是带有噪音的：我们从正态分布中提取了一些噪声加到每个数据点上。左上方的图显示了由线性和二次分量组成的二阶多项式的拟合。您可以看到，该模型并没有刻画出数据中的每一个细微差别，但是刻画出了数据的增长趋势以及在物理维度上较大值处的扁平化。右上方的图显示了阶数为 $n-1$ 的多项式的拟合，其中 n 是数据点的数量。毫无疑问，此模型可以完美地拟合数据：误差均为 0。

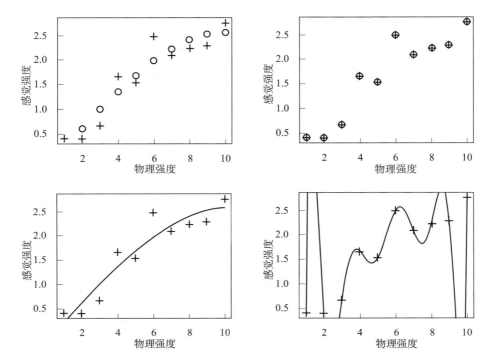

图 10.1 感官多项式定律用对数函数生成的带噪声的数据拟合。左子图列：二阶多项式的预测。右子图列：可估计的最高阶（$n-1$ 阶）多项式的预测。第一行：拟合数据后模型的预测。第二行：跨物理强度空间的内插预测。在所有四个子图中，叉号是用于拟合的生成数据。在第一行中，预测用圆圈表示；在第二行中，预测用线表示。

在更精细的尺度下，以最优拟合参数查看两个模型的预测，我们可以发现多项式定律并不是那么完美。图 10.1 的底部两个子图显示了模型对除被拟合数据外的物理强度的预测值。左下方的子图显示了二阶多项式的预测与左上方的子图相匹配：将一个物理强度与感知强度相联系的平滑的单调函数①。右下方的图则显示了"完美"多项式的预测。该模型会上下波动，并做出一些不太可能是真实数据特征的预测，如从图开始处较低端的前两个数据点之间的突然增加和减少。大多数科学家难以接受将这个"完美"模型作为数据的良好描述。

这里的问题是，作为实验心理学家我们知道数据噪声很大，因此我们有很强的直觉，认为将物理强度与感觉强度联系起来的函数中的"扭曲"是噪声的结果，而非其深层关系的反映。这个潜在的问题（即我们最终会拟合噪声而不是感兴趣的心理过程）被称为过拟合（over-fitting）。尽管 Nihm（1976）的论文是一篇真实发表的论文，但您可能已经猜到了，这也是对心理学研究中曲线拟合和过拟合问题的一次讽喻式的反思（Michael Birnbuam 是通讯作者）。过拟合一直是引起广泛关注和投入大量研究工作的主题（例如 Pitt 和 Myung，2002），尤其是比较对噪声（相比信号）的拟合能力可能有所

---

① 注意，由于该模型的二次项，它也可以产生非单调函数。参见图 10.2。

不同的模型时。

模型复杂度与过拟合

过拟合的问题与模型复杂性（*model complexity*）的概念密切相关。模型复杂性（或模型灵活性，*flexibility*）是指模型拟合不同数据模式的能力。一个不灵活、不太复杂的模型将倾向于产生相同的预测，且与参数值无关，而一个更复杂和更灵活的模型能够根据参数值的精确设置产生非常不同的模式。这在图 10.2 中进行了说明，该图在左子图中显示了一个不太复杂的多项式模型（二阶）的预测，在右子图中显示了一个更复杂的多项式（10 阶）的预测。

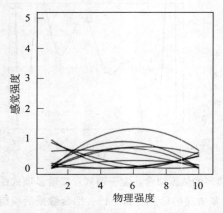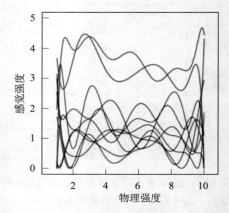

图 10.2 在随机采样的参数值下，来自 2 阶（左图）和 10 阶（右图）的多项式函数的预测。右侧较复杂的模型比左侧较简单的模型产生了更多不同的模式。

每个子图的十条线中的每一条都是在一组不同的参数值下的模型预测；对于每条线，多项式系数从均值为 0 和标准差为 5 的正态分布中随机抽取（为确保没有负值的感觉得分，我们调整了每条线，使其最小值为 0。）。左侧该子图表明，低阶多项式在其预测中受到更多限制：它只能生成 U 形或倒 U 形的模式，有的呈现增或减的趋势，有的没有。相反，右侧子图中更复杂的模型可能会根据参数设置产生非常不同的预测。右子图中的线条在曲线中在峰和谷的个数上有所不同，且峰和谷的位置也有所不同。因此，更复杂的模型可以根据参数值，而产生非常不同的预测模式。

Myung 和 Pitt（1997）有效地确定了决定模型灵活性的三个因素。第一个是模型中自由参数的个数。通常，具有更多自由参数的模型将比具有更少自由参数的模型提供更好的数据拟合。第二个因素是模型的函数形式。即便两个模型共享有相同数量的参数，根据参数的设置，其中一个模型仍可能产生更多种模式。例如，一部分论文比较了两种跨通道整合模型的灵活性，在这种模型中，来自不同感官的信息被组合起来以做出判断。一个典型的例子是音素识别（phoneme identification）：人们看到嘴巴说一个音素，并独立地听到音素的音频。问题是来自各个感官的输入信息不明确，且输入信息甚至可能发生冲突时，人们会听到哪个音素。在这一领域中，常被测验的两个模型分别为线性集成模型 LIM（Linear Integration Model）（Anderson，1981），它假定不同的信息源间进行的是线性组合，以及感知模糊逻辑模型 FLMP（Fuzzy Logical Model of Perception）（Massaro 和 and Friedman，1990），该模型假定非线性整合规则。比较这些模型的论文往往发现，尽管两个模型共享相同数量的参数，但 FLMP 比 LIM 更为灵活（Li 等人，1996；Pitt 和 Myung，2002；Wagenmakers 等人，2004a）。最后，Myung 和 Pitt（1997）确定的第三个因素是参数空间的范围，即参数的界限。例如，如果我们限制二阶多项式以使所有参数都大于 0，则该模型将只能生成线性或 U 形函数（而非倒 U 形函数），因此灵活性较差。

我们似乎总会偏好一个更复杂的模型，因为它能够拟合我们可能看到的许多不同的数据，因此复杂模型更通用、更"强大"。但在大多数情况下，我们希望模型在定量上既准确又简单。我们希望遵循一条归功于奥卡姆威廉（William of Ockham，1287 年至 1347 年）的原则，即在评估解释时，"非必要不增参"（Occam's razor，奥卡姆剃刀）[①]。在第 1 章比较托勒密和哥白尼提出的太阳系模型时，我们讨论过这个问题。这些模型都对数据作出了很好的量化解释。然而，这些模型的复杂性有所不同，哥白尼模型对行星轨道的假设要简单一些。与天文学不同，在心理学上因为我们的数据受噪音的干扰，这种情况通常会更加细微，而且面临着简单性和全面性之间的权衡。一方面，我们想要一个灵活的模型，因为它能够适应我们在数据中观察到的不同数据模式。另一方面，我们需要一个简单的模型，该模型（理想情况下）不会产生在我们的实验中未观察到的模式。

在找一个拟合得好的模型和一个简单的模型之间的这种矛盾关系可以回到过拟合的概念。假设我们的数据是由"真实"生成过程生成的，但该过程的结果输出之后被噪声污染了，由此我们可以看出段首的这种联系。我们建模的目的是仅描述生成过程，并排除噪声的有害影响。过拟合是指模型处理了所有可用的数据点，但既拟合了数据中的信号（即生成过程），又拟合了噪声的情况。这一点可能有悖常理，因为这意味着从某种意义上说，较差的拟合实际上可能会"更好"，因为它可以更好地解释生成数据的潜在过程，而不受有害噪声的影响。

考虑这个问题的一种常见的方式是在偏差（*bias*）和方差（*variance*）之间进行权衡。假设我们有一个生成数据的真实过程 f。在进行实验时，我们观察到的数据是真实模型输出加上随机噪声，$y_i = f(x_i) + \varepsilon_i$ 的组合，例如，考虑一个三阶多项式，使得 $f(x) = x - x^2 + x^3$，且 $\varepsilon \sim N(0, 0.5)$。真实过程 f 在图 10.3 的四个子图中以点的形式绘制。这些图中的其余信息是通过在相同的参数值下生成许多具有相同 f 的数据集而获得的，仅随机噪声在生成的数据集之间有变化。不同子图显示了拟合特定阶数多项式的结果，右上角子图中的三阶多项式与真实生成过程相同。每个子图中的粗灰色线表示平均拟合；在每个数据集的最佳拟合参数下获取预测值，然后对模拟数据集的预测值求平均，即可获得这些值。左上图中的一阶多项式系统地错误预测了数据：它是有偏差的，并且无论我们平均计算多少个数据集，都无法克服该偏差。相反，我们看到阶数大于或等于真实模型阶数的模型是无偏的：它们的平均预测与真实模型具有很

---

① 这个表述实际上是出自 John Punch（或 Johannes Poncius）。

好的匹配性。然而，随着我们增加拟合模型的阶数（进而增加复杂性），拟合的方差也随之增加。图中虚线显示了这一趋势，虚线是在所有生成的数据集上绘制的预测的 0.1 和 0.9 分位数，并给出了每个预测点在数据集之间的变化规律。我们可以看到，随着复杂度的增加，拟合的方差也随之增加。

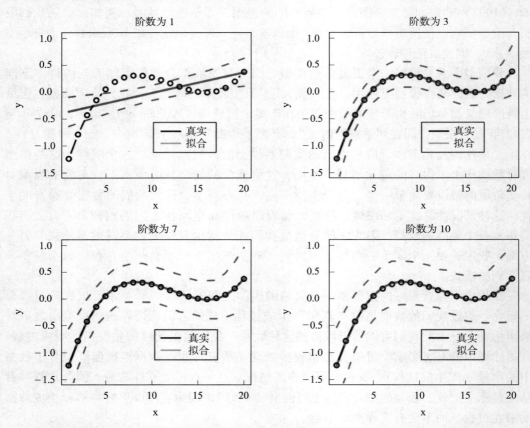

图 10.3　偏差与方差间的权衡。在每个子图中，绘制了一个"真实的"生成模型（一个三阶多项式）（用圆圈表示）。不同的子图绘制了不同阶多项式的拟合。灰色粗线描绘了每个模型的平均预测值，灰色虚线显示在不同模拟数据集间的方差。随着模型阶数的增加，偏差（系统性的错误预测）减少，方差增加。

图 10.4 通过检查直至 10 阶的所有多项式，在图 10.3 的 x 轴上求平均值以得到偏差和变异性的总体度量，从而总结了偏差和方差如何随模型复杂性而变化。黑色实线显示偏差（实际上是偏差的平方，使之以平方误差为单位）如何随复杂度变化。通过计算平均拟合值与数据之间的平方差，并对 20 个数据点上的这些值求平均值，可以得出（平方）偏差。通过确定所生成的数据集与平均拟合值之间的均方差来计算每个数据点的方差，再对 20 个点的方差进行平均，可以得出方差。偏差直至阶数增长到模型的真实阶数（三阶多项式）都在下降，并在该点处变为 0，因而所有更高复杂度的模型都是无偏的。但是，灰线显示方差随着复杂度的增加而单调增加。这些线展现了偏差－方差在实际过程中的权衡。最后，虚线绘制了由平方偏差和方差测度相加得到的

总误差，并显示了总误差在多项式阶数为 3（即真实生成模型）时最小[①]。

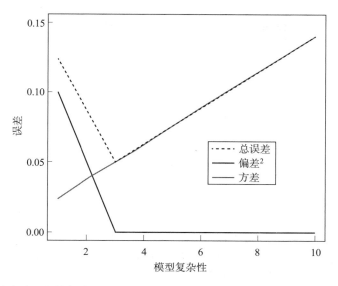

图 10.4 偏差方差之间的权衡。随着模型复杂性（拟合多项式的阶数）增加，偏差减小，方差增大。总误差最小的"最佳点"对应于真实模型的阶数。

另一种理解模型复杂性的方法依据的是其预测能力（prediction ability）。偏差和方差都相对较小的模型（即与真实生成过程近似良好的模型）应该能够预测由相同真实过程生成，但仅添加了一个独立的随机样本 ε 的未来数据集（如图 10.5 所示）。按照与图 10.4 相同的步骤再次构造大量的数据集。对于每个数据集，随机选择 20 个数据点中 18 个点构成的子集作为训练集，将所有模型（直到 6 阶）都用于拟合该训练集。剩余两个子数据点被测试集使用。图 10.5 显示了训练数据和测试数据上的平均误差（跨数据集平均）。不出意料，随着模型阶数的增加，模型可以更好地拟合数据。同时该图还显示出测试集（未用于模型拟合的数据）上的误差首先减少，然后增加，并且在生成过程的真实阶数附近达到最小值。

因此，如果我们有一个关于真正的生成过程的良好模型，即一个不拟合噪声的模型，那么该模型应该为尚未观察到的数据提供良好的拟合。

在比较模型的拟合优度时，复杂性和偏差－方差权衡是一个根本问题。模型拟合的相对好可能是因为它可以很好地描述真实的过程，又或者仅仅是因为它更灵活。因此，在评估模型与数据的一致性时，我们需要某种方式来考虑模型的复杂性。我们接下来会讨论多种模型比较的方法，将模型对数据的拟合度和复杂性考虑在内。

---

① 图 10.4 所示的复杂度之间的线性变化并非此类图的一般特征，它只是遵循此处使用的多项式的性质。

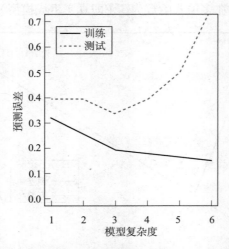

图 10.5　集外（out-of-set）预测误差。随着模型复杂性的增加，模型对拟合数据的拟合度也会随之增加。但是，当检查模型如何推广到尚未训练的数据时，随着模型复杂度的增加，预测误差会先减少，而后急剧增加。

10.2　模型比较

到目前为止，我们只考虑了单个给定模型的参数不确定性：回想一下，我们所有对似然性的规则都是以观察到的数据和要估计其参数的特定模型为前提条件的（请参见第 4.2 节）。如果我们可以确定所选择的模型确实非常接近生成关注数据的实际过程，那就不存在问题。但是，我们必须在模型推理中认识到另一水平的不确定性，即模型本身的不确定性。这种不确定性是我们作为心理学家常问的核心问题：在多个给定的候选模型中，哪一个与实际生成观测数据的过程最相似？

模型选择涉及比较多个模型与数据的拟合度，以便提出模型作为基础生成过程的相对可信度。尽管我们已经了解许多计算模型与数据之间差异的方法，但我们首先集中在对数似然性上。下面我们将解释为什么对数似然具有成为拟合优度理想度量的属性。然而由于上一节中讨论的原因，即尽管一个复杂模型所包含的额外假设与基础过程几乎没有关系，它也可能比简单模型对一组数据拟合得更好。因此，我们将讨论的模型比较方法有两个目标：找到最佳和最简的模型。

10.3　似然比检验

让我们先考虑嵌套模型的情况。这是指两个模型中的一个是另一个的简化版本，是通过将模型中的一个或多个自由参数限制为"空（null）"值获得的，使此值对模型无效（例如，如果参数是可加的，则为 0；如果是可乘的，则为 1）。例如，在前面章节讨论的信号检测模型中，可辨别性参数被设置为 0，以模拟人们无法区分世界不同状态的情况。在模型过程中，这将具有"关闭"一种或多种理论上有意义的机制的效果，使其对模型的行为没有影响。因此，我们希望确定是否有必要使这些参数自由变化以获得拟合度的提升。

如果我们使用对数似然作为拟合优度的度量，则可以利用偏差（$-2\ln L$；参见 4.4 节）和卡方（χ^2）统计量之间凑巧存在的关系。这是因为两个嵌套模型之间的 $-2\ln L$ 差异的渐近分布（即大样本）是 χ^2 分布。因此，如果我们通过最大似然估计（MLE）得到拟合了某些数据的模型，然后通过允许一个参数自由变化并再次拟合使该模型泛化，若两个版本的模型无实际差别，则 $-2\ln L$ 的变化将近似为 χ^2 分布。

一般而言，如果我们在通常情况下的两个嵌套模型中，拥有 K 个额外的自由参数，则模型之间的 $-2\ln L$ 差异将近似为具有 K 个自由度的 χ^2 分布。要明确的是，该 χ^2 分布表示在模型之间没有差异的零假设下 $-2\ln L$ 的采样分布，而更复杂模型中额外的灵活性仅使它对噪声的拟合超过简化模型中的系统性拟合。这意味着我们可以通过计算模型之间的 $-2\ln L$ 差异来评估额外自由参数的贡献。

$$\chi^2 \approx -2\ln L_{specific} - (-2\ln L_{general}), \tag{10.2}$$

其中，*general* 是指模型的普遍版本，而 *specific* 则是固定某些参数后的受限版本。然后，我们可以将获得的 χ^2 与在 K 自由度及我们给定的 α 水平（通常为 0.05）下 χ^2 分布的临界值进行比较。这被称为似然比检验，因为我们正在研究更复杂的模型中增加的似然（即较小的 $-2\ln L$；由于对数与指数之间的关系，似然比会转化为对数似然的差）是否来自于额外的参数。您可能记得第 3 章中的这个检验方法，在第 3 章中，我们介绍了 G^2 统计量，以度量模型与一组离散数据之间的差异，并注意到该统计量的渐近分布也为 χ^2 分布。

例如，我们会讨论行为经济学中的流行的前景理论（Prospect Theory）（Kahneman 和 Tversky，1979；Tversky 和 Kahneman，1992）。前景理论是一种描述性模型，用于解释人们如何做出有风险的选择。从结果不确定的意义上讲，我们生活中的大多数选择都是有风险的。前景理论将有风险的决策选择视为赌博（*gambles*）或是前景（*prospects*）之间的选择。每个前景由一组有价值的决策以及一组相关的概率定义。应用前景理论的一个典型问题是在以下赌博之间进行选择：

选项 A：
- 80% 概率赢得 5 美元
- 20% 概率赢得 100 美元

选项 B：
- 100% 概率赢得 24 美元

您更喜欢其中哪一项？一旦下定决心，请注意两种赌博的期望值是相同的：（$0.8 \times 5 + 0.2 \times 100 = 24$）。如果您选择选项 A，则在该情况下您倾向于冒险：您更愿意大概率接受小额回报（5 美元），主要是因为有小概率（$p = 0.2$）赢得大额奖金（100 美元）。如果您选择选项 B，那么您会表现出规避风险的行为，选择安全的选项，确保您赢得中等规模的奖金。前景理论旨在将人们做出的选择解释为一个问题结构的函数，

以及这个问题的表达方式。

前景理论由分别应用于价值和概率的两个独立函数组成。价值函数（value function）将结果值（例如，上例中的金额）映射为主观值，以反映人们对不同结果的喜好程度。价值函数 v 被定义为：

$$v(x) = \begin{cases} x^{\alpha}, & \text{if} \quad x \geqslant 0 \\ -\lambda(-x)^{\beta}, & \text{if} \quad x < 0. \end{cases} \tag{10.3}$$

该式的一个关键特征是对增益（x≥0）和损耗（x＜0）的反应是由不同的参数进行调节的。图 10.6（左子图）显示了一个说明性的价值函数（$\alpha = 0.5$，$\beta = 0.5$，$\lambda = 2$）。该图突出显示了价值函数的一些功能。首先，对于正值的结果，结果的大小与主观价值之间存在凹函数关系：第一个 1 美元的价值大于第二个 1 美元，而 100 美元的主观价值几乎没有增加。这种递减的边际价值（或效用）是由丹尼尔·伯努利（Daniel Bernoulli）于 18 世纪首先正式提出的，以解释为什么固定金额对穷人比富人更有价值，并在 20 世纪得到了大量的理论支持（Friedman 和 Savage，1948 年；Von Neumann 和 Morgenstern，1944 年）。收益的价值函数的凸度构成了解释风险规避的基础，即使在平均结果相同的情况下，人们也倾向于获得确定的收益而不是不确定收益。由前面介绍的示例选择可知，价值函数降低了第一个选项中不太可能发生的 \$ 100 结果的主观价值，使第二个安全的选项看起来更具吸引力。

前景理论的创新在于认识到结果是相对于参考点（例如，一个人的当前状态）进行评估的，且对于增损的价值函数有所不同。如图 10.6 左边图所示，随着结果变得正值更大，损失函数是凹形的（向上弯曲）。这意味着人们在追逐风险，而这往往是在经验证据中被发现（Kahneman 和 Tversky，1979）。价值函数图还显示了损失比增益的函数更为陡峭（$\lambda > 1$）。这是描述额外的损失厌恶现象所必需的，在此现象中，对比相同数量的收益，人们更重视损失（Kahneman 和 Tversky，1979 年）。

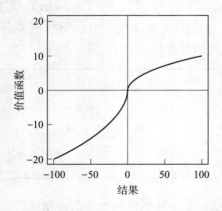
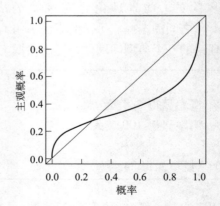

图 10.6　前景理论的两个函数。左图：价值函数；右图：概率函数。详细信息请参见文本。

前景理论的第二个组成部分是概率加权函数（probability weighting function）。激发该函数的发现是：人们倾向于过度重视小概率事件，而轻视中等和大概率事件。在这里，我们将讨论前景理论的一个版本，累积前景理论（Cumulative Prospect Theory）（Tversky 和 Kahneman，1992）。累积前景理论假设人们的概率权重由下式得出：

$$w(p) = \frac{p^c}{(p^c + (1-p)^c)^{(1/c)}},\qquad(10.4)$$

其中 p 是客观概率（即赌博中出现的概率），而 $w(p)$ 是该概率的主观权重。在公式中，c 是确定函数曲率的自由参数，从而确定小概率的相对权重增加程度和大概率的权重降低程度。图 10.6 的右子图绘制了 $c=0.5$ 时的概率加权函数。累积前景理论还有另外两个复杂之处。一是对增益和损失使用单独的概率加权函数：对于增益，$c=\gamma$，而对于损失，$c=\delta$。这些常被写作为独立的函数 w^+ 和 w^-，其中 w^+ 是在 $c=\gamma$ 时的公式 10.4，而 w^- 是在 $c=\delta$ 时的公式 10.4。第二个复杂之处是 w^+ 和 w^- 适用于累积概率（cumulative probabilities）。具体来说，我们假设前景中的概率 p_i 按正值递增的顺序排列，因此 p_1 是最负结果概率，p_n 是最正结果的概率（n 是结果数量），而 k 是最积极的负结果的索引。然后：

$$
\begin{aligned}
\pi_1 &= w^-(p_1),\\
\pi_n &= w^+(p_n),\\
\pi_j &= w^-(p_1+\cdots+p_j) - w^-(p_1+\cdots+p_{j-1}),\ 1<j\leqslant k,\\
\pi_j &= w^+(p_j+\cdots+p_n) - w^+(p_{j+1}+\cdots+p_n),\ k<j<n,
\end{aligned}
\qquad(10.5)
$$

公式 10.5 直觉上的含义并不明显，读者可以参考 Tversky 和 Kahneman（1992）的说明。就我们的目的而言，累积前景理论中有关概率加权的重要细节是公式 10.5 产生了小概率的超权重和大概率的权重不足。

一次赌博的效用（即主观总价值，utility）是通过将主观值（从公式 10.3 获取），与其关联的概率加权（从公式 10.5 获取）得到：

$$V = \sum_i^n \pi_i v_i \qquad(10.6)$$

对于每个备选方案，通过公式计算效用，并假设人们通过公式计算效用，并根据效用在备选方案之间进行选择。尽管这些决策通常被视为确定性的，但在拟合模型时通常假设决策是随机的，以便每个前景（即每个备选方案）都有被选择的可能（Stott，2006）。根据 Rieskamp（2008），我们使用 softmax 函数将主观值转换为选择概率：

$$P(g) = \frac{e^{\Phi V_g}}{\sum_i^n e^{\Phi V_i}}. \qquad(10.7)$$

softmax 函数在将值或证据转换为选择概率上与 Luce Choice Rule（例如公式 1.5）相似，并且经常用于强化学习等领域（第 15 章）。参数 Φ 决定了反应的噪声：当 Φ 接近 0 时，反应变得更加随机，而当 Φ 接近 $+\infty$ 时，反应变得更加确定。

现在，我们可以将累积前景理论（CPT）用于拟合数据。对于每个决策问题，对数似然由 $lnP(g_c)$ 给出，其中 g_c 指被试实际做出的选择。然后，我们可以对选择问题求和以得到对数似然的总和，然后乘以 -2 将其转换为偏差度量。我们使用的数据来自 Rieskamp（2008），他对 30 名被试进行了测试，涉及各种各样的选择问题，这些问题包括仅涉及正结果，或仅负结果以及正负混合结果（共 180 个问题）。列表 10.1 给出了一些拟合模型的代码。

```
1  source("cumulPT.R")
2  library(dfoptim)
3
4  # function to calculate lnL for CPT
5  fitCPT <- function(theta, prospects,choices){
6
7    lnL <- rep(0,length(prospects))
8
9    for (i in 1:length(prospects)){
10     cprobs <- CPTchoice(prospects[[i]],
11                   theta[1],theta[2],theta[3],theta[4], ←
                         theta[5],theta[6])
12     if (!is.vector(choices)){
13       lnL[i] <- sum(log(cprobs[choices[i,]+1]))
14     } else {
15       lnL[i] <- log(cprobs[choices[i]+1])
16     }
17   }
18   if (any(is.infinite(lnL) | is.na(lnL))){
19     return(10000)
20   } else {
21     return(-2*sum(lnL))
22   }
23 }
24
25 dat <- read.csv("Rieskamp2008data.csv",
26                 header=T)
27 prospects <- {}
28
29 for (i in 1:length(dat$choicepair)){
30   p1 <- list(x=c(dat$A1_payoff[i],
31               dat$A2_payoff[i]),
32            p=c(dat$A1_prob[i],
33               dat$A2_prob[i]))
34
35   p2 <- list(x=c(dat$B1_payoff[i],
36               dat$B2_payoff[i]),
37            p=c(dat$B1_prob[i],
38               dat$B2_prob[i]))
39
40   prospects[[i]] <- list(p1=p1,p2=p2)
41 }
42
43 choices <- subset(dat, select=X1:X30)
44
45 # fit individuals with lambda free
```

```
46  startPoints <- as.matrix(expand.grid(alpha=c(0.7, 0.9),
47                              lambda=c(0.7, 1.4),
48                              gamma=c(0.5,0.8),
49                              delta=c(0.5,0.8),
50                              phi=c(0.05,2)))
51
52  fits <- {}
53
54  for (subj in 1:30){
55    tchoice <- choices[,subj]
56    print(paste('Fitting subject ',subj))
57    bfit <- list(value=10000)
58    for (sp in 1:dim(startPoints)[1]){
59      tfit <- nmkb(par=startPoints[sp,],
60                      fn = function(theta) ↩
                        fitCPT(c(theta[1],theta[1], ↩
                        theta[2:5]),
61                      prospects=prospects, ↩
                        choices=tchoice),
62                      lower=c(0,0,0,0,0),
63                      upper=c(1,10,1,1,10),
64                      control=list(trace=0))
65      if (tfit$value < bfit$value){
66        bfit <- tfit
67      }
68      print(paste(sp,tfit$value,bfit$value))
69    }
70    fits[[subj]] <- bfit
71  }
```

脚本 10.1　累积前景理论的最大似然拟合

在第一行，我们提供一个源文件，其包含用于在给定参数的情况下计算 CPT 预测的函数。我们还将加载 dfoptim 库，该库用于执行参数范围内的 SIMPLEX 搜索。然后，我们定义一个包装函数 fitCPT，将一个参数向量 θ、一组 prospects 以及一些被试的 choices 作为输入，并计算出模型预测与数据选择之间的偏差（$-2lnL$ 总和）。函数遍历选择问题，并针对每个问题计算给定当前参数值的每个选项的预测选择概率。根据 choices 是矩阵（每列为来自单个被试的数据）还是向量（来自单个被试的选择），lnL（总和）则通过给定的实际选择（即每个问题的g_c）lnP（g_c）后确定。之后该函数返回 -2 倍的对数似然的总和（若参数值返回极端概率，则进行一些错误检查）。

下一部分代码读取了各个问题，并为每个问题构建了一个列表。每个问题都是一个选项列表（p1 和 p2），每个选项都由概率向量和收益向量定义。我们还定义了一个矩阵 choices 来保存数据（被试的选择），其中每一行代表一个问题，每一列代表一个被试。然后，我们用 CPT 对每个被试的数据做拟合。要注意的一件事是，我们假定 $\alpha=\beta$，这意味着价值函数的曲率对于增益和损失是相同的（请参见公式 10.3）。尽管从理论上讲，α 和 β 可以取不同的值，但通常它们被估计为相似的值。Nilsson 等人

（2011）发现自由地改变 α 和 β 就可以模拟 λ 的影响。通过将它们固定为相同的值，我们可以获得更好的损失厌恶估计。函数 nmkb 用于拟合数据，nmkb 只是标准 SIMPLEX 优化算法的一种改进方法（第 3 章），使得我们能给参数值范围设置边界。根据 Nilsson 等（2011 年），我们在 $\alpha=\beta$，γ 和 δ 上设置 0 和 1 的下限和上限；将 λ 和 φ 限制在 0 ~ 10 的范围。我们使用许多不同的初始化来增大找到全局最小值的概率。

最终总偏差为所有被试的偏差（$-2\ln L$）之和，为 5378.41。表 10.1 的第一行总结了最大似然参数估计值。这些参数看起来是合理的，并且可以与之前 CPT 对经验数据的拟合相媲美。要注意的是，损失厌恶的参数 λ 平均值接近 1。

表格 10.1　累积前景理论与 Rieskamp（2008）数据的拟合的摘要参数估计
数值表示均值，括号中的数值为标准差。

模型	$\alpha=\beta$	λ	γ	δ	ϕ
λ 不定	0.81（0.28）	1.10（1.04）	0.68（0.26）	0.72（0.25）	0.62（1.27）
$\lambda=1$	0.83（0.25）		0.69（0.27）	0.73（0.22）	0.56（1.49）

一个问题是，在这些数据中我们是否有损失厌恶的证据：λ 确实大于 1 吗？我们可以使用似然比测试来评估这一点，将 λ 固定为 1 并再次拟合模型，并探讨将 λ 作为自由参数更灵活的模型是否对数据有更好的拟合。该受限模型即 $\lambda=1$ 的模型的总偏差为 5454.50，其偏差参数估计值在表 10.1 的最后一行中显示，两个模型偏差差异为 76.09。此模型比较的自由度为 30，因为对于 30 个被试中的每个被试，更通用的模型都存在一个额外的自由参数（λ）。p 值（$\lambda=1$ 时得到更极端的 χ^2 差值的概率）为 1-pchisq（76.09，30），约为 10^{-6}。这表明模型之间存在显著差异，从而得出平均而言，被试厌恶损失的结论。

这个结论还有需要注意之处。如 Rieskamp（2008）和 Nilsson 等人（2011 年）所述，一般模型 λ 的中值接近于 1。平均差异主要是由一名损失厌恶较高的被试（$\lambda>6$）驱动的。评估单个被试的模型差异时（对于每个被试进行比较时取 $df=1$），差异仅对九个被试有意义，其中六个被试估计的 $\lambda<1$，因而似乎增益的权重大于损失。因此，除了展示似然比测试之外，该示例还强调了检查被试是否显示出相同效果模式的重要性（请参阅第 5 章）。

似然比检验（Likelihood Ratio Test，LRT）是一种经典且有用的方法，可根据对某些数据的拟合来区分数学模型。但是，LRT 的一些局限性限制了其作为通用模型比较工具的适用性。首先是 LRT 仅适用于嵌套模型。如果模型不是嵌套的，那么我们就不能采用这种方法，因为 χ^2 分布是在两个模型（通用模型和受限模型）相同的零假设下获得的。

第二个反对使用 LRT 的论点是，即使是对于嵌套模型，它也依赖于零假设检验方法。在该方法中，我们先验地假设了一个模型（零假设），并需要有足够的证据来拒绝该模型（假设）以支持更复杂的替代模型（替代假设）。零假设检验存在许多相关的问题且都反对将其用于模型推论（Wagenmakers，2007）。特别是，尽管在 t 检验和方差分析中，存在使用零假设检验的可行性理由（例如，Howell，2006；Pawitan，2001），但是在检验心理过程模型时，无论模型是否是嵌套的，我们都希望能够为模型既提供支持的证据也提供反对的证据。因此本章的其余部分和下一章将描述适用于嵌套和非嵌套模型的数据拟合度的度量方法，这些方法将为我们提供给定数据下的每种模型的相对证据强度的度量。

10.4 赤池信息量准则（Akaikes' Information Criterion）

上一节定义了偏差关系：在没有差异的零假设下，嵌套模型的偏差约为 χ^2 分布。偏差与被称为 Kullback-Leibler（KL）距离的量之间也存在着关系，该距离用于衡量已知模型与所研究的"真实"过程的匹配程度。

Kullback-Leibler（KL）距离是当我们使用一个模型来近似另一个模型时丢失信息多少的度量。从这里开始，我们将关注的模型称为"已知"模型，并将其与未知的现实状态即"真实"模型或现实进行比较。我们希望使用已知模型近似"真实"模型或现实的情况。连续数据的 KL 距离为：

$$KL = \int R(x) \log \frac{R(x)}{p(x \mid \boldsymbol{\theta})} dx , \tag{10.8}$$

其中，$R(x)$ 是真实模型的概率密度函数，$p(x \mid \boldsymbol{\theta})$ 是我们用来近似逼近已知模型（给定参数 $\boldsymbol{\theta}$ 情况下）的概率密度函数。在离散变量的情况下，K-L 距离可由下式得到

$$KL = \sum_{i=1}^{I} p_i \log \frac{p_i}{\pi_i} , \tag{10.9}$$

其中 i 索引指 i 到 I 类离散变量，p_i 和 π_i 分别是"真实"概率和已知模型预测的概率。公式 10.8 和 10.9 中显示的 K-L 距离用于衡量预测的概率或概率密度与"真相"的偏离程度[①]。当我们按如下方式重写公式 10.8 时，使用此量作为信息量度的作用变得更加清楚：

$$KL = \int R(x) \log R(x) dx - \int R(x) \log p(x \mid \boldsymbol{\theta}) dx . \tag{10.10}$$

公式 10.10 中的第一项告诉我们"真实"模型中存在的信息总量。该信息实际上是对现实中熵或不确定性的度量。如果现实中存在更多的变异性，因为我们可能观测到的 x 的下一个值很难被预测到，故每次观测将提供更多的信息。公式 10.10 中的第二项量化了两个模型的交叉熵。这是模型表述的现实不确定性。两者之间的差异告诉我们使用模型逼近真实性后剩下的不确定性。趋于极限的情况下，当我们的模型与现实完美匹配时，这两个项将是相同的，即现实中不会存在未反映在模型中的不确定性：KL 距离将为 0。因而模型对现实提供较差的拟合时，KL 距离将会增加。

关于公式 10.10 要注意的一件事是，第一项，即"真实"模型中的信息，对我们选择的近似模型不敏感。因此，"真值… 作为常数被抵消掉了"（Burnham 和 Anderson，

---

① K-L 距离不是对称的：模型与现实之间的距离不一定等于现实与模型之间的距离。由于这个原因，一些作者更喜欢将此量称为 K-L 散度（K-L discrepancy，参见 Burnham 和 Anderson，2002）。

2002，第58页）：我们可以无视此项，而使用第二项作为相对距离的度量，或者说相对现实模型有多好。要注意的第二点也是重要的一点，第二项只是预期的对数似然 $\log L\,(\boldsymbol{\theta}|x)$，即给定数据和模型的 $\boldsymbol{\theta}$ 的对数似然。在公式10.9中，这一点更加明确，它只是我们在第3章（公式3.4）中提到的 G^2 统计量的公式，但观察到的概率被"真实"概率代替，而未引用观测数 N（针对于特定样本，而非模型的属性）。随着我们拥有更多数据，观察到的概率将收敛为"真实"概率，在给定模型和参数值的情况下，对数似然将是对 K-L 距离的估计。

K-L 距离与似然性之间的关系有望为我们提供模型比较的原则框架。但是，到目前为止，在讨论 K-L 距离时，我们忽略了一个重要细节，即我们还没有真正讨论过参数 $\boldsymbol{\theta}$。在本书的第2部分中，我们遇到定量建模中的一个基本问题：模型的参数值往往不会直接提供，而必须从数据中估算出来。当我们要确定拟合模型的拟合优度时，这会引入一些循环性质：我们从数据集中估算出模型参数，然后希望通过使用同样的估计参数为同一数据集去评估模型的拟合！

Akaike 认识到使用似然性作为 K-L 散度的估计时存在这个问题。图10.7说明了普遍的问题。左侧的子图显示了我们理想状态下想要获得的：每个候选模型 $M1$，$M2$，$M3$ ⋯ 与现实 R 之间的 K-L 距离 [请参见 Burnham 和 Anderson，（2002），有对每个具体模型的详细分析]。但在右子图所示的情况中我们遇到了问题，显示出在每个模型中，K-L 距离还会根据参数 $\boldsymbol{\theta}$ 的变化而变化。理想情况下，我们会用与 ML 参数估计值相对应的对数似然（在图10.7中标记为 $\hat{\boldsymbol{\theta}}$）。但 Akaike 认识到最大化对数似然是 K-L 距离的有偏估计，因为使用了相同的数据来获得 ML 估计的 $\hat{\boldsymbol{\theta}}$ 并用于计算 K-L 距离。也就是说，我们使用数据来确定参数值，这些参数值同时也使我们在 K-L 空间中如数据所表示，最接近"真实"模型。基于一些关于似然面的规律性假设，Akaike（1973）指出，这一偏差可以进行量化，并可通过仅根据最大似然校正 K-L 距离的度量来达成。有关 Akaike 推论的解释，请参见 Bozdogan（1987），Burnham and Anderson（2002）或 Pawitan（2001）。

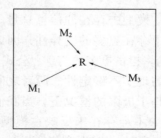 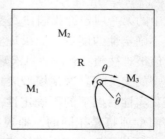

图10.7　K-L 距离是一个模型及其参数的函数。左图：三个模型和它们与真实 R 之间的 K-L 距离。右图：K-L 距离的改变是左图中一个模型中的参数 $\boldsymbol{\theta}$ 的函数。与真实最接近的点为最大似然估计的参数 $\hat{\boldsymbol{\theta}}$。

经过校正的指标 AIC（赤池信息量准则，Akaike's Information Criterion，AIC。）赤池（Akaike）原本打算将其简单地称为信息准则。计算公式为：

$$AIC = -2lnL \left(\hat{\theta} \mid y, M \right) + 2K, \tag{10.11}$$

其中 M 指的是我们的特定模型（我们在第 4 章中简要介绍了 M，但是在接下来的讨论中省略了它；在这里，我们重新引入它是因为我们现在考虑了多个模型，因此区分它们变得十分重要）。第一项是我们现在熟悉的偏差 $-2lnL$。第二项校正了最小偏差（minimized deviance）中的偏差（bias），它是模型中参数数量 K 的两倍。这种简单的关系将我们带到了图 10.7 左侧子图绘制的理想情况，其中 AIC 表示对模型与数据之间的预期 KL 距离的无偏差估计。请注意，模型实际上是一系列模型，它们的特定参数值有所不同（10.7 右子图；请参见，Kuha，2004）。

AIC 在拟合优度和模型复杂性之间进行权衡。我们可以将 AIC 解释为 $-2lnL$（拟合优度）与参数 K 的数量（模型复杂性）之间得到的权衡。引入更多参数将改善拟合度，但也会增加惩罚项的大小。然后，在 AIC 中我们对精简原则进行了计算实例化：找到最佳且最简单的模型，如 Myung 和 Pitt（1997）指出并在本章前面讨论过的，AIC 仅考虑了在参数数量不同情况下的复杂性。模型的函数形式和参数空间的范围也对复杂性有所影响，但 AIC 并未考虑这些。

让我们再来看一次 Rieskamp（2008）研究中 AIC 应用的示例。在 CPT 以外的许多模型中，Rieskamp 研究了一种称为优先启发式（priority heuristic）的简单启发式模型（Brandstatter 等，2006）。作为一种启发式模型，优先启发式方法的核心原理是人们不是处理所有信息并整合，而是使用简单的操作以零碎化的方式处理信息。在仅包含收益的两个赌博选项，或包含收益和损失的混合赌博选项之间进行抉择的情况下，该理论假设以下每个阶段都是按顺序执行的：

1. 计算两个选项的最小（最负情况）结果之间的差异（此处仅指数值）。如果此差额小于两选项最大结果的 1/10，则选择最差结果高的选项。如果不是，进入下一步。

2. 计算在步骤 1 中确定的两个最小值的概率差。如果该差 < 0.1，则选择概率最低的选项（即最低结果可能性最小）。如果不是，进入下一步。

3. 选择最好结果最大的选项。

在本章前面给出的决策选择中，最差结果的差为 24 − 5 = 19。值 19 大于最好结果（＄100）的 1/10，因此我们继续执行第二步。第二步中确定的两个最小值的概率之差为 1.0 − 0.8 = 0.2。该差异不小于 0.1，因此我们继续进行下一步，选择"选项 A"，因为它是最好结果数值最大的选项。

在选项仅包含负结果的情况下，优先启发式方法将重点放在最大（即最正确的）结果上，而不是最小的结果上。

刚刚描述的模型的一个弊端是确定性的（deterministic）模型。因此，只要某个反应与其预测不一致，就可以绝对排除它（模型相对于数据将有无限偏差）[1]。Rieskamp（2008）使用了该模型的随机版本，假设被试选择优先启发式方法，不推荐选项的概率为 α，则选择推荐选项的概率为 $1 - \alpha$。

---

① 该反应的概率为 0，对数 0 未定义。当 a 趋近于 0，loga 趋近于 $-\infty$。

对于 CPT，我们可以用优先启发式的带噪音的版本，用单个自由参数 α 拟合数据[①]。最大似然估计得到的总偏差为 7242.10。这远大于先前检查的两个版本的 CPT 的偏差值。但是，CPT 的自由参数数量大于优先启发式算法，因此在比较模型的偏差值时，我们应注意这一点。相反，我们将使用 AIC 来校正两个模型偏差的偏差（bias），作为 K-L 距离的估计值。让我们继续研究完整版的 CPT。对于 30 名被试中的每个被试，估计了完整模型的五个自由参数，AIC（CPT）= 5378.41 + 2×5×30 = 5678.41。优先启发式（PH）仅具有一个自由参数，AIC（PH）= 7242.10 + 2×1×30 = 7302.10。

显然，下一步是选择具有最小 AIC 的模型，即与真实生成过程间的预期 K-L 距离最小的模型作为"获胜"模型。通过计算模型中每个 AIC 值和最小 AIC 值之间的差，获胜模型将更加明显（Burnham 和 Anderson，2002）。尽管不是必要的步骤，但这可以帮助提高信息准则的可读性，因为有时这些值可达到非常大（数万的数量级）。计算 AIC 差异也可解释这些信息准则的扩展。由于似然性的对数变换，AIC 值之间的差实际上是原始似然性之间的比值。因此，AIC 值 2 和 4 之间的差异与 AIC 值 2042 和 2044 的之间的差异一样大。呈现 AIC 的差值部分地避免了读者自然而然地倾向于用比例尺来解释 AIC（因为其本身是按照对数刻度来体现的）。差值表示了最佳模型（具有最小 AIC 的模型）与集合中的其他模型相比表现如何。实际上，我们可以计算任意两个模型之间的 AIC 差值，从而量化它们的相对校正拟合优度。

AIC 的差值能为我们提供什么信息呢？答案是，当我们采用当前模型而非最佳模型作为 AIC 中的近似模型时，会获得逼近"真实"模型所产生的额外损失估计。Burnham 和 Anderson（2002）提出了一个启发式表格（原书第 70 页），用于将 AIC 差异（ΔAIC）解读为证据的强度：ΔAIC = 0 – 2 表示模型之间几乎没有区别；4 – 7 表示对具有较大 AIC 的模型的支持"很少"；> 10 表示基本上不支持 AIC 较大的模型，而对 AIC 较小的模型则有很多支持。在 CPT 与优先启发式比较中，ΔAIC = 7302.10 – 5678.41 = 1623.69，这似乎为 CPT 提供了有力的支持。

我们还可以将 AIC 值转换为模型的似然性。给定在一个特定模型与一组模型中的最佳模型之间的 AIC 差值 ΔAIC，我们得到的似然性为（Burnham and Anderson，2002）：

$$L_i \propto \exp\left(-\frac{1}{2}\Delta AIC_i\right). \tag{10.12}$$

由于公式 10.12 是基于 AIC 的，因此可以对模型中的自由参数进行校正，并将公式 10.12 视为模型在给定数据情况下的似然性 $L(M \mid y)$（Burnham 和 Anderson，2004）。因为它是相对于集合中的其他模型来表达的，似然性仅与方程式 10.12 中的表达式成比例；即使特定模型 i 的 K-L 距离是固定的，改变集合中的模型也会影响方程式的值。这并非是一个问题，因为公式 10.12 的真正意义在于确定集合中每个模型的证据的相对强度。为此，方程式 10.12 给出了一个似然比：最佳模型的概率与模型 i 的概率之比，就像在 10.3 节中以嵌套模型为背景讨论的模型似然比一样，该模型似然比告

---

① 该代码中的大部分在概念上与 CPT 相似，因此在此不做介绍。本书的网站上提供了适合占优启发式的 R 代码。

诉我们两种模型的相对证据。更一般来说，我们也可以计算 Akaike 模型权重。

$$w_M = \frac{\exp(-0.5\Delta AIC_M)}{\Sigma_i \exp(-0.5\Delta AIC_i)}. \tag{10.13}$$

Akaike 权重对模型表示和模型推断很有用，因为它们量化了每个模型在解释数据时的相对成功度。Burnham 和 Anderson（2002）提出了对 Akaike 权重的一种具体解释，将其作为支持每个模型是集合中的最佳模型（"最佳"意味着它与现实之间的 K-L 距离最小）的证据权重。

请记得我们的推论是针对现在正在比较的已拟合了数据的模型集。这意味着我们不应该比较不同数据集的 AIC 值或相关统计数据，且似然比和模型权重还特定于比较的模型集。同时还要注意在对数似然中包括或排除常数。在第 4 章中，我们注意到对数似然函数中任何一个不因参数而变化的项（terms）都是可以删除的，因为它们不影响参数的最大似然估计。但是，当我们比较不同的模型时，我们必须保留这些项，除非所有模型都共享这些项。例如，前高斯密度函数（Gaussian density function）和威布尔密度函数（Weibull density function）（Cousineau 等，2004）通常用于描述反应时，每个模型都有自己的常数，且模型之间未共享这些常数。在这种情况下，如果我们想比较两个模型之间的对数似然（和 AIC 值），则应保留这些常数。相比之下，假设我们正在比较两个分类模型，并使用多项式对数似然函数（公式 4.8）将这两个模型与数据拟合。在这种情况下，若模型在多项式对数似然中共享多个常量，则可以将这些常量舍弃（但在那种情况下必须在两个模型中都舍弃）。这对嵌套模型而言并不是什么问题，因为它们倾向于在似然函数中包含相同的常数。

在介绍另一种常用的信息准则之前，我们提到的一些统计学家已指出，当模型对于给定的拟合数据具有大量参数时，AIC 的性能不佳（如 Hurvich 和 Tsai，1989；Sugiura，1978）。在小样本的情况下拟合回归模型和自回归模型时，应将 AIC 进行校正。该更正后的 AIC（称为 AIC_c）由下式给出：

$$AIC_C = -2\ln L(\hat{\theta}|y, M) + 2K\left(\frac{N}{N-K-1}\right), \tag{10.14}$$

其中 N 是数据点的数量。Burnham 和 Anderson（2002）建议在对小样本行为进行建模时（即每个参数的数据点数小于 40 时）使用此统计量。

10.5 计算复杂度和比较模型的其他方法

尽管 AIC 有效且广泛应用，但我们应该认识它的一个基本局限性。这是因为它仅考虑了模型的参数数量，而没有考虑 Myung 和 Pitt（1997）指出的导致模型复杂性的其他因素、参数空间的范围以及模型的函数复杂性。已有许多其他模型选择方法，这些方法可以测量复杂性，或将复杂性考虑在内。在下一章中将详细讨论通过贝叶斯因子（包括贝叶斯信息准则，Bayesian Information Criterion）进行的贝叶斯模型比较。在这里，我们简要讨论其他一些方法。尽管这些方法已在其他地方得到广泛应用（例如，机器学习），但是它们在比较行为理论时并不常见，因此我们将简要介绍。

10.5.1 交叉验证（Cross-Validation）

如前面图 10.5 所示，一个过拟合的过于复杂的模型，在其拟合过的数据（即训练数据）上会有较好的拟合结果，但在预测未拟合过的数据（即测试数据）上则表现不佳。因此，一种建模方法是使用训练数据集来估计参数，并在单独的测试集上评估模型。但这对数据的利用很低效。一种称为交叉验证的方法着眼于训练集和测试集之间的交叉预测，通过让各个数据依次归于训练集和测试集，从而更有效地利用数据（Arlot 等，2010；Hastie 等，2009）。一种较为常用的方法是留一法（leave-one-out，LOO）交叉验证，该方法中的每个数据点都先后被排除在训练集之外，并且充当唯一的验证集（Geisser，1975；Stone，1974）。Stone（1977）指出，LOO 交叉验证与 AIC 渐近等效，因为最小化 LOO 交叉验证误差等效于最小化 AIC 统计量。更为通用的方法是 K 折交叉验证（K-fold cross-validation），其中将数据随机分为 K 个集合，每个集合 j 依次用作验证集（所有不为 j 的集合用作训练集）。Hastie 等（2009）指出，K 折交叉验证为不同训练集之间的预期预测误差提供了合理的估计。

10.5.2 最小描述长度（Minimum Description Length）

最小描述长度（Minimum Description Length，MDL）是一种信息论测度，在校正复杂性时明确考虑了模型的函数形式。MDL（例如，Grünwald，2007；Li 和 Vitanyi，1997；Rissanen，1999）将模型选择视为数据压缩问题：我们希望找到一个能够简单描述数据而不丢失重要特征的模型。这里"简单"由信息论来定义：我们假设模型是描述数据的一组计算机代码（一种算法），并根据充分描述数据所需的代码长度（如代码的位数）量化复杂性。对于以概率分布（以及似然性）描述的模型，模型 M 的 MDL 计算如下：

$$MDL(M) = -\ln L(\hat{\theta}\,|\,y, M) + \frac{K}{2}\ln\left(\frac{N}{2\pi}\right) + \ln\int d\theta \; \sqrt{\det\left[I(\theta)\right]}. \quad (10.15)$$

第一项是最小的负对数似然可能性，或者说是偏差的一半。第二项是基于 AIC 中参数 K 的数量的校正因子。注意，此校正项还考虑了拟合数据点的数量 N。第三项是 MDL 的组成成分，它考虑了模型的函数形式。该项的关键成分是 $I(\theta)$。这是 Fisher 信息矩阵，其中包含相对于参数的对数似然表面估计的二阶偏导，如果函数是二次可微的，并且在一些弱正则（mild regularity）条件下。二阶导数测量函数的曲率，从而能得到模型的函数形式。导数是局部性质的，因为我们是在每个参数变化并使其他参数保持恒定时，观察对数似然表面的曲率。利用积分计算了整个参数空间上的总曲率，然后用作 MDL 中的惩罚项。公式 10.15 中的 Fisher 信息从根本上参与了第 7 章中讨论的无信息的 Jeffrey 先验计算，事实上，Jeffrey 先验正比于 $\sqrt{\det\left[I(\theta)\right]}$。

Pitt 等（2002）和 Wu 等（2010）给出了 MDL 应用的实际示例。与 AIC 的对比中需要注意的是 MDL 没有假定一个"真实"生成模型。因而，目标只是找到一个可以有效压缩数据的模型（Myung 等，2006）。

10.5.3　归一化最大似然（Normalized Maximum Likelihood）

通常，与 AIC 相比，MDL 在比较模型拟合时，考虑了模型的函数形式具有的优势。但是，几位作者已经表明，公式 10.15 中的复杂性度量对已知复杂性的模型提供了错误排序（Heck 等，2014）。例如，Navarro（2004）比较了两个嵌套模型，发现受限模型的估计复杂度更高！其中的不足在于，公式 10.15 涉及一个渐近近似的问题，该渐近近似在小样本情况下会失效。一种不受此问题影响的 MDL 替代方法便是归一化最大似然（Normalized Maximum Likelihood，NML）。

归一化最大似然（Rissanen，2001）抓住了上面讨论的复杂性的核心：一个复杂的模型可以很好地拟合任意数据集（而不仅仅是我们在自然界中观察到的数据集）。对于给定数据 y 的模型 M，NML 被定义为：

$$NML = \frac{L(\hat{\theta}_y \mid y)}{\int L(\hat{\theta}_z \mid z)\,dz}. \tag{10.16}$$

公式 10.16 的分子是给定数据 θ 的最大似然。分母则是所有可能遇到的可能数据 z 的积分。积分内的数学量为最大似然。也就是说，对于每个可能的数据 z，我们将模型拟合到这些数据，并在最大似然上进行积分。从这个意义上讲，公式 10.16 的分母校正了复杂性，因为一个可以为任何数据集提供更好拟合度的模型（并因此获得更大的最大似然性），在平均值上会返回一个更大的 $p\ (\hat{\theta}_z \mid z)$，因此其分母会变得更大。通过除以复杂性度量，我们实现了惩罚项，使其与模型的复杂性结合，致使成比例地降低模型对于得到的数据集 y 的最大似然性。在数据空间是离散且有界的情况下（例如计数数据），分母的计算相对简单（例如，请参见 Myung 等，2006）。如果数据空间是无限的，则需要一些技巧在无限空间中进行积分（Grünwald，2005）。

10.6　参数可识别性和模型可测试性

到目前为止，我们至少心照不宣地假设我们的模型可能会失败。也就是说，我们承认即使它们相对复杂，理论上它们仍可能会错误地预测数据。但令人惊讶的是，并非所有模型都符合这一预期。对于某些模型，不存在与模型不一致的实验结果。这些模型被称为不可测试的或不可证伪的（Bamber and van Santen，2000）。此外，还有其他模型虽然可以测试，但无法识别。当在任何可能的数据模式和相应的参数估计值之间没有唯一的映射时，模型是无法识别的（Batchelder 和 Riefer，1999）。也就是说，实验结果不仅与一个参数的结果一致，而是与（可能无限的）许多参数值一致。

我们从讨论可识别性开始依次处理这两个问题。在我们的讨论开始前，我们注意到，实际上对可识别性和可测试性的考虑通常出现在模型设计阶段，而不是在模型拟合之后。然而，从概念上讲，这些问题与相对模型拟合的可解释性有关，因此要进一步讨论。

10. 6. 1　可识别性

可识别性是指可以从一组数据中确定唯一一组参数值的程度。

假设您一次一个地看到字母 K L Z，不久后被另一个字母测试又看到另一个作为探测目标的字母，您必须判断它是否是初始字母集的一部分。因此，如果显示 Z，则您回答"是"（通常是按两个反应键之一）；如果显示 X，则您回答"否"。如何对这种简单的识别记忆任务进行建模？这存在许多方法，但这里我们集中讨论由 Sternberg（1975）提出的一个早期且优雅的模型。根据 Sternberg 的模型，此任务的表现分为三个心理阶段：首先，有一个编码阶段，是探测、感知和编码探测项目（probe item）。编码之后是比较阶段，在此阶段中，将探测项与所有记忆存储项进行一对一比较。最后，有一个决策和输出阶段，负责选择反应和输出[①]。该模型可以用三个时间参数来表征：编码过程的持续时间（a），每项的比较时间（b），以及选择和输出反应的时间（c）。该模型的关键点在于验证理论模型中关于将探测项与所有记忆存储项进行比较的假设，而不管扫描期间是否出现匹配。

该模型做出了一些明确且可检验的预测：首先，该模型预测反应时间应随集合大小的变换而以线性方式增加。具体地说，记忆中每增加一个项目都应在总反应时间（RT）上增加 b。其次，由于检查的详尽性，集合大小的效果在旧（Z）探测项和新（X）探测项上必须相同，因此，对于两种探测项，集合大小与 RT 间关系的斜率必须相等。简而言之，如果 RT 不是集合大小的线性函数，或者如果新旧探测项的在集合大小函数上的斜率不同，则该模型将被质疑[②]。事实证明，在平均反应时水平上考虑时，数据通常符合模型的期望值。表现通常由描述性回归函数表征：

$$RT = t_{op} + b \times s, \tag{10.17}$$

其中 s 表示记忆存储的项目数，b 表示刚刚讨论的比较时间参数。在大量的实验中，b 的估计值收敛在 35 ~ 40ms 的范围（Sternberg，1975），且对于新旧项，无法区分估计值。截距项 t_{op} 随实验条件变化更大，范围在 380 ~ 500ms。

Sternberg（1975）模型向我们展示了可识别性问题。我们使用两个参数（b 和 t_{op}）描述数据，而心理模型具有三个参数（a，b 和 c）。参数 b 的值由数据给出，但是关于 a 和 c 我们只能说它们的总和等于 t_{op}。在约束之外，因在给定 t_{op} 的条件下，a 和 c 有无限多可能的值，因此 a 和 c 无法被确定。因此，编码和决策时间对总反应时的相对贡献仍然未知。

这个例子说明了几个重要的观点：首先，该模型显然是可测试的，因为它做出了一些非常具体的预测，理论上可以被矛盾的结果证伪。其次，即使数据与预测一致，也不足以确定所有模型参数的值。紧跟着几个问题立刻浮现在脑海中：缺乏可识别性的含义是什么？如果模型无法识别，我们该如何应对？我们可以提前确定模型的可识

[①]　为简单起见，即使这两个过程很可能被视为独立的阶段，后一阶段也将反应选择和反应输出结合在一起。

[②]　为了说明，假设每当在探测项和存储项之间找到匹配项时，比较过程就会停止。在这种情况下，假设所有列表位置的项目均得到相同的测试，则旧项目的斜率将是新项目的斜率的一半（因为平均而言，只有一半的列表项需要扫描才能找到旧探测项并匹配，而新探测项只有在扫描完所有项目后才能被拒绝）。

别性吗?

不可识别性的含义

如果模型不可识别,这意味着什么?不可识别的模型仍然可以使用吗?通常,答案是否定的。这一点的原因在测量模型(measurement models)中最为明显,因其全部目的是通过模型参数总结数据(见第 12 章)。显然,如果这些参数无法识别,则模型的价值有限(Batchelder 和 Riefer,1999)。

但是,这一普遍的结论存在一些例外。首先,在某些情况下,即使是不可识别的模型(只要它们是可测试的),也可能会产生有价值的心理学观点(Bamber 和 van Santen,1985;van Santen 和 Bamber,1981)。

例如,如果发现 Sternberg(1975)的再认模型(model of recognition)与数据不一致,那么这可能是非常有用的信息,因为它将与全面串行检查的概念相悖。在这种情况下,模型不可识别的事实几乎不值得关注。

而且,即使不可识别性意味着我们不能使用数据来确定一组唯一的参数向量,并不一定意味着数据不提供有关参数的信息。实际上,数据仍然可以提供有关参数值的部分信息。例如,Chechile(1977)讨论了一个模型可以被"后验概率识别"的情况,即使该模型的参数无法通过常规的最大似然方法进行识别。按照 Chechile 的方法,数据可用于约束可能的参数值,有时会大大降低不确定性。例如,给定一个范围为 $[0 \sim 1]$ 的参数,如果假设在收集数据之前其可能值的分布是均匀的,则此分布的方差为 $1/12$。(对于均匀分布,$\sigma^2 = 1/12$ $(b-a)^2$,其中 a 和 b 是范围的极限;因此对于单位间隔 $\sigma^2 = 1/12$)Chechile 提供了一个多项式树模型的示例,其形式与第 8 章所述的非常相似,在该形式中,参数的后验分布——根据贝叶斯方法对数据进行计算——方差为 $1/162$、$1/97$ 和 $1/865$。因此,尽管无法识别参数,但参数值的不确定性已减少了 72 倍。此外,参数后验分布的均值可以作为参数值的点估计,从而在某些缺少常规可识别性的情况下,提供了准可识别性的作用。参数的准可识别性如图 10.8 所示,其中显示了多项式树模型的两个参数 β 和 ε 的后验概率密度(为简单起见,我们省略了第三个参数)。图中的水平实线表示参数值的先验概率密度;在任何可能的参数值都相等的情况下,基于数据与先验相比(标记为 β 和 ε 的线),是否获得了更多关于可能的参数值的信息是显而易见的。

但是,撇开这些例外,不可识别性通常是一个损害模型适用性的严重障碍。幸运的是,如果模型无法识别,可以通过多种方式恢复它的可识别性。

处理不可识别性

恢复可识别性的一种方法是对模型进行重参数化。再次考虑上述再认任务中的 Sternberg 模型:如果我们将模型重新表达为两个阶段,一个阶段包含比较(并由参数 b 控制),另一个阶段包含该任务中涉及的所有其他过程,则该模型变得可识别(Bamber and van Santen,2000)。重参数化后,参数 t_{op} 可以表示所有其他过程以及比较过程的参数 b,并且我们已经展示了如何进行模型的估算(即简单地在线性回归中分别作为截距和斜率）。当然，重参数化并非没有代价：在这种情况下，如果不再有描述每个过程的单独参数，那么编码和选择之间的理论区别就会消失。但是，重参数化并不一定涉及明显的信息损失。例如，如果是为多个反应类别估算模型参数，比如在识别实验中，将这些参数的总和限制为某个值的情况并不少见，从而有效地将其数量减少 1（因此，J 个反应类别由 J−1 个参数建模；请参见，例如 Batchelder 和 Riefer，1999）。同样，一组参数中的一个可以设置为固定值，就像 Luce（1959）的选择模型一样（有关 Luce 模型的可识别性的信息，请参阅 Bamber 和 van Santen，2000）。

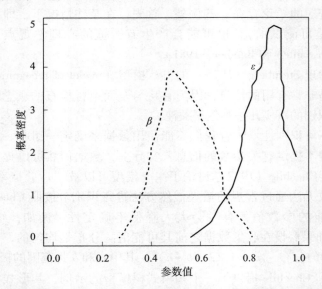

图 10.8 可以被"后验概率识别"的多项式树模型中两个参数的先验概率（水平实线）和后验概率（标记为 β 和 ε 的线）。图由原书作者根据 Chechile（1977）中展示的结果绘制。

重参数化的另一种方法包括通过实验设置的约束来消除参数（Wickens，1982）。例如，假设一个模型包含一个参数，该参数代表记忆实验中，对材料在实验前的熟悉度。如果进行的实验中要记忆的材料是全新的（例如，无意义的音节或随机形状），因而无法具有任何实验前的熟悉度，则可以除去该参数（例如，将其设置为 0）。除去一个参数后，该模型现在在此实验背景中可被识别。

相关地，通过收集"更丰富"的数据也可以实现模型的识别（Wickens，1982）。例如，在再认 – 记忆实验中仅需简单回答"是"和"否"时，模型不可识别，而当人们在同一实验中也提供自信评分时，模型可能会变得可识别。我们在本章中讨论可识别但不可测试的模型时将回答此问题。

识别不可识别性

尽管模型的不可识别性有时会很明显，但是在许多情况下，不可识别性的迹象来自于对模型的探索和测试。一种方法基于检查模型拟合的标准结果。例如，在将模型拟合到单个数据集之后，对参数的协方差矩阵进行分析可以发现可识别性问题。尤其是如果参数之间的协方差与方差高相关，则意味着有可识别性问题，这表明一个参数正在模仿另一个参数的效应。Li 等人（1996）展示了这种方法的应用。

类似地，如果模型从不同的起始值多次拟合数据，并且不同的拟合产生的差异函数的最终值相同，但参数估计值却大不相同，这可能表明缺乏可识别性（Wickens，1982）。当然，如果存在多个局部极小值，也会产生这种结果，并且对这两种情况进行区分并不那么容易。最后，一种不依赖于参数估计可变性的替代方法，是通过分析模型的"预测函数"，建立模型的可识别性。

Bamberand van Santen（1985），Bamber and van Santen（2000）和 Smith（1998 年）表明，模型的可识别性可以通过分析模型预测函数的雅可比矩阵（Jacobian matrix）来建立。对于此分析，我们首先注意到，可以将任何模型视为向量值函数，称为 $f(\theta)$，它将参数向量 θ 映射到结果向量 r。也就是说，与传统的标量函数不同，模型不会产生标量输出，而是会产生整个矢量，即它的预测用空间中的点值表示。事实证明，可以从该预测函数的雅可比矩阵 J_θ 的属性中推断出模型的属性，包括可识别性。简而言之，雅可比矩阵描述了在给定点上，与向量值函数相切平面的方向。因此，尽管标量值函数的特征是梯度，即向最陡下降方向的向量，但矢量值函数，扩展来说，类似地由雅可比矩阵表征。雅可比矩阵的每一列都包含一个与单个模型参数相对应的偏导数向量（每行表示不同的预测点）。Smith（1998）表明，如果雅可比矩阵的秩（即线性独立的列数）等于参数数量，则该模型是可识别的。换句话说，如果关于各种参数的偏导数都是线性独立的，则可以识别所有参数[1]。相反，如果雅可比行列的秩小于参数数量，则模型不可识别。

R 语言中的一些几个包（尤其是 numDeriv 和 pracma）提供了用于计算雅可比 Jacobian 矩阵的函数。

10.6.2　可测试性

如果"…存在一个可想象的实验结果与模型不一致"，则模型被认为是可测试的（Bamber and van Santen，2000，第 25 页）[2]。例如，在本章开始时讨论的多项式模型通常是可测试的。但是，饱和多项式模型，即多项式的阶次比数据点的数量少一个模型，是不可测试的。它将始终为任何数据集提供完美的拟合。确定可测试性的所有概念始终与模型中自由参数的数量有关。那么多少个参数会超过负荷呢？一个模型可以有多少个参数并且仍然可测试？

传统上，此问题将参数数量与将拟合的数据点数量进行比较：如果有比独立数据

---

[1]　可识别性是因为，如果函数的导数是可逆的，则它是可逆的。为此，雅可比行列式必须是满秩的；有关详细信息，请参见 Bamber 和 van Santen（1985）和 Smith（1998）。幸运的是，对于大多数模型，可以在任意选择的 θ 处进行雅可比分析，然后对整个模型都适用。有关这些可。推广性条件何时成立的详细信息，请参见 Bamber 和 van Santen（1985，第 458 页）。

[2]　可测试性问题可以进一步分为"定性"与"定量"可测试性（Bamber 和 van Santen，1985，2000）。除了要注意定量可测试性是一个更严格的标准，而且要涉及做出精确预测的模型外，我们在这里并没有具体说明这种区别，实际上本书中考虑的所有模型都如此。因此，我们在整个讨论过程中都隐含了 Bamber 和 van Santen（1985）以及 Bamber 和 van Santen（2000）定义的定量可测试性。

点更多的独立自由参数，则认为该模型不可测试。该观点代表了一种并非总是成立的简化形式。事实上，Bamber 和 van Santen（1985）指出，在某些情况下模型可能具有比数据点更多的参数，并且仍是可测试的。可测试性的一般定义来自对模型的雅可比矩阵的考察。影响可测性的不是参数个数，而是雅可比矩阵的秩。矩阵的秩能有效地衡量该矩阵所涵盖的维数；在雅可比矩阵中，它能告诉我们模型的有效维数。如果秩小于要拟合的独立数据点的数量，则模型是可测试的（Bamber 和 van Santen，1985）。因秩可以小于参数的数量，因此在某些情况下，尽管参数比数据点多，但模型仍是可测试的，如果出现这种情况，正如前面所讨论的，该模型也是不可识别的（请记住，如果雅可比行列不满秩，则该模型无法识别）。

考虑第 7 章和第 8 章中讨论的信号检测理论和高阈值理论模型。这些模型中的参数，如信号检测模型中的标准和灵敏度，始终是可识别的；也就是说，任何可想像的实验结果都将只产生有且仅有一组 d 和 b 的值。通常来说，这些参数将解释为分别反映对人们的判断力和反应偏好中证据"强度"的无偏估计。也许很少有人会意识到，这种解释是依赖于决策过程中非常特定的底层模型，即证据分布（噪声和信号加噪声）是高斯分布，并且具有相等的方差①。因此，参数的解释是受模型约束的，并且存在一个问题：在上述描述的情况下模型是不可证伪的。也就是说，不存在与信号检测模型不兼容的击中率和相应的误报率的组合。因此，我们并不能在解释模型的参数之前确认模型的适当性；与此相反，是通过一组命中和误报来计算 d 和 b——我们先假定模型的充分性并根据模型来解释该模型的参数。

实际上，这是心理学中的常见做法，我们经常将模型作为测量模型（measurement models）使用，即我们用数据拟合模型，并根据估计的参数值进行推断（例如 d 是否大于 0?）。我们将在第 12 章中扩展测量模型的问题。

以这种方式使用模型并不是心理学所独有的；如物理学中，假设模型的适用性（如欧姆定律；有关讨论见 Bamber 和 van Santen，2000），并在不担心缺乏可测试性的情况下根据模型确定参数并不少见。当模型的确切作用变得模糊时，这个问题就成了一个问题，例如当读者（甚至对于作者）不再完全清楚所考虑的模型是否被测试时，以及其假设是否被支持时，或者是否模型是为了使参数估计值具有心理效度而被预先假定为真的时。

我们还应注意，不可测试的模型可以被设为可测试的。例如，通过收集自信评分或改变谨慎性，可以根据受试者的工作特征函数来区分信号检测理论和高阈值理论（Wilken 和 Ma，2004）。

10.7 总结

总之，考虑模型对数据的拟合必须考虑许多因素。模型的可测试性和可识别性对

---

① 严格来说，可以假定其他模型，但是对于当前的讨论，我们假设等方差高斯模型。我们还假设仅使用一组命中率和误报率来计算模型参数；当存在多个这样的比率并且可以计算 ROC 曲线时，情况就大不相同了（有关详细信息，请参见 Pastore 等人，2003）。

于确定数据是否可能潜在地伪造模型以及参数值是否可以唯一确定非常重要。对模型的相对拟合的任何考虑都必须考虑模型的复杂性。比较方法（例如，似然度检验和 AIC）考虑了通过参数数量衡量的复杂性，而诸如最小描述长度的量度则考虑了模型的函数形式。

下一章会介绍用于模型比较的清晰的贝叶斯框架，该框架自然解决了模型复杂性的问题，并且自然允许我们对先验或似然函数中的参数施加约束。

10.8 实例

模型复杂度与模型比较

Jay Myung

（俄亥俄州立大学）

这一切都发生在 1994 年的一天，马克·皮特（Mark Pitt）带着一个建模问题走进我的办公室。在审阅手稿时，他发现模型的复杂性可能不仅仅包括计算模型中的参数数量。当时我们都是俄亥俄州立大学的初级、终身制教师。具体来说，他想知道为什么在拟合行为数据时，模糊逻辑感知模型（Fuzzy Logical Model of Perception，FLMP）似乎比线性积分模型（Linear Integration Model，LIM）更加灵活，即使两个模型的构造包含相同数量的参数。我的回答是，当我在普渡大学读研究生时，几年前我问过自己几乎相同的问题，涉及两种分类模型，即泛化情景模型（Generalized context model）（GCM；Nosofsky，1986）和原型模型（Prototype model）（PRT；Reed，1972 年）。我们俩都有一个预感，即模型公式的函数形式，即"简单"线性与"复杂"非线性，除了已广为人知的参数数量维之外，复杂性作为另一个维度而发挥了独特作用。

然后，我想起了一年前参加的一次会议，在那里我了解了模型比较方法。这就是贝叶斯因子（Bayes factor，BF）方法，该方法定义为比较的两个模型的边际似然比。在检查所谓的边际似然性的拉普拉斯逼近的表达式时，我可以辨别定义为对数似然的 Hessian 矩阵的行列式的复杂度惩罚项，这显然可以在其他所有条件都相等的情况下，为一个模型不同的函数形式给出不同的值。

我们立即着手在模型比较模拟中评估贝叶斯因子的表现。在 Myung 和 Pitt（1997）报告的模拟研究中，我们进行了系统的模型模拟测试，有时也称为模型恢复测试（model-recovery test），首先从一个模型（例如 LIM）生成人工数据样本，然后将其拟合到自身及其他竞争模型上（例如 FLMP）。对于要比较的所有模型，该过程将独立重复多次。模拟结果表明，与预期的相同，相比 LIM，FLMP 通常为 FLMP 数据样本提供了更好的拟合度。然而，令人惊讶的是，我们还发现 FLMP 在拟合 LIM 生成的数据样本中始终优于 LIM。也就是说，LIM 在拟合其自身数据方面未能击败 FLMP！

我们对这个令人费解的发现有一个猜想，那就是 FLMP 可能比 LIM 更复杂或更灵活，并且复杂性的表观差异必须源于不同的函数形式，即 LIM 中的线性加法方程和 FLMP 中的非线性乘法方程。如果这是真的，那么在模型比较的标准方法下，例如仅考虑参数数量而不考虑函数形式的 AIC 和 BIC，与其他方法相比，FLMP 当然会被错误地被频繁选为获胜模型。另一方面，在使用考虑了复杂性两个维度的 BF 准则进行模型比较的情况下，有利于 FLMP 的偏差得到纠正。实际上，这就是我们所发现的。

拉普拉斯近似的一个缺点是，给定模型的复杂度损失项是根据最大似然估计来定义的，从而使复杂度值取决于数据以及模型本身。考虑到复杂性应该是模型独特和固有的属性，而不依赖于特定的观察数据，这种表述似乎违反直觉。当我们了解最小描述长度（MDL）方法时，这种不适当的状况得到了解决，该方法是阿姆斯特丹的荷兰计算机科学家 Peter Grunwald 在 1997 年在印第安纳大学举行的一个模型比较特别研讨会上介绍的。

根据本章公式 10.15 中所示的 MDL 标准，复杂度损失由两个加法项组成，即公式右侧的第二和第三项。请注意，第二项取决于参数（K）的数量，重要的是第三项涉及 Fisher 信息矩阵。因此，MDL 很好地认识到模型复杂性的两个单独维度（参数数量维度和函数形式维度）的贡献。后者通过与上述 Hessian 矩阵有关的 Fisher 信息矩阵反映出来。此外，假设将第三项定义为参数空间上 Fisher 信息的平方根行列式的积分，则可以确定复杂度的第三维度，即参数空间的范围。最后（但）也是最重要的一点是，与贝叶斯因子的拉普拉斯近似复杂度不同，MDL 复杂度仅取决于模型本身，而不取决于数据。

Pitt 等（2002）的文章报道了我们对 LIM 和 FLMP 的 MDL 复杂度的计算，证实了我们先前的推测，即 FLMP 比 LIM 复杂得多。我们还计算了 GCM 和 PRT 的复杂性，结果表明前者确实比后者复杂，但没有我们想象的那么复杂。那时，马克和我以为我们已经回答了在 1994 年初打算探索的所有问题。但是事实证明，我们的旅程还没有结束。

几年后，我们得知了 MDL 的另一种变化，称为归一化最大似然（NML）（请参见公式 10.16）。这两种方法都是由在圣何塞的 IBM Research 工作的芬兰信息理论家 Jorma Rissanen 发明的。二者是相关的，因为 MDL 是作为 NML 的渐近近似而得出的，尽管它们的复杂性看起来有很大的不同，至少在表面上是如此。NML 复杂度是我们发现最有趣且最具洞察力的地方（即方程式中的分母因数）。根据 NML 的视角，模型的复杂性不过是所有最佳拟合的总和，该模型可以为每个可能在实验环境中观察到的数据模式提供总体的最大似然，这样一来该模型准确地藐视了我们对模型复杂性的直觉。从这个意义上说，马克和我相信 NML 代表了模型比较问题的"全面、完整和直观"的解决方案。

一个偶然的会议启动了一个富有成果的研究计划项目。渴望学习和向他人学习的愿望使该计划项目得以维持。这个旅途十分有趣，也提醒了我为什么要成为科学家的初心。

11 使用贝叶斯因子的贝叶斯模型比较

上一章节讨论了模型复杂度的问题，并着重于这样一个事实，即一个模型能更好地拟合一组数据可能只是因为它更灵活（flexible）。基本原则为好的模型更灵活，能更简单地给出一组数据一个好的拟合。我们还讨论了几种方法，通过这些方法我们可以修正复杂度（complexity），以获得模型拟合的无偏估计度量方法，特别是作为数据与"真实"模型之间距离的修正估计量，AIC。在本章中，我们将同时探讨这两个主题，即我们讨论用贝叶斯方法来做模型比较，以及讨论贝叶斯方法如何自然地解释说明模型的复杂度。

我们首先介绍贝叶斯模型比较的核心部分——边缘似然，并讨论如何用贝叶斯因子来表示两个模型的相对拟合。我们先纵览了几种计算边缘似然的方法，然后讨论了在进行贝叶斯模型比较时先验分布的特殊作用。

11.1 边缘似然与贝叶斯因子

为了理解贝叶斯因子，我们应该先回忆一下贝叶斯定理，就像学习贝叶斯参数估计一样（公式 6.6）。为了方便理解，我们再次列出定理：

$$\underbrace{P\left(\boldsymbol{\theta}\mid y\right)}_{\text{后验}} = (\underbrace{P\left(y\mid\boldsymbol{\theta}\right)}_{\text{似然}} \times \underbrace{P\left(\boldsymbol{\theta}\right)}_{\text{先验}})/\underbrace{P\left(y\right)}_{\text{证据}}. \tag{11.1}$$

到目前为止我们大部分的讨论内容集中在 $P\left(\boldsymbol{\theta}\mid y\right) \propto P\left(y\mid\boldsymbol{\theta}\right)P\left(\boldsymbol{\theta}\right)$ 的比例关系上，这使得 $P\left(y\right)$ 先被忽视了，因为它可以被视为一个归一化常数（公式 7.1）。但 $P\left(y\right)$（即边缘似然）在贝叶斯模型比较上十分重要。实际上，它也被称为证据，因为它量化了数据 y 为模型提供的证据。

要理解为什么，我们需要提醒公式 11.1 所有的部分是以特定模型 M 为条件的；也就是说，公式方程实际上应该表示为：

$$\underbrace{P\left(\boldsymbol{\theta}\mid y, M\right)}_{\text{后验}} = (\underbrace{P\left(y\mid\boldsymbol{\theta}, M\right)}_{\text{似然}} \times \underbrace{P\left(\boldsymbol{\theta}\mid M\right)}_{\text{先验}})/\underbrace{P\left(y\mid M\right)}_{\text{证据}}. \tag{11.2}$$

因此，证据 $P\left(y\mid M\right)$ 告诉我们在模型 M 下获得数据 y 的概率，以及数据与模型的一致性。

我们如何计算 $P\left(y\mid M\right)$ 可能无法直接看出来，但是我们需要的所有信息都已经在公式 11.2 中被用到了。通过计算模型数据的边缘似然值，得到了证据：

$$p(y \mid M) = \int p(y \mid \boldsymbol{\theta}, M) p(\boldsymbol{\theta} \mid M) d\boldsymbol{\theta}. \tag{11.3}$$

实际上，我们所做的是考虑参数空间中每个点的数据的可能性，然后对得到的值进行平均（在最大似然中我们对模型的最佳的拟合感兴趣，边缘似然与最大似然不同，它计算模型的平均拟合。）。但是请注意，该平均值是加权平均值，其权重由参数 $p(\boldsymbol{\theta} \mid M)$ 的先验分布决定。

边缘似然的一个吸引人的特征是，它自然地解释说明了模型的复杂度，并正式实例化了节省原则，即奥卡姆剃刀定律（第 10 章；Jefferys and Berger，1991；MacKay，2003；Myung and Pitt，1997；Wagenmakers et al.，2010）。图 11.1 显示了这种情况，该图表示两个不同的模型的 θ 和 y 的函数 $p(y \mid \theta, M)$，这两个模型分别是一个复杂的模型（左上图）和一个简单的模型（右上图）。这些模型的细节并不重要，但他们都有一个参数 θ。关键是该复杂的模型还有一个自由参数 θ，预测结果 y 会随 θ 改变（左上图黑带沿对角线穿过数据点）。该简单的模型的基本特征是，无论 θ 的值是多少，它总是能预测一个以 $y = 0.5$ 为中心的正态分布。图的上部中还显示了两个假设的数据点（用水平线表示），黑实线表示实验数据的一个可能值，虚线表示另一个可能的值。

该复杂模型图说明了无论观察到什么数据 y，通过改变 θ 模型都能够产生一个以数据为中心的密度。相比之下，简单模型的预测不随参数改变而改变，它总是预测 y 在 $0.4 \sim 0.6$ 的范围。[1]

现在让我们想象一下，在一次实验中我们观察到 $y = 0.5$，即上两图实线情况。左下图展示了 $y = 0.5$ 时复杂模型的 $p(y \mid \theta, M)$ 图像（实线），即似然函数 $L(\theta \mid y, M)$。右下图绘制了对于这个简单模型的 $y = 0.5$ 的似然函数。假设在两个模型中，在 $\theta = [0, 1]$ 上都有一个均匀的先验概率 $p(\theta)$，通过公式 11.3 计算边缘似然，对每个模型的似然函数求平均值。很明显，简单的模型平均值更高，它的 $p(y \mid \theta, M)$ 均匀地都等于峰值 4，并随着 θ 值远离偏离 0.5 而下降到 0。

图 11.1 中的虚线也显示了 $y = 0.8$ 不同的情况。虽然我们偏好简单模型，但在这个实例中也很清楚，简单模型预测观察到的数据是极不可能的。实际上，在 $y = 0.8$（右下图虚线）时用更简单的模型绘制 $p(y \mid \theta, M)$，表明模型一致返回趋于零的值，且平均似然极小。相反，复杂模型再次产生有峰值的似然函数（左下图虚线），类似于 $y = 0.5$，但沿 x 轴移动。因此，复杂模型的似然函数平均值会大于简单模型的似然函数平均值。

总之，综上所述，边缘（即平均）似然会将复杂度自动考虑在内。复杂模型会倾向于针对不同的参数值生成不同的数据模式，因此只有参数值的一个子集会产生类似于某一个给定数据集的预测。基于此，当我们在参数空间中对 $p(y \mid \theta, M)$ 求平均值时，复杂模型会倾向于得到更低的值。如果简单模型的预测值与数据很接近，那么

---

[1] 请注意这是一个假设的例子来帮助阐述；实际上对模型没有影响的参数是不可识别的，第十章有关于可识别性的具体讨论。

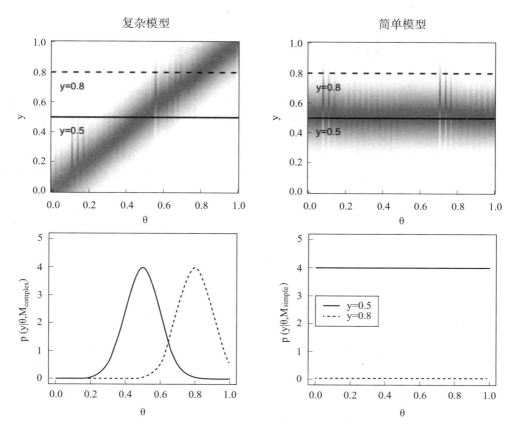

图 11.1 边缘似然如何实现节省原则的图示。上两图绘制了不同 y 和 θ 值对应的似然 p（y | θ, M）（阴影表示更高的概率密度），左图对应一个复杂的模型（$M_{complex}$），右图对应一个简单的模型（M_{simple}）。这两条线描述了两个不同实验的结果：一个在 $y = 0.5$，另一个在 $y = 0.8$。下两图将 p（y | θ, M）作为 θ 的一个函数，画出了给定 $y = 0.5$（实线）或 $y = 0.8$（虚线）时的 p（y | θ, M）。对于简单模型来说，当 $y = 0.5$ 时 p（y | θ, M）的平均值更大，这种情况数据与简单模型的预测相匹配。尽管更复杂的模型也可以拟合数据，但它的能力受到了其他可能的结果的影响（左上图）。当 $y = 0.8$ 时，只有复杂的模型能够提供合适的数据拟合，简单的模型给出了一个均匀较差的数据拟合。在第二种情况下，p（y | θ, M）的平均值比复杂的模型更大，这意味着复杂模型中的额外复杂性是合理的。

无论什么参数值它都会如此，导致 p（y | θ, M）的平均值更大。但是如果简单模型不能很好地拟合数据，那么它的平均值就会很小。这意味着边缘似然不仅能抑制复杂的模型，还能奖励拟合良好的模型。

决定边缘似然的另一个因素是先验 p（θ | M）。回想一下，先验表示我们对 θ 不同值的理解或期望（见第 6 章）。在上面的例子中，为了便于理解，我们假设了一个在 0 ~ 1 之间的均匀先验。在实际中，我们通常会有更多的先验信息，这些先验信息充当公式 11.3 中加权平均值中的权重，因此公式 11.3 的一个结果是平均值将会更多地受到那些我们认为可能是先验的参数值的影响。这意味着如果我们的先验将那些能最好拟合数据的参数值的权重加大，一个更复杂的模型也可能返回一个大的边缘

似然。

综上所述，这些考虑因素一起表明了使用边缘似然的贝叶斯模型如何在拟合数据和简化模型之间进行折衷。Myung 和 Pitt（1997）进一步讨论了贝叶斯模型选择与前一章讨论的泛化等问题之间的关系。

这就引出了如何使用边缘似然来比较模型的问题，单一模型的单个边缘似然值并不是特别有用。$p（y \mid M）= 0.17$ 到底是大还是小？这实际上取决于很多因素，例如数据的性质（如它们是离散的还是连续的，以及它们的大小），又如数据集的大小（即数据点的个数）。然而，边缘似然可以用来比较不同模型对相同数据的解释。具体来说，贝叶斯因子通过计算边缘似然的比值，给出了支持一种模型而不支持另一种模型的证据：

$$BF_{ij} = \frac{p(y \mid M_i)}{p(y \mid M_j)} = \frac{\int p(y \mid \boldsymbol{\theta}, M_i) p(\boldsymbol{\theta} \mid M_i) d\theta}{\int p(y \mid \boldsymbol{\theta}, M_j) p(\boldsymbol{\theta} \mid M_j) d\theta}. \tag{11.4}$$

贝叶斯因子的下标 BF_{ij} 表示被比较的两种模型，模型 i 在分子上，模型 j 在分母上。因此 $BF_{ij} > 1$ 表明数据为模型 i 提供证据，$BF_{ij} < 1$ 则为模型 j 提供证据。我们在这里使用了一般的术语，因为我们可以对任意数量的模型进行两两比较。例如，我们经常计算 BF_{10}，即一般的模型与严格限制的模型（或 null 零模型）比较的证据。约定俗成，null 零模型具有下标 0。在此基础上，我们也可能想要计算 BF_{12}，比起模型 2，数据更支持模型 1 的相对证据。虽然贝叶斯因子仅仅表达了两种模型之间的比例，但我们可以在一组模型中进行任意两者配对比较（另外，虽然我们在分子和分母上使用了相同的 $\boldsymbol{\theta}$，但这两个模型通常有不同的参数）。

贝叶斯因子一个重要的好处是它提供了一个连续的度量，表明数据更加支持其中一个模型的证据。这意味着我们不仅可以使用贝叶斯因子来选择其中一个模型作为最好的模型，而且还可以为所有的模型提供相对证据。这也意味着标准频率统计数据中没有"有意义"的任意阈值（即 null 零假设意义测试；请参考以下文献了解频率统计与贝叶斯数据框架的不同：Kass 和 Raftery，1995；Wagenmakers，2007；Rouder 等，2009；Gallistel，2009 和 Dienes，2011）。尽管如此，一些作者为解释贝叶斯因子提供了启发。例如，Jeffreys（1961）建议 $1 \leqslant BF < 3.2$ 只值得一提，$3.2 \leqslant BF < 10$ 能提供大量证据，$10 \leqslant BF < 100$ 提供强有力的证据，$BF \geqslant 100$ 就是决定性的证据。这些值指的是分子中模型有更多证据的模型例子，如果更合适的模型是在贝叶斯因子的分母上，那么阈值就会是上述值的倒数。在这两种情况下，确切的值并不重要，除了 Jeffreys（1961）之外，其他作者还提出了其他基于不同断点的启发（Kass 和 Raftery，1995；Raftery，1995；Vandekerckhove 等，2015）。值得注意的是，这些只是简单的启发，并不意味着如果一个贝叶斯因子从 3.15 逐渐上升到 3.25，那么这些证据就会突然变成"实质性的"。相反要记住，贝叶斯因子是完全连续的，应将这些启发视为非常艰难但准备好的助力来解释贝叶斯因子。这些启发方法更有用的一个应用是在序列测试中。在这些测试中，模型拟合收集的数据(例如十个被试中)直到证据比达到一个设定的偏爱某一个模型的阈值（如BF = 10；Rouder，2014；Wagenmakers，2007）。

11.2 计算边缘似然的方法

在计算 11.3 式中的积分时出现了与前面几章计算参数后近似验时相同的问题：通常该问题没有解析解，因此我们需要用其他方法来逼近积分值。通过逼近边缘似然零估计贝叶斯因子的方法有很多，我们将回顾那些在认知科学和相关学科中最常用的方法。注意，还有一些其他的技术我们在这里没有讨论，包括桥接采样（bridge sampling）（Meng 和 Wong，1996）、路径采样（Gelman 和 Meng，1998）、近似贝叶斯计算（Grelaud 等，2009）和其他技术（Gelfand 和 Smith，1990；Chib，1995）。还请注意，我们将重点关注被试是独自进行拟合的情况，后面的章节将讨论分层模型的贝叶斯因子。

11.2.1 数值积分

计算边缘似然的基本方法是对 $\int P(y \mid \theta, M) p(\theta \mid M) d\theta$ 进行数值积分。数值积分方法通常是在一个相对较小的 x 值处评估函数 $f(x)$，然后根据这些评估来估计积分值。高中教的一种常见的技巧是梯形积分，函数在一组固定的线性内插的点上求值。在两个相邻点 a 和 b 之间的积分，a 和 b 两个相邻点之间间隔的计算方法是用两点之间的距离乘以 $f(a)$ 和 $f(b)$ 的平均值。高斯积分方法是用一个多项式函数（而不只是在点间画直线）近似 f，从而使积分计算起来相对比较直接。更先进的自适应积分方法使用基本的正交方法计算区间 a 到 b 的积分，然后将这个区间再细分成若干个区间（并分别对每个区间应用正交积分）后进行相同的操作。如果未细分区间的估计结果和被细分区间得到的估计结果相似，则未细分积分确实提供一个良好的近似。如果未细分区间的估计结果与被细分区间得到的估计结果不一致，则以递归方式进行进一步的细分。

R 为一维积分提供了一个函数 integrate，而且 cubature 等工具包可以对多变量函数进行数值积分。作为一个一般规则，数值积分只对低维度问题有用，因为估计数值积分所需的点数与参数的数量大致呈指数增长。Kass 和 Raftery（1995）提出了 9 个参数是自适应积分参数的实际上限。

为了给出一个数值积分的例子，我们回顾了第 9 章讨论的遗忘指数和幂模型。那时，我们在记忆实验中检验了作为记忆间隔函数的忆起比例。忆起比例下降作为记忆间隔区间的函数，可以通过两种不同的模型进行拟合：指数函数和幂函数。在这里，我们将处理第 9 章中提到的一个问题：这两个模型中哪个更适合能更好地拟合数据？为了回答这个问题，我们将计算与这两个模型相关的贝叶斯因子。为了便于理解，我们只拟合来自单个被试的数据，这些数据实际上是由指数模型生成的。

脚本 11.1 给出了数值积分的 R 代码。我们在 tlags 中指定记忆间隔，并指定每次记忆间隔中要测试的项目数，然后使用指定的参为数值 a、b 和 alpha 的指数模型来仿真数据（nrecalled）。然后，我们加载 cubature 库，该库提供了自适应数值积分的功能。接下来，我们分别为指数模型和幂模型定义似然函数 expL 和 powL。给定参数向量 theta

和有关实验的其他详细信息（tlags，n），每个函数都会返回数据 y 的似然。然后，使用 adaptIntegrate 函数分别用于计算指数模型（expML）和幂模型（powML）的边缘似然。adaptIntegrate 函数将似然（expL 或 powL）以及参数的上下限作为命令参数；我们还会传递补充信息（例如 tlags 和数据本身）。然后，我们通过计算边缘概率的比值来计算贝叶斯因子。

```
1   library(MASS)
2
3   tlags <- c(0, 1, 5, 10, 20, 50)
4   nlags <- length(tlags)
5
6   nitems <- 40
7
8   nrecalled <- rep(0,nlags)
9
10  a <- 0.1
11  b <- .95
12  alpha <- .2
13
14  # simulate data
15  for (j in 1:nlags) {
16    p <- a + (1-a) * b * exp(-alpha*tlags[j])
17    nrecalled[j] <- rbinom(1,nitems,p)
18  }
19
20  library(cubature)
21
22  expL <- function(theta,tlags,y,n){
23    a <- theta[1]
24    b <- theta[2]
25    alpha <- theta[3]
26    p <- dbinom(y,n,a+(1-a)*b*exp(-alpha*tlags))
27    return(prod(p))
28  }
29
30  powL <- function(theta,tlags,y,n){
31    a <- theta[1]
32    b <- theta[2]
33    beta <- theta[3]
34    p <- dbinom(y,n,a+(1-a)*b*((tlags+1)^(-beta)))
35    return(prod(p))
36  }
37
38  expML <- adaptIntegrate(expL,c(0,0,0),c(0.2,1,1),
39                 tlags=tlags,y=nrecalled,n=nitems)
40  powML <- adaptIntegrate(powL,c(0,0,0),c(0.2,1,1),
41                  tlags=tlags,y=nrecalled,n=nitems)
42  expML$integral/powML$integral
```

脚本 11.1　数值积分计算边缘似然的 R 语言代码，遗忘曲线的指数模型和幂模型数据是随机生成的，因此每次运行实际观察到的贝叶斯因子会不同。通常，数据更有可能偏向于指数模型。鉴于使用的是由指数模型生成的数据，这样的结果并不令人惊讶。

11.2.2　简单蒙特卡罗积分与重要性采样

数值积分仅适用于低维问题，随着参数数量的增加，数值积分将花费更长的时间。那些被用于计算边缘似然的方法通常不会尝试通过似然面进行积分，而是使用更简单的方法对样本进行平均。

计算边缘似然的一种简单又准确的方法是蒙特卡罗积分（例如，Rubinstein，1981）。具体来说，我们从先验分布 $p(\theta)$ 中采样 N 个样本，对于每个采样的 θ_i，我们计算出数据的概率 $p(y \mid \theta_i)$。其平均值

$$\frac{\sum_{i=1}^{N} p(y \mid \theta_i)}{N},$$

这是边缘似然的估计。这计算的是加权平均值，因为在先验条件下具有较高密度的那些参数值更可能被采样，因此它们将在平均值中有更大的权重。随着 N 趋近无穷，这种简单的蒙特卡洛积分可以保证收敛到真实的边缘似然。这种粗暴方法的局限性在于，如果先验与似然基本不重合，它的效率将很低（即 N 必须非常大才能获得对边缘似然的估计）（例如，McCulloch 和 Rossi，1992）。如果大多数先验位于远离似然函数的峰值的参数空间区域中，将无法充分探索接近最大似然的有信息含量的区域因此在这种情况下，边缘似然估计值将具有较高的变异性。这意味着将会需要大量样本，以便在似然性达到峰值的参数空间区域中获得后验分布的良好近似。

解决此问题的一种方法是重要性采样法。我们不是直接从 $p(\theta)$ 采样，而是从密度 g 采样，密度 g 将对 $p(y \mid \theta)$ 集中的重要区域进行过采样。边缘似然估计的重要性采样为：

$$\hat{I} = \frac{1}{N} \sum_{i=1}^{N} \frac{p(y \mid \theta_i) p(\theta_i)}{g(\theta_i)}, \tag{11.5}$$

其中，根据 $\theta_i \sim g$ 生成 N 个采样。因为我们从 g 采样，然后再除以 $g(\theta_i)$，所以在许多采样后中 g 将被抵消，我们有效地积分了 $p(y \mid \theta_i) p(\theta_i)$。因为 g 消掉了，所以只要我们可以从中采样并在任何可能的样本 θ_i 上对其进行评估，任何密度函数都可以替代 g。实际上，当 $g(\theta)$ 集中在 θ 的可能区域中时（也就是后验密度的峰值区域），重要性采样的效果很好。也就是说，后验的密度占大多数。无论 g 选择什么，其主要目的都是推动采样者对我们认为是有信息含量的参数空间区域进行采样（即在我们尝试积分的函数下具有更大的面积）。

在给出重要性采样的示例之前，我们应该讨论一种相关的方法。如果我们想要一个集中在后验区域的 $g(\theta)$，一种选择是将后验本身用作 $g(\theta)$。这样做边缘似然计算为：

$$\left(\frac{1}{N} \sum_{i=1}^{N} \frac{1}{p(y \mid \theta_i)} \right)^{-1},$$

其中 $\boldsymbol{\theta}_i$ 是来自后验的采样（例如，Newton 和 Raftery，1994；McCulloch 和 Rossi，1992）。这很直接，因为我们只需要一个特定的似然函数 $p(y \mid \boldsymbol{\theta})$ 和来自后验的采样，无论如何后者通常是在贝叶斯参数估计期间已经获得（见第 8 章）。该方法有效地采用了似然的谐波均值，通常被称为调和均值估计量（harmonic mean estimator）（谐波均值被定义为算术均值的倒数）。

尽管它简单明了，并因此而相对流行，但是对边缘似然的谐波均值估计存在两个问题。第一个问题是估计量的方差可以是无限的（Newton 和 Raftery，1994），特别是当先验的分散性小于似然时（即方差较低）（Wolpert 和 Schmidler，2012）。因此，提取足够的样本来保证对边缘似然的稳定估计是非常不切实际的（Wolpert 和 Schmidler，2012）。谐波均值估计的另外一个问题是关于先验的所有信息都由后验的采样承载。如果先验在似然方面非常分散，则意味着后验将由似然控制，因此来自后验的采样将不能代表来自先验的采样。[①]

在针对谐波均值估计问题的几种解决方案中（例如，Raftery 等，2007），一种常用的方法是使用一个近似于后验但尾部较重的函数 g 来做重要性采样。Newton 与 Raftery（1994）建议使用混合分布 $\gamma p(\boldsymbol{\theta}) + (1 - \gamma) p(\boldsymbol{\theta} \mid y)$。另外，我们也可以简单地使用后验分布和一些分散分布的混合模型，这样可以很好地覆盖先验和后验（例如，概率参数为 Beta（1，1）密度；Kary 等，2015；Vandekerckhove 等，2015）。这种方法的一个注意事项是，后验通常未进行归一化。如果有归一化，我们将知道归一化常数，也就是边缘似然！因此，我们必须使用公式 11.5 的修改版本来有效地对后验进行归一化（公式 15 Newton 和 Raftery，1994），或者最好采用简单形式的已知归一化密度来近似后验（Vandekerckhove 等，2015）。我们在这里使用第二种方法。

让我们回到第 8 章中讨论的信号检测示例。当时，我们估计了信号检测理论（SDT）模型和高阈值（1HT）理论的参数。我们将在这里继续进行比较，通过使用重要性采样计算贝叶斯因子（其中密度 g 是混合分布）来解答数据更好地支持哪种模型的问题。脚本 11.2 显示了该方法。在重要性采样分布（gmix）和样本数量（N）中指定了控制概率混合模型的参数后，我们计算了 SDT 模型的边缘似然。在第 17 至 20 行中，我们为重要性采样分布与后验混合的分布指定了密度和采样器；在这里，我们只使用先验分布。然后，我们通过运行脚本 8.4 的压缩版本（source（" SDT. R"））从后验中获取样本。该脚本将创建一个对象 mcmcfin，该对象包含来自后验的样本，然后代码的下一部分（第 25 行到第 28 行）分别用高斯模型分别拟合 d 和 b 的样本。因此，我们不是直接处理后验，而是在重要性采样函数中使用高斯密度代替它。这意味着我们对 d 的重要性采样函数（例如）为

$$g(d) = \gamma \, Normal(d, 1, 1) + (1 - \gamma) \, Normal(d, \hat{\mu}, \hat{\sigma}),$$

其中第一项是 d 上的先验分布（由 γ 加权，在脚本 11.2 中为 gmix），第二项是我

---

① 第二点是 R. Neal 在对 Newton and Raftery（1994）的公开评论中提出的，其在博客文章中有进一步的讨论（https：//radfordneal. wordpress. com/2008/08/17/the-harmonic-mean-ofthe-likelihood-worst-monte-carlo-method-ever/）。很明显，R. Neal 认为这是有史以来最差的方法。

们的后验近似值（由 $1-\gamma$ 加权）。在第 30 和下一行中，我们从高斯近似后验中获取 N 个样本，并根据 gmix 从近似后验中随机覆盖向量 d 和 B 中的值（先验样本）。结果，d 和 B 是来自先验和近似后验概率混合模型的样本。然后，我们分两步应用公式 11.5：首先计算 $p(\boldsymbol{\theta}_i)/g(\boldsymbol{\theta}_i)$，然后将结果向量 pp 乘以似然 $p(y\mid\boldsymbol{\theta}_i)$。取这个值的平均值可以得出 SDT 模型的边缘似然，ml_SDT。

```
1  library(MASS)
2
3  # Calculate Bayes Factors for SDT model and 1HT model
4
5  h <- 60
6  f <- 11
7
8  sigtrials <- noistrials <- 100
9
10 gmix <- 0.2
11 N <- 20000
12
13 ##———— SDT
14
15 # specify function to enter in to importance sampling ⤸
        mixture
16 # here we use the prior distributions
17 d <- rnorm(N, mean=1, sd=1)
18 B <- rnorm(N, mean=0, sd=1)
19 df <- function(x) dnorm(x,1,1)
20 dB <- function(x) dnorm(x,0,1)
21
22 # obtain samples from posterior
23 source("SDT.R")
24 mcmcs <- as.matrix(mcmcfin)
25 d_mu <- mean(mcmcs[,"d"])
26 d_sd <- sd(mcmcs[,"d"])
27 B_mu <- mean(mcmcs[,"b"])
28 B_sd <- sd(mcmcs[,"b"])
29
30 d_pos <- rnorm(N, mean=d_mu, sd=d_sd)
31 B_pos <- rnorm(N, mean=B_mu, sd=B_sd)
32
33 mask <- runif(N)>gmix
34 d[mask] <- d_pos[mask]
35 B[mask] <- B_pos[mask]
36
37 pp <- dnorm(d,1,1)*
38    dnorm(B,0,1)/
39    ((1-gmix)*dnorm(d,d_mu,d_sd)*dnorm(B,B_mu,B_sd) + ⤸
          gmix*df(d)*dB(B))
40 L <- dbinom(h,sigtrials,pnorm(d/2-B))*
41    dbinom(f,noistrials,pnorm(-d/2-B))*pp
42 ml_SDT <- mean(L)
```

```
43
44   # ————————1HT (beta)
45
46   # specify function to enter in to importance sampling ←
         mixture with the posterior
47   # here we use the prior distributions
48   th1 <- rbeta(N, 1, 1)
49   th2 <- rbeta(N, 1, 1)
50   d1 <- function(x) dbeta(x,1,1)
51   d2 <- function(x) dbeta(x,1,1)
52
53   ## obtain samples from posterior
54   source("1HT.R")
55   mcmcs <- as.matrix(mcmcfin)
56
57   #obtain beta parameter estimates using MLE
58   kk <- fitdistr(mcmcs[,"th1"], "beta", ←
         list(shape1=5,shape2=5))
59   th1_s1 <- kk$estimate[1]
60   th1_s2 <- kk$estimate[2]
61   kk <- fitdistr(mcmcs[,"th2"], "beta", ←
         list(shape1=5,shape2=5))
62   th2_s1 <- kk$estimate[1]
63   th2_s2 <- kk$estimate[2]
64
65   th1_pos <- rbeta(N, th1_s1,th1_s2)
66   th2_pos <- rbeta(N, th2_s1,th2_s2)
67
68   mask <- runif(N)>gmix
69   th1[mask] <- th1_pos[mask]
70   th2[mask] <- th2_pos[mask]
71
72   pp <- dbeta(th1,1,1)*
73     dbeta(th2,1,1)/
74     ((1-gmix)*dbeta(th1,th1_s1,th1_s2)*dbeta(th2,th2_s1,th2_s2) ←
         + gmix*d1(th1)*d2(th2))
75
76   L <- dbinom(h,sigtrials,th1+(1-th1)*th2) *
77     dbinom(f,noistrials,th2)*pp
78   ml_HT <- mean(L)
79
80   #————What is the Bayes Factor?
81   ml_SDT/ml_HT
```

脚本 11.2 使用重要性采样估计 SDT 和 1HT 模型的边缘似然

代码其余部分中所示的用于 1HT 模型的边缘似然的计算过程在概念上非常相似，在此不进行描述。请注意，给定 1HT 参数的后验，我们使用 Beta 分布对其进行了限制（假设这些参数的边界为 0 和 1）。在代码底部，我们计算了有利于 SDT 模型的贝叶斯因子，约为 1.5。因此，我们几乎没有证据支持某一种模型优于另一种模型。不过，这应该不足为奇。两种模型都能够完美地再现命中率和误报率，因此在先验条件下，贝叶斯因子将主要反映两种模型的相对灵活性。请注意，我们使用了与第 8 章相同的先验，并且该贝叶斯因子 >1 可能仅反映了 SDT 模型的信息先验。在解释贝叶斯因子时，先验的规范是一个必不可少的问题，我们将在本章后面再回到这一主题。

11.2.3 Savage-Dickey 比

另一种主要依赖于后验采样的方法是 Savage-Dickey 比。贝叶斯因子计算的这种方法由 Dickey 及其同事发现（Dickey，1971，1976；Dickey 等，1970），并被这些作者归功于 Savage。Savage-Dickey 方法适用于我们通用模型与 null 零模型的测试，就像在第 10 章中做似然比测试时的情况一样。特别是，当考虑我们有感兴趣的参数 ω 和其他一些参数的情况，这些参数是模型的一部分并估算为 ψ。我们可能具有理论上的意义的问题是数据在多大程度上支持 null 零假设 H0：$\omega = \omega_0$ 或替代假设 H1：$\omega \neq \omega_0$。假设 ψ 与 ω 无关（具体来说，$p(\psi \mid \omega_0, H1) = p(\psi \mid H0)$），贝叶斯因子可以简单地用如下公式进行计算：

$$BF_{01} = \frac{p(\omega = \omega_0 \mid y, H1)}{p(\omega = \omega_0 \mid H1)}. \tag{11.6}$$

换句话说，BF 是通过在一般模型下以 null 零值 $\omega = \omega_0$ 评估后验和先验，并取这两个量之比来进行估算的。Wagenmakers 等（2010）在附录 A 中完成了公式 11.6 的推导。基本的见解是在合理的假设下（包括前面提到的先验公式，ψ 独立于 ω），$p(y \mid H0) = p(y \mid \omega = \omega_0, H1)$。因此，根据贝叶斯定理

$$p(y \mid H0) = \frac{p(\omega = \omega_0 \mid y, H1) \, p(y \mid H1)}{p(\omega = \omega_0 \mid H1)}.$$

我们将两侧除以 $p(y \mid H1)$ 得到贝叶斯因子 $BF_{01} = p(y \mid H0) / p(y \mid H1)$。$p(y \mid H1)$ 在右侧抵消，剩下公式 11.6。

在信号检测模型的应用中，有时会问到的一个问题是：该标准是比无偏模型下的预期值更高（更严格）还是更低（更宽松）（例如，Stanislaw 和 Todorov，1999；Lerman 等，2010）。换句话说，我们可以问是否有证据表明 $b \neq 0$（图 8.4）。图 11.3 演示了如何使用 Savage-Dickey 比回答这个问题。为了说明情况，我们假设信号和噪声试验的次数较少（20），并且命中次数和误报次数分别为 12 和 2。我们首先获得文件 SDT small. R，该文件与脚本 8.5 非常相似，该文件调用 JAGS 为刚刚描述的数据获取 d 和 b 的后验采样。接下来，我们需要能够通过输入 $b = 0$ 来获得概率密度 $p(b \mid y, H1)$。问题是我们没有后验的概率密度函数，只有后验的采样。解决方案是使用 logspline 函数（来自 "logspline" 包），该函数返回一个样条，用于从后验的采样（存储在对象 blogspl 中）中估计（对数）密度函数。然后，我们使用 dlogspline 函数获得 $b = 0$ 时的后验密度的估计（传入对数密度的样条估计，blogspl 作为参数），然后除以 $b = 0$ 的先验得到 Savage-Dickey 比。所得的 $BF_{01} \approx 0.4$，是支持 null 零假设的证据。通过取倒数，我们可以将其转化为证据，支持替代假设，即 $BF_{10} \approx 2.5$。因此，我们缺乏证据证明 $b \neq 0$。图 11.2 使用接下来脚本中的代码以图形方式说明了该比率。

```
1  library(logspline)
2
3  source("SDT_small.R")
4  mcmcs <- as.matrix(mcmcfin)
5
6  blogspl <- logspline(mcmcs[,"b"])
7
8  BF <- dlogspline(0,blogspl)/dnorm(0,0,1)
9  print(BF)
10
11 pdf(file="SavageD.pdf", width=5, height = 5)
12 x <- seq(-0.25,0.25,length.out = 1000)
13 priy <- dnorm(x,0,1)
14 posy <- dlogspline(x, blogspl)
15 matplot(x, cbind(priy,posy), type="l",
16         xlab="b", ylab="Prob Density", lwd=2)
17 legend(-0.2,1,legend=c("Prior","Posterior"), lty=1:2, ←
           col=1:2, lwd=2)
18 points(0, dnorm(0,0,1)); text(0.015, ←
           dnorm(0,0,1)+0.05, "p(b=0|H1)")
19 points(0, dlogspline(0, blogspl)); text(0.05, ←
           dlogspline(0, blogspl)-0.05, "p(b=0|y,H1)")
20 dev.off()
21
22 SDT_ll <- function(d,B,h,f,sigtrials,noistrials){
23    return(-2*(
24      log(dbinom(h,sigtrials,pnorm(d/2-B)))+
25    log(dbinom(f,noistrials,pnorm(-d/2-B)))
26    ))
27 }
28
29 llgen <- optim(c(1,0),function(x) ←
       SDT_ll(x[1],x[2],h,f,sigtrials,noistrials))
30 llspec <- optim(1,function(x) ←
       SDT_ll(x[1],0,h,f,sigtrials,noistrials),
31                method="Brent",lower=-5,upper=5)
32 chi2diff <- llspec$value - llgen$value
33 print(chi2diff); print(1-pchisq(chi2diff,1))
```

脚本 11.3　Savage-Dickey 比应用于信号检测模型

我们可以将 Savage-Dickey 贝叶斯因子的结论与第 10 章中讨论的似然比检验得出的结论进行比较，第 22 行至第 33 行使用最大似然估计将 SDT 模型的常规和受限（$b=0$）版本分别与数据拟合。我们首先定义一个函数 SDT_ ll，使用二项式概率函数分别计算信号试验中命中和噪声试验中虚报的联合似然。函数 pnorm 用于获得命中和误报的预测概率，使用了与脚本 8.4 中用于计算 phih 和 phif 相同的变换。然后使用第 4 章中详细介绍的方法将该预测概率转换为似然。同时使用 optim 函数拟合模型的两个版本：B 可以自由变化的通用模型和 B 固定为 0 的模型。如第 10 章中所述，然后我们可以使用卡方检验来评估模型之间的偏差差异（ $-2\ln L$ 的差异由代码中 chi2diff 给出）。对于这些模型，测试结果为 χ^2 （1） $= 5.06$ ， $p = 0.024$ ，这是一个自由度，反映出比起简单模型，一般模型更具有额外的自由参数。该标准的频率论检验告诉我们 b 明显不等于 0。尽管两种方法都指向相似的定性结论，但贝叶斯因子建议谨慎地断定 b 不等于 0，因为替代模型的证据相对较弱。

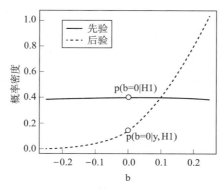

图 11. 2　Savage-Dickey 密度比的图例，信号检测模型的 Savage-Dickey 比用于检验是否 $b \neq 0$

11. 2. 4　跨维马尔可夫链蒙特卡罗方法

一套更高级的方法是跨维（transdimensional）马尔可夫链蒙特卡罗（MCMC）。跨维 MCMC 程序通过将模型指标明确合并到分层模型中，并从中采样来估计贝叶斯因子。换句话说，我们假定一个类别变量 M 具有与不同模型相对应的离散值，例如， $M = 1$ 可能对应于遗忘指数模型，而 $M = 2$ 则对应于幂模型。然后在"超级模型"中指定两个理论模型，从中我们为两个模型的参数获得后验样本。关键步骤是我们也从模型指标 M 中获得后验样本。因此，如果数据与模型 1 更一致，则应频繁地对模型 1 的指标进行采样。

这种通用方法称为跨维 MCMC，因为模型在不同维度（即不同参数空间）之间跳转。跨维度 MCMC 的两个主要变量，可用于解决上述过程中的问题，即当一个或另一个模型被采样时，模型的维度会随着样本的变化而变化，这违反了 MCMC 算法的一个收敛条件（Carlin 和 Chib，1995）。一种解决方法是可逆跳转 MCMC（Green，1995），它扩展了标准的 Metropolis-Hastings 算法。在可逆跳转 MCMC 中，构造用于在模型之间移动的提议分布（proposal distribution），以便在模型之间保持恒定维度。在这里，我们将讨论另一种称为积空间（product space）的方法（Carlin 和 Chib，1995）。该名称来自以下假设：有效参数空间是各个模型的参数空间的乘积。积空间方法的工作原理是在每个时间跨度获得所有参数的样本。我们在这里介绍乘积空间方法，因为它是最近引入心理学的（Kruschke，2011；Lodewyckx 等，2011），可以直接在 JAGS 中实施。

脚本 11.4 给出了从一个超模型中采样的 JAGS 脚本，涵盖了在第 9 章讨论并在上文的 11.2.1 节中重新讨论的遗忘指数模型和幂模型。为了使事情更容易理解，我们拟合来自单个被试的数据。我们首先指定一个模型节点 M，这是一个分类指示变量，指示哪个模型当前处于"激活状态"。在每个时间点，JAGS 中的 Gibbs 采样器都会从该分类分布中随机采样一个值，以便在任何时候 $M = 1$ 或 $M = 2$。这里，模型 1 是指数模型，模型 2 是幂模型。将 M 的先验概率设置为由先验概率 prior1 指定的这些值之一（prior1 为模型 1 的先验概率，模型 2 具有互补的先验概率 1 – prior1）。我们还指定了一个值为 0 或 1 的参数 pM2，它的值取决于模型 1 或模型 2，当前分别是否处于激活状态（step 函数将正值和负值分别转换为 1 和 0）。监控 pM2 只是为了方便：如果将 pM2 取平均值，我们将获得模型 2 的后验概率的平均值。

```
1   model{
2     # model node
3     M ~ dcat(p[]);
4     p[1] <- prior1; p[2] <- 1-p[1]
5     pM2 <- step(M-1.5)
6
7     # Likelihoods
8     for (j in 1:nt){
9         theta[1,j] <- a1+(1-a1)*b1*exp(-alpha*t[j])
10        theta[2,j] <- a2+(1-a2)*b2*pow((t[j]+1),-beta)
11        k[j] ~ dbin(theta[M,j],n)
12    }
13
14    ## ——————— Model 1 (exp) priors
15    a1 ~ dbeta(a1.s1[M],a1.s2[M])T(0,0.2)
16    b1 ~ dbeta(b1.s1[M],b1.s2[M])
17    alpha ~ dbeta(alpha.s1[M],alpha.s2[M])
18
19    # ——————Model 2 (power) priors
20    a2 ~ dbeta(a2.s1[M],a2.s2[M])T(0,0.2)
21    b2 ~ dbeta(b2.s1[M],b2.s2[M])
22    beta ~ dbeta(beta.s1[M],beta.s2[M])
23
24  }
```

脚本 11.4　获得遗忘幂与指数模型的积空间采样 JAGS 脚本

下一部分代码指定了两个模型函数，它们将参数映射到预测比例校正中。请注意，a 和 b 参数已经被重新标记以区分指数模型以及幂模型中的 a 和 b 参数。然后，通过第 11 行的二项式似然函数将预测比例校正联系数据。一个关键步骤是，似然计算的预测概率仅来自当前激活的模型。因此，在任何时候，仅激活模型（由 M 的当前值指示的模型）与数据相关。

代码的其余部分指定了模型参数的先验概率。假设 a，b，α 和 β 都以 0 和 1 为界，我们为所有参数指定 Beta 先验分布。需要注意的一件事是，指定的先验取决于当前的模型索引 M。在看到模型激活后，我们再来解释这样选择的原因。

脚本 11.5 中的 R 代码调用了脚本 11.4 中的 JAGS 代码。R 脚本的第一部分大部分利用了脚本9.4，并使用已知的参数值从指数模型生成一些数据。然后，我们在参数上指定先验，所有这些都是 Beta（1，1）先验。目前，这似乎是多余的，因为我们似乎为每个参数设置了两次先验！其原因很快会清楚。然后，我们从超模型进行采样。我们首先指定模型1的先验概率（指数）。目前，我们将假定该先验概率为0.2，然后再讨论该先验概率的选择。同时，我们调用标准的 rjags 来初始化和估计模型。请注意，我们使用了很长的预热（burn-in）和监视周期，因为事实证明，模型指标的估计效率很低。第72行通过平均四个链上的 pM2 以及每个链中的 10 000 次迭代来计算模型2的后验概率。然后，下一行计算模型1相对于模型2的贝叶斯因子。后验几率由 1 − post2（模型1的估计后验概率）除以 post2 得出。要计算贝叶斯因子，我们需要将后验除以先验。回忆一下：

$$\frac{p\left(M_1 \mid y\right)}{p\left(M_2 \mid y\right)} = \frac{p\left(y \mid M_1\right)\ p\left(M_1\right)}{p\left(y \mid M_2\right)\ p\left(M_2\right)}.$$

为了获得贝叶斯因子 $p\left(y \mid M_1\right) / p\left(y \mid M_2\right)$，我们必须重新排列公式如下：

$$\frac{p\left(y \mid M_1\right)}{p\left(y \mid M_2\right)} = \frac{p\left(M_1 \mid y\right)\ p\left(M_2\right)}{p\left(M_2 \mid y\right)\ p\left(M_1\right)}.$$

```
1  library (rjags)
2  library (MASS)
3
4  tlags <- c(0, 1, 5, 10, 20, 50)
5  nlags <- length(tlags)
6
7  nitems <- 40
8
9  nrecalled <- rep(0,nlags)
10
11 a <- 0.1
12 b <- .95
13 alpha <- .2
14
15 # simulate data
16 for (j in 1:nlags) {
17   p <- a + (1-a) * b * exp(-alpha*tlags[j])
18   nrecalled[j] <- rbinom(1,nitems,p)
19 }
20
21 #plot(tlags,nrecalled)
22
23 a1.s1<-{}; a1.s2<-{}; a2.s1<-{}; a2.s2<-{}
24 b1.s1<-{}; b1.s2<-{}; b2.s1<-{}; b2.s2<-{}
25 alpha.s1<-{}; alpha.s2<-{}; beta.s1<-{}; beta.s2<-{}
26
27 ###----- Prior parameters
28 ## Model 1 (exponential)
29 # priors
30 a1.s1[1] <- 1; a1.s2[1]<- 1
```

```
31 b1.s1[1] <- 1; b1.s2[1]<- 1
32 alpha.s1[1] <- 1; alpha.s2[1] <- 1
33
34 # psuedo-priors—set these to priors for the moment
35 a1.s1[2] <- 1; a1.s2[2]<- 1
36 b1.s1[2] <- 1; b1.s2[2]<- 1
37 alpha.s1[2] <- 1; alpha.s2[2] <- 1
38
39 ## Model 2 (power)
40 # priors
41 a2.s1[2] <- 1; a2.s2[2]<- 1
42 b2.s1[2] <- 1; b2.s2[2]<- 1
43 beta.s1[2] <- 1; beta.s2[2] <- 1
44
45 # psuedo-priors (temporary)
46 a2.s1[1] <- 1; a2.s2[1]<- 1
47 b2.s1[1] <- 1; b2.s2[1]<- 1
48
49 # ————————Estimate pM2
50 prior1 <- 0.2 # this value affects the mixing, should ↩
            approximate 1/posterior
51 expmod <- jags.model("powerexp.j",
52                       data = list(t = tlags,
53                                   k = nrecalled,
54                                   n = nitems,
55                                   nt = nlags,
56                                   a1.s1 = a1.s1, a1.s2 ↩
                                       = a1.s2,
57                                   a2.s1 = a2.s1, a2.s2 ↩
                                       = a2.s2,
58                                   b1.s1 = b1.s1, b1.s2 ↩
                                       = b1.s2,
59                                   b2.s1 = b2.s1, b2.s2 ↩
                                       = b2.s2,
60                                   alpha.s1 = alpha.s1, ↩
                                       alpha.s2=alpha.s2,
61                                   beta.s1 = beta.s1, ↩
                                       beta.s2=beta.s2,
62                                   prior1 = prior1),
63                  n.chains=4)
64
65 # burnin
66 update(expmod,n.iter=1000)
67 # perform MCMC
68 parameters <- c("alpha","beta","theta","pM2")
69 mcmcfin<-coda.samples(expmod,parameters,10000, thin=1)
70 #summary(mcmcfin)
71 mm <- as.matrix(mcmcfin)
72 post2 <- mean(as.matrix(mcmcfin)[,"pM2"])
73 print((1-post2)/post2*(1-prior1)/prior1)
74
```

```
75  # plot acf
76  myacf <- {}
77  for (chain in 1:4){
78    myacf <- cbind(myacf, acf(mcmcfin[[chain]][,"pM2"], ←
         lag.max=30, plot=F)$acf)
79  }
80
81  matplot(0:10, myacf[1:11,], type="l",
82          xlab="Lag",ylab="Autocorrelation",ylim=c(0,1))
```

脚本 11.5 积空间法采样的 R 代码

所获得的实际贝叶斯因子在模拟数据集之间有所不同。如果将此 BF 与从特定数据集的数值积分获得的 BF 进行比较,你会发现这两种方法非常吻合。

在了解了如何使用积空间方法来获得模型概率的估计之后,我们回过头来讨论脚本中一些令人费解的特征。积空间法的一个问题是采样器可能不会探索到概率较低的模型。例如,如果一个模型的可能性是另一种模型的 100 倍,且模型被分配了相等的先验概率,则采样器将花费平均 100 倍的迭代次数在更可能的模型上。因此,模型之间的转变将变得相对更少,并且不太可能的模型的概率估计将有很大的变化。

解决方案在于认识到模型指标是与后验概率成比例地采样。因此,如果我们将先验概率设置为边缘似然的逆(现在假设我们知道这些边缘似然的值),则每个模型的后验概率会是 0.5,而 JAGS 将从这两个模型花费大约一半的时间采样。当我们在第 72 行和其下一行计算贝叶斯因子时,我们除以模型的先验概率,因此可以将这些先验概率设置为任何我们想要的值,以鼓励更好地从两个模型中进行采样。希望你已经看到了这个狡猾的方法中的一个缺陷:为了实现这个方法,我们首先需要知道贝叶斯因子(即边缘似然的比率),即我们首先最开始想要估计的那个量!

实际上,我们只需要一个逼近近似于贝叶斯因子的值即可合理保证具有较小边缘似然的模型的合理的高采样率。Lodewyckx 等研究者(2011 年)描述了如何使用二等分算法(一种用于查找单变量函数的最大值或最小值的方法)获得粗略近似。Lodewyckx 等研究者(2011 年)提供了详细且易理解的描述,感兴趣的读者可以阅读该论文以获取更多信息。与该算法类似的方法可以使用 optimize 函数(使用 Brent 方法——二等分算法和抛物线插值的结合)在 R 中实现。这里的 prior1 概率是从几个模拟数据集的边缘似然的数值积分估计中获得的(即通过作弊)。

另一个能极大地影响模型概率抽样,尤其是模型之间的切换程度的因素就是各个模型参数的先验的选择。特别地使用积空间方法进行采样的一个重要特征是 JAGS 将在每个时间点采样所有参数的后验,包括那些当前未激活模型的后验。但是,由于该模型在未激活时未联系到数据(第 11 行),因此 JAGS 不会从该模型的后验采样,而是从先验采样。在模型处于未激活状态时采的先验称为伪先验。换句话说,如果模型 1 激活,则从模型 1 的后验采样的先验是模型 1 的真实先验,而从模型 2 采样的是伪先验(反之亦然)。这就是图 11.4 中的先验依赖于当前模型索引 M 的原因。

从理论上讲,这些伪先验的选择是无关紧要的,因为它们在计算贝叶斯因子时会被积分(Lodewyckx 等,2011)。在实践中,伪先验对确定的两个模型的混合至关重要。

具体来说，可以通过选择逼近参数后验密度的伪先验鼓励采样器在模型之间跳转，避免卡在单个模型中进行大量迭代。在刚刚的示例中，相同的无信息先验也用作伪先验，这意味着模型指标 M 的采样效率很可能较低。由此，我们可以通过先从各个模型中进行采样来设置伪先验，然后使用后验样本来设置逼近后验的伪先验（例如 Kruschke，2011；Tenan 等，2014）。

脚本 11.6 展示了如何获得指数模型和幂模型的伪先验。对于每个模型，我们都调用相同的 JAGS 脚本（脚本 11.4），并将 prior1 设置为 0（幂模型）或 1（指数模型），以迫使采样仅从单个模型进行。然后，我们使用 MASS 包中的 fitdistr 分布将 beta 分布拟合到每个模型的后验样本（第 55 行开始）。同时，我们可以为完整的超模型（脚本 11.4 的第二部分）运行采样器，以获取贝叶斯因子。

```
1
2  # ——————————Estimate exponential only
3  expmod <- jags.model("powerexp.j",
4                          data = list(t = tlags,
5                                      k = nrecalled,
6                                      n = nitems,
7                                      nt = nlags,
8                                      a1.s1 = a1.s1, ←
                                          a1.s2 = a1.s2,
9                                      a2.s1 = a2.s1, ←
                                          a2.s2 = a2.s2,
10                                     b1.s1 = b1.s1, ←
                                          b1.s2 = b1.s2,
11                                     b2.s1 = b2.s1, ←
                                          b2.s2 = b2.s2,
12                                     alpha.s1 = ←
                                          alpha.s1, ←
                                          alpha.s2=alpha.s2,
13                                     beta.s1 = ←
                                          beta.s1, ←
                                          beta.s2=beta.s2,
14                                     prior1 = 1),
15                          n.chains=4)
16
17 # burnin
18 update(expmod,n.iter=1000)
19 # perform MCMC
20 parameters <- c("a1", "b1", "alpha")
21 mcmcfin<-coda.samples(expmod,parameters,5000)
22 mm <- as.matrix(mcmcfin)
23
24 # set pseudo-priors to approximate posterior
25 a1fit <- fitdistr(mm[,"a1"],"beta", ←
       start=list(shape1=1,shape2=1))$estimate
26 b1fit <- fitdistr(mm[,"b1"],"beta", ←
       start=list(shape1=1,shape2=1))$estimate
27 alphafit <- fitdistr(mm[,"alpha"],"beta", ←
       start=list(shape1=1,shape2=1))$estimate
```

```
28 | a1.s1[2] <- a1fit[1]; a1.s2[2]<- a1fit[2]
29 | b1.s1[2] <- b1fit[1]; b1.s2[2]<- b1fit[2]
30 | alpha.s1[2] <- alphafit[1]; alpha.s2[2] <- alphafit[2]
31 |
32 | # ——————————Estimate power1 only
33 | expmod <- jags.model("powerexp.j",
34 |                          data = list(t = tlags,
35 |                                      k = nrecalled,
36 |                                      n = nitems,
37 |                                      nt = nlags,
38 |                                      a1.s1 = a1.s1, a1.s2 ←
                                              = a1.s2,
39 |                                      a2.s1 = a2.s1, a2.s2 ←
                                              = a2.s2,
40 |                                      b1.s1 = b1.s1, b1.s2 ←
                                              = b1.s2,
41 |                                      b2.s1 = b2.s1, b2.s2 ←
                                              = b2.s2,
42 |                                      alpha.s1 = alpha.s1, ←
                                              alpha.s2=alpha.s2,
43 |                                      beta.s1 = beta.s1, ←
                                              beta.s2=beta.s2,
44 |                                      prior1 = 0),
45 |                          n.chains=4)
46 |
47 | # burnin
48 | update(expmod,n.iter=1000)
49 | # perform MCMC
50 | parameters <- c("a2", "b2", "beta")
51 | mcmcfin<-coda.samples(expmod,parameters,5000)
52 | mm <- as.matrix(mcmcfin)
53 |
54 | # set pseudo-priors to approximate posterior
55 | a2fit <- fitdistr(mm[,"a2"],"beta", ←
         start=list(shape1=1,shape2=1))$estimate ←

56 | b2fit <- fitdistr(mm[,"b2"],"beta", ←
         start=list(shape1=1,shape2=1))$estimate
57 | betafit <- fitdistr(mm[,"beta"],"beta", ←
         start=list(shape1=1,shape2=1))$estimate
58 | a2.s1[1] <- a2fit[1]; a2.s2[1]<- a2fit[2]
59 | b2.s1[1] <- b2fit[1]; b2.s2[1]<- b2fit[2]
```

脚本 11.6 估计伪先验的 R 代码

　　贝叶斯因子的渐近估计很少取决于近似后验还是无信息先验用作伪先验。但是，近似后验的伪先验值提供了对模型指标概率的更有效的采样。能观察到这种情况的一种方法是在模型指标 pM2 的监视器中绘制自相关函数。图 11.3 显示使用无信息先验会在 pM2 中产生较高的自相关，这意味着 pM2 的均值以及模型 2 的后验概率估计效率较低。相比之下，图 11.3 右图显示，当从伪先验采样时，对于所有 lag > 0，一阶相关实

际上为 0，这意味着对这些伪先验的估计将更加有效。

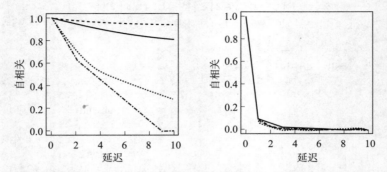

图 11.3 使用无信息伪先验（左图）与近似后验的伪先验（右图）的模型指示符 **pM2** 采样的自相关函数。每张图的线对应于不同的链，这里没有应用 **thinning**，因此延迟是指迭代中的延迟。

像这里讨论的其他方法一样，积空间方法很引人注目，因为大多数烦琐的工作都是在 JAGS 之类的采样器中完成的。但是要求精度高：模型指示符 *M* 的正确混合需要适当的先验，而伪先验则必须近似后验。这也意味着跟踪模型指示符参数尤为重要。Lodewyckx（2011）教程，Kruschke（2011）的第 10 章和 Tenan（2014）的论文提供了使用积空间方法比较模型的更多示例（另请参考 Scheibehenne 等，2013），最初的 Carlin 和 Chib（1995）论文以及解释了该方法背后的原理，还提供了在回归设置中选择预测变量的一个示例的应用程序。

11.2.5　拉普拉斯估计

到目前为止讨论的方法都依赖于边缘似然的数值逼近，此外还存在几种对边缘似然的解析逼近的方法。这些解析方法可以通过求推导数来获得边缘似然或贝叶斯因子的简单方程式公式，通过对先验和似然做出的渐近假设来逼近，这对于任何特定应用而言都不太可能完全成立。

一种方法假设我们的似然函数是渐近正态的。这种使用拉普拉斯估计的逼近方法（例如，27 章 MacKay，2003），是由 Tierney 和 Kadane（1986）提出的，该方法值得作为如何从数学和统计学得出理论逼近的例子详细介绍，在此之后还会介绍 Raftery（1995）的论文，仅关注此方法应用的读者可以跳至公式 11.11。为了方便起见，我们不参考一个特定的模型；下面所有的公式在某些模型 *M* 上都隐含条件。

回想一下，我们的目标是找到边缘似然 $\int p(y\,|\,\boldsymbol{\theta})\,p(\boldsymbol{\theta})\,d\boldsymbol{\theta}$。我们首先定义 $g(\boldsymbol{\theta}) = \ln[\,p(y\,|\,\boldsymbol{\theta})\,p(\boldsymbol{\theta})\,]$，边缘似然的拉普拉斯近似依赖于应用在函数 $g(\boldsymbol{\theta})$ 上的泰勒级数展开。泰勒级数将函数表示为其导数的无穷和，$f(x) = f(z) + f'(z)/1!\,(x - z) + f''(z)/2!\,(x - z)^2 + \cdots$（我们不会在这里证明，只是将其视为给定条件）。第一项简单地将 *f* 表示为任意值 *z* 的一个函数。然后，第二项将 *f* 在点 *z* 处的导数 $f'(z)$ 乘上 *x* 和 *z* 的差值除与阶乘 1 加权。下一项将 *f* 的二阶导数 $f''(z)$ 由 *x* 减 *z* 的平方除与阶乘 2 加权。随着项数的增加，逼近值变得更加准确，但是对

于逼近边缘似然，我们停在 2 阶（即 2 阶导数）即可。这是因为我们的（对数）后验很可能是单峰且近似对称的（足够的 N）。泰勒级数的二阶展开式也很方便，因为它与正态分布的关系可以利用，如下所示。

当应用于 $g(\boldsymbol{\theta})$ 时，展开得到

$$g(\boldsymbol{\theta}) \approx g(\tilde{\boldsymbol{\theta}}) + (\boldsymbol{\theta} - \tilde{\boldsymbol{\theta}})^T g'(\tilde{\boldsymbol{\theta}}) + \frac{1}{2}(\boldsymbol{\theta} - \tilde{\boldsymbol{\theta}})^T g''(\tilde{\boldsymbol{\theta}})(\boldsymbol{\theta} - \tilde{\boldsymbol{\theta}}). \quad (11.7)$$

我们已经在 $\tilde{\boldsymbol{\theta}}$ 展开 g，它是后验分布的模。函数 $g(\boldsymbol{\theta})$ 具有相同的模：通过在分母中省略 $p(y)$（仅在此处充当常数）并且取 $p(y|\boldsymbol{\theta})p(\boldsymbol{\theta})$ 的对数不会更改模的位置。g 在 $\boldsymbol{\theta}$ 处的导数为 0（如果它是函数的最大值，则其导数为 0），因此，公式 11.7 中的整个第二项变为 0，剩下：

$$g(\boldsymbol{\theta}) \approx g(\tilde{\boldsymbol{\theta}}) + \frac{1}{2}(\boldsymbol{\theta} - \tilde{\boldsymbol{\theta}})^T g''(\tilde{\boldsymbol{\theta}})(\boldsymbol{\theta} - \tilde{\boldsymbol{\theta}}). \quad (11.8)$$

公式 11.7 和 11.8 中的约等号表示近似关系。近似误差随着 $\boldsymbol{\theta}$ 和 $\tilde{\boldsymbol{\theta}}$ 的差而增加（通常，误差为 $(\boldsymbol{\theta} - \tilde{\boldsymbol{\theta}})$ 2 阶），只要 $(\boldsymbol{\theta} - \tilde{\boldsymbol{\theta}})$ 的值小，该近似就会准确。不久将看到，我们仅关注与 $\tilde{\boldsymbol{\theta}}$ 接近的 $\boldsymbol{\theta}$ 值，因为只有那些值会有助于边缘似然的积分（Tierney 和 Kadane, 1986）。

分量 g'' 是 g 的二阶偏导的矩阵（也称为 Hessian 矩阵）。这与第 10 章中讨论的 Fisher 信息矩阵非常相似，但是在这种情况下表示 $\ln[p(y|\boldsymbol{\theta})p(\boldsymbol{\theta})]$ 的曲率，而不是对数似然面 $\ln[p(y|\boldsymbol{\theta})]$ 的曲率。T 代表转置，在公式 11.8 最后一项中的矩阵乘法中转置是必需的（我们在第 13 章中介绍了矩阵代数）。现在可以将边缘似然作为 $g(\boldsymbol{\theta})$ 的指数的积分来获得：

$$p(y) = \int \exp(g(\boldsymbol{\theta})) d^K \boldsymbol{\theta}. \quad (11.9)$$

d^K 表示我们正在对 $\boldsymbol{\theta}$ 的所有 K 项进行积分；也就是说，K 是参数的数量，因此是 $\boldsymbol{\theta}$ 的维数。代入公式 11.8，我们得到近似值：

$$p(y) \approx \int \exp(g(\tilde{\boldsymbol{\theta}})) \exp\left(\frac{1}{2}(\boldsymbol{\theta} - \tilde{\boldsymbol{\theta}})^T g''(\tilde{\boldsymbol{\theta}})(\boldsymbol{\theta} - \tilde{\boldsymbol{\theta}})\right) d^K \boldsymbol{\theta}.$$

因子 $\exp(g(\tilde{\boldsymbol{\theta}}))$ 相对于 $\boldsymbol{\theta}$ 是恒定的，因此可以移到积分之外：

$$p(y) \approx \exp(g(\tilde{\boldsymbol{\theta}})) \int \exp\left(\frac{1}{2}(\boldsymbol{\theta} - \tilde{\boldsymbol{\theta}})^T g''(\tilde{\boldsymbol{\theta}})(\boldsymbol{\theta} - \tilde{\boldsymbol{\theta}})\right) d^K \boldsymbol{\theta}. \quad (11.10)$$

当我们认识到它与多维高斯函数的积分的关系时，可以更紧凑地表示：

$$\int \exp\left(-\frac{1}{2} x^T A x\right) d^K x = \sqrt{\frac{(2\pi)^K}{\det A}}$$

这在形式上与公式 11.10 中的积分相同，因此代入：

$$p(y) \approx p(y|\tilde{\boldsymbol{\theta}}) p(\tilde{\boldsymbol{\theta}}) \sqrt{\frac{(2\pi)^K}{\det A}}, \quad (11.11)$$

其中，$p(y|\tilde{\boldsymbol{\theta}})p(\tilde{\boldsymbol{\theta}})$ 是在模式 $\tilde{\boldsymbol{\theta}}$ 下计算的 g 的指数，A 是包含 $-g''(\tilde{\boldsymbol{\theta}})$ 的二

阶偏导的 Hessian 矩阵。*det* 是行列式，在最小描述长度起着类似的作用（公式 10.15）。

为了应用拉普拉斯估计，需要同时有 $p(y|\tilde{\theta})p(\tilde{\theta})$ 和 A。在某些情况下，可以通过解析或数值方法获得它们，但是在许多情况下，最简单的方法是使用通过马尔可夫链蒙特卡洛法（MCMC）获得的后验分布中的样本，尤其是如果我们已经出于参数估计的目的而估计了后验时（例如，Lewis 和 Raftery，1997）。某种后验中心趋势 $\tilde{\theta}$ 的度量以及对 A 的估计是需要（例如，通过输入样本协方差矩阵）。但是 *DiCiccio* 等研究者（1997）注意到，这些简单的方法可能会提供较差的估计，并提出了一些改进的方法来估计 $p(y|\tilde{\theta})p(\tilde{\theta})$ 和 A。此外应该指出的是，拉普拉斯估计只能在分布的质量接近 $\theta^\sim$ 条件下提供准确的估计。例如，Rouder 等研究者（2012）报告在统计学模型（方差分析中的线性模型）下，因为后验相对长的尾部，拉普拉斯估计的效果不佳。

拉普拉斯估计法在心理学中并不常用。以后会讲到，我们可以做一些进一步的假设来得出对边缘似然的更简单逼近的近似。

11.2.6　贝叶斯信息量准则

贝叶斯信息量准则（BIC）是比较模型的常用度量，它最初是由 Schwarz（1978）推导出来的，是第 10 章中讨论的赤池信息量准则（AIC）的替代方案，定义如下：

$$BIC = -2\ln L(\hat{\theta}|y, M) + K\ln N, \tag{11.12}$$

其中第一项是偏差（最大对数似然的 -2 倍），第二项仅是参数数目 K 乘以 N，即似然计算所基于的数据点数。

在谈论使用 BIC 进行贝叶斯模型比较之前，应先解决公式 11.12 的困惑且具有争议的点。虽然表面上是贝叶斯，但公式 11.12 并未引用先验分布！取而代之的是，BIC 假设了一个被称为单位信息先验的特定的无信息性先验（例如，Kass 和 Raftery，1995）。这是一个对于后验而言相对宽松的先验，它表示我们仅从单个数据点获得的信息量。要查看此先验如何推出公式 11.12，我们可以再次遵循 Raftery（1995）中的非正式推导，进一步处理方程式 11.11 中的拉普拉斯估计。首先，采用公式 11.11 两边的对数可得出

$$\log[p(y)] \approx \ln[p(y|\tilde{\theta})] + \ln[p(\tilde{\theta})] + \frac{K}{2}\ln(2\pi) - \frac{1}{2}\ln(\det A).$$

$$\tag{11.13}$$

然后，我们做出后验模 $\tilde{\theta}$ 等于最大似然估计 $\tilde{\theta}$ 的渐近（即大样本）假设。这不是一个随便的假设，仅在拥有大量数据的情况下才能成立，并且先验不能对后验有影响。BIC 依赖的另一个渐近近似是 $A \approx NI$，其中 N 是数据点的数量，I 是单次观测的期望 Fisher 信息矩阵。在第 10 章中，我们介绍了 Fisher 信息矩阵 – 对数似然面的二阶偏导矩阵。对数似然面的曲率可用来衡量数据提供的有关 θ 的信息量以及来自 N 次观测值，观测值是从单个观测值获得的信息的 N 倍。A 的行列式由 $N^K \det I$ 近似：我们乘以 N 以获得 N 个数据点的信息矩阵，但还需要提高到 K，因为任何行列式矩阵的一个特点是

$det\ xA = x^k\ det\ A$，其中 k 是行数/列数。我们现在可以将其代入公式 11.13 以获得：

$$\log[p(y)] \approx \ln[p(y \mid \hat{\boldsymbol{\theta}})] + \ln[p(\hat{\boldsymbol{\theta}})]$$
$$+ \frac{K}{2}\ln(2\pi) - \frac{1}{2}\ln(N^K \det \boldsymbol{I}),$$

还可以写成：

$$\log[p(y)] \approx \ln[p(y \mid \hat{\boldsymbol{\theta}})]$$
$$+ \ln[p(\hat{\boldsymbol{\theta}})] + \frac{K}{2}\ln(2\pi) - \frac{K}{2}\ln(N) - \frac{1}{2}\ln(\det \boldsymbol{I}). \quad (11.14)$$

公式 11.14 仅表示边缘似然的拉普拉斯近似的对数（公式 11.11），但使用最大似然估计值代替了来自全部后验的估计值。

为了说明如何从公式 11.14 中获得 BIC，我们需要替换 BIC 中隐含假定的先验单元信息。如上所述，这是我们从单个数据点获得的先验表示信息。具体来说，我们假设先验是均值 $\hat{\boldsymbol{\theta}}$ 的多元正态分布，即先验的均值是 $\boldsymbol{\theta}$ 的最大似然估计。多元正态分布的公式为：

$$f(\boldsymbol{\theta}) = \frac{1}{\sqrt{(2\pi)^K \det \boldsymbol{I}^{-1}}} \exp\left(-\frac{1}{2}(\boldsymbol{\theta}-\hat{\boldsymbol{\theta}})^T \boldsymbol{I}(\boldsymbol{\theta}-\hat{\boldsymbol{\theta}})\right),$$

$\hat{\boldsymbol{\theta}}$ 是正态分布的均值。另外根据定义，该先验表示单个样本的期望信息，因此我们将 $\boldsymbol{I}$ 的逆作为该正态分布的协方差矩阵（协方差矩阵是此处假设渐近条件下 Fisher 信息矩阵的逆，例如，Myung 和 Navarro，2005）。为了代入公式 11.14，我们需要求先验分布的对数：

$$\log[f(\boldsymbol{\theta})] = -\frac{K}{2}\ln(2\pi) + \frac{1}{2}\ln(\det \boldsymbol{I}) - \frac{1}{2}(\boldsymbol{\theta}-\hat{\boldsymbol{\theta}})^T \boldsymbol{I}^{-1}(\boldsymbol{\theta}-\hat{\boldsymbol{\theta}}).$$

$$(11.15)$$

在公式 11.14 中，我们估计了 $\boldsymbol{\theta}=\hat{\boldsymbol{\theta}}$ 的对数先验 $\ln p$，这意味着 $(\boldsymbol{\theta}-\hat{\boldsymbol{\theta}})=0$，公式 11.15 的第三项消掉，我们得到：

$$\ln[f(\hat{\boldsymbol{\theta}})] = -\frac{K}{2}\ln(2\pi) + \frac{1}{2}\ln(\det \boldsymbol{I}). \quad (11.16)$$

倒数第二步是用公式 11.14 的先验代替公式 11.16。这样做使方法变得简单：公式 11.16 的第一项抵消了公式 11.14 的第三项，而公式 11.16 的第二项抵消了方程式 11.14 的第五项，剩下：

$$\log[p(y)] \approx \log[p(y \mid \hat{\boldsymbol{\theta}})] - \frac{K}{2}\log(N). \quad (11.17)$$

如果我们将公式 11.17 乘以 -2 使其以偏差单位表示，则其变为公式 11.12 中给出的 BIC 公式。因此，通过指定具有最少信息量并依赖于数据的先验，我们获得了对 $-2\log p(y)$ 的简单近似，并由此有了可用于模型比较和模型选择的量。这种简单性的原因在于以下假设：这是一个大样本近似，并假设由数据确定先验，我们接下来还会回到这个问题。

为了了解如何使用 BIC，让我们回到上一章中讨论的累积前景理论（CPT；Tversky 和 Kahneman，1992）与优先启发式（PH；Brandstatter 等，2006）的比较。CPT 的最小偏差（$-2\log p(y\mid\hat{\boldsymbol{\theta}})$）为 5378.41，总共有 150 个自由参数。此处的数据点数 N 是被试数（30）乘以每个被试的选择数（180），$N = 5400$。因此，$BIC(CPT) = 5378.41 + 150\ln(5400) = 6667.53$。优先启发式模型中每个被试只有一个自由参数，其 BIC 为 $BIC(PH) = 7242.10 + 30\ln(5400) = 7499.92$。因此，数据更支持 CPT 模型，CPT 被估计为数据更有可能出现的模型。为了对此进行量化，我们可以将 BIC 值转换为贝叶斯因子。BIC 估计 $-2\log p(y)$，因此要获得 $p(y)$，我们必须乘以 $-1/2$ 并取指数。提供支持 CPT 的证据的贝叶斯因子是：

$$BF_{CPT/PH} = \frac{\exp(-0.5\times 6667.53)}{\exp(-0.5\times 7499.92)}.$$

如果直接尝试上式计算此值，则很可能会遇到数值溢出错误（即像 R 这样的程序将返回 NaN 结果）。问题在于我们采用了一些大数的指数，结果值太大，以致于大多数计算机上都无法表示。为避免此问题，最好通过两个模型 BIC 值的差再取指数来计算贝叶斯因子：

$$BF_{CPT/PH} = \exp(-0.5\,[BIC(CPT) - BIC(PH)]).$$

得到的贝叶斯因子是 5.63×10^{180}。因此，即使考虑 CPT 的复杂性，也有大量证据支持 CPT。

我们需要警惕刚刚得出的结论的一个原因是 BIC 仅考虑模型中参数的数量，而不考虑其函数形式或参数空间的扩展（Myung 和 Pitt，1997）。这似乎令人感到困惑，因为 Fisher 信息矩阵出现在上述 BIC 的非正式推导中，而 Fisher 信息矩阵的确以模型的函数形式表示了复杂性（请参阅第 10 章）。但是，推导假定为单次观察的协方差矩阵（被作为先验分布的协方差提供的值）是与整个样本的协方差矩阵成比例的，意味着协方差矩阵携带的有关模型函数形式的信息会丢失。这导致了 BIC 的一个更普遍的问题：因为我们无法指定任何先验（除了单位信息先验之外），而且由于该先验并不独立于数据，因此 BIC 并未本着贝叶斯推断的精神进行操作，即允许我们指定先验知识，然后根据传入数据更新我们的知识（例如，Gelman 等，1999；Weakliem，1999）。这是不平凡的一点，因为它涉及贝叶斯统计的中心哲学，并且如果我们不对先验进行任何思考，就会怀疑我们是否真的以贝叶斯理论方式行事。另一方面，在贝叶斯框架中提供一种简单、"自动"的测试模型并传达结果的方法，这一特性是可取的，而 BIC 所假设的先验是一个合理的方法（Kass 和 Wasserman，1995；Kass 和 Raftery，1995）。在许多情况下，本章和其他地方讨论的 BIC 的替代使用起来并不灵便，所以 BIC 是最实际的选择。

AIC 与 BIC 关系

最后一点引出了另一个问题：BIC 与上一章中讨论的另一种简单的信息标准度量 – 赤池信息量标准（AIC）有何关系？统计文献对此进行了一些讨论（例如，Burnham 和 Anderson，2002；Kass 和 Raftery，1995；Kuha，2004），一些作者基于多种理由对 AIC

（Burnham 和 Anderson，2002）或 BIC（Kass 和 Raftery，1995）表示强烈偏好。AIC 被认为过于宽松和不一致（Kuha，2004；Wagenmakers 和 Farrell，2004），且并没有考虑参数的不确定性。关于这些标准（特别是 BIC）是否假设"真实"模型在所比较的候选模型中也存在争议（例如，Burnham 和 Anderson，2004；Wagenmakers 和 Farrell，2004；Zucchini，2000）。由于 BIC 是在贝叶斯框架中得出的，因此还需要对参数的先验分布进行假设。在某些先验信息丰富的条件下，AIC 可以等同于贝叶斯模型选择（Kass 和 Raftery，1995）。通常，鉴于两个标准是为了解决不同的问题而得出的，AIC 和 BIC 之间有差异不足为奇（Burnham 和 Anderson，2004；Kuha，2004；Wasserman，2000）。

不管这类辩论如何，我们都可以指出一个主要的考虑因素，这是大多数心理学计算建模人员都会感兴趣的（Liu 和 Smith，2009）。因为 BIC 通常会对有更多参数的模型给予更大的惩罚。AIC 和 BIC 的一般形式相似，但是只要 $\ln N > 2$（即 $N > 7$），BIC 通常都会提供更大的惩罚项。这种对复杂性的加权惩罚意味着 BIC 比 AIC 更偏向于简单性（例如，Wagenmakers 和 Farrell，2004），如果简单性方面有优势，那么 BIC 可能是更合适的方法，嵌套模型时尤其如此。例如，如果两个嵌套模型的单个参数不同（即更通用的模型具有一个附加的自由参数），则两个模型之间的 AIC 最大可能差异为 2。这是因为更通用的模型至少适合更简单的模型。因此，在最坏的情况下（对于一般模型），两个模型的 $-2 \ln L$ 值相同，并且最大可能的 AIC 差将由 $0 - 2 \times K$ 给出，对于单参数（$K = 1$）来说为 2。这意味着我们永远找不到支持 AIC 的更简单模型的有力证据。相比之下，BIC 对更复杂模型的惩罚与观察数（的对数）成正比，这意味着我们可以找到具有较大 N 的简单模型的有力证据。此外，鉴于 BIC 更倾向于保守，任何在嵌套比较中反对较简单模型的证据都可以为推断数据偏向更复杂模型提供良好的依据（Raftery，1999）。

鉴于文献中的分歧，我们不提供任何强制指导，心理学文献的作者很少说出为什么使用 AIC 而不是 BIC 的理由。BIC 可以提供对数边缘似然的合理且简单的估计，且可以在此基础上提出建议。然而在使用 BIC 时，应牢记：①该过程有其局限性，既存在于近似方法中，也存在于默认的先验假设中；②该过程将比 AIC 更加保守（倾向更简单模型），可以基于其他理由推荐 AIC（包括对 Kullback-Leibler 距离的估计；Burnham 和 Anderson，2004），但会选择比 BIC 更复杂的模型。一种实用的解决方案是同时报告 AIC 和 BIC（与一些作者在进行统计检验时报告贝叶斯因子和 p 值的方式相同）；如果两种方法一致，则作者从模型比较中得出结论更加有信心；如果方法结果不一致，则可以确认模型比较中的不确定性。一种反对这种方法的论点是，AIC 和 BIC 立足于不同的哲学框架，因此它们的结果并不总是一致也就不足为奇了。

11.3 分层模型的贝叶斯因子

上一节的重点是获取单个被试的贝叶斯因子，在许多情况下这些方法也可以用于比较分层模型，要注意的一个主要因素是要考虑模型的结构。回想一下，在多层模型中，我们假设单个被试的参数是从父分布中采样的。因此，我们有两层先验：单个被

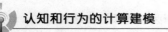

试的先验（由先验分布提供），以及关于父分布参数的先验。这意味着我们有两个潜在的积分层次：

$$p(y) = \int p(y \mid \theta)p(\theta)d\theta,$$

或

$$p(y) = \int p(y \mid \theta)p(\theta \mid \phi)p(\phi)d\phi, \qquad (11.18)$$

其中 θ 表示被试层次的先验，而 ϕ 指定被试组的参数。因此，在计算多个被试的边缘似然和贝叶斯因子时，我们可以专注于不同层次的分析。

心理学中常用的一种选择（例如，Kary 等，2015；Steingroever 等，2016；Scheibehenne 等，2013）是使用上述方法为数据集中的每个被试计算贝叶斯因子。一种简单的方法是为每个被试 i 在 θ 上指定相同的先验。或者可以通过将公式 11.18 中的组层先验进行积分，从而获得被试层先验。例如，Kary 等研究者（2015）从组层分布的先验中获得样本（在本章的后面，我们将讨论如何确定这些先验以及从这些先验中获取样本）。然后将这些样本用于采样个体层面的先验。同时，通过将标准化分布（例如正态，Beta）拟合到较低层的样本来近似个体层面的先验。然后，作者具有被试层先验 $p_i(\theta)$，用于计算各个被试的贝叶斯因子。

或者，我们可能想要计算整个数据集的贝叶斯因子，为此，可以轻松地将 Savage-Dickey 比扩展为在分层设置中测试嵌套假设，我们可以测试模型中某些参数 ω 等于某个 null 零值 ω_0 的 null 零假设。在分层设置中，这变得更加复杂。例如，假设每个被试的表现受参数 θ 支配，该参数可以确定在两个可选测试问题上正确的可能性，并且单个 θs 是从一个 Beta 分布 Beta（a, b）中采样的。我们可能想知道平均 θ 是否与可能性不同（$\theta = 0.5$），但无法如上所述直接使用 Savage-Dickey 比确定，因为模型中的参数未捕获平均 θ（每个被试都有他们自己的 θ）。但是，如果将父分布指定为正态（μ, τ），那么我们可以问是否有证据表明正态分布的均值 μ 与 0.5 不同。

一个这样的例子就是第 9 章中讨论的分层信号检测模型。回想一下，将 b 的父分布（偏差参数）指定为正态（$\mu_b = 0$, $\tau_b = \mu$），然后，我们可以探究平均偏差 μ_b 是否与 0 有着显著不同（这与本章前面的示例进行了对比，在该示例中，我们探究是否有证据表明单个被试的 b 不同于 0）。我们可以分析，并使用 Savage-Dickey 方法直接计算贝叶斯因子。在此处的不同是我们使用更多信息的先验，具体来说，在 JAGS 模型中，我们将指定 mud ~ dnorm（1, 1/4）和 mubdnorm（0, 1/4）。在这两种情况下，标准差为 2（请注意 $\tau = 1/\sigma^2$），这表明我们不希望任何一个参数都是较大的正值或负值。另外，我们将 μ_d 的先验平均值设为 1，因为我们认为 d 更有可能是正值。使用 JAGS 从我们的模型参数（包括 μ_b）获得后验样本后，我们可以使用 logspline 包在 μ_b 上估计后验密度，如脚本 11.7 所示。在模拟数据集中，我们通常会发现 $BF_{01} > 30$，这有力地证明 μ_b 与 0 相同。

```
1  library(logspline)
2  blogspl <- logspline(mcmcs[,"mub"])
3  BF <- dlogspline(0,blogspl)/dnorm(0,0,2)
4  print(BF)
```

脚本 11.7　为分层信号探测实例（图 9.1）计算 μ_b Savage-Dickey 比

最后，我们简要地提出一些类似于 AIC、MDL（第 10 章）和 BIC（本章）的信息标准。贝叶斯模型的这种校正拟合度量（尤其适用于多层模型）是偏差信息量准则（DIC，Spiegelhalter 等，2002），DIC 在本质上与 AIC 和 BIC 相似，因为它通过模型复杂性的度量来校正估计的可能性。Spiegelhalter 等研究者（2002）注意到，在贝叶斯分层模型的情况下，参数的有效数量（以及随之导致的有效模型复杂性）会根据关注层次而变化。他们提出了一种计算模型复杂度 p_D 的方法，以求出一种测量（DIC）可以最大程度地减少样本外预测误差。DIC 可以说是贝叶斯模型最流行的标准，可以使用 rjags 包中的函数 dic. samples 轻松获得，但它在理论和实践上都受到了质疑，包括质疑它是否真的是贝叶斯问题（例如，Gelman 等，2014；Plummer，2008；Spiegelhalter 等，2014）。Watanabe（2010）引入了广泛适用的信息标准（WAIC），作为贝叶斯泛化的一种度量，受到 Gelman 等人（2014）的青睐并给出了与交叉验证的明确关系。Raftery 等研究者（2007）开发了蒙特卡罗版本的 AIC（AICm）和 BIC（BICm），以回应前面讨论的谐波均值测量的问题。AICm 和 BICm 使用后验偏差样本的平均值和方差估计 AIC 和 BIC 的两个分量（通过计算后验样本的偏差获得）。Averell 和 Heathcote（2011）表示了 AICm、BICm 和 DIC 在区分遗忘模型中的应用。

11.4　先验的重要性

先验是贝叶斯参数估计的重要组成部分（请参阅第 2 部分）：我们在反映对世界的信任（或不信任）的参数上设置先验，然后根据来自数据的证据更新这些信任程度。但是，通常情况是即使使用中等数量的数据，先验对后验影响也很小，因此，先验的实际选择可以说不是主要问题，除非要确保估计表现良好。相反，在进行模型比较和模型选择时，先验指定对我们的推论具有根本影响。

需要说明的是，不应使用不合适的先验来计算贝叶斯因子。不合适的先验会为任何可能的结果分配相等的值，因此具有尴尬的特征（例如未积分到 1）。Haldane 先验（在第 6 章中进行了讨论）是不当先验的一个例子，它均匀分布在整个实数范围内。问题在于不当先验下的面积最多只能定义为某个常数 C 的倍数，其中 C 可以大于或小于 1。该常数将用于计算边缘似然，因此：

$$\int p(y \mid \theta) p(\theta) C d\theta = C p(y).$$

问题在于，如果不知道 C，我们就无法知道边缘似然的值，因此无法计算贝叶斯因子的精确值。

一个更普遍的问题是贝叶斯因子对先验的选择很敏感。在参数估计的情况下，先验在分层模型的"收缩"中有重要作用（例如，Rouder 和 Lu，2005），并且更普遍地将参数约束为合理的值，但是收集更多的数据通常会最大程度地降低对先验的影响。如果我们希望数据"为自己说话"，我们可以设置更分散的（或可能是无信息的）先验，其对后验的影响较小，从而使后验受数据驱动（data-informed）似然支配。但是，当计算贝叶斯因子背后的边缘似然时，更加分散的先验将赋予与数据不一致（即似然低）的参数空间更大的权重。在大多数情况下，这意味着更加分散的先验将有效地惩罚模型，因为将对参数空间中数据具有较低似然的区域给予实质性的权重。相反，如果先验集中接近于拟合数据似然的质量，则边缘似然将增加。

这就是先验的主观性成为问题的地方，因为先验的不同选择将产生不同的贝叶斯因子，并可能潜在地将贝叶斯因子从支持一个模型转变为支持另一个。这个关于参数估计和模型比较的先验敏感问题困扰了一些统计学家，他们留下了很多讨论（Bernardo，1979）。一种解决方案是提出灵敏度分析，我们会给出各种先验选择的结果（Dickey，1973；Liu 和 Aitkin，2008；Sinharay 和 Stern，2002），大致包括默认先验（例如，Jeffreys，1961）和完全无信息先验 [例如，逼近 Haldane 先验 Beta $(\varepsilon, \varepsilon)$；请参见第 6 章]。在先前的研究中，灵敏度分析通常是在测试 null 零假设的嵌套模型上进行的，因此 BF 被画为被测参数的先验的变异性函数。在结构不同的模型（每个模型都有许多参数）的情况下，这种灵敏度分析可能会变得非常复杂。在这种情况下，一种解决方法是绘制每个模型下的（对数）边缘似然的直方图，并检查直方图在多大程度上重叠。

但是在许多情况下，研究人员不会进行这种灵敏度分析。虽然一些贝叶斯研究者认为先验是纯粹主观的（即每个研究者都有自己的先验），但另一种观点是先验是模型的一部分，重要的一点是先验应该是合理的。从这个意义上说，指定先验与建模工作的任何其他部分没有什么不同，在建模工作中，我们应该能够向其他研究人员捍卫我们对模型中的机制或其与数据的关系的选择。这是出于客观先验的精神（因为先验应该可以被其他研究人员使用），但是不是将先验视为自动的，而是要求建模者为其指定模型和他们将要使用的特定数据集构建合理的先验。沿着这种思路进一步的观点是，每个科学家都应该确定自己的先验。在这种情况下，将建模代码提供给其他可能想检查不同先验下的贝叶斯因子和参数后验的研究人员似乎很有必要。

另一种解决方案是使用由数据预示的先验，Kary 等人（2015）报道了这种构建预示先验的方法，使用了各种视觉工作记忆模型的测试，包括第 7.1.2 节中讨论的插槽模型。Kary 及其同事通过检查其被试前半部分的数据获得了插槽模型和竞争资源模型的后验参数估计（假设在备忘录中分布了恒定的纪念性"资源"，并且随着记忆中项目数量的增加，每个项目的资源共享下降了）。然后通过两个步骤使用这些后验分布创建信息先验：首先，从后验分布中提取 2700 万个样本，并通过使用最大似然方法将分布拟合到这些样本中来获得预示先验分布的参数。图 11.4 展示了两个模型的结果。图中的每个象限都显示了变化检测任务中的预测命中率和误报率，被试必须指出单个探针刺激是否已变化（例如，具有不同的颜色）。

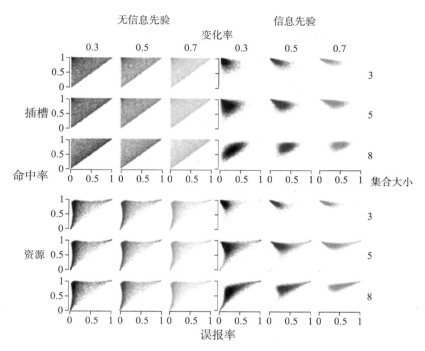

图 11.4　在视觉工作记忆的两个模型中，使用无信息性（左手象限）和信息性（右手象限）先验分布得出的变化检测任务中的预测命中率和误报率。插槽模型显示在顶部象限中，资源模型显示在底部象限中。图经 **Kary** 等人（2015）许可转载。

通过从所有参数的先验分布中反复采样然后将这些值转换为模型预测来获得预测：图中的每个小点代表一个预测，并且每张图中预测的整体分布称为先验预测分布。

首先考虑左侧无信息先验的预测。显然，对于插槽模型（顶部），预测几乎均匀地覆盖了所有可能的结果空间[①]，与集合大小和探针刺激从其原始改变的试验的比例无关。资源模型的模式是相似的（底部）。

现在考虑右边的有信息先验。现在，这两种模型都做出了更为突出的预测：特别是它们都预测了集合大小的影响，因为更大的集合会使预测群更接近主对角线（代表机会表现）。这很有意义，因为我们从大量文献中知道任何实验对视觉工作记忆都会产生集合大小效应。

然后，这些有用的先验知识被 Kary 等人（2015）用来估计被试的后半部分数据的贝叶斯因子（使用重要性抽样）。尽管被试之间存在某些异质性，但结果通常支持插槽模型。Kary 等人（2015）指出，尽管资源模型通常可以很好地为数据提出一个拟合，但这是由于其相对于插槽模型的灵活性（即其先前的预测分布的扩展程度更大）可以更好地预测数据。

---

　　① 这个模型不允许有"负记忆"，即比机会差的表现。因此，预测被限制在每张图主对角线或主对角线以上的空间。

11.5　结论

在最后，我们注意到贝叶斯因子主要用于比较和选择模型，因此，贝叶斯因子并不适合所有应用。在许多情况下，参数估计值是得出理论结论的主要结果，并且几本热门书籍都在贝叶斯因子模型比较中重点强调了这种方法（例如，Kruschke，2011；Gelman 等，2013）。但是，当我们想知道一组结构不同的模型中哪一个可以更好地说明数据时，我们最终必须依靠模型比较。

一个现实的问题是：该使用哪种方法？尽管诸如 BIC 和拉普拉斯近似之类的逼近方法相对较快且容易，但是它们是近似的，并且仅在模型真的很复杂或难以通过其他方式进行估算时才使用。数值积分对于带少量参数的模型非常有效，并且不需要我们运行诸如 JAGS 之类的采样器。如果我们依靠采样器的输出并测试嵌套模型，那么 Savage-Dickey 比率将提供一种简单的模型来测试 null 零假设。另外，重要性采样是一种简单的方法，不需要如积空间方法之类的跨维 MCMC 方法所涉及的调整，跨维 MCMC 方法的主要优势似乎在于它可以完全在采样器中执行（例如 JAGS）。

11.6　实例

贝叶斯因子是很难的。

Chris Donkin
（新南威尔士大学）

自从我加入 Michael Lee 和 E. J. Wagenmaker 在阿姆斯特丹的贝叶斯建模课程以来，已经过去了三年多，我仍在学习贝叶斯统计，我有种永远不会停下的感觉。

目前，我已经完全了解贝叶斯参数估计。如果没有别的，后验分布会包含很多信息，否则你在进行最大似然估计时会丢弃这些信息，而先验分布会帮助你将有关模型参数的知识整合到估计过程中（我记得使用最大似然法时，通过对参数范围的限定这个知识很笨拙地进入了优化过程）。当然，你还可以获得更多：置信区间，分层模型，有关模型参数的可识别信息以及之间的相关性。如今，我只想使用后验分布而不是点估计。

如果你有两个模型，你相信它们的先验和似然，那么贝叶斯因子将为你提供你想知道的确切信息，至少据我所知，没有比这更好的了。如果我有两个预测数据的模型，并观察到一些数据，那么我想知道哪个模型可以更好地预测数据，以及好多少。贝叶斯因子能够仅使用简单的概率定律即可精确地为你提供该数字结果，当它起作用时，它是美丽的。

然而，最差的情况下贝叶斯因子实际上是不相关的。如果我有两个我都不相信其先验和似然的模型，贝叶斯因子依然会准确地告诉你，一个"谁在乎（who cares）"模型，比另一个"无论如何（what evey）"模型，更好地预测了观察到的数据。虽然这样的贝叶斯因子尽管在数学上仍然是正确的，但它不能告诉我们任何我们感兴趣的信息。

那么，相信一个模型意味着什么？这肯定不是将真理分配给模型，因为所有模型都是错误的。我认为它很有用时意味着我相信模型。当模型通过它们的似然和先验组合时能够：①发挥有人认可或理论上有趣的理论的作用。同时②生成关于待观察数据的可能预测，那么它们是有用的。

从历史上看，建模者对他们的模型的似然考虑得很多。例如在本书中，我们看到了许多由似然函数定义的不同模型的示例（GCM 和类别学习的原型模型、信号检测和记忆的高阈值模型，以及幂和指数遗忘模型）。因此，至少在认知建模中，模型的似然函数通常是主要的理论关注点。

然而，在贝叶斯框架中，模型不仅是其似然函数。当涉及贝叶斯因子时，参数的先验至关重要。为了看到这一点，我认为考虑贝叶斯因子来作为测试模型的预测会有所帮助。单独的似然函数并不能产生预测，相反，它定义了控制模型行为的参数之间的相互作用。如果模型的参数采用不同的值，则模型的表现，即预测会有所不同。因此，要从模型得出具体的预测，我们还必须指出哪些参数值是可能的。换句话说，我们必须在模型的参数上指定先验。一旦有了先验，就可以根据它们的先验概率将参数值输入似然函数，从而根据模型创建一组具体的预测，此过程的结果称为模型的先验预测。

事实证明，先前的预测与贝叶斯因子密切相关。假设我们为两个模型创建了先验预测。也就是说，我们已经计算出模型 A 和模型 B 的所有可能数据集的先验概率。现在，假设我们观察到一个特定的数据集。贝叶斯因子是模型 A 下该观测数据集的先验概率与模型 B 下该数据集的先验概率之比。正如我之前所说，贝叶斯因子可以很美丽。

让我们回到创建有用模型的问题上。贝叶斯因子要求我们为模型定义先验和似然。此外，如果我们希望贝叶斯因子有用也有信息，那么我们就需要似然函数和先验要可信。也就是说，我们的先验分布也必须要有人认可。

有时，设置先验很容易。例如，当认知模型的参数在简单的定量范围内具有理论意义时。又比如，在 GCM 模型中参与特定刺激维度的概率具有明确的解释。对于此类参数，可以使用有关可能值的真实已知来设置其先验。例如，如果只有一个刺激维度与一组刺激分类相关，那么我们希望大多数观察者（最终）关注该特定维度，并且我们可以定义先验来表示该概念。

不幸的是，我们很少能够仅使用理论上的想法就来为所有的模型参数设置先验分布。例如，某些参数在理论上可能有意义，但其规模却是不直观的。又比如，幂函数的遗忘率在心理上是可以解释的，但我不知道在观察数据之前或多或少会出现什么值。或者，模型中可能存在使模型起作用所需的参数，但没有有趣的理论解释。也就是说，可能存在某些参数，研究人员无法使用其专业知识来定义先验，从而让这些先验难以获得认可。

在理论上不可能的情况下，有两种可能的方法可以设置先验分布。首先，我们可以使用先前的数据来帮忙定义先验分布。本章提供了一个示例，其中我们使用这种方法来测试视觉工作记忆的模型。这个想法是我们可以使用以前的数据（或从当前数据中提取的校准集）来告诉我们哪些参数值相对可能。

另外，我们可以使用先验预测来帮助定义先验分布，我真的很喜欢这种做法。通常抽象事物（例如模型参数）的值很难理解，但是，模型的先验和似然组合会产生基于数据的预测。与参数不同，研究人员通常确实对数据模式的可行性抱有期望。这样，我们可以调整模型参数的先验分布直到该模型生成的先验预测可信为止。

对我而言，贝叶斯因子仅在竞争模型产生的先验预测可行的范围内才有意义。直到最近，我还是很高兴在我不了解的参数上使用模糊的先验。我将为此类模型计算贝叶斯因子，并乐于解释它们。今天，我非常怀疑这种方法。

问题在于先验模糊的模型倾向于预测很多非常完全不可能的数据模式。结果得出的贝叶斯因子是那些在基本预测了许多无意义的模型下观察到的数据模式的相对似然。我很少对这种模型的预测感兴趣，更不用说对它们的比较了。

如今，我首先确保那些要比较的模型可以为即将进行的实验生成合理的先验预测。这可能意味着要调整参数的先验分布，直到我看到合理的先验预测为止，或者可能意味着首先收集一些试验数据来校准先验分布。建立先验时，可能还需要加入理论上的考虑。但是，一旦我有了可以做明智预测的模型，并且在理论上有意义，那么我就会陶醉于贝叶斯因素的美。

12 模型在心理学中的使用

前面的许多章节本质上不可避免地是技术层面的讨论，介绍了参数估计和根据实验数据进行模型比较的具体方法。在估计了模型的参数，或比较确定了更可能的模型之后，我们从人们的思维和行为中学到了什么？

在心理学领域中，模型通常是如何被使用的，本书的最后一部分专门介绍。本章旨在介绍心理学中模型的应用，讨论心理学家可以从建模中得到的推论，以及如何把模型作为帮助理解的工具。在本章的最后，我们讨论可重复性（reproducibility），以及如何共享建模工具，从而帮助他人理解模型及这些模型如何用于数据。

12.1 建模步骤概述

在开始讨论之前，回顾并思考如何将前面的章节整合到一起有利于开启接下来的讨论。图 12.1 给出模型和数据之间的关系，这些关系均在前面的章节有所体现。图左侧的几个方框表示在无需建模的情况下，心理科学通常普遍采用的研究路径。人们通过实验生成数据，数据的生成取决于实验过程中具体实验情境的设置（即实验方法）。这些数据只有在某些理论相关时才能提供丰富的信息。图 12.1 没有涉及研究人员在进行实验时所持的（通常是模糊的）口头理论，以及可能与这些模糊的口头理论相关的预测。

图右侧的几个方框表示模型路径。在第 2 章中，我们讨论了将理论观点转化为计算模型的方法（言语工作记忆领域的类似范例，请参见 Lewandowsky 和 Farrell，2011 年）。请注意，我们区分了研究人员所认为的可能"核心的"假设与众多的辅助假设。这些辅助性假设并非模型必不可少的组成部分，但为了从模型中得出量化的预测结果，仍需要做出这些假设。例如，言语工作记忆的一个理论（参阅第二章的应用实例）可能和衰减（decay）这一概念联系密切，而与记忆特征激活（activations of memoranda）具有非零基线这一观点相关甚微。如第二章所述，研究通常会涉及许多参数，而模型的预测取决于这些参数值。尽管可以提前指定参数值，但我们通常会基于模型和数据之间的差异来估算参数值。第二部分介绍了参数估计的各种方法。

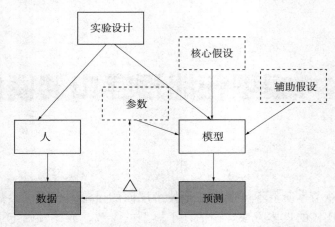

图 12.1　建模流程图。实心黑色方框代表可观测量：个体的行为（数据）和模型的预测。行为数据和模型的输出都取决于实验设计。此外，模型由核心假设、辅助假设以及参数值定义。

12.2　从模型中得出结论

如图 12.1 所示，数据和模型之间（或者说，在人和模型之间）没有直接的联系。因此，我们的推断是基于模型预测和数据的相互匹配，以及对假设、参数和模型预测之间的关系的了解所得出的。接下来我们将逐步介绍从模型和模型拟合中学习的方法。

12.2.1　模型探索

正如第 1 章和第 2 章所示，我们不需要人类的数据来学习模型。模型仅仅通过验证推理就能起到重要作用。人类的推理和推断在许多方面容易受到工作记忆局限性和信息处理偏差的限制（Farrell 和 Lewandowsky，2010 年），而且我们不太可能对复杂模型有高精度的理解。因此，使用模型的一种方式是检查我们对模型的理解是否正确。例如，某种操作是否可以生成预期的行为？笔者团队（如，Hintzman，1991 年）的经验是，模型经常会出现令人意想不到或违反直觉的表现。举一个例子，Sprenger 等人（2011 年）在一个模型中模拟了编码时注意力分散对编码的影响，在该模型中，假设个体基于对以往经验的记忆是产生观测结果的成因。该模型的一个假设是，如果能从记忆中产生更多的解释来理解某些数据，那么被判断的假说（即焦点假说）就会被视为具有较小概率。从本质上说，解释的"强度"是在各假设之间分配的，因此，假设多了，就意味着分配给每个假设的强度少了。很显然，使记忆力变差的操作，例如分散注意力（Craik 等人，1996），会产生更少的替代性假设，因此更有可能将观察结果归因于焦点假设。但是，当 Sprenger 等人（2011）用模型模拟时，得到的结果却恰恰相反：减少记忆的编码过程降低了焦点假设的估计概率。他们解释说，这实际上是一种交互作用：编码使记忆中的信息更容易被获取，对于焦点假设来说尤为如此。这个例子表明了模型如何产生意想不到的结果。

在一篇认知科学中模型应用的综述论文里，McClelland（2009）从自己的工作（McClelland，1979）中举了一个体现模型探索好处的例子。McClelland 构建了一个模型，该模型假设信息加工过程分阶段进行，但这些阶段不是离散的，因为信息是连续地从一个阶段传递到下一个阶段的。McClelland 发现，改变每个阶段的参数变化（例如，激活变化率）通常会导致反应时的叠加变化。因为反应时的叠加变化被认为是辨识不同离散加工阶段的典型指标（Sternberg，1975），所以 McClelland 的发现是至关重要的，它强调了尽管离散模型必然可以预测反应时的叠加变化，但表面的叠加变化并不意味着潜在的离散阶段。

模型探索还可以用来加强人们对模型工作方式的理解，并有可能用于获得某个领域的新见解。科学家使用计算机模型，以及其他人为的方法，如图表和物理模型，来对一个系统进行推理，这种交互式推理可以产生概念上的新见解（如 Nersessian，2010）。当我们对一个系统进行推理并了解该系统时，概念模拟或思维实验在其中发挥重要作用（如 Nersessian，1992，1999；Trickett 和 Trafton，2007）。这些概念模拟是一个基础过程，通过这个过程，我们可以使用一种特殊类型的计算机——我们的大脑来探索假设带来的结果。正如 Chandrasekharan 等人（2012 年）所指出的，这些思维实验与计算模型相比是受限的，并且不太可能捕捉到自然界中精细、复杂且非线性的关系。Nersessian 和 Chandrasekharan（Chandrasekharan 等，2012；Chandrasekharan 和 Nersessian，2015；Chandrasekharan，2009）认为计算模型也可以带来概念创新，将建模者和计算机模型视为分布式认知系统（distributed cognitive system）。通过研究系统生物学领域的研究人员，Chandrasekharan 和 Nersessian（2015）发现，在建立模型的过程中，通过允许研究人员运行更复杂、更抽象的假设模拟，并促进研究人员和建模者之间的互动将有助于更多新发现（我们将很快回来讨论这一点）。

12.2.2　分析模型

对某一参数的操作可以分离出特定过程对模型预测的贡献。其中一个例子来自 Lewandowsky（1999）的序列回忆的动态分布模型。该模型是一个联结主义模型，该模型认为项目被存储在一个自相关网络中，并且根据它们的编码强度和它们列表上的其他项目所提示的程度来竞争回忆。Lewandowsky 模型和其他模型（例如，Farrell 和 Lewandowsky，2002；Henson，1998；Page 和 Norris，1998）共享的一个假设是在回忆项目之后紧跟着的是反应抑制（response supression），该现象会限制进一步的回忆。在 Lewandowsky 的模型中，这是通过一旦个体回忆了某个项目之后，随后会发生的部分遗忘（partially *un*learning）实现的，这支持了该假设。在 Lewandowsky 和 Li（1994）之后，Lewando-wsky（1999）声称，他模型中的反应抑制与连续回忆中的新近效应有关，即列表中最后一两个项目的回忆准确度变高。这在直觉上听起来是合理的：当回忆最后几个项目时，大多数其他回忆内容（列表上的其他项目）已经从竞争中退出，从而为最后几个项目提供了优势。为了证实这一点，Lewandowsky（1999）进行了一个模拟改变了反应抑制的程度。如图 12.2 所示，再现的结果加强了模型中反应抑制和新近项目之间的联系；随着反应抑制程度的降低，最后几个项目的回忆准确性也会降低。响应抑制和新近性之间的潜在关系已经得到了实证支持（Farrell 和 Lewandowsky，2012）。

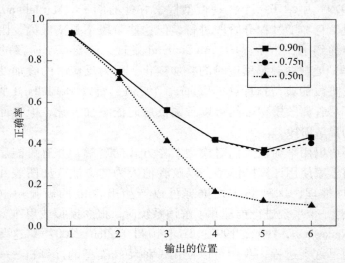

图 12. 2　Lewandowsky（1999）联结主义模型中，反应抑制参数 η 对连续回忆的影响。该图经 Lewandowsky（1999）经许可转载。

　　在数据收集之前，还可以评估模型的可测试性和可识别性（第 10 章）。如果我们将模型作为测量模型，并从参数估计中得出结论，那么了解该模型在特定用途中的可识别性尤为重要。如第 10 章所讨论的，可识别性可以通过其预测函数的雅可比矩阵的秩来确定。我们还可以在收集数据之前确定模型的可测试性，以确定模型是否是可证伪的（使用第 10 章中介绍的方法）。我们甚至可以通过探究所比较的模型在复杂度上是否有差异来获得一些信息，例如通过预期的 Fisher 信息进行衡量。如果模型的复杂性除了参数数量之外还有本质上的差异，这表明基于 AIC 或 BIC 的模型选择（只考虑参数数量）可能并不合适。我们还可以探讨模型中的不同机制对复杂性的贡献。例如，如果我们确定某个模型不能充分解释一些数据，并决定添加另一种机制（mechanism），那么这将如何改变该模型的复杂性呢？

　　一个相关问题是参数估计值对"真实"变量的衡量效果如何。如果某个模型的参数值在理论上很重要（将在下一节进一步讨论），那么我们应该确信，在假设该模型用于生成数据的情况下，参数值是可以真实估计生成数据机制的某些属性的。证实该观点的一个好方法是将参数代回模型进行模拟，其中数据从已知参数值的模型中模拟得出。之后，当我们将相同模型（或一些其他概念上相似的模型）与那些生成的数据相匹配时，可以获得参数估计的偏差值和方差（例如，Fox 和 Glas，2001；Rouder 等人，2005）。参数恢复模拟经常被用来评估反应时模型中的参数估计（Rouder 等，2005；van Ravenzwaaij 和 Oberauer，2009；Van Zandt，2000；Wagenmakers 等，2007），第 14 章讨论了一个最近的例子。我们还在第 10 章中接触了参数恢复的概念，我们了解到扩散模型的一些参数可能很难精确估计（Nilsson 等人，2011）。在构建和拟合模型时，参数恢复是一个实用的操作：如果参数恢复结果不好，那么这可能是模型的一个特征，但也经常能诊断模型或其拟合的代码所导致的问题。

12.2.3 从参数估计中学习

在许多情况下，我们假设一个模型可以准确地代表数据生成的过程，并将模型与数据相匹配，以便从其参数估计中得出结论。前几章讨论的信号检测论（signal detection theory），经常被应用于心理物理学和再认记忆识别中，以确定人们是否能够区分信号和噪声（通过分辨力参数，例如 d'），以及人们在设置分辨标准时是保守的还是宽松的（例如 Green 和 Swets，1966；Donaldson，1996）。类似地，如第 14 章所讨论的更多细节，累积器模型中的参数估计，例如扩散模型（如 Ratcliff 和 Rouder，1998）和线性弹道累加器（Brown 和 Heathcote，2008），可以表明操纵是否导致被试累积证据速度变快，从而对特定反应产生偏向，变得更保守（即，在做出反应之前等待更多的证据），或者在非决策部分加速反应（例如，Farrell 等人，2010；Forstmann 等，2008；Ratcliff 和 Rouder，1998；Ratcliff 等，2000，2004）。

如第 5 章提到的，参数估计也可以涉及多元分析，例如结构方程模型。Schmiedek 等（2007）表明，扩散模型的漂移率参数是认知能力的强预测因子（通过工作记忆和推理任务来测量）。通过将前高斯函数和回忆延迟的分布进行拟合（例如，Rohrer，2002；Wixted 和 Rohrer，1994），基本的自由召回动态抽样与替换模型（sampling-with-replacement model）可被用来推断记忆系统的特征（例如，搜索集的大小、可获得的信息量以及可被抽样的速度）。在分类问题中，人们可以使用诸如泛化情景模型（Generalized Context Model，GCM；Nosofsky，1986）等来估计不同类型的成员对不同维度的关注程度。如第 10 章所讨论的，将累积前景理论（cumulative prospect theory）等模型与选择数据进行拟合，可以揭示人们是否普遍存在风险厌恶或损失厌恶，还可以用于衡量个体差异（例如，Zeisberger 等，2012；Harrison 和 Rutstrom，2009；Stott，2006；Tversky 和 Kahneman，1992；Glockner 和 Pachur，2012；请参阅 Nilsson 等，2011）。

12.2.4 模型的充分性

许多建模论文，尤其是 *Psychological Review* 期刊上的论文，只为证明一些假设对感兴趣领域的关键现象提供一个好的定性（如果不是定量的话）描述。成功的模型拟合意味着模型的预测（很可能借助于一些估计参数）在合理的容差范围内定量地反映数据。

充分性的证明通常是一个相当弱的主张。这种怀疑的态度是必要的，因为原则上总会存在其他的框架或假设可以产生与我们偏好的模型一样的行为。也就是说，在有些情况下，仅仅表明一个模型能够处理这些数据就是令人印象深刻和值得注意的。当所讨论的模型是先验的——基于直觉或先前的研究——不太可能解释处理数据时，就会出现这些情况。我们在这里举两个例子。

第一个例子是众所周知的并行分布式处理模型（parallel distributed processing，PDP），应用在单词识别和命名中（Seidenberg 和 McClelland，1989）；PDP 模型将在第 13 章中详细讨论。Seidenberg 和 McClelland 证明了他们的联结主义模型（在这个模型中，假定所有关于正字法到音韵学的知识都是从成对的印刷单词和音素序列中习得的）可以解释一组关于单词命名和识别的重要发现。在单词命名中，模型揭示了产生词频效应（高频单词的命名速度快于低频单词）、规则效应（发音规则的单词，如 MINT，比不规则的单词如 PINT 命名速度快），以及规则性和频率之间的相互作用（低频单词的规则性效应更大）。该模型还表明了数据的其他方面，包括邻里规模效应和发展趋势，如发展性阅读障碍。我们将在第 13 章中简单介绍该模型。

这实际上告诉我们什么？从 Seidenberg 和 McClelland 的结果中，我们可以得出最有趣和最重要的说法，一个没有用任何规则编程的模型仍然可以产生类似规则的行为。人们通常认为，规则效应反映了规则在规则词中的应用（例如 INT 在 MINT 中发音）和词汇在命名不规则（INT 在 PINT 中发音）之间的差异。Seidenberg 和 McClelland 的模拟测试则表明，单一的过程就足以命名规则和不规则的单词。其他的发展领域也已提出了类似的主张，表明可从非线性联结主义模型的连续变化中得出明显的类似行为表现（如图 5.1 所示的类型）（Munakata 和 McClelland，2003）。批评者们更广泛地强调了 Seidenberg 和 McClelland 对于阅读的叙述存在的更一般的问题（例如 Coltheart 等，1993），他们认为该模型对非单词阅读或不同类型阅读障碍没有提供充分说明。关于 Seidenberg 和 McClelland 模型所代表的联结主义模型类型的可证伪性也有一些问题（如 Massaro，1988）。尽管如此，该模型对假设存在独立机制负责命名规则和不规则单词的模型来说，是一个有用的衬托。

第二个例子是关于识别记忆中的"记得－知道"区分（*remember-know* distinction）的研究。识别记忆考察的是我们的辨识能力，即辨识我们是否见过或以其他方式遇到过一个物体，通常是在实验环境中研究该概念。"记得－知道"区分利用了认知记忆的两个过程或信息类型之间的分离假设：一个是有意识的回忆过程，一种是"知道"感，即以前遇到过该物体，但没有任何伴随这一事件的相关细节（Gardiner，1988）。可以通过在每一个识别反应（"是的，我看到过列表上的项目"或"不，我没有"）后询问被试，来实现"记忆－知道"区分，即他们是"记得"（即有意识地回忆起）这个项目，还是只是"知道"这个项目。分离的证据来自于发现某些变量独立地影响"记得"记忆和"知道"反应的频率（例如，失忆症组 vs 对照组：Schacter 等人，1997；项目模态：Gregg 和 Gardin，1994），或者对"记得"记忆和"知道"反应有相反影响（Gardiner 和 Java，1990）。虽然从直觉上看，"记得－知道"在实证方面的区分似乎是利用了回忆性加工和非回忆性加工之间的一些潜在区别，但已经被证明的是，一种识别记忆的简单信号检测理论模型（SDT）也可以解释"记得－知道"的判断，其类型在第 7 章中已经介绍过。

信号检测模型的关键特征在于它是个一维模型：只有一个熟悉度维度会随着项目的变化而变化，同样只有一个过程会产生"记得－知道"反应。有研究人员已经证明，这种简单的一维描述在拟合"记得－知道"范式的数据方面做得非常好（Donaldson，1996；Dunn，2004；Rotello 和 Macmillan，2006；Wixted 和 Stretch，2004）。特别是 Dunn（2004）的研究表明，信号检测模型可以解释一些情况：改变分离的程度和一两个反应标准，操作会对"记得－知道"反应产生选择性影响或相反影响。例如，

Schacter 等人（1997）表明，健忘症患者对旧项目的"记得"反应比对照组少，但两组的"知道"反应频率大致相等。Dunn 对模型拟合结果表明，该模型对这些结果提供了非常好的定量拟合。对该模型参数的检验表明了模型如何解释迄今为止仍具有挑战性的数据：对对照组数据的拟合产生了更大的 d'，以及更高的 K 和 R 标准，其中更高的 K 标准的变化解释了 K 反应频率缺乏变化。尽管这也转移了解释的难点，即为什么这些群体的标准不同？但可以提出这样一个论点，即标准应该与个人的记忆能力成比例（由图 7.7 中两条曲线之间的距离来衡量：Hirshman，1995 年）。

这是成功模型的一个典型例子：一个模型直觉上看起来可能无法解释数据，但实际上却可以。这种成功促使了对"记得"和"知道"反应实际上可能对应什么更仔细的考虑：Dunn（2004）分析了"记得 – 知道"反应与识别任务中其他可能的反应之间的关系，Wixted（2004a）证明了"记得"反应和"知道"反应的标准与其他有效的多种标准（如置信度）反应之间的一致性。

12.2.5　模型的必要性

从建模中可以提出更强的主张是模型的必要性。顾名思义，论证必要性包括论证一个特定假设或一组假设对于模型成功解释数据是必要的。模型必要性是对强推理概念的补充（Platt，1964），即科学只能通过不断使用验证性实验测试可能的、相互竞争的假设才能进步。对于心理现象的建模，Estes（2002）对我们如何证明必要性给出了一个明确的定义：需要证明该模型是唯一能够预测数据的，而通过采用不同的模型进行其他假设，不能得到同样的数据拟合结果。这种情况如图 12.3 所示。从模型 A 到感兴趣现象的实线是充分性的证明：模型 A 可以产生这种现象。虚线表明其他模型也可能预测这一现象，并且这些潜在的替代方案必须被排除。

图 12.3 中的另一个模型是模型 B。这里用不同的字母标记来表示大多数研究者认为在理论上与模型 A 不同的模型 B（例如，干扰对工作记忆遗忘的衰减模型；Oberauer 等人，2012 年；Page 和 Norris，1998）。一种确定模型 A 的必要性的方法是第 10 章和第 11 章中提到的模型比较。例如 AIC 和 BIC 等标准，以及在完全贝叶斯处理下获得的贝叶斯因子，这些标准为通过模型比较找到最佳模型提供了有价值的信息。具体来说，贝叶斯因子为我们提供了每个模型的假设对于数据解释所必需的相对的证据。如果我们发现模型 A 有一个很大的贝叶斯因子支持它，那么就相当于有很好的证据表明在一组模型比较中，获胜模型所含的机制对于解释数据是必要的。另一方面，有时会发现在建模结果中存在一些不确定性，其中贝叶斯因子更模糊（贝叶斯因子接近 1），在这种情况下，我们不能对模型 A 解释或说明数据的能力做出任何强有力的判断。理想情况下，一个模型将与多个备选模型进行比较（例如，Ratcliff 和 Smith，2004；Liu 和 Smith，2009；van den Berg 等，2014；McKinley 和 Nosofsky，1995），在这种情况下，我们认为有一个强有力的论据支持最受青睐的模型的必要性。

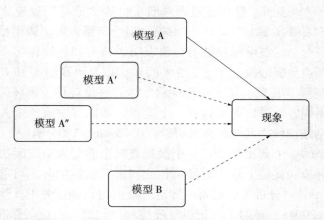

图 12.3　充分性和必要性的示意性描述。实线表示充分性的证明：模型 A 预测了一个关键现象。证明必要性则需要排除虚线所含的内容，通过证明其他代替模型均不能预测这一现象。

　　一种较弱的必要性形式，我们称之为"局部必要性"，可以通过"打开"和"关闭"模型内部的假设来证明。大多数模型是对一些理论原则及出于实用原因所需辅助假设的形式实现（图 12.1）。由于模型旨在处理更广泛的现象，或者反映一些特定现象的更多细节，模型会变得越来越复杂，尤其是当进入一个可能需要一些附加辅助假设的不同领域时。模型变得过于复杂的危险之处在于，不仅无法体现任何理论上的用处，而且还会引起人们对"哪些假设才是模型对数据的定性或定量说明的核心"这个问题的关注；Lewandowsky（1993）称之为不相关的规范问题（irrelevant specification problem）。特别地，还存在着低估辅助假设重要性的危险；在一个极端情况下，可能正是那些辅助假设做了大部分工作，才使得模型适合于解释数据！如图 12.3 所示，模型 A 还有其他版本（模型 A'、模型 A"，…），它们都有模型 A 的大多数核心假设，但在一些重要方面又有所不同。一个良好的思路是具体删除或修改模型的某些部分，并确定它们在数据统计中的重要性。

　　举个例子，Lewandowsky 等人（2004）对短期记忆任务中信息是如何随着时间推移而被遗忘的很感兴趣。他们测试了一个特殊理论，该理论是记忆 SIMPLE 模型的修正版本（Brown 等，2007）。SIMPLE 模型在形式上正式实现了遗忘的电线杆类比（Crowder，1976）：越久远的时间会随着我们对过去的探究而变得更加"紧凑"，而物品也会随着时间的退去而被遗忘，变得不那么具有辨识度。就像从某点眺望远处的电线杆，远处的杆与杆之间的距离视觉上越来越近 Lewandowsky 等（2004 年），对 SIMPLE 基于时间遗忘的核心机制做出补充研究，该机制反映了由与时间无关的输出干扰而引起的遗忘。通过在 SIMPLE 中实现两种遗忘形式，Lewandowsky 等人（2004）能够在同一结构内对这两种遗忘形式进行比较。具体而言，Lewandowsky 等人（2004）比较了 SIMPLE 的完整修改版本和两个受限版本：一种是不考虑基于时间的遗忘（将时间维度的关注限制为 0），另一种是消除基于干扰的遗忘（将控制输出干扰的参数设置为 0）。在两个实验中，不考虑时间的模型与完整模型的拟合度几乎没有差异，这表明时间本身对

Lewandowsky 等人的短期记忆任务中的遗忘作用很小。相比之下，关闭输出干扰导致 21 名被试中有 15 人的拟合明显变差。这一结果表明，输出干扰是模型与被试数据拟合的重要因素，支持了输出干扰是短期记忆遗忘的主要因素，而时间对遗忘所起的作用相对较小的说法。

为什么不是每篇建模论文都要经过这样的程序来证明必要性呢？在模型内比较，一个模型适配还是不适配通常是相当明显的，否则不可能在根本上改变模型的情况下排除某个假设。例如，第 1 章和第 4 章中讨论的 GCM 模型假设通过将项目与已存储的样本进行比较来对它们进行分类。那么，如果关闭刺激与已存储样本的匹配过程的话，就不太可能得到更多信息，因为这实际上关闭了模型中的整个分类过程。

在许多情况下，建模者可能会通过排除模型的局部替代方案来满足自己对模型和数据之间关系的要求，但不会报告这些额外的模拟。此外，一些模型计算量很大，可能不允许实现模型选择；直到最近，短期记忆领域的标准做法是"肉眼"估算参数（例如，Brown 等，2000 年；Burgess 和 Hitch，1999 年；Farrell 和 Lewandowsky，2002 年；Henson，1998 年；Page 和 Norris，1998），考虑到那时的技术，使用前面章节中的方法将模型拟合到数据在计算上是不可行的。

最后，必须指出的是，必要性的证明总是相对的，因为它们与所考虑的替代模型紧密关联。因此，如果被比较的模型集较大且是异质的（heterogeneous），那么更需要证明模型的必要性。Erev 等（2010 年 a，b）开展的决策预测竞赛就是一个范例，该范例具有满足这两个条件的巨大潜力。Erev 等（2010a）要求研究人员向竞赛提交模型，说明来自两种范式的实验数据：

（1）根据描述做出决策：其中描述问题的概率和结果是即时提供且容易获得的；

（2）根据经验做出决策：在这种决策中，对信息进行抽样，被试必须对样本进行汇总，以便估计结果及其概率。

参赛者将他们的数据与一个评估数据集相拟合，然后通过评估模型对数据的解释程度相互竞争。这个过程是交叉验证的一种形式，在第 10 章讨论过。Erev 等人（2010a）对获胜的模型进行了一些分析，并从描述和经验中得出了一些关于决策的一般性结论。一般来说，虽然在这种竞赛中提交的模型不会构成随机样本，但此类竞赛将鼓励在大型和相对异构的模型集合中进行测试。

模型的潜在多重性表明，绝对必要性的说法实际上是站不住脚的。我们可以确信已经探索了所有可能的模型，以及这些模型所有可能的变体吗？可能并不行。我们能做的最好的事情就是识别现有的可以对数据提供解释的替代模型，并对这些模型进行比较。一个有价值的方面就是它在不断地"构建中"，而一个领域的主要发展通常来自于研究者提出了一个新理论，或者发现了以前没有考虑过的对现象的解释。

然而，实际操作中不可能排除所有的替代解释，这是一个重要的问题。Anderson（1990）对这一情况作了有力而雄辩的论述，他的结论是："我们不可能用行为数据对我们所期望的具体词项（terms）建立实施层面的完备理论和专门术语"（第 24 页）。言下之意，不管我们的行为数据库有多好、多大，Anderson 都认为产生这些数据的内部过程总是会有多个不同的可能模型（内部过程的模型是在"实施层面"）。这意味着对于任何成功的处理数据的模型，都存在未知且不可知数量的具有同等解释水平的替代模型——因此，看似微不足道的图 12.3 实际上相当复杂，因为替代模型的候选范围可能非常大。由此可见，实际上，数据永远不可能只确定一个模型。

鉴于这种不确定性，也就是通常所说的"可识别性问题"，我们该怎么办？首先 Anderson 提出了可识别性问题的两个解决方案。第一种是完全放弃了过程建模的概念，取而代之的是行为的"理性分析（rational analysis）"，即试图找出环境的需求和人类对这些需求的适应之间的联系（例如 Anderson 和 Schooler，1991）。理性分析的一个决定性特征是它明确避开了对认知过程的建模，并停留在所谓的描述性层面上（见第 1.2.2 节）。Anderson 的第二个解决方案调用了生理数据所能提供的约束条件，这些限制据说可以"…对实施层面一对一地追踪"（Anderson，1990 年，第 25 页）。最近，Anderson（2007）认为，这种额外的限制已经以大脑成像数据的形式实现了，或者至少已经接近实现，因此，识别问题的解决方案触手可及（这一观点至少引起了一些科学哲学家的共鸣；Bechtel，2008）。我们将在第 15 章讨论对行为和神经数据联合建模的优势。

可识别性问题确实是一个问题，但我们应该提供一些场景，从而说明这个问题的来龙去脉。首先，原则上存在许多可以支持处理数据的潜在可实现的模型，但这并不意味着这些模型中的任何一个模型都是微不足道或容易得到的；恰恰相反，正如我们在第 1 章和第 2 章中所介绍的那样，构建认知模型是一个劳神又费劲的过程。其次，未知数量的潜在模型的存在并不妨碍我们从有限的实例化模型集合中进行比较和选择。我们在第 1 章中指出，行星运动的可能模型是无限多的；但是，这并不妨碍我们选择一个现在已经接近于普遍接受的首选模型。最后，无论我们选择什么样的模型，最终都会被证明是错误的，但这并不排除它可能非常有用。

事实上，我们在本书中的基本假设是：没有一种理论是完全正确的。Box（1979）的一句相关且常被引用的格言是这样的："所有模型都是错误的，但有些模型是有用的"（第 2 页）。Box 在一定程度上支持评估模型时的简约性原则，但他提出的一个更普遍的观点是，我们不应该关心一个模型是否正确，而应该关心它能否给我们带来启发。从我们这里所倡导的角度，也是模型界许多人所采用的角度来看，理论的发展是在模型失败和成功的基础上不断地完善模型，并对各种理论进行测试验证，而不是专门关注单一理论的发展和测试验证。

还有一种情况是，通常不会有确切的单一"获胜"模型——模型 A 可能在一组数据比模型 B 得到更明显的支持，但模式 B 可能从另一组数据中获得更大的相对支持。最终，对两个（或更多）模型的总体相关支持度的判断将留给读者来决定；然而，即使这两个模型都没有得到明确的数据支持，确认一个模型相对于另一个模型的支持度本身也是很有参考价值的。最后，由于证据的相对性，一个模型可能比其他模型更受支持，但仍需验证该模型是否实际提供了对数据好的定量描述。因此，相应地在最大似然估计或模型的先验预测或后验预测分布下对模型的预测也很重要。

12. 2. 6 似真性/逼真度对比真理

前面的内容让我们看到，一个成功的模型能够简洁地描述数据，并且对模型试图解释数据的行为具有启发性。然而，这里有一个问题，我们如何使用明知错误的模型。从将模型作为预测工具的角度来看，这根本不是问题：一个良好的、简洁的模型（或者从最小描述长度的角度来看，是一个有效压缩数据的模型）会进行归纳，并做出很好的离群集合的预测。因此，我们可以使用这样的模型来进行诊断，并预测干预的后果。然而，当谈到理解时，使用错误模型的意义就比较微妙了。

假设你读了一份车祸的报纸报道。你发现所有的细节都是正确的，除了其中一个人的中间名首字母。你拿起另一份报纸，一份华而不实的小报，你发现它关于事故的时间和地点的报道是错误的，司机和车辆的身份被随意混淆了（Meehl，1990）。从技术上讲，这两份报告都不完全真实，然而，大多数人可能认为前者比后者更真实。Popper（1963）提出了"似真性"（verisimilitude），指的是这种"部分真实性的值"，它可与对立的描述相关联。[①]

如果我们接受似真性的概念，那么我们就有理由继续使用我们明知是错误的模型。我们怎样才能一边使用错误的模型，一边又能寻求检验理论呢？Meehl（1990）提出，我们可以使用一个理论，甚至可以合理地继续对它进行修改，以应对实证带来的挑战，前提是该理论已经因为巨大的成功而累积了信誉，就像——"……银行里存了很多钱"（Meehl，1990，第115页）。那么一个人如何从银行取钱？通过"……预测那些在没有理论的情况下，在以前是不可能发生的事实"（Meehl，1990，第115页）。因此，一个模型越是成功地做出违反直觉的预测，它的似真性就越大，因此我们就越有理由继续使用它，即使我们知道它（实际上）是错误的。

还应该强调的是，一个"完美"的模型不太可能对科学家有用。一个无法被理解的解释，在任何意义上都不是有用的解释；我们无法将其传达给他人，也无法用它来理解世界。由此可见，宇宙中的某些事实对人类来说可能仍然是不可解读的；这不是因为解释在原则上不存在，而是因为它们不能被人类理解，因此无法被确切地表达（Trout，2007）。由此也可以说明，心理学中的模型也会从简化他们所要解释的现实中受益，即使这种简化可能会使模型出错。事实上，可以说模型之所以有用，正是因为它们是错误的。Bonini 悖论（Dutton 和 Starbuck，1971）认为，模型越接近现实，就越不容易被理解。在极端情况下，模型可能变得和它本应要解释的一样难以理解，在这种情况下，什么收益也没有得到！

当考虑科学实践中可能的发展时，简单性、预测性和洞察力之间的复杂关系将变得更加混乱。计算机程序已经被用来"重新发现"关键的科学发现，也在现有数据的基础上做出了新的科学发现（Bradshaw 等，1983；Langley，2000；Lobo 和 Levin，2015；Gil 等，2014）。目前，IBM 计算机系统的 Watson 提供了一个"发现顾问"技术

---

① 在似真性的形式正式分析中，特别是和几个对立理论的价值之间的原则性比较，被证明是异常困难的；详见，Gerla（2007）。

来帮助科学发现，Spangler 等人（2014）使用了这种技术来搜索科学文献，并识别出修饰特定肿瘤抑制蛋白的新蛋白。一般情况下，能够实现这种奇迹的算法都是以数学或计算模型来表达科学理论。

正如 Džeroski 等人（2007 年）所指出的，危险性在于这样的科学发现在不同领域的术语表达有所不同（例如贝叶斯网络、深层信念网络），当这些术语与该领域习惯的理论用语不同时，它们对该领域研究人员的互相理解性就受到质疑①。随着机器学习的能力越来越强，非人类智能（non-human intelligence）产生的理论可能会因为太过复杂而让我们无法理解（参见，最近由计算机推导出的 200TB 的数学证明；Lamb，2016）。到那时，Bonini 悖论是否仍然是一个问题？如果是，我们是否有必要开发出更简单的模型，来解决人工智能开发的更复杂的模型？

12.3　模型作为交流和达成共同理解共识的工具

可以说，科学的最终目标是为了达成人类对自然世界的共同理解。模型在达成这种共识中有着重要的地位。正如 Farrell 和 Lewandowsky（2010）所指出的，人们，包括科学家，对世界的思考和推理方式不同（Markman 和 Gentner，2001），因此，不能保证一篇论文中对理论的言语描述能让任意两位研究者产生相同的理解。通过使其他研究人员能够复制模型中程序化实体之间的关系，计算模型有助于使推理更具有可复制性。我们不能保证可以在另一位科学家身上精确地重现一位科学家的理解，但是有了可用的代码就可以进行探索。如前所述，这种探索在提高对模型的理解方面发挥着重要作用。

模型可以促进共同的理解，即使是在个体实验室的层面上也是如此。Chandrasekharan（2009）主张的观点是认知的“共同编码”，该观点假设认知和行为都有共同的“表征编码代码”（Prinz，1997）。从这个观点出发，Chandrasekharan（2009）认为内部模型（即研究者想象的模型）与外部模型（计算模型）是耦合的；这意味着，如果内部模型的行为方式与外部模型冲突，那么这两个模型中的任何一个或两个模型都会被修正。当一个实验室中的几位研究人员都在研究同一个计算模型时，这个模型就可以作为一个枢纽，通过这个枢纽，研究人员在理解一个系统的过程中进行互动，并在对系统的理解上达成一致。即使有人不认同共同编码的想法，我们仍相信可以提出一个很好的相关论点，即模型可以作为一个共同的参考点来增强协作②。

通过模型进行协作和沟通的关键在于让模型的计算机代码对他人可用。在许多情况下，论文中对模型的描述不会详述计算机程序中编码的模型算法。事实上，存在这

---

① 关于这种不匹配的另一种可能观点是，它夸大了术语和理论不明确或错误的程度。换句话说，给模型中的参数取一个像“衰减”或“抑制”这样的名字会有什么后果？

② 有一种观点认为，在无需达成共识，甚至达成共识会适得其反的情况下，建模也会有所帮助。在许多学科中，理论学家（那些构思和发展理论的人，也许涉及到建模）和实验家（收集数据的人）之间有着明显的区别。实验家通常不关心模型的细节，只需要知道模型所做的预测，就可以对这些预测进行实证检验（Chandrasekharan 和 Nersessian，2015）。

样一个认知问题，即一个模型是由论文中的相关描述定义的，还是由实现该模型的计算机代码（如果有的话）定义的？理想情况下二者应该有 1：1 的对应关系，但在许多情况下，可能不会有如此完美的对应关系，因为一些代码的细节可能会从论文的描述中省略掉，以免让读者囿于琐碎的细节中。如果一个模型是根据其对数据的定性或定量描述来评估的，那么我们可以提出一个论点，即把代码作为模型的主要代表，而论文中的描述是详细的说明文档，描述了所做的假设并将该模型与现有数据和模型进行对比。即使我们只是将计算机代码视为模型的"一种实现形式"，其他研究人员也可以从可运行的代码中探索模型和发展自己对理论的理解并从中受益。提供可运行的代码也允许模型重用，这在模型可能用于诊断或建议干预措施以改变健康相关行为的情况下尤其重要（Spurijt-Metz 等，2015）。

不幸的是，目前还没有共享计算机代码的标准或规范。生物等其他学科正在制定模拟研究的编程和共享的社区标准（Hucka 等人，2015）。事实上，由于生物学中模型的丰富性，研究人员正在开发算法来比较模型并追踪特定模型的谱系（Scharm 等人，2015）。理想情况下，为了促进模型的共享和聚合，模型将使用通用的编码语言，并遵循一定的规则结构（Hucka 等人，2015 年；Spruijt-Metz 等人，2015 年；Scharm 等人，2015 年）。心理学中还没有看到这样的尝试，可能是因为心理学的模型更加多样化，并且没有像其他领域的模型那样被持续地完善和更新。心理学中确实存在通用的模拟环境，包括 ACT-R（http：//act-r.psy.cmu.edu/software/）、NEGO（http：//www.nengo.ca）和 easyNeT（http：//www.adelmanlab.org/easyNeT/）。然而，这些环境往往与特定的理论方法或框架绑在一起。例如，可以将累积前景理论（见第 10 章）编程为神经网络模型，但这样做可能会让模型的操作难以理解（特别是累积概率的计算）。另外，短期内，建模者也不太可能自愿放弃他们目前所擅长的编程语言而去学习另一种可能更有局限性的语言。

在这里，我们的重点是使代码具有可复制性和可重用性，这样其他人（包括新手）运行代码和理解模型的流程就不会有阻碍。心理学对可重复性给予了很大关注。可重复性是指独立重复实验时产生类似结果的能力（例如，开放科学合作（Open Science Collaboration）等，2015；Pashler 和 Wagenmakers，2012）。与这里的讨论更相关的是，尽管数据共享通常是由基金会和期刊等要求的，但心理学领域的数据共享率普遍较低（例如，Wicherts 等，2011，2006）。因此，心理学研究者通常无法重复其他研究者的分析。一个解决方案是促进和鼓励共享数据以及用于分析数据的脚本（Vanpaemel 等人，2015 年；Morey 等人，2016b；Nosek 等人，2012 年）。但是，在某些情况下，出于伦理原因，可能无法共享数据。例如，有时可能不清楚被试是否同意公布他们的数据（即使是匿名形式），有时数据包括必要的机密或身份信息（Lewandowsky 和 Bishop，2016 年）。这种伦理问题一般不适用于计算模型，而其他所有支持共享的论点，包括我们在上面所提到的，仍然适用[①]。因此，我们认为应该进行一些使代码易于理解和共享的

---

① 但是应该注意，由于许可或知识产权问题，模型代码有时可能会受到限制。

讨论[①]。

下一节介绍了一些开发模型的成功实践，确保其他人可以理解模型并且可以重现模拟结果。大多数心理学领域的建模者都不太可能遵循所有惯例。事实上，几乎可以肯定的是，我们在编写这本书的代码时也违反了这些惯例！这些惯例应该被认为是一种理想，可以鼓励你花一些时间思考科学的工作流程（请注意，其中的许多建议也适用于跟踪实验测试和数据分析）。这个列表是选择性的；有关更全面的讨论，请参见Wilson等，2014。这些建议也可能反映了我们自己的偏好，你的实验室可能已经有了（或希望发展）自己的惯例。

12.4　增强理解和重复性的良好做法

12.4.1　尽可能使用纯文本

纯文本（plain text）是计算机最基本的文本表示方式之一。纯文本与富文本格式或微软的.docx格式文本相比，纯文本不包含任何格式信息。这样做的好处是纯文本的可移植性和兼容性更强；纯文本文件可以在任何平台上的任何文本编辑器中轻松打开。纯文本是大多数建模程序的默认设置，因此我们建议使用纯文本并不会引起特别的争议或挑战。但是，我们也建议以纯文本格式保存数据，这意味着其他用户可以轻松地导入你的数据，而使用专有的二进制格式来保存你的数据（例如，一个MATLAB.mat文件或R.Rdata文件），意味着只有使用该程序的人才能读取你的数据。假设你始终可以访问你现在拥有的程序是不明智的；你当前的实验室可能是MATLAB的重度用户，但是你最终可能会与没有MATLAB许可授权的大学中的R用户一起工作。

该建议并非全盘通用；有些数据集可能非常大，以文本（相对于二进制）形式存储数据会消耗大量的存储空间，并导致较长的磁盘读/写时间。在这种情况下，最好以一种广泛可读的格式进行存储。最近的一个例子是*feather*格式（通过R包feather获得），R和Python（也可能还有其他语言）均可读取它。

最后，对于刚入门的人来说，可能会有一种担心，那就是由于纯文本文件没有任何格式化的信息，纯文本文件因为没有格式化而显得很难看，而且在编程时也不舒服。尽管文本文件不包含有关格式的信息，但大多数现代文本编辑器（包括RStudio和MATLAB中内置的文本编辑器）都足够聪明，能够以不同的颜色和样式设置代码格式，使其更具可读性。这种语法高亮显示使读取和调试代码变得更加容易。

12.4.2　使用合理的变量和函数名

变量名称应该包含其所代表的信息，但不必太过冗长（避免使用诸如 Number Of

---

① 由于可重复性（reproducible）和可复制性（replicable）这些术语的含义存在一些混淆，不同的研究人员以不同的方式使用了这些术语（Drummond，2009；Open Science Collaboration等，2012）。我们在这里使用术语"可复制"来表示通过使用模型代码来精确地复制模拟结果的能力。言下之意，可复制性是指独立研究人员能够根据论文的描述从头开始对模型进行编程，从而获得与论文相同的模拟结果。

Simulations Per Block Control Condition Only 之类的变量名）。短变量名（例如，j）在编程中经常使用，但通常仅用作临时变量，尤其是在向量或矩阵的元素之间循环时。避免在脚本中使用内置变量名作为变量名，例如，MATLAB 默认情况下使用 i 来表示虚数，因此如果你自己也给 i 设定一个值，那么在后面的引用中，i 的含义会被混淆[①]。

一个相关的问题是变量名和函数名的格式。不同的语言对于变量和函数名的格式化有不同的偏好风格，包括下划线（list_length）、首字母均大写（ListLength）和"驼峰式大小写"（listLength）。在某种程度上，这是个人偏好的问题，而在我们看来，对于一个给定的代码包来说，最重要的是要保持一致。

12. 4. 3　使用调试器

现代编程 IDE（integrated development environments，集成开发环境）都内置了优秀的调试器。至少当你运行或编译代码时，大多数编辑器会显示出错误，并指向产生错误的代码行（以及有关生成错误的调用函数的信息；在 RStudio 中，调试时将在 Traceback 窗口中显示错误信息）。大多数程序还在代码中插入断点的功能。插入断点并在调试模式下运行代码，意味着程序将在断点处停止执行，此时能够查看作用域中变量的状态，RStudio 和 MATLAB 还具有逐步执行每一行代码并显示结果的功能。这是非常有用的，因为往往只有在进一步操作后才会发现错误或 bug。例如，如果一个操作在一个向量中引入了一个 NaN（Not a Number，非数字），那么被设为等于该向量均值的新变量也将是 NaN，依此类推，因此需要一些工作来追溯问题的根源。特定的编辑器也有一些有用的、独特的功能。例如，MATLAB 在编辑器的右侧工具栏中突出显示警告和错误，并且（通常）会提供有用的建议来修复警告和错误。现在，许多编辑器都包含了代码检查（"linter"），它们会突出显示或以其他方式指示代码中可能存在的错误或警告。

这是我们在学习计算建模（以及更一般普遍的编程）的学生中看到的一个常见问题。人们认为建模的最终目标是生成无错误可运行的代码。拥有平稳运行的代码固然很好，但是不产生错误的代码并不能保证该代码正在执行你想要的操作。在一些你知道答案应该是什么的情况下（从另一个程序中，或者通过使用笔、纸、计算器或电子表格来完成一个详细的例子），运行代码并确认所产生的结果是否与你预期的结果相符，这总是一个好主意。

12. 4. 4　注释

在代码中保留注释是一个很好的编程习惯。这不仅可以让其他人理解你的代码，还能让你回看自己的代码时更快地掌握自己的代码，即使没有了像六个月前那样疯狂编写代码的情境条件，因为许多语句是显而易见的，不需要注释，所以要注重用注释来解释代码块在做什么，或者逐步解释复杂的算法。如果代码与一篇论文有关，也可以在代码中强调一下论文中的方程在哪里实现了，这也是有帮助的。请注意，本书中

---

① 像文中的许多例子一样，这些来自个人经验！

的代码并没有大量注释，因为我们通常会在正文中给出详细的代码释义，因此请不要以我们的注释风格方式为指导！

12.4.5　版本控制

版本控制是一个用适当的方法系统地跟踪你对文件所做更改的系统。我们推荐的一个著名的版本控制系统（version control system，VCS）是 git：一种类似且更易用访问的 VCS，还有一种使用较少的是 mercurial。Git 非常强大，在此无法对其进行详细描述。我们将给出一个非常简短的概述，并强烈建议你在网络上阅读更多关于它的内容[①]。

当你将一个文件路径置于版本控制之下时，git 会创建一个隐藏目录，记录该目录当时的状态。每当你完成一个项目的子目标（例如，实现一个不同的学习规则；解决一个 bug）并"提交（commit）"这些更改时，git 会记录自上次提交以来所做的更改。这有两个好处：你有一个记录，记录了你开始跟踪目录后，对该目录所做的重要更改，并且你可以重新访问这些更改。这意味着，如果你做了一个更改，而在某个时刻模拟不再运行，或者不再产生以前的结果，你可以重新访问过去的版本状态，以跟踪导致当前（不太理想的）结果的关键更改。

Git 还鼓励使用"分支（branches）"来进行实验。分支就像是一个目录的并行时间线，允许你在不"破坏"原始版本的情况下修改模型或分析。例如，如果你有一个本地化局部式的网络模型，并且想要创建一个分布式版本（请参见第 13 章），你可以对现有代码创建分支，然后在上面工作。你可以随时在分支之间进行切换，并且只对你正在修改的分支进行提交（这样，分支 A 上的更改对于分支 B 而言是不可见的），因此两个分支是完全独立的。如果你决定要将探索性分支中的更改合并回主分支，则可以通过"合并（merge）"两个分支来实现。合并也是由 git 自动执行的，但是如果分支之间的差异太大，软件无法处理这些差异，这时会需要一些手动辅助。

12.4.6　共享代码和可重复性

与他人合作时，Git 才能真正发挥自己的优势。如果我允许别人访问我的存储库，也就是我在 git 中跟踪的目录的在线版本，那么对方就可以"克隆"它，这样他们就拥有一个存储库的完整副本（包括变更的历史版本）。然后，你的协作者可以进行他们自己的更改，并将这些更改提交到存储库中。你还可以授权是否将该人员提交的更改"上传（push）"回原始存储库。但是，如果我在此期间同时做了更改怎么办？同样，Git 可以使用它的"合并"功能无缝地合并双方所做的更改，即使是对同一个文件的更改，也是如此。唯一需要用户干预的时候，是在更改冲突的情况下，即我们都修改了文本文件中的同一行，或者我们都修改了同一二进制文件。当然，合并也可能会带来问题（例如，我们可能都引入了一个名为 alpha 的新变量，但使用方式不同），许多网站都讨论了处理这些问题的不同方法（可以在互联网上搜索"git workflow"）。

[①]　在网上搜索"git 教程"会得到许多有用的结果，因此我们这里不包含任何具体的链接。

Git 也可以用于共享已发布的模型代码。像 github（https：//github. com）和 bitbucket（https：//bitbucket. org）之类的网站允许一个人上传任意数量的可公开访问的存储库，并且这两个网站（在本书撰写论文时）都有允许一定数量的私有存储库的学术账户。共享模型代码可以让研究人员清楚地看到模型的工作方式。他们还可以对代码进行更改并再次运行，以检查在不同范例中或在不同参数值下的模型预测结果。

尽管邀请他人对你的模型和代码进行批评听起来像是一个糟糕的职业选择，但我们相信代码共享具有许多优势（如上文所述），包括：①知道你的代码将被共享，这将激励你在提交论文之前仔细检查代码中是否有错误；②如果人们能更容易地访问你的代码并使用它，他们就更有可能在自己的工作中讨论这个模型。最重要的是，代码共享对整个科学界都是有益的，更开放的建模和分析代码会让科学家们在论文发表之前就能发现更多的错误。

一个臭名昭著的例子是由 Reinhart 和 Rogoff（2010）报告的一份对政府债务和经济增长之间关系的极具影响力的分析，其 Excel 电子表格中包含了一些重要的附加假设和编码错误，导致一些国家被意外地排除在分析之外。要明确的是，问题不在于研究者会犯错，而是我们应该预料、帮助发现和纠正这些会很自然出现的错误。令人期待的是，许多期刊（包括旗舰期刊《心理学评论》（Psychological Review））现在都要求将代码和已被接收的文章一起存档。使用像 git 这样的 VCS 的好处是，即使在"正式发表"之后，也可以使用错误修复、修订或进一步地模拟来更新代码。同样，有一种观点认为模型的官方版本是 git 存储库中的最新版本，而不是论文中可能过时的存在偏差的描述版本。

当然，其他服务（如 Dropbox 和 Google 云端硬盘）也可以用来共享代码，并且肯定比 VCS 更容易使用。另一方面，这些服务没有提供一种透明的方式来标识某些代码的来源，因此与以前发布的版本相比，更改可能不明显。因此，总的来说，我们不鼓励使用这些基于云的服务，如果你计划将建模纳入你的科学工作体系中，我们建议你花一些时间了解版本控制系统的知识。

12. 4. 7　Notebooks 和其他工具

还有许多其他软件工具，用于跟踪模拟并将结果整合到最终报告或论文中。这些工具包括：

knitr　如果你用 LaTeX 或 Markdown 写论文，knitr（http：//yihui. name/knitr/）允许你直接从论文文档中运行 R 代码。这个思路是每次编译论文时（即生成 PDF）都会运行模拟或分析代码，从而保持论文的内容是最新的。

Rstudio 中的 knitr　Rstudio 允许你使用 knitr 来在代码和结果本身中掺入混合描述分析/模拟的 Markdown 文本，以及代码和结果本身（请参阅 Rstudio 中关于"R markdown"的帮助）。Rstudio 还允许在演示文稿中嵌入代码和分析结果。你甚至可以通过单击编辑器菜单栏中的"编译笔记本（Compile Notebook）"按钮来生成标准 R 文件的 HTML 报告。这些工具对于为协作者或上级编写内部报告是非常有用的。

R Notebooks　在撰写本文时，Rstudio 最近推出了 R Notebooks，它可以执行 R 代码

块并在每个代码块下面立即查看输出。

MATLAB Notebook MATLAB 有一个类似的工具。如果你打开 MATLAB 笔记本（使用 notebook 命令），你运行的所有命令以及结果输出都将被写入笔记本（Microsoft Word 格式）。MATLAB 还提供了用于生成 HTML 文件的 publish 功能，代码中的注释作为说明性文字出现在 HTML 文档中。

iPython Notebook 对于 Python 语言也具有类似的功能，运行的命令和产生的输出可以与解释性文本相结合。

Makefile 有时，你可能需要调用不同的程序来运行分析。例如，你可能需要运行一个 Python 脚本来整理和提取数据，使用 MATLAB 将模型与提取的数据进行模型拟合，并使用 R 对模拟结果进行一些分析。在 Mac OS 和 Linux/Unix 上，Makefiles 对于上述目的非常有用。Makefiles 可以指定创建（生成）目标需要运行的操作。例如，目标可能指定在文本文件上运行 R 脚本，但是该文本文件首先需要在 MATLAB 中生成。Makefiles 需要从命令行调用你的程序，所以要高级一点。但是，这种复杂性也带来了强大的功能，包括指定整个工作流程的权力，从数据处理到最终图表，过程透明且可复制。

12.4.8 提高可重复性和运行性

你发布的任何代码最好是自成一体的。一个简单的建议是添加一个 README.txt 文件，解释如何运行代码，以及重复模拟所需的其他信息。一种既可复制又能让用户立即访问的代码发布方法是创建和发布一个 R 包。R 包包含代码本身，以及其他文件，例如数据文件、文档和库依赖项的信息等。用户可以安装 R 包（与其他任何现有软件包一样，使用 install.packages 命令）并立即开始使用该代码。

可重复性的一个挑战是相同的代码可能无法在不同的计算机上（甚至同一台计算机上不同的时间）以相同的条件运行。例如，除非使用完全相同的随机数生成器（random number generator，RNG），并且使用完全相同的种子初始化 RNG，否则蒙特卡洛（Monte Carlo）模拟的结果将不会完全相同。因此，明确设置 RNG 及其种子是非常有用的，就像我们在本书中提供的一些示例中所做的那样（例如脚本清单 5.3）。

模拟结果也可能因模拟所使用的库是否更改而发生变化。不同版本之间库的变化可能包括对所使用的算法的更改，这些更改通常会产生相似的结果，但可能不会产生完全相同的结果。例如，一位作者在他使用的 R 库更改了默认最小化例程时就遇到了这样的问题，从而导致参数估计出现偶然差异。此外，模拟代码也可能依赖于作为单独工作流程（例如，数据分析）输出的外部文件，有时希望其他研究人员能够重现整个分析和模拟工作流程，而不仅仅是该工作流程的一个组成部分。

解决这类问题的方法是将模拟环境与代码一起发布。R 提供了一个名为 packrat 的程序包，它将在包或目录中包含包的依赖关系，以便其他人在运行代码本身时可以使用完全相同版本的相同库。Taverna（https：//taverna.incubator.apache.org）和 Kepler（https：//kepler-project.org）之类的工作流管理系统允许人们指定整个工作流，将不同程序或服务链接在一起；这些系统往往更多地应用于物理科学和生物医学科学，对于心理学来说可能是多余的，但是有人将详细的数据分析（例如 fMRI）与建模相结合的情况下可能是合适的。另外，也可以在虚拟机内储存整个计算机环境，包括操作系统和所有东西（例如，Boettiger，2015 年；Howe，2012 年）。

12.5　总结

最后，作为建模者，你的目标不仅仅是将一个或多个模型拟合到一些数据上，也许还要进行一些模型的选择，还要将这些结果的含义传达给其他人，并帮助他们理解模型。如果你想说服读者相信某个特定的机制、过程或表示方式的作用，那么向你的读者解释为什么某个特定模型能够解释数据，以及其他模型为何无法解释该数据，这一点是很重要的。在这样做的时候，要牢记你的读者不一定熟悉你正在讨论的模型，甚至不一定熟悉建模。即使你的工作技术细节对读者来说是模糊的，但在心理学等领域中，让建模者和非建模者都能明白你工作的含义是很重要的。请记住，后者可能是你的读者群中的大多数。建立共同理解的重要组成部分是提供用于模拟模型的代码，并确保代码易于阅读和运行。

12.6　实例

如何谈论你的模型

Amy Perfors

（阿德莱德大学）

阅读一篇带有模型的论文时人们普遍会思考"这篇文章到底在讲什么，是怎么回事"或者"这向我展示了什么？"虽然作为一个建模者，我很想把这种反应说成是无知或信息不足不知情，但我的经验是，这种反应来自于人心某个真实的地方，是对一个真实存在的问题的回应。许多论文在沟通交流他们的模型方面做得很差，以至于我有时怀疑建模者自己也不总是能够理解它！

解决方法是好的沟通，主要是在建模者方面。事实上，首先对自己的概念清晰化是一件好事：如果你不理解自己的模型，那没有什么比尝试向他人清楚地解释会让这一点更明显的了！

"明确的解释"意味着什么？它不仅意味着需要更加精确的数学方程或模型复制所必需的其他细节：这些内容很重要，但是大多数人在这方面已经相当不错了。本书中讨论的那些问题通常不会被写成论文，但这些问题对于理解模型内容和背后的原因至关重要。这包括诸如讨论哪些假设对实现模型的关键效果很重要，哪些假设是实现模型所必需的辅助假设，模型的假设映射到哪些理论主张上，以及模型可以捕捉到哪些可能的行为模式的空间。

我举个例子来说明一下。从研究语言习得再到研究决策理论的研究人员都对正则化现象很感兴趣。正则化是指当人们从某种统计学上的变异模式中学习时，人们会找规律，但如果要求他们自己产生输出，则只产生最常见的内容，而不是所有的变体。例如，人们可能看到一些事件，其中一些事件比其他事件更普遍，或者听到各种各样的语言结尾方式，其中有些是高频率的，而另一些则不是：如果他们只使用其中一个结尾或者只预测到其中一个事件会发生，那么就会出现了正则化规律化现象。

语言习得相关文献中的一个流行理论是人们由于记忆力或注意力的限制而进行正则化学习（例如，Hudson-Kam 和 Newport，2005）。我研究了这一理论，探讨了纳入此类限制的模型是否确实可以让不可预测的输入正则化（Perfors，2012 年）。我发现，与当时的理论相反，光靠记忆或注意力限制并不能导致正则化，还必须有某种有利于正则化的先验。

这里的重点是我如何沟通这个问题的。我做了显而易见的事情，即在论文主要集中在模型成功的情况下，用一个图表一个数字来强调模型的表现，并在文中对其进行讨论。但是，这样做会让人不太清楚（尤其是对不做模型的人来说）为什么这个模型成功了，以及这对于人类认知意味着什么。相反，我的文中包括了多个图表来反映不同的先验偏好、参数设置和记忆限制的实现方式是如何引起模型表现模式改变的。在结果部分，我通过定性描述了不同的模式，并以通俗易懂的方式尽可能直观地解释了发生这种情况的原因。最后，我还解释了我们在建模时所做的非常基本的建模选择，不仅仅是根据它们的数学性质，而且还根据了它们所映射的关于认知的主张内容。在讨论部分，继续跟进了这个问题，并猜测如果我做出其他选择，模型表现会有什么不同。

再次强调，这似乎听起来理所当然，许多建模人员当然会以这种方式例行沟通交流。但是还有很多人没有这么做。成为一个优秀的建模人员，和一开始有个好的模型同样重要。

13 神经网络模型

学习是一种基本的能力。因为在任务上的表现经常会受到经验的影响，许多认知模型包含各种形式的学习。本章展示了一系列的模型，这些模型为理解记忆以及如何从世界中学习规律提供了一个简单而深刻的架构。

神经网络模型（neural network model）或联结主义模型（connectionist models），使用结构和表征来模拟人类的行为，这些结构和表征大致反映了我们对大脑功能的理解。虽然有些模型确实试图刻画神经元工作的细微细节，但我们在这里讨论的框架是从大脑中抽象出一些一般性的工作原理，并使用这些原理来解释学习和记忆任务中的表现。大多数联结主义模型都有以下共同特征：

1. 模型结构由权重连接的单元（"神经元"）组成。
2. 每个单元都有各自的发放率（firing rate）。
3. 一组单元的激活模式（即发放率）可以被视为是一种表征（representation）。
4. 一个单元的活动是由传入的权重和通过这些权重所激活的单元的活动决定的。
5. 学习（Learning）是通过改变单元之间的连接强度，即单元间的权重来完成的。

如果你觉得这个描述非常抽象，别担心，和许多事情一样，通过实例比通过描述能更好地理解神经网络。接下来，我们会通过一些经典的联结主义模型的例子把抽象化为具体。

13.1 赫布模型（Hebbian Model）

13.1.1 赫布联想器（The Hebbian Associator）

联想记忆是指我们对物品或对象之间的配对记忆能力。联想记忆任务的一个例子是线索回忆任务，在这个任务中，向一个人展示成对的刺激和反应，并且告诉这个人必须在看到刺激时做出适当的反应。在现实生活中也有线索回忆任务，举个例子：当你在会议上看到某人的脸时，要记住他的名字。在这里，我们假设刺激和反应都是单词。假设刺激 *trench* 和反应 *scissors* 是成对的，那么当再次看到 *trench* 后，我们的目标是能够说出 scissors 这个单词。目前，我们将假设一个简单的实验，其中有一个学习阶段，在这个阶段给予被试者一些成对的刺激和反应，以及一个测试阶段，在测试阶段，每个刺激都会再次出现，这时人们需要做出相应的反应。

图 13.1 显示了我们用于捕捉联想记忆任务的模型。该模型由两层单元组成：一层

是输入层，其中每个圈表示输入的刺激，另一层是输出层，其中每个圈表示输出的反应。输入层中的每个单元都与输出层中的每个单元有一个单向连接。在这个例子中我们假设每层只有四个单元；在现实的模型中，我们通常会有更多的单元。

当我们说某个事物是跨层表示的时候，是什么意思呢？这表示某些信息（这里指的是一个单词）被表示为跨越该层的激活模式。每个单元的激活用一个标量来表示，那么跨越所有单元的激活集合的激活模式就可以用一个向量来表示。我们有许多不同的方式来表示信息。在最简单的情况下，每个单元表示一个对象或概念。这意味着当模型表示该对象时，与该对象对应的单元被激活，而在该层中的其他单元则是没有被激活的。如图 13.2 左侧所示，单词 *trench* 是由第一个活动单元的激活表示的，单词 *bottle* 是由第二个活动单元的激活表示的。这种表示方式被称为局部（localist）表示法。

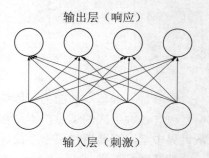

输出层（响应）

输入层（刺激）

图 13.1　联想记忆的赫布模型的体系结构

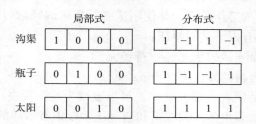

	局部式				分布式			
沟渠	1	0	0	0	1	−1	1	−1
瓶子	0	1	0	0	1	−1	−1	1
太阳	0	0	1	0	1	1	1	1

图 13.2　在联结主义模型中表示信息的不同方式

相比之下，在分布式（distributed）表示法中，所有单元都参与对象的表示。图 13.2 的右侧展示了分布式表示法的例子。这里假设所有单元只取值 −1 或 +1，并且每个对象中的每个单元都被设置为其中的一个值。一个特定单元的激活在不同单词间不一定有显著区别；没有一个特定的单元能够完全区分不同的单词。然而，整个激活模式确实能够可靠地区分这些单词；如果在输入层出现了 +1、−1、+1、−1 的模式，我们就知道这个网络一定是在"看" *trench* 这个单词。尽管在分布式表示法中，单个单元可能仍然可以编码特征（例如，一个单元可以代表一个对象是被激活的还是未被激活的），但这些单元通常被认为是没有意义的，分布式表示法的意义来自表示不同单词或对象的特征之间的相似性。在这里，我们将使用分布式法，而不再关心不同表示方法之间的差异；感兴趣的读者应查阅 Page（2000）中的相关内容，以了解不同方法及其在心理现象建模中的作用。

如何在特定时间点确定某个层是否被激活了呢？在对线索回忆任务建模时，我们假设激活模式可以由环境生成，也可以由网络本身生成。在学习阶段，实验者在每次试验中提供刺激和反应，因此跨输入层和输出层的激活模式将是那些分别为刺激和反应词编码的模式。在测试阶段，实验者提供刺激（输入层的激活模式），网络本身必须在输出层生成激活模式。该模型将输入单元的激活模式通过权重传递给输出单元来产生反应。学习包括调整权重，以便当一个刺激出现在输入端时，权重会修改输入的激活模式，从而产生正确的反应。

让我们正式地描述一下。输入层的刺激是由向量 c 来表示的，特定单元 j 激活的刺激就是 c_j（这里的 c 代表 cue，也就是"线索"）。输出层的激活包含在向量 o 中。权重则是被记录在权重矩阵 W 内，其中 W_{ij} 是从输入单元 j 投射到输出单元 i 的权重。因此，矩阵中的第 i 行包含投影到输出层中的特定单元 i 的权重，第 j 列对应于从特定输入单元 j 投影到输出单元的权重。

在我们的简单模型中，当网络被提示（cued）时（即，一个刺激作为相关反应的线索出现时），每个输出单元通过对输入计算加权和来确定它的激活。准确来说就是：

$$o_i = \sum_j W_{ij} c_j. \tag{13.1}$$

我们在这里所做的就是将每个输入刺激乘以从输入单元 j 到输出单元 i 的权重，并将得到的加权刺激相加。公式 13.1 需要应用于每个输出单元，我们假设这是并行发生的，即所有输出单元的激活都是同时计算的。这是最简单的激活函数之一，我们接下来将会学习复杂的非线性函数。

学习需要修改权重，以产生正确的响应。虽然可能我们直觉上更倾向于每个问题应该通过人工调参，或是针对不同的问题有针对性地进行修改，但往往非常简单的学习规则在许多情况下都有效。这是赫布学习（Hebbian learning），为纪念 Donald Hebb 的一篇很有影响力的论文 *The Organization of Behaviour*（Hebb，1949）而命名。Hebb 认为，如果两个相邻的细胞 A 和 B 同时放电，那么两个细胞之间的连接就会发生变化，从而提高细胞 A 使细胞 B 放电的有效性。这通常被解释为"同时放电的细胞是互相联结的（cells that fire together，wire together.）"。从形式上看，这意味着输入单元 j 和输出单元 i 之间权重变化是两次激活的乘积：

$$\Delta W_{ij} = c_j o_i. \tag{13.2}$$

Δ 在公式 13.2 表示从时间 t 到 $t+1$ 权重矩阵的变化，因此 $W_{ij}(t+1) = W_{ij}(t) + \Delta W_{ij}$。通常，权重的更新将由学习率 α 来控制，该学习率 α 决定已存储的关联对现有权重的改变量，因此：

$$\Delta W_{ij} = \alpha c_j o_i. \tag{13.3}$$

让我们将所有这些放在一起，并让自己确信该模型是可行的。脚本 13.1 逐步构建了模型，并介绍了学习和测试阶段的主要过程。我们首先定义两个输入单词（stim）和两个要学习的反应（resp）的激活模式。然后，我们定义网络的一些特征（输入和输出单元的数量），并初始化权重矩阵。我们还定义了学习率 α。在学习阶段，我们遍历两个刺激反应对，并存储每个对的关联。为了存储关联，我们循环遍历了输出单元，对于每个输出单元，我们遍历了所有的输入单元。对于输入和输出单元的每种可能的组合，我们通过获取各个单元的刺激的乘积，并通过学习率 α 对其进行缩放，来更新该组合的权重 W_{ij}（第 18 行）。注意，这些循环在计算上是缓慢且笨拙的，但是它们显示了单个单元上正在发生的事情。稍后，我们将看到一种更快、更易读的处理方式。

```
1  stim <- list(c(1,-1,1,-1),
2                c(1,1,1,1))
3  resp <- list(c(1,1,-1,-1),
4                c(1,-1,-1,1))
5
6
7  n <- 4 # number of input units
8  m <- 4 # number of output units
9
10 W <- matrix(rep(0,m*n), nrow=m)
11
12 alpha <- 0.25
13
14 # Learning
15 for (pair in 1:2){ # store association for each pair
16   for (i in 1:m){ # loop across output units
17     for (j in 1:n){ # loop across input units
18       W[i,j] <- W[i,j] + ←
                alpha*stim[[pair]][j]*resp[[pair]][i]
19     }
20   }
21 }
22 # Test phase; test with first stimulus
23 o <- rep(0,m)
24 for (i in 1:m){
25   for (j in 1:n){
26     o[i] <- o[i] + W[i,j]*stim[[1]][j]
27   }
28 }
29
30 library(lsa)
31 cosine(o,resp[[1]])
```

脚本 13.1　联想记忆的赫布模型的模拟

　　然后，我们继续测试网络。在演示中，我们仅查看测试第一对刺激反应时的网络反应。我们首先将输出单元初始化为 0（第 23 行）。然后，我们遍历 m 个输出单元，对于每个输出单元，我们对输入刺激加权求和来计算其接收的总刺激。也就是说，对于每个输出单元，我们遍历输入单元，对于每个输入单元，我们将该单元接收的刺激乘以该输入单元与当前正在计算的输出单元之间的权重。第一对正确反应是向量 [1, 1, -1, -1]。如果运行脚本 13.1 中的代码，会发现网络在向量 o 中返回的输出模式为 [4, 4, -4, -4]。这是正确的模式，但是值太大了！这说明模型做出了正确的反应还是错误的反应呢？

　　比较两个向量的一种常用方法是计算两个向量之间夹角的余弦。一个模式向量可以被视为欧氏空间中的向量：每个元素都是沿着空间中一个维度的值，尽管维度（每个向量中元素的数量）通常会超过三维。向量余弦相似度计算的是此高维空间中向量之间的夹角。如果余弦为 1，则向量指向完全相同的方向，向量长度（即向量中的值有多大）的差异是无关紧要的。余弦值为 0 表示向量是正交的（彼此呈 90°）。R 语言中的 LSA 包提供了向量余弦函数，当我们用它来比较网络输出 0 的正确反应（resp[[1]]）时，得到的余弦值为 1，表明向量实际上是指向同一方向的。这里重要的一点是模式是很重要的：如果我们在合理的范围内调高或调低计算机显示器的亮度，它仍会显示相同的信息（只是变亮还是变暗）。改变向量的振幅就像改变亮度一样，并不改变信息内容。

向量相似性的其他某些度量也会关注向量中每个值的大小。例如，我们可以计算任意向量 x 和 y 之间的欧氏距离：

$$d = \sqrt{\sum_i (x_i - y_i)^2} \tag{13.4}$$

这在我们的例子中不起作用，因为输出值是正确值的四倍。这是出了什么问题呢？问题在于，公式 13.1 中的输出函数将所有输入值相加，并没有校正输入单元的数量。因此，随着输入单元数量的增加，每个输出单元的输入量也会增加，导致输出值变大。对此进行校正的一种方法是将 α 除以输入单元的数量，这可以使公式 13.1 计算平均输入（而不是输入的加权和）。另一种解决方案是对向量进行归一化。这涉及缩放各个单元的值，以使欧氏空间中向量的长度等于固定值，通常为 1。这可以通过将向量中的所有值除以向量的长度或范数来实现：

$$||\mathbf{x}|| = \sqrt{\sum_i x_i^2}. \tag{13.5}$$

聪明的读者注意到，这使用了勾股定理，即三角形斜边长度的平方等于其他边长的平方之和。当一个向量中加入更多的元素（即，使其维数增加），其范数也会增加，因此当我们对向量进行归一化时，每个元素将会被更大的值除。

我们刚刚讨论了简单的神经网络如何学习数据间的关联并根据输入产生输出。我们还讨论了评估网络性能的不同方法。现在，我们将提供一种更简单的方法来实现、分析和理解这些网络的行为。

13.1.2　赫布模型作为矩阵代数

到目前为止，我们的讨论只针对单个单元，即计算特定输入单元 j 和输出单元 i 之间的权重。从代数的角度来考虑，赫布模型会更容易理解和编程。在这里，我们将使用矩阵代数，它通常类似于标准（标量）代数，但有一些例外，并且这些例外也很重要。

在矩阵代数中，对向量或矩阵的加减法只表示我们对相同索引下的值进行相加或相减（即位于矩阵或向量的同行和同列中）。因此，向量［1，3，5］与向量［2，3，4］之间的差为［-1，0，1］。下面是两个矩阵做差的例子：

$$\begin{bmatrix} 1 & 2 & 3 \\ 4 & 5 & 6 \\ 7 & 8 & 9 \end{bmatrix} - \begin{bmatrix} 1 & 1 & 1 \\ 2 & 2 & 2 \\ 3 & 3 & 3 \end{bmatrix} = \begin{bmatrix} 0 & 1 & 2 \\ 2 & 3 & 4 \\ 4 & 5 & 6 \end{bmatrix}$$

重要的是，做加减法时，向量或矩阵大小必须完全相同：向量必须具有相同数量的元素，矩阵必须具有相同行数和列数。要小心的是，R 语言通常允许通过回收较小对象来加减不同维度的对象，但这往往并不是用户想要的。

我们还可以在向量和矩阵之间进行乘法运算，但是，与标准代数不同，矩阵乘法是不可交换的。也就是说，$\mathbf{A} \times \mathbf{B} \neq \mathbf{B} \times \mathbf{A}$。要真正理解矩阵代数，我们首先需要知道向量和矩阵的方向是很重要的。特别是，我们需要区分行（水平）向量和列（垂直）向量。下图分别显示了行向量和列向量的格式：

$$\begin{bmatrix} 1 & 4 & 7 - 1 & 3 \end{bmatrix} \; vs. \; \begin{bmatrix} 1 \\ 4 \\ 7 \\ -1 \\ 3 \end{bmatrix}.$$

默认情况下，向量为列向量。鉴于我们通常以行向量的方式进行表示，这可能会造成混淆。我们可以使用转置（*trasnpose*）运算来旋转向量，用 T 上标表示。对于向量：

$$\mathbf{x} = \begin{bmatrix} 1 \\ 4 \\ 7 \\ -1 \\ 3 \end{bmatrix},$$

$$\mathbf{x}^{T} = \begin{bmatrix} 1 & 4 & 7 - 1 & 3 \end{bmatrix}.$$

而对于矩阵而言，

$$\mathbf{A} = \begin{bmatrix} 1 & 2 & 3 & 4 & 5 \\ 6 & 7 & 8 & 9 & 10 \\ 11 & 12 & 13 & 14 & 15 \end{bmatrix},$$

其对应的转置为

$$\mathbf{A}^{T} = \begin{bmatrix} 1 & 6 & 11 \\ 2 & 7 & 12 \\ 3 & 8 & 13 \\ 4 & 9 & 14 \\ 5 & 10 & 15 \end{bmatrix}.$$

有些读者可能还会在上面的示例中注意到，向量和矩阵以粗体字书写，向量用小写字母 $\mathbf{x}$ 表示，而矩阵用大写字母 $\mathbf{A}$ 表示。这是按照惯例书写的，使读者阅读包含向量和矩阵的混合方程变得更加容易。

在讨论乘法时，向量和矩阵的方向变得很重要。向量相乘的一种方式是取内积（inner product），表示为：

$$\mathbf{x} \cdot \mathbf{y} = \mathbf{x}^{T}\mathbf{y} \tag{13.6}$$

由于乘法的运算符号是一个点，通常也将其称为点积（dot product）。点积是通过将两个向量中相同索引的值相乘，然后将结果相加得到的；用符号来表示则是：

$$\mathbf{x} \cdot \mathbf{y} = \sum_i x_i y_i \tag{13.7}$$

因此对于两个向量：

$$\mathbf{x} = \begin{bmatrix} 1 \\ 2 \\ 3 \end{bmatrix}$$

$$\mathbf{y} = \begin{bmatrix} -1 \\ 0 \\ 1 \end{bmatrix}$$

点积的结果为：$\mathbf{x} \cdot \mathbf{y} = \mathbf{x}^T \mathbf{y} = \begin{bmatrix} 1 & 2 & 3 \end{bmatrix} \begin{bmatrix} -1 \\ 0 \\ 1 \end{bmatrix} = (-1 \times 1) + (2 \times 0) + (3 \times 1) = 2$

如果回头看公式 13.5，你会发现向量范数只是向量与自身内积的平方根。

现在我们可以开始看到它对于前面提到的赫布模型有什么用。如果回到公式 13.1，会发现乘积之和的形式与公式 13.7 相同。当我们在公式 13.1 中计算单个输出单元的总乘积时，我们是在（a）投影到第 i 个输出单元的权重向量 $\mathbf{W}_{i \cdot}$，和（b）内层的激活向量 $\mathbf{c}$ 之间做内积。

我们使用乘法来描述赫布模型中的学习。权重的变化 $\Delta \mathbf{W}$ 由关联的两个向量的外积（outer product）给出：

$$\mathbf{o} \otimes \mathbf{c} = \mathbf{o}\mathbf{c}^T \tag{13.8}$$

图 13.3 是最好的概念化图形表示，它显示了对于图 13.1 中的第一个刺激 $\mathbf{c}$ 和第一个反应 $\mathbf{o}$，权重矩阵的更新 $\Delta \mathbf{W}$ 的计算方式。为方便起见，我们假设学习率 $\alpha = 1$，因此我们简单地把 $\mathbf{o}$ 和 $\mathbf{c}$ 做外积。将 $\mathbf{o}$ 放在左侧，将 $\mathbf{c}^T$ 放在上方，$\Delta \mathbf{W}$ 中的每个值都是取同一行中 $\mathbf{o}$ 中的值与同一列中 $\mathbf{c}^T$ 的值的乘积。例如，$\Delta \mathbf{W}$ 的第三行第二列中的 1 通过将 $\mathbf{o}$ 的第三行中的 -1 与 $\mathbf{c}^T$ 第二列中的 -1 相乘来计算。这只是表达公式 13.2 的另一种方式，其中 i 和 j 分别对应图 13.3 中的行和列。

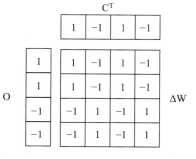

图 13.3　两个向量 o 和 c 之间的外积 $\Delta \mathbf{W}$ 的计算示意图

现在，我们可以有效地将学习表示为外积，而将信息的检索表示为内积。脚本 13.2 展示了一些 R 代码，以模拟线索回忆任务[①]。在此实验中，我们将证明赫布联想器对以前从未见过的刺激进行泛化的能力。如果一个训练成型的联想器已经学会了刺激 S 与反应 R 之间的关联，并且现在遇到了一个类似于 S 的新刺激 S'，它应泛化地产生类似之前学习的 R 的反应。例如，如果我们在第一次约会时，已经学会了约会对象的脸和名字之间的联结，那么在第二次约会时，当约会对象的脸型发生了微不足道的变化（例如，戴着帽

---

① 在本章中，我们从头开始编写网络的代码以帮助大家进行学习。R 中提供了许多软件包，可以快速轻松地模拟神经网络，例如 neuralnet 和 nnet。

子或眼镜），我们依旧能很好地回忆起约会对象的名字，我们将在一组联结的基础上训练模型，然后用与训练刺激相同、与训练刺激相似（但不相同）和与训练刺激非常不同的线索进行探测，查看模型所产生的输出结果。

在脚本 13.2 中，我们首先加载一些库，并规定网络的大小。在这里，我们使 n 和 m 不同，只是为了强调它们不必相同。每个训练集包括 20 对数据，我们将对每组数据模拟 100 次（nReps）。学习参数 α 被设置为 0.25。接下来，我们指定训练刺激和测试刺激的向量相似度值范围，它会在 0（正交，即完全不相似）到 1（相同）的范围内变化。我们另外还设置了向量 accuracy 来保存我们的结果。

```
1  library(lsa)
2
3  n <- 100 # number of input units
4  m <- 50 # number of output units
5
6  listLength <- 20 # number of pairs in each list
7
8  nReps <- 100
9
10 alpha <- .25
11
12 stimSimSet <- c(0, .25, .5, .75, 1)
13
14 accuracy <- rep(0,length(stimSimSet))
15
16 for (rep in 1:nReps){
17
18   W <- matrix(rep(0,m*n), nrow=m)
19
20   stim1 <- {}
21   resp1 <- {}
22
23   # create study set
24   for (litem in 1:listLength){
25
26     svec <- sign(rnorm(n))
27     stim1 <- c(stim1,list(svec))
28
29     rvec <- sign(rnorm(m))
30     resp1 <- c(resp1,list(rvec))
31
32   }
33
34   # study list
35   for (litem in 1:listLength){
36     c <- stim1[[litem]]
37     o <- resp1[[litem]]
38     W <- W + alpha*o%*%t(c)
39   }
```

```
40
41    # loop across probe stimuli of differing similarity to
42    # the trained stimuli, and use these to probe for
43    # responses
44    for (stimSimI in 1:length(stimSimSet)){
45
46       stimSim <- stimSimSet[stimSimI]
47
48       # create test stimuli
49       stim2 <- {}
50       for (litem in 1:listLength){
51
52          svec <- sign(rnorm(n))
53          mask <- runif(n)<stimSim
54          stim2 <- c(stim2,list(mask*stim1[[litem]] + ↵
                (1-mask)*svec))
55
56       }
57
58       # test list
59       tAcc <- 0
60       for (litem in 1:listLength){
61          c <- stim2[[litem]]
62          o <- W %*% c
63
64          tAcc <- tAcc + cosine(as.vector(o),resp1[[litem]])
65       }
66       accuracy[stimSimI] <- accuracy[stimSimI] + ↵
             tAcc/listLength
67
68    }
69 }# end reps loop
70
71 pdf("HebbGraceful.pdf", width=5, height=5)
72 plot(stimSimSet,accuracy/nReps, type="b",
73       xlab="Stimulus-Cue Similarity",
74       ylab="Cosine")
75 dev.off()
```

脚本 13.2　实现线索回忆任务的赫布联想模型的 R 代码

　　然后我们运行 nReps 次模拟学习和测试。我们首先初始化 **W**，这里假设每个学习试验都是独立的。然后，我们创建用于网络训练的刺激和反应向量，并将它们存储在 R 列表中。当为第一组（stim1 和 resp1）创建向量时，我们创建了值为 + 1，− 1 随机采样的向量。如果计算一下生成的向量之间的余弦值，你会发现余弦值不完全等于 0，因此向量之间存在一些相同的部分，就像单词或图片之类的真实刺激，很少有完全不相似的。

　　紧接着，网络使用赫布学习（循环从第 35 行开始）来学习一组刺激 – 反应对。我

们使用 % * % 运算符，该运算符在 R 中被用于实现矩阵乘法[①]。这在形式上与脚本13.1 中的赫布学习完全相同，但更为简洁，将代码向量化通常可以提高代码运行速度[②]。了解了这些后，我们在 stimSimSet 上进行循环（第 44 行），构建与网络训练时越来越相似的刺激向量，并使用这些向量来探测模型。stim2 的构造（第 49 行开始）由 stimSim 的值（第 53 行）确定，该值是通过遍历 stimSimSet 循环获得的。每个刺激（即 stim2 中的每个向量）是来自 stim1 的刺激和新的随机生成的向量（第 54 行）的混合，并由向量 mask 控制（mask 包含 TRUE 和 FALSE 值）。如果 mask 中的元素为 TRUE，则将新刺激中的对应元素设置为原刺激的值，否则将其设置为新向量 svec 的值。mask 中的元素为 TRUE 的概率由 stimSim 控制；随着 stimSim 值的增加，mask 中将有更多的元素为 TRUE，并且第二组刺激将与第一组刺激更相似。在极端情况下，当 stimSim = 1 时，两个向量是相同的；当 stimSim = 0 时，它们完全不同，即它们的平均相关度为 0。

我们使用每组线索来探查 **W**，从而测试网络的性能（第 58 行）。回想一下，我们可以通过计算 **W** 的第 i 列和 **c** 之间的内积来计算特定单元 o_i 的值。我们可以进一步对此进行概括，并写一个方程来一次性计算所有的输出值：

$$o = Wc, \tag{13.9}$$

从功能上来说，它依次取 **W** 的每一列和 **c** 一起计算内积，然后以向量的形式返回一组值。在第 62 行，我们使用矩阵乘法来实现这一点。注意，学习和检索操作都使用矩阵乘法。唯一的区别在于被乘对象的性质及其方向。在学习时，我们将一个向量乘以另一个向量的转置以获得一个外积（矩阵），而在检索时，我们将一个矩阵乘以一个向量以获得另一个向量。

在检索了一个向量 **o** 之后，我们现在需要评估性能。在这里，我们再次使用余弦量度来评估检索的精度：我们计算检索到的向量与正确反应（即，与当前提示的刺激相关联的反应）向量之间的余弦。这里的另一步骤是将 **o** 作为向量传递给 *cosine* 函数。R 语言是区分向量和矩阵的（也就是说，它们是不同类型的对象）。因为 cosine 函数需要用向量作为参数，但第 62 行上矩阵乘法产生的 **o** 实际上是一个单列矩阵。因此，当将该矩阵传递给 *cosine* 函数时，需要将其转换为向量。

图 13.4 显示了所有训练样本对和重复模拟的平均余弦，是作为计算训练刺激与这些刺激衍生的测试探针之间相似性的函数。在最右边，我们看到该模型在用最初训练的刺激（相似度 = 1）时表现很好；也就是说，它很好地存储了这 20 个刺激反应之间的联结。该图还显示，即使训练的样本是损伤的训练过的刺激，模型仍会产生接近原始已受训的反应的输出。即使测试刺激与训练刺激只有 50% 的相似度时，正确反应的平均余弦仍高于 0.7。这种泛化未训练的刺激的能力，是对于像赫布联想器这样的神经网络的优点。

[①] 如果我们改用 * 运算符，R 会简单地将 c_1 乘以 o_1，将 c_2 乘以 o_2，依此类推。

[②] R 中的 Matrix 包提供了诸如 crossprod 和 tcrossprod 之类的功能，在相乘矩阵时，它们的速度可能会大大提高。

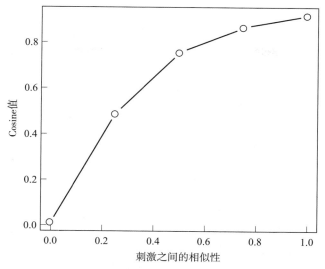

图 13.4 赫布模型中的泛化。随着测试探针与训练过的刺激之间的相似度增加，探针引起最初训练过的响应的能力也会增加。

我们还可以证明该模型对网络损伤具有鲁棒性。脚本 13.3 类似于脚本 13.2，但是它显示了损伤网络中的权重对网络的影响。变量 lesionP（依次循环取 lesionPSet 中的值）设置了网络中任何特定权重被损伤的可能性。通过将该权重设置为 0 可以实现损伤，此时该权重不传递任何激活。在学习到的刺激反应对上测试损伤模型，结果显示（图 13.5）该模型对于相对大范围的损伤具有鲁棒性，当损伤概率超过 0.8 时性能才开始显示出显著下降的趋势。这种故障弱化是分布式存储的特性。记忆联想的责任分散在所有权重中，即使某些权重受到损害，剩余的权重也会携带足够的信息来重建足够接近正确反应的向量。尽管在更复杂的模型中，也有案例显示网络会显示出错误特征，例如深度阅读障碍等情况下的错误（Hinton and Shallice，1991；Norman and O'Reilly，2003）。

```
1  library(lsa)
2
3  n <- 100 # number of input units
4  m <- 50 # number of output units
5
6  listLength <- 20 # number of pairs in each list
7
8  nReps <- 100
9
10 alpha <- .25
11
12 lesionPSet <- seq(0,1,by = 0.1)
13
14 accuracy <- rep(0,length(lesionPSet))
15
16 for (rep in 1:nReps){
```

```
17
18   #W <- matrix(rnorm(m*n, sd=.1), nrow=m)
19   W <- matrix(rep(0,m*n), nrow=m)
20
21   stim1 <- {}
22   resp1 <- {}
23
24   # create study set
25   for (litem in 1:listLength){
26
27     svec <- sign(rnorm(n))
28     stim1 <- c(stim1,list(svec))
29
30     rvec <- sign(rnorm(m))
31     resp1 <- c(resp1,list(rvec))
32
33   }
34
35   # study list
36   for (litem in 1:listLength){
37     c <- stim1[[litem]]
38     o <- resp1[[litem]]
39     W <- W + alpha*o%*%t(c)
40     #W <- W + alpha*tcrossprod(o,c)
41   }
42
43   for (lesionPI in 1:length(lesionPSet)){
44
45     lesionP <- lesionPSet[lesionPI]
46     Wlesion <- W
47     mask <- matrix(runif(m*n)<lesionP, nrow=m)
48     Wlesion[mask] = 0
49
50     # test list
51     tAcc <- 0
52     for (litem in 1:listLength){
53       c <- stim1[[litem]]
54       o <- Wlesion %*% c
55
56       tAcc <- tAcc + cosine(as.vector(o),resp1[[litem]])
57     }
58     accuracy[lesionPI] <- accuracy[lesionPI] + ↩
          tAcc/listLength
59
60   }
61 }# end reps loop
62
63 pdf("HebbLesion.pdf", width=5, height=5)
64 plot(lesionPSet,accuracy/nReps, type="b",
65     xlab="Lesion Probability",
66     ylab="Cosine",
```

```
67      ylim=c(0,1))
68 dev.off()
```

脚本 13.3　损伤赫布联想器的效果

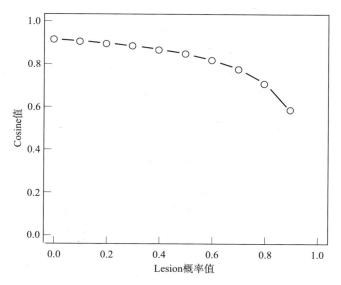

图 13.5　分布式模型中的故障弱化。将权重设置为 **0**，对网络的性能影响不大，除非大量的单元被损伤才会对网络的性能产生影响。

13.1.3　使用矩阵代数描述网络

将学习和检索表示为矩阵代数，使我们能够有效地记录赫布联想器是如何执行的。如同在标准代数中一样，我们还可以使用重排和替换来了解模型是如何工作的。

假设我们在权重矩阵 **W** 中仅存储了两个联结。这意味着：

$$\mathbf{W} = \alpha_1 \mathbf{o}_1 \mathbf{c}_1^T + \alpha_2 \mathbf{o}_2 \mathbf{c}_2^T. \qquad (13.10)$$

请注意，这里的下标是指不同关联对，而不是向量中的不同元素。我们也有可能通过索引使两个关联对的学习率 α 有所不同。现在想象一下，我们用 $\mathbf{c}_1$ 提示网络后，我们期望在输出中看到什么？如果将公式 13.10 代入公式 13.9，得到：

$$\mathbf{v} = \left(\alpha_1 \mathbf{o}_1 \mathbf{c}_1^T + \alpha_2 \mathbf{o}_2 \mathbf{c}_2^T \right) \mathbf{c}_1.$$

我们在这里用 **v** 来表示输出向量，以将其与学习输出区分开。我们可以用代数的分配律来表示为：

$$v = \alpha_1 \mathbf{o}_1 \mathbf{c}_1^T \mathbf{c}_1 + \alpha_2 \mathbf{o}_2 \mathbf{c}_2^T \mathbf{c}_1 \qquad (13.11)$$

$$= \left(\mathbf{c}_1^T \mathbf{c}_1 \right) \alpha_1 \mathbf{o}_1 + \left(\mathbf{c}_2^T \mathbf{c}_1 \right) \alpha_2 \mathbf{o}_2. \qquad (13.12)$$

$\mathbf{c}_1^T \mathbf{c}_1$ 和 $\mathbf{c}_2^T \mathbf{c}_1$ 都是内积，因此会产生标量。这意味着输出 v 是学习输出的加权和。每个学习到的输出向量对结果的影响的程度取决于：①该输出向量学习这组关联对的学习率 α，以及②记忆探针与和该输出相关的原始刺激之间的相似度（点积）。

基于此，我们可以考虑两种极端情况。如果两个学习刺激是正交的（即它们的向量余弦为 0），则 $c_2^T c_1 = 0$，公式 13.12 简化为 $c_1^T c_1 \alpha_1 o_1$。也就是说，输出是正确输出的缩放版本。这是赫布联想器的一个有用的属性：如果学习的刺激是正交的，我们可以完美地获取学习到的反应。现在考虑相反的情况，将相同的刺激与两个不同的反应相关联，此时 $c_1 = c_2$。输出由以下公式决定：

$$v = (c_1^T c_1)\ \alpha_1 o_1 + (c_1^T c_1)\ \alpha_2 o_2$$
$$= (c_1^T c_1)\ (\alpha_1 o_1 + \alpha_2 o_2).$$

现在 v 中 o_1 和 o_2 的相对权重仅取决于 α_1 和 α_2 的相对大小。

矩阵代数是表达联结主义模型的有用工具，将这些模型与诸如线性模型，几何和主成分分析之类的主题相关联。有关将神经网络用作矩阵代数的更多信息，请参阅 Anderson（1995）或 Jordan（1986）。

13.1.4　自动关联器（The Auto-Associator）

一种被称为自动关联器（auto-associator）的特殊模型会将项目（item）与自身关联。尽管听起来可能没有用，但它为自动关联器提供了非常有用的功能，即执行模式补全（pattern completion）的能力。当我们提供不完整或简化的表征时，自动关联器可以使用上面讨论的泛化内容来填充空白并重建整个表征。

自动关联器通常只具有一个同时兼顾输入和输出的层，而不是两个分别用于输入和输出的层。自动关联器的权重是循环的，它们使网络中的单元构成全连接。更正式地讲，W_{ij} 从第 j 个单元投射到第 i 个单元，因此在每对单元 a 和 b 之间有两个权重：一个从 a 投射到 b，一个从 b 投射到 a。对于我们现在将要考虑的模型，还存在自连接，即通过权重使单元连接到自身。循环连接提供的反馈很重要，因为它允许模型通过权重将刺激不断地循环回某些单元。

图 13.6 显示了一组 8 个向量，每个向量有 8 个元素。这些向量取自 8×8 Walsh 矩阵（Walsh matrix）。Walsh 矩阵的特殊性质是，任意两行（或列）都是正交的，即它们之间的点积和余弦都为零。因此，这里的 8 个向量相互正交。

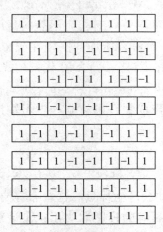

图 13.6　一组 8 个正交（Walsh）向量，供 8 元素的自动关联器学习

现在，让我们使用赫布学习将每个向量存储在自动关联器中：

$$\mathbf{W} = \alpha_1 \mathbf{v}_1 \mathbf{v}_1^{\mathsf{T}} + \alpha_2 \mathbf{v}_2 \mathbf{v}_2^{\mathsf{T}} + \cdots + \alpha_N \mathbf{v}_N \mathbf{v}_N^{\mathsf{T}}.$$

需要注意的是现在每个元素都仅与自身相关联。

现在，我们将研究网络在给定的训练集中的某个单元出现损伤时，网络将如何反应。我们将设置一个用于判别的参数 $\mathbf{u}(0)$，它是学习到的输出向量的线性总和[①]；即，

$$\mathbf{u}(0) = \sum_k s_k \mathbf{v}_k.$$

$\mathbf{u}(0)$ 表示随着我们不断通过 $\mathbf{W}$ 中的权重传递来自 $\mathbf{u}$ 的刺激，$\mathbf{u}$ 将随着时间不断变化。

$$\mathbf{u}(t+1) = \mathbf{W}\mathbf{u}(t) \tag{13.13}$$

$$= \sum_i \alpha_i \mathbf{v}_i \mathbf{v}_i^{\mathsf{T}} \mathbf{u}(t) \tag{13.14}$$

那么，现在我们来看在公式 13.14 中发生了些什么，并对一个特定的 i 做检验。我们有：

$$\alpha_i \mathbf{v}_i \mathbf{v}_i^{\mathsf{T}} \mathbf{u}(t) = \alpha_i \mathbf{v}_i \mathbf{v}_i^{\mathsf{T}} \sum_k s_k \mathbf{v}_k \tag{13.15}$$

$$= \alpha_i \mathbf{v}_i (s_i \mathbf{v}_i^{\mathsf{T}} \mathbf{v}_i) \tag{13.16}$$

$$= \alpha_i (s_i \mathbf{v}_i^{\mathsf{T}} \mathbf{v}_i) \mathbf{v}_i. \tag{13.17}$$

第二步的重写利用了我们已知的 $\mathbf{v}_i^{\mathsf{T}} \mathbf{v}_{j \neq i} = 0$。当我们将 $\mathbf{v}_i^{\mathsf{T}}$ 乘以除了 $\mathbf{v}_i$ 以外的任何值时，我们将会得到 0。因此，如公式 13.17 中 $\mathbf{v}_i$ 可以被提出，对 $\mathbf{v}_i$ 的缩放比例为 α_i（$s_i \mathbf{v}_i^{\mathsf{T}} \mathbf{v}_i$）。因此，$\mathbf{u}(t+1)$ 由下式给出：

$$\mathbf{u}(t+1) = \sum_i \alpha_i (s_i \mathbf{v}_i^{\mathsf{T}} \mathbf{v}_i) \mathbf{v}_i.$$

也就是说，每次通过 $\mathbf{W}$ 传递 $\mathbf{u}(t)$ 时都会最终得到原始向量的总和，其中每个向量的权重取决于两个因素：该项的学习率 α_i；该项在 $\mathbf{u}(t)$ 中的占比 s_i。

向量 $\mathbf{v}$ 与矩阵 $\mathbf{W}$ 之间存在独特的关系；$\mathbf{v}$ 是 $\mathbf{W}$ 的特征向量。矩阵的特征向量 $\mathbf{x}$ 是一个向量，使得 $\mathbf{Ax} = c\mathbf{x}$，其中 c 是标量。这就是公式 13.17 为我们展示的内容。对于一些心理学家来说，特征向量的概念应该是熟悉的。常见的称为主成分分析的多元分析及其更复杂的分析（例如：因子分析）就是在识别一组多元数据的基础特征向量（即主要的特征维度）。

脚本 13.4 使用 R 语言展示了这种关系。我们首先指定 8 个向量，然后对其进行归一化，以使向量与其自身的内积等于 1。然后为每个向量存储一个自动关联，并改变各个向量的学习率 α。最后，我们使用内置的 R 函数 eigen 来获得权重矩阵 $\mathbf{W}$ 的特征向量。将这些特征向量映射到 $\mathbf{W}$ 中存储的向量上（因为向量被归一化了，所以向量中的值更小）。该代码还输出特征值，该特征值表示特征向量在系统中呈现的强度。对应于特征向量 $\mathbf{v}_i$ 的特征值 λ_i 使得 $\mathbf{Ax} = \lambda_i \mathbf{x}$。可以看到，$\mathbf{W}$ 的特征值与向量 $alpha$ 中规定的学习率相对应。

---

① 正如我们将看到的，学习到的向量代表该系统的完整特征向量集。因此，任何非零 $\mathbf{u}$ 都可以表示为 $\mathbf{v}$ 的加权和。

```
1  v <- list(c(1,1,1,1,1,1,1,1),
2              c(1,1,1,1,-1,-1,-1,-1),
3              c(1,1,-1,-1,1,1,-1,-1),
4              c(1,1,-1,-1,-1,-1,1,1),
5              c(1,-1,1,-1,1,-1,1,-1),
6              c(1,-1,1,-1,-1,1,-1,1),
7              c(1,-1,-1,1,1,-1,-1,1),
8              c(1,-1,-1,1,-1,1,1,-1))
9
10 for (i in 1:8){
11   v[[i]] <- v[[i]]/sqrt(sum(v[[i]]*v[[i]]))
12 }
13
14 alpha <- c(0.9,0.8,0.7,0.6,0.5,0.4,0.3,0.2)
15
16 n <- 8
17
18 W <- matrix(rep(0,n*n), nrow=n)
19
20 for (i in 1:8){
21   W <- W + alpha[i]*v[[i]] %*% t(v[[i]])
22 }
23
24 print(eigen(W), digits=2)
25
26 # The output is as follows:
27 # $values
28 # [1] 0.9 0.8 0.7 0.6 0.5 0.4 0.3 0.2
29 #
30 # $vectors
31 #          [,1]    [,2]    [,3]    [,4]    [,5]    [,6]    [,7]    [,8]
32 # [1,]   -0.35   -0.35    0.35    0.35   -0.35    0.35   -0.35    0.35
33 # [2,]   -0.35   -0.35    0.35    0.35    0.35   -0.35    0.35   -0.35
34 # [3,]   -0.35   -0.35   -0.35   -0.35   -0.35    0.35    0.35   -0.35
35 # [4,]   -0.35   -0.35   -0.35   -0.35    0.35   -0.35   -0.35    0.35
36 # [5,]   -0.35    0.35    0.35   -0.35   -0.35   -0.35   -0.35   -0.35
37 # [6,]   -0.35    0.35    0.35   -0.35    0.35    0.35    0.35    0.35
38 # [7,]   -0.35    0.35   -0.35    0.35   -0.35   -0.35    0.35    0.35
39 # [8,]   -0.35    0.35   -0.35    0.35    0.35    0.35   -0.35   -0.35
```

脚本 13.4   关联神经网络中的特征向量

设置模型使学习到的向量正交，从而在存储了它们的自关联后，用它们构成 **W** 的特征向量。这样，我们建立的网络可以执行一些有用的认知任务。回想一下，当我们通过权重传递激活向量 $\mathbf{u}(t)$ 以获得向量 $\mathbf{u}(t+1)$ 时，$\mathbf{u}(t)$ 中的每个特征向量都会提示自己。特征向量将根据其最初学习的强度以及它们与当前激活向量之间的相似程度（即它们在其中表示的强度）而求得。从理论上讲，如果我们继续通过 **W** 传递刺激，我们最终将获得一个对应于其中某个学习项（*learned item*）的激活向量。但是，这意味着刺激是可以无限增大的；只要在前面的公式中$\alpha_i(s_i\mathbf{v}_i^T\mathbf{v}_i)$ 大于 1，$\mathbf{v}$ 中的元素值就会越来越大。这作为一个基于大脑原理的模型（神经元的放电率有上限），似乎是不现实的，并且可能在计算机上引起溢出错误。Brain-State-in-a-Box（BSB）模型（Anderson et al.，1977；Anderson，1995）中采用的一种解决方案是对激活进行约束。BSB 是一种改进了激活函数的赫布自动关联器，它的激活函数为：

$$\mathbf{u}(t+1) = G\left[\beta\mathbf{u}(t) + \varepsilon\mathbf{W}\mathbf{u}(t)\right]. \tag{13.18}$$

该模型与标准赫布模型的一个区别是，不再用新的激活值取代旧的激活值，而是将旧的激活向量 $\mathbf{u}(t)$ 和新的激活向量 $\mathbf{u}(t+1)$ 分别按 β 和 ε 加权后再加在一起。另一个区别是多了限制激活值的函数 G：

$$G(x_i) = \begin{cases} 1, & \text{if } x_i > 1 \\ x_i, & \text{if } -1 \leq x_i \leq 1 \\ -1 & \text{if } x_i < -1. \end{cases} \tag{13.19}$$

这意味着，如果激活值大于 1 或小于 -1，则它们分别被设为 1 和 -1。这种约束就是 BSB 模型的名称来源，因为激活值被约束在一个超立方体（高维空间的立方体）上。

脚本 13.5 提供了一些 R 代码来模拟 BSB 模型。在这里，我们复现了 Anderson 等人（1977）的模拟。该代码展示了 BSB 模型如何执行分类任务。该模型用模糊的刺激来训练，并根据学到的样本之间的相似性对刺激进行分类。在模拟中，我们在两个正交向量（分别称为 **A** 和 **B**）上训练模型，而这两个向量又是 **W** 的特征向量。然后通过噪声组合来作为模型输入，我们研究模型是如何做分类的。该模拟着眼于观察分类概率（作为两个变量的函数收敛于 **A** 的概率）。一个变量是在给定 *BSB* 的训练集中的 **A** 和 **B**（即两个训练好的向量）的相对权重（初始状态为 **u**）。在模拟中，这是由 startSet 中的变量 startp 循环控制的。第二个变量是添加到训练集中的高斯噪声。

```
1  # learned vectors; in the text, these are named
2  # A and B respectively
3  v <- list(c(1,1,1,1,-1,-1,-1,-1),
4            c(1,1,-1,-1,1,1,-1,-1))
5
6  n <- 8 # number of units
7  maxUpdates <- 100 # maximum number of BSB cycles
8  init_s <- 1 # length of uncorrupted probe vector
9  tol <- 1e-8 # tolerance for detecting a difference
10
11 alpha <- .025 # learning rate
12
13 beta <- 1
14 epsilon <- 1
15
16 nReps <- 1000
17
18 noiseSet <- c(0,0.1,0.2,0.4)
19 startSet <- seq(0,1,length.out = 10)
20
```

```
21  W <- matrix(rep(0,n*n), nrow=n)
22
23  # ———————— learning
24  for (i in 1:2){
25    W <- W + alpha*v[[i]]%*%t(v[[i]])
26  }
27
28  # ———————— test
29  meanAcc <- {}
30  meanRT <- {}
31
32  for (noise in noiseSet){
33
34    tAcc <- rep(0,length(startSet))
35    tRT <- rep(0,length(startSet))
36
37    accI <- 1
38
39    for (startp in startSet){
40
41      for (rep in 1:nReps){
42
43        # make u a weighted combination of A and B...
44        u <- startp*v[[2]] + (1-startp)*v[[1]]
45
46        # ...normalize u...
47        u <- init_s*u/sqrt(sum(u^2))
48
49        # ...and add some Gaussian noise
50        u <- u + rnorm(n,0,noise)
51
52        # loop across BSB cycles
53        for (t in 1:maxUpdates){
54
55          # store state of u, we'll need it in a bit to ←
                see
56          # if it has changed
57          ut <- u
58
59          # update u...
60          u <- beta*u + epsilon * W%*%u
61
62          #...and then squash the activations
63          u[u > 1] <- 1
64          u[u < -1] <- -1
65
66          # did u change on this update cycle? If not, ←
                the model
67          # has converged and we break out of the ←
                updating loop
68          if (all(abs(u-ut)<tol)){
```

298

```
69          break
70        }
71      }
72
73      # is it an A response?
74      if (all(abs(u-v[[1]])<tol)){
75        tAcc[accI] <- tAcc[accI] + 1
76      }
77      # also record response time
78      tRT[accI] <- tRT[accI] + t
79    }
80    accI <- accI + 1
81  }
82  # store the results
83  meanAcc <- cbind(meanAcc,tAcc/nReps)
84  meanRT <- cbind(meanRT, tRT/nReps)
85 }
86
87 # plot results
88 pdf(file="BSBresults.pdf", width=9, height=6)
89 par(mfrow=c(1,2))
90 matplot(startSet, meanAcc, type="b",
91        lty=1:4,col=1,pch=1:4,
92        xlab="Starting position", ylab="Proportion ↩
              'A' response")
93 legend(0.7,0.8,
94        legend = noiseSet,
95        lty=1:4,pch=1:4,col=1)
96 matplot(startSet, meanRT, type="b",
97        lty=1:4,col=1,pch=1:4,
98        ylim=c(0,20),
99        xlab="Starting position", ylab="Convergence ↩
              Time")
100 dev.off()
```

脚本 13.5　模拟 Brain-State-in-a-Box（BSB）模型的代码

图 13.7 显示了模拟结果。左图显示了在不添加噪声的情况下，BSB 模型是理想的分类器。当探针更近似于 A 而不是 B 时，模型将产生 A 响应，反之亦然。分割线显示，随着噪声增加，模型的确定性将会降低。随着探针与 B 的相似度增大，模型显示的曲线斜率会越来越陡峭。该模拟结果显示，即使在很大的噪声下，该模型也仍然可以将带噪声的输入分割成 A 和 B 两类。当起始点越来越接近两个学习向量的中点时（即 startp 接近 0.5），模型的不确定性也反映在反应时间中（图 13.7 的右图），当探针不太模糊时，反应速度将会更快。

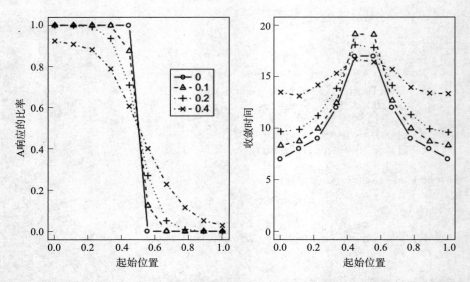

图 13.7　**Brain-State-in-a-Box** 模型的分类性能。该模型在 A 和 B 两个样本上进行了训练，并使用带噪声的 A 进行了测试。左图显示了当带噪声的 A 作为探针时，反应的比例与起始位置（决定起始向量更相似于 A 还是 B）的关系。右图说明收敛时间，或者说是在探针刺激后到达盒子中某个顶点的迭代时间。在两个图中不同线条显示了向 A 添加不同程度的噪声作为探针刺激的效果。

13.1.5　赫布模型的局限性

赫布模型在心理学中得到了广泛的应用，它对于"单枪匹马"学习的情境建模很有帮助，因为在这些情境中，信息的存储只需要在一次曝光后就可以使用。然而，Hebbian 模型也有一些局限性。其一，它们并不能自然地适用于在许多试验中渐进式学习的任务。虽然我们可以在多次试验中向网络呈现相同的输入，但随后权重会持续增长，这既不现实，而且在尝试模拟模型时也会造成问题（即存在数值溢出的危险）。另一个问题是泛化，泛化是赫布模型的一个可以争论的优势，但是当我们想要将相似的输入模式与非常不同的输出模式进行关联时，泛化会带来问题。当这两种关联都已经被学习，而且输入模式高度相似的情况下，用其中一种输入模式进行提示，必然会导致两种输出模式的混合输出。

最后一个问题是在 XOR（exclusive-OR）任务中。这个任务是要学习当两个输入单元中只有一个输入单元处于接通状态时，给出反应 A，如果两个单元都不接通或两个单元都接通，就给出反应 B。作为练习，你可以尝试在一个简单的赫布模型中进行模拟，用两个输入单元和两个输出单元将"开"和"关"表示为 +1 和 –1，将反应 A 表示为 ［+1 – 1］，反应 B 表示为 ［–1 + 1］。如果所有的联结都是同等权重，那么得出的权重矩阵是什么样子的呢？事实证明，线性的赫布模型无法学习这个函数，这个问题推动了依赖非线性激活函数和学习函数的模型的发展。接下来我们再来看看这些模型。

13.2 反向传播（Backpropagation）

20 世纪 80 年代开始出现一种新的体系结构以及算法，它克服了 Hebbian 模型的这些问题。这些模型通常被称为反向传播（backpropagation）模型。反向传播模型中的第一个关键因素是它们具有多层，通常是三层。除了输入层和输出层之外，这些模型还有一个隐藏层（hidden layer），位于输入层和输出层之间。就其本身而言，这个附加层并不一定有用：如果激活函数是线性的，则可以将其重写为标准的两层赫布模型。因此，第二个关键因素是，激活函数是非线性的（例如，S 型（sigmoidal））。最后一个关键因素是改变学习规则，以使学习不是由正确的输出驱动，而是由模型输出的误差（即模型输出和正确输出之间的差异）驱动。

为了具体描述反向传播，我们将举一个模型的实例。我们将模拟一个简单的任务，在这个任务中，模型要学习"规则"和"不规则"映射（在第 12 章中讨论过）。这样的任务的一个日常例子就是学习英语发音。在许多情况下，可以通过拼字法预测英语发音。例如，ave 通常发音与 save 中的 ave 相似。然而，英语中也有很多不规则或例外的单词，例如"have"，这听起来与通常的 ave 发音不同。不规则映射词的学习很有挑战性，人们从这些任务中学习的数据通常被用来引导多种学习方式，其中一种机制负责学习和生成规则映射，而另一种机制则用于不规则映射的学习和生成（例如，Coltheart 等，2001）。反向传播模型的主要贡献是显示了如何通过仅具有一个学习方式的同类学习机制来解释这种多学习方式模型。

脚本 13.6 模拟了反向传播模型来学习规则和不规则映射。代码首先定义了一个非线性激活函数，即 logistic 函数。

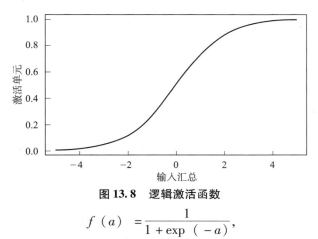

图 13.8 逻辑激活函数

$$f(a) = \frac{1}{1 + \exp(-a)},$$

其中 a 是加权输入。

接下来的代码进行一些基本变量设置。输入层由 30 个单元组成。前 10 个单元代表规则和不规则输入之间共享的词干模板（例如 ave）；剩下的单元作为一个组件用来区分不同的规则和不规则映射模式（例如，save 与 have 中的 s 与 h）。我们还指定网络具有15个隐藏单元和30个输出单元。然后，我们指定要学习的参数。该网络会在五组集合中进行训练。在每个集合中，有四个规则输入和一个不规则输入，它们都共享一个公共词干，由输入的末尾组件加以区分。该网络将进行6000次训练；在每次训练中，我们将呈现一个单一的输入，并对网络的输出进行评分，然后调整权重。我们还指定了一些模型参数：η是学习速率，m是动量参数，下面将对其进行更详细地描述。

```
1   logistic_act <- function(x){
2     return(1/(1+exp(-x)))
3   }
4
5   nStem <- 10
6   nEnd <- 20
7   nIn <- nStem + nEnd
8   nHid <- 15
9   nOut <- 30
10
11  nSets <- 5
12  nReg <- 4
13  nIrreg <- 1
14  nPatterns <- nSets*(nReg + nIrreg)
15
16  inputs <- {}
17  outputs <- {}
18
19  nTrain <- 6000
20
21  eta <- 0.1
22  m <- 0.9
23
24
25  for (tset in 1:nSets){
26
27    stem <- rbinom(nStem,1,0.5)
28    tout <- rbinom(nOut,1,0.5)
29
30    # regular
31    for (w in 1:nReg){
32      inputs <- rbind(inputs, c(stem, rbinom(nEnd,1,0.5)))
33      outputs <- rbind(outputs,tout)
34    }
35
36    # irregular
37    inputs <- rbind(inputs, c(stem, rbinom(nEnd,1,0.5)))
38    outputs <- rbind(outputs, rbinom(nOut,1,0.5))
39  }
40
41  Wih <- matrix(rnorm(nIn*nHid)*.01, nrow=nHid)
42  Who <- matrix(rnorm(nHid*nOut)*.01, nrow=nOut)
43
```

```
44 Bh <- rep(.01, nHid)
45 Bo <- rep(.01, nOut)
46
47 dWho <- Who*0
48 dWih <- Wih*0
49
50 toTrain <- 1:nPatterns
51
52 error <- rep(0,nTrain)
53 patterr <- matrix(rep(NaN,nTrain*nPatterns), ←
      nrow=nPatterns)
54 patts <- rep(0, nTrain)
55
56 for (sweep in 1:nTrain){
57
58   # which item to train?
59   i <- sample(toTrain,1)
60   cue <- as.numeric(inputs[i,])
61   target <- as.numeric(outputs[i,])
62
63   ## Cue the network
64   net <- Wih %*% cue
65   act_hid <- logistic_act(net + Bh)
66
67   net <- Who %*% act_hid
68   act_out <- logistic_act(net + Bo)
69
70   # score up performance
71   patterr[i,sweep] <- sqrt(mean((target-act_out)^2))
72   error[sweep] <- patterr[i,sweep]
73   patts[sweep] <- i
74
75   # update hidden-output weights
76   d_out <- (target-act_out)*act_out*(1-act_out)
77   dWho <- eta * d_out%*%t(act_hid) + m*dWho
78
79   # Backpropagation: update input—hidden weights
80   d_hid <- t(Who)%*%d_out * act_hid*(1-act_hid)
81   dWih <- eta * d_hid%*%t(cue) + m*dWih
82
83   # update weights
84   Who <- Who + dWho
85   Wih <- Wih + dWih
86   Bo <- Bo + eta*d_out
87   Bh <- Bh + eta*d_hid
88
89 }
```

脚本 13.6   一个用于学习规则和不规则映射的反向传播模型

　　然后，我们遍历训练集并构建输入和输出模式。对于每个集合，所有输入都有一个共同的词干 stem，而大多数刺激（规则关联）则都有一个共同的输出 tout。在这里，我们使用二项式随机数生成器来构造随机的 0/1 向量。然后，我们逐步构造 nReg 个规则样本（在本例中为四个），并添加一个不规则样本。两者的输入的构建方式相同；输入的词干设置为 stem，并为每个输入随机设置词尾。规则样本都有相同的输出，而不规则样本具有自己的唯一输出。这里面临的挑战是公共词干与五项中四项相同的输出相关联，但同时也与第五项不规则输入的不同输出相关联。用来区分规则样本和不规则样本是每个样本输入中末尾组件的独特部分。

　　下一部分代码初始化两个权重矩阵：Wih，它从输入单元投射到隐藏单元；Who，从隐藏单元投射到输出单元。我们还分别设置 Bo 和 Bh 作为"偏移（bias）"单元的激活。偏移单元是连接到隐藏单元和输出单元的一种特殊类型的单元，并且始终处于开启状态（即始终保持激活状态）。偏移单元通过将整体激活值向上或向下偏置，帮助网络平均激活值在 0.5 左右的情况下进行学习。偏移单元可以理解为类似逻辑回归或信号检测论中阈值的角色，通过控制其相对于加权输入的位置来调节阈值。事实上，偏移将图 13.8 中的函数向左或向右移动，以使激活 > 0.5 的可能性变大或者是变小。偏移权重（分别将偏移单元连接到隐藏层和输出层的权重）初始化为较小的随机值[①]。最后我们还初始化了许多其他数据结构，我们将在使用它们时对其进行描述。

　　整个过程均发生在 sweep 循环过程中（即训练过程）。在特定的 sweep，我们首先随机采样一个关联来训练网络。然后，我们将 cue 设置为该关联的输入，并将 target 设置为对应的输出。接下来，我们通过权重来传递刺激，以获得输出模式。我们分两个步骤进行。首先，我们按以下方法计算隐藏单元激活值：就像在赫布模型中所做的那样，我们将输入 – 隐藏权重矩阵 Wih 乘以 cue。然后，我们将这些总和输入通过逻辑激活函数转换为激活值。注意，总和输入包括来自输入单元以及来自偏移单元的输入。接下来，我们需要根据刚刚计算的隐藏单元 act_hid 来更新输出单元的激活；紧接着，我们将权重矩阵 Who 乘以该矩阵的输入（隐藏单元的激活 act_hid），加上偏移输入，然后再将结果放入 logistic 激活函数。

　　下一部分代码对模型的性能进行了评估。这个过程是模型之外的（也就是说，在实验中，此过程将由实验者而不是被试来完成）。在这里，我们通过计算模型输出与目标输出（正确值）之间的均方根误差（**RMSD**）来对性能进行评估。我们在两个单独的数据结构中跟踪这一指标：patterr 跟踪在单次试验中单个样例的错误（由于每个试验仅包含一个样例，因此包含许多空单元格），而 error 存储了表现（忽略具体测试的是哪个样例）。我们还记录了在该试验中测试的模式，因为这在以后的分析中区分规则关联和不规则关联非常重要。

13.2.1　学习以及误差驱动的反向传播

　　我们现在开始学习模型的本质：它们是如何学习的。我们希望通过改变权重，以

---

①　将权重初始化为相同的值（例如 0）会产生一个称为对称破坏的问题（symmetry breaking）（Rumelhart 等，1986），最终所有权重都被更新为相同的值。因此，模型无法学会将权重设置为不同的值（这是我们通常想要的）。

使模型产生的输出更接近目标输出。换句话说，我们希望最小化模型输出与目标输出之间的误差。

在扩展的赫布模型中，我们甚至可以在两层网络中实现误差驱动（error-driven）的学习。这是通过将目标模式和模型输出之间的差值作为待学习的输出来实现的。

$$\Delta W_{ij} = c_j (t_i - o_i), \tag{13.20}$$

其中，t_i 是第 i 个单元期望的激活，o_i 是实际输出的激活。这种学习规则通常称为 Widrow-Hoff 算法（Widrow 和 Hoff，1960），可以证明这种学习规则可以最小化所需输出和实际输出之间的误差（平均平方差，或总和平方误差）（参见，例如，Rumelhart 等，1986）。

事实证明，这种学习规则是一种梯度下降算法。对权重的每次调整都等同于在高维空间中的一次移动，其中每个维度都是一个权重，沿着该维度的值就是该权重的值。该算法的性质意味着每次权重更新等同于在权重空间中向着减少误差最多的方向迈出一步。换句话说，这个网络正在做的事情就像第 3 章中提到的参数估计（其中的参数是权重），每个步骤都沿着误差分布图中最陡峭的方向向下移动。这里不需要证明这一点，但是对于熟悉微积分的人来说，Rumelhart 等人（1986）展示了公式 13.20 中权重变化是如何进行梯度下降的。

当涉及反向传播网络时，逻辑激活函数会使更新变得更复杂：我们通过改变权重（在逻辑变换之前会影响权重对单元的净输入）以最大程度地减少逻辑变换后的误差。在输出单元内，我们可以对逻辑变换求导并乘以公式 13.20，从而"撤消"逻辑变换（或者是任何可微的激活函数）。尽管这听起来很复杂，但 logistic 函数实际上具有一个简单的导数 $o_i(1 - o_i)$，其中 o_i 是输出单元 i 的输出激活。因此，公式 13.20 可以将 logistic 激活函数写为：

$$\Delta W_{ij} = c_j(t_i - o_i)o_i(1 - o_i). \tag{13.21}$$

该方程式用于更新从第 76 行开始的隐藏输出单元。我们首先计算出一个差值向量 d_out，然后使用该向量通过矩阵代数更新权重。因为我们关注的是隐藏–输出单元，所以隐藏单元是作为输出单元的输入（即公式 13.21 中的 c_j）。学习规则的另一个新增项（或者说复杂化！）是第 77 行上的最后一项 m * dWho。矩阵 dWho 是应用于上一次 sweep 中的隐藏–输出权重的更新。在权重更新中添加此矩阵的缩放版本，使我们能够在学习中结合一些动量参数，并有效地平滑出现梯度下降的误差面，这在按单个模式更新权重的情况下尤其有用。它还可以整合几次 sweep 的权重变化（例如，计算每个关联学习集的权重变化矩阵并相加）后再对权重进行修改，这也称为批量学习（batch learning）。

我们可以使用相同的过程来对隐藏–输入权重计算更新。但是有一个问题：我们不知道隐藏单元的目标值！我们可以向学习器提供输出单元的目标激活，而隐藏单元则没有这种输入。这就是反向传播过程的意义所在：我们将输出单元上的误差通过权重反向传播到隐藏单元。我们通过使用输出单元上的增量（代码中的 d_out）作为输入来反向引导隐藏–输出矩阵。虽然这会将误差传回隐藏单元，但会根据每个隐藏单元负责激活每个输出单元的多少（由隐藏–输出权重确定）来对这些误差进行加权。在对误差进行了反向传播后（代码中的 t (Who)% ＊% d_out；这是矩阵代数，因此这里的顺序很重要），我们可以使用隐藏单元上的增量值 d_hid 和输入激活 cue 来计算权重矩阵的更新 dWih。我们还将一些动量用在权重更新中。

注意，我们尚未应用权重更新。从第 84 行开始，我们使用先前计算的权重矩阵的改变 dWho 和 dWih 来更新权重。我们还分别用偏移单元对隐藏单元 Bh 和输出单元 Bo 更新了权重。

在整个 sweep 过程中，我们反复学习网络输入与目标之间的关联，并每次调整权重以最大程度地减少目标向量与网络输出之间的误差。图 13.9 绘制了单个 sweep 产生的误差（在向量 error 中收集），并显示了误差如何随时间推移逐渐减小。图 13.9 还显示，学习不规则样本的学习速度较慢：对规则样本的学习速度较快，而对不规则样本的学习会有一个延迟，然后才会启动。该图还显示，不规则样本上的误差总是略高于规则样本。在更详细丰富的人类学习模拟（例如，参见 Seidenberg 和 McClelland 的图 3，1989）中也可以看到这种现象。在实验中观察到，在诸如单词命名（Seidenberg 和 McClelland，1989）和动词的过去式（Pinker 和 Ullman，2002）中，对不规则样本表现较差（较慢和/或较不准确）。如前所述，这些演示表明对不规则关联的延迟学习不必归因于规则关联（例如，规则的应用）和不规则关联（例如，词汇记忆；McClelland and Patterson，2002）的特定机制。

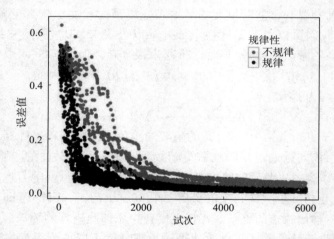

图 13.9 每次 sweep 内网络输出和目标之间的误差。规则和不规则关联的误差（请参见定义文本）分别用黑圈和灰圈表示。这只是一次网络模拟的输出。如果为了将其发表，我们将进行多次重复然后取平均。

反向传播模型一个优雅的特点是，它们学习自己的内部表征，由隐藏单元刻画的内部表征。每个隐藏单元本身没有必要的含义，但是我们可以通过观察不同输入所产生的隐藏单元之间的相似性来检查由隐藏单元定义的表征空间。图 13.10 显示了在多维缩放分析下隐藏激活单元的结果。多维缩放（Kruskaland 和 Wish，1978）将指定单个样本之间的距离（或相似性）矩阵作为输入，并在较低维度的空间中返回这些样本的"映射"，这种映射图可以获取距离矩阵中的大部分方差。在这种情况下，样本是单个的输入模式，而距离是根据这些输入的线索引出的隐藏单元模式来计算的。具体来说，对于任何一对输入模式 a 和 b，我们计算两个关联的隐藏单元模式之间的均方根误差。

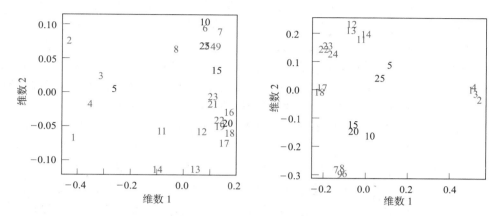

图 13.10 训练早期（左图）和后期（右图）隐藏单元激活的多维缩放。随着训练的进行，规则的输入变得更加紧密，不规则输入出现明显地独立分隔状态。

图 13.10 中的数字代表脚本 13.6 中定义的各个输入。相应地，1~4 表示第一组中的规则关联，5 表示第一组中的不规则关联，6~9 是第二组中的规则关联，10 是第二组中的不规则关联，依此类推。为了使它们区分开，不规则样本被绘制为深色。图中的维度是隐藏单元空间中的维度，它们主要用来区分不同的隐藏单元。在这里，维度本身是无法解释的；重点是样本在二维空间中的位置。

图 13.10 显示，在训练的早期（左图，第 150 次 sweep），存在一些差异，相同训练集的样本彼此接近。但是，这种差异并不完美，也没有明显的规则影响。相比之下，图 13.10 的右图显示，在训练结束时，来自每个集合的四个规则输入非常紧密地聚集在隐藏单元空间中。换句话说，一个集合中的所有四个规则输入都会产生非常相似的隐藏单元，并且这些隐藏单元对于不同的集合是不同的（即，不同的集合分别聚类）。我们还可以看到，不规则样本（5、10、15、20 和 25）现在已与规则集聚类清晰地分隔开，这意味着它们会产生自己独特的隐藏激活单元。

图 13.10 突出了一种将反向传播网络视为数据压缩工具的方式。输入 - 隐藏权重的作用是将潜在的大量信息压缩到一个较低维度的空间中，因此隐藏单元的数量往往比输入单元的数量要少。这种数据压缩还可以变换空间，从而使映射到相似输出的输入在隐藏单元空间中变得更相似。这使第二个权重层（隐藏 - 输出权重）可以将输入（现在以更加结构化的隐藏单元形式表示）与所需的输出相关联。隐藏单元空间中的结构是由误差驱动的反向传播产生的。输出单元反馈的误差允许反向传播算法调整输入 - 隐藏权重，以区分导致不同输出的输入，并对导致相似输出的输入进行聚类。同样，应该强调的是，这些内部表示没有被写到模型的代码中，而是仅仅源于输入的结构。一些研究者已经证明，将反向传播模型应用于复杂的高维输入（例如语言）并不对内部结构做说明的情况下，有意义的内部表征是如何产生的（Elman，1990；Redington 等

人，1998）。

13.2.2 心理学中反向传播的应用与批判

反向传播算法在 20 世纪 80 年代末声名鹊起，并在随后的十年中在心理学中得到了广泛应用。除了已经提到的应用之外，反向传播模型还被应用于诸如行为选择（Botvinick and Plaut，2004）、人工语法学习（Kinder and Assmann，2000）、连续召回（Botvinick and Plaut，2006）以及自动化对复杂环境中性能的影响（Farrell and Lewandowsky，2000）等现象中。反向传播也出现了一些扩展，例如通过时间进行反向传播（Werbos，1990 年），在该算法中，将输出激活反馈回来作为隐藏单元激活的一部分。Elman（1990）指出，当用英文逐词呈现英语句子时，这种模型可以学习预测下一个单词，并且隐藏单元中的结构可以反映输入中的句法结构（例如，名词和动词的类别）和语义结构（例如，有生命与无生命的名词）。此外，句子的历史是由隐藏单元空间中的动态捕捉到的："男孩"这个词的隐藏单元激活取决于之前呈现的其他词，而隐藏单元空间的轨迹则捕捉到了与词的某些方面有关的重要信息，如时态，或该词是主语还是宾语。更普遍地讲，反向传播模型已经作为发展模型（models of development）得到了研究，证明了环境中的信息足以说明各个时间段的变化（而不是由先天机制引起的），并且一般领域学习可以解释复杂的发展模式（Elman 等人，1996；Munakata 和 McClelland，2003；Thomas 和 McClelland，2008）

反向传播模型在心理现象中的应用并非没有受到大众批判。一种批判是由于误差驱动的反向传播在生物学上是不合理的，它依赖于网络中没有明确存在的学习目标（Crick，1989）。后面慢慢开发出了更合理的模型，这些模型使用局部可用的激活来进行误差驱动的学习（O'Reilly，1996）。对于那些将联结主义模型（视为认知模型与生物模型相对）的人来说，生物学上的合理性往往是次要关注的。

对于反向传播作为认知模型的更强力的批判是，反向传播模型可能会显示出灾难性的干扰，即对一组关联的训练会抹去先前学习的一组关联的记忆（McCloskey 和 Cohen，1989；Ratcliff，1990）。这种情况可以理解为梯度下降的结果：学习第二组关联会将网络移动到权重空间中的一个点，使该组关联的误差最小，但该点可能与权重空间中的第一组关联得到的使误差最小的点相距较远。我们可以对此类网络进行修改，使干扰不至于造成灾难性的影响（French，1992；Lewandowsky 和 Li，1995）。一种解决方案是交叉学习这两组关联（Hetherington 和 Seidenberg，1989）。这使得网络能够收敛到一个包含两组关联对应的局部极小值的权重空间区域；相应地，对一组的进一步训练将使另一组的性能恶化，但不会是灾难性的恶化，因为另一个组的权重仍然接近于最小值（进一步地讨论以及自动化下的性能的关系，请参见 Farrell 和 Lewandowsky，2000）。

13.3 对于神经网络的最后评论

尽管联结主义的热潮已经消退，但联结主义模型在心理学中的应用仍然很广泛。

我们的观点是，大家的注意力已经从采取联结主义世界观的哲学应用转移到这种模型更实际的应用上。在这种模型中，特别是当学习起主要作用时，研究人员对联结主义网络本身并不真正感兴趣，而是更注重使用它们来实现提出的某种心理学机制。在人工智能和机器学习研究中，此类模型的主要发展方向是深度信念网络（Deep Belief Networks，DBNs）（例如 Hinton 等，2006；Hinton 和 Salakhutdinov，2006）。DBNs 包含许多隐藏层，并假设每个隐藏层都对隐变量进行编码，以刻画它所接收联结的下层隐藏层的值之间的相关性，从而有效地进行概率推理。相应地，"更深的"隐藏层可以捕获刺激集合中更高级的信息。

最后，我们来关注一些联结主义模型的动态性质。诸如 BSB（Anderson 等人，1977）这样的模型是动态的，因为它具有层内反馈连接，并且（如本章前面所述）可以执行诸如模型完成（pattern completion）之类的操作。其他模型，例如交互式激活模型（McClelland 和 Rumelhart，1981），假设在不同的单元层之间存在反馈，每个层对不同级别的表示形式（例如字母和单词）进行编码。交互激活模型可用于广泛的数据，其原理已结合到诸如双路级联模型（Coltheart 等人，2001）等最新模型中。这种模型的挑战之一是要考虑常见认知任务中的整体分布延迟。动力学模型已经得到了广泛地发展，我们将在下一章进行讨论。

13.4　实例

对联结主义建模的思考

Robert M. French
（勃艮第大学 – 弗朗什伯爵大学）

在 20 世纪 80 年代，我在密歇根大学道格拉斯·霍夫施塔特（Douglas Hofstadter）的实验室里工作，我当时是认知科学领域的研究生。我们研究的中心主题是认知科学领域的起源。对我们来说，关键问题是如何从没有任何意义的神经元组成的基质中产生高层次有意义的模型。除了我的研究主题：新兴的类比计算模型（computational models of analogy making）之外，我特别感兴趣的是两类新兴模型：遗传算法和联结主义模型。作为一年级研究生，我选修了一门联结主义建模课程，在该课程中，斯蒂芬·卡普兰（Stephen Kaplan）教授让我们阅读了基本上所有与计算神经元网络有关的文章。这在 1986 年联结主义革命开始之前还是有可能的。这场革命（与其说是革命，不如说是一场文艺复兴）主要是由 Rumelhart 和 McClelland（1986 年）的开创性著作《并行分布式处理》（Parallel Distributed Processing，PDP）的出版而掀起的。1985 年的某个时候，PDP 的预印本出现在我们的实验室中。它包含了现在著名的"前馈 – 反向传播"（feedforward-backpropagation，FFBP）算法，该算法克服了 Minsky 和 Papert（1969）在 Frank Rosenblatt 的"感知器"（*Perceptrons*）（非常简单的神经网络）中遇到的问题。Minsky 和 Papert（1969）在他们的书《Perceptrons》中提出了这个算法，证明了感知器无法处理 XOR 问题（在本章中进行了讨论），让神经网络研究整个领域陷入停顿，并在接下来的十五年中没有任何好转。无论如何，我用 LISP 编写了 FFBP 算法，尽管它的运行速度慢得像糖浆一样，但确实有效。正如你在本章中学到的那样，FFBP 确实可以解决 XOR 问题以及其他类似的问题。整个过程让我感到异常兴奋，从那时起，我就成了一个联结主义的建模者了！

能够在 1980 年代和 1990 年代初期的联结主义运动中发挥作用，无论规模有多小，都是一件很有趣的事。这些后来成为联结主义支柱的研究人员，大多数都是在他们的职业生涯早期，而且都很平易近人。与传统人工智能研究者中的"对立阵营"的争论声此起彼伏。从学习大声朗读到从联结主义的方向制造图灵机，从图像去模糊到预测黑子和汇率等等，新型联结主义算法几乎无所不能。

但是，对于联结主义革命的主角——反向传播网络来说，一切并不乐观。一些人说，反向传播在真正的大脑中并不存在；而另外一些人则说，反向传播网络功能太强大了。反向传播无法做单样本学习（one-shot learning）。同时，它们一般都很慢，只能通过几千次，有时是几十万次相同样本来训练。它们没有注意机制。有时它们根本无法收敛，等等。

这些网络中最严重的问题是，一旦它们学会了某一组模式，学习第二组模式往往就会完全抹去第一组模式的所有学习（有关综述，请参见 French，1999）。在寻找解决方案时，我遇到了本书的合著者斯蒂芬·莱万多斯基（Stephan Lewandowsky），他正试图做同样的事情（例如 Lewandowsky 和 Li，1995）。而这一点，正如鲍格（Bogart）在电影中所说，这是一段美好友谊的开始。

实证研究人员最经常问计算建模者的问题是："这有什么意义？"我的回答始终是这样的：好的计算模型启发了经验研究，好的经验研究又启发了计算建模。这种交互作用中最引人注目的例子之一就是联结主义，早在被称为"联结主义"之前，它就已经有了。

在 1956 年，只有数量很少的装有真空电子管的"计算器"（它们甚至还没有被称为"计算机"！），其中之一是由 IBM 建造的。四个 IBM 研究人员，其中之一是约翰·霍尔兰德（John Holland），是该理论的共同负责人，决定将新铸造的 IBM 704 电子计算器用于模拟"无组织的神经元网络"中新兴的赫布细胞集合的出现（Rochester 等人，1956）。他们编入机器的神经网络仅由 69 个神经元组成。但是最重要的是，它没有起作用。或者说，至少它没有像唐纳德·赫布（Donald Hebb）所说的那样运作，如果他的突触强化法在他的开创性著作《行为组织》（*The Organization of Behavior*）（Hebb，1949）中提出的观点是正确的。因此，约翰告诉我他们去了蒙特利尔，与赫布本人讨论了这个情况。问题在于模型中的神经元不是逐渐地将自己组织为"细胞集合体"的，而是各自代表相似的输入集，无论网络输入的内容如何，它们都将变得活跃。他们认为，除了神经元之间的兴奋性连接之外，该模型以及赫布的理论还需要神经元之间的抑制性连接。回到他们工作的 IBM 研究中心后，他们将抑制性连接编写到他们的模型中，并且得到奇迹般的结论：他们修改后的模型完全可以正常工作！细胞集合体正如 Hebb 所预测的那样精确地形成和分裂。

这是教科书般的示例，说明建模、理论和实验是如何紧密结合的。在这种情况下，

Hebb 与 Wilder Penfield 和 Karl Lashley 的实证研究得出了关于大脑中细胞集合体如何在大脑中形成的理论。然而，由于当时还没有通过实验确定神经元之间的抑制性连接的存在，因此该理论不包含抑制性连接。罗切斯特（Rochester）等人在 1956 年尝试建立基于赫布理论的计算模型，他们发现，为了产生赫布预测的神经元簇，除了兴奋性连接之外，神经元之间的抑制性连接也是必要的。这就导致 Hebb 修改了他的理论，即细胞集合体是如何通过包含抑制性连接而形成的（Hebb，1959）。这也促进了神经科学家寻找并最终发现了大脑中真实神经元之间的抑制性联系。模型，理论和实验研究之间相互作用的例子很多，尽管它们可能不像这个模型那么一目了然。

在 2000 年代对联结主义模型中贝叶斯学习技术的兴趣下降之后，"深度学习"（Hinton 等，2006）算法的出现重新激发了对联结主义模型的兴趣。这个想法是建立一个简单的联结主义网络的堆叠，每个联结主义网络将其输出作为下一个联结主义网络的输入。随着信息从输入层经过每个隐藏层到达输出，这些层逐渐发现了表征输入的特征和结构。深度学习的联结主义网络被证明具有强大的功能。它们已经对手写数字，面部，语音，动物等进行了非常出色的分类/识别。例如，当前的许多语音识别应用都是基于这些网络的。因此，这些网络是受真实大脑的生物启发而来的，在真实大脑中，信息在到达输出效应器之前需要经过多层处理。

简而言之，深度神经网络的出现与 1980 年代中期一样令人振奋，当时联结主义模型在旷野待了十五年才回到人们视线中。幸运的是，20 世纪 80 年代联结主义者和符号主义人工智能研究人员之间激烈的争论已经成为过去。最重要的是，计算能力已经从 IBM 704 的仅 12，000 运算/秒变为 2016 年出现的时钟频率为 93 petaflops，即 93，000，000，000，000，000 运算/秒的中国的神威太湖之光。Digital Research 刚刚建立了拥有 1600 亿个权重的世界上最大的神经网络。而这仅仅是个开始……

选择反应时的模型

快速做出选择是人类最简单也是最普遍的认知活动之一。例如，我们需要判断交通信号灯是绿灯还是红灯；我们需要判断老鼠和奶酪之间的距离是否比猫和老鼠之间的距离更近；或者盘子中的苹果是否比橘子更多，反之亦然。在第 2 章中，我们首先探讨了如何使用简单的随机游走模型对这些决策进行建模。同时，我们已经注意到在构建模型时建模者决策的重要性，并将随机游走的思想放入更广泛的序列采样（sequential-sampling）模型的背景中。也就是说，这些模型规定认知系统会随着时间的推移从显示的刺激中采样信息，以便做出决定。

我们将通过回顾 Ratcliff 等人（2016）提出的模型分类法（图 14.1），继续探索反应时的模型。在撰写本书时，第 2 章中的随机游走模型主要是基于历史和教学的目的。相反，当代的研究兴趣集中在其他模型上，尤其包括 Ratcliff 和他的同事提出的扩散模型 dffusion model 以及 Brown、Heathcote 和他的同事提出的线性弹道累加器（linear ballistic accumulator，LBA）模型。我们在本章将专注于介绍这两个特别受欢迎的模型。

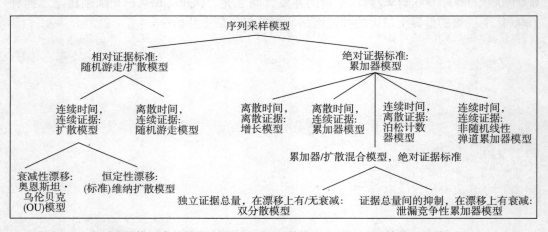

图 14.1　序列采样模型家族概述。图经 Ratcliff 等人（2016）许可转载。详情见正文。

我们首先介绍扩散模型，并说明如何使用最大似然估计将其在具体数据中的应用。然后，我们探讨该模型的强大之处在于能够通过对选择任务中主要反应指标的度量（即速度和准确性）来描述任务中的表现，从而解决了长期以来关于准确性和速度之间关系难以刻画的难题。我们表明该模型在原则上是可以证伪的。然后，我们借助线性弹道累加器（LBA，Linear Ballistic Accumulator）为例说明它如何提供关于数据的其他解释。

14.1 Ratcliff 提出的扩散模型

距今近四十年前提出了扩散模型在心理学上的第一个变种模型（Ratcliff，1978）。尽管此后它已经发生了很大的变化（有关其简短的历史，请参见 Ratcliff 等人，2016），但该模型的基本前提在此期间已被证明具有稳定性（resilient）。

在扩散模型中，就像任何序列采样模型一样，噪声感觉信息会随着时间累积。当支持一个反应或另一个反应的累积证据（accumulated evidence）超过阈值时，该过程终止，并做出反应。扩散模型假设起点和漂移率（Ratcliff & Rouder，1998）以及分配给非决策因素（如刺激编码和反应执行）的时间等均具有试次间的变异性（Ratcliff & Tuerlinckx，2002）。图 14.2 提供了扩散模型的概述，并给出了所有参数和变异性来源。读者应该可以注意到该图与之前的随机游走模型（图 2.1）之间的相似之处。

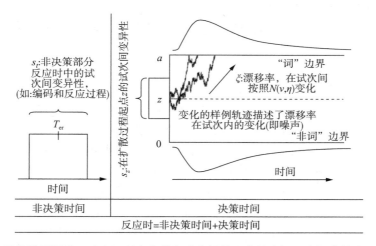

图 14.2 扩散模型概述。确定了所有参数和试次间的可变性来源。本例中的边界表示一个词汇决策任务中的选择，其中字母字符串必须归类为单词或非单词。图经 Wagenmakers 等人（2007）许可转载。

扩散模型的行为由七个参数控制。在任意给定的试次中，有两个参数确定漂移率 ξ，即平均漂移率 ν 和其标准差 η。另外三个参数控制着决策过程、边界距离 a、扩散过程的起点 z 及其在试次间的变异性 s_z。最后两个参数确定了非决策因素的过程，即该阶段的平均持续时间 T_{er} 及其试次间的变异性 s_t。另外，必须明确扩散过程中的噪声 s，以便为其余参数提供度量标准（scale）。通过这些参数确定模型预测的公式可以在 Wagenmakers 等人 2007 年的工作中找到。

在估算出这七个参数后，扩散模型可以解释快速选择实验（a speeded-choice experiment）中标准行为数据的所有方面：准确率，错误和正确反应的平均反应时（RT）以及正确和错误反应的反应时分布形状。我们在下一章将说明扩散模型在神经科学的数据上的拓展应用，例如单细胞记录和脑电图（EEG）。

14.1.1　扩散模型的拟合

从概念上讲，我们可以使用几行 R 代码对扩散模型进行编程，这与第 2 章中的随机游走模型几乎没有什么不同。但是事实证明，估计扩散模型的参数在计算上非常复杂。之所以会出现这种复杂性，是因为控制模型预测的表达式没有闭式解（closed – form solutions），而且由于模型的三个变量（ξ，z 和 T_{er}）在试次间的变异性。找到试次间最合适的变异性参数值（η，s_z，s_t）是一个耗时（且近似）的数值积分过程。

该模型的复杂性使得"许多实验心理学家，甚至那些在数学和计算机编程方面具有扎实背景的心理学家，都发现拟合 Ratcliff 扩散模型所需的工作量相当庞大，令人望而却步"（Wagenmakers 等，2007，第 8 页）。幸运的是，现有的大量文献提出了拟合扩散模型的各种技术和工具箱（例如，Ratcliff & Tuerlinckx，2002；Ratcliff & McKoon，2008；Tuerlinckx，2004；Vandederckckhove & Tuerlinckx，2007，2008；Voss & Voss，2008）。在撰写本文时，名为 rtdists 的 R 包的发布简化了扩散模型的工作（函数），该软件包允许应用扩散模型而无需对模型本身进行编程（Singmann 等人，2016）。我们在此借助该软件包，因而本章中的示例假定您已通过命令 install. packages（"rtdists"）安装了该软件包。

预测分位数概率函数

我们开始进行扩散模型的探索时，注意到为了拟合数据模型需要获取有关反应时的整个分布的信息，而不仅仅是统计信息（例如均值和标准差）。尤其是该模型还要求获取错误反应的反应时分布信息。这一要求可能存在一些问题，如果被试反应准确性很高，那么可能因为错误反应太少而无法为每个被试构建有意义的分布[1]。

如第 5 章所述，该问题的一种解决方案是将分布离散化为分位数，并在必要时将被试之间的分位数取平均值以创建复合分布（Ratcliff，1979）[2]。分位数的选择是任意的，但是在许多情况下，用 0.1、0.3、0.5、0.7 和 0.9 五个截止值足以表征分布，如图 14.3 所示。为了获得分位数，将所有反应时按从最快到最慢的顺序进行排序，比最快反应时的 10% 慢的反应时记为 0.1 分位数，比最快反应时的 30% 慢的反应时记为 0.3 分位数等。0.5 分位数对应于中位数，高于或低于该值的观察值各占 50。

一旦获得分位数，就可以在分位数概率图中汇总来自选择实验（和模型拟合）的数据（Ratcliff & Tuerlinckx，2002）。分位数概率分布图（QPF）克服了同时呈现两个因变量（准确率和反应时（latency））的固有困难。与传统分别呈现准确率和反应时的绘制方式不同，分位数概率分布图同时显示这些测量指标，因此可以更容易地检查其联合行为。因为这些图常出现在扩散模型的文章中，所以值得对其进行详细解释。

---

① Lerche 等（2017）最近对各种情况下拟合扩散模型所需的观察数据量进行了深入分析。
② 分位数的平均是假设被试之间存在显着的异质性（Bamberetal，2016）。

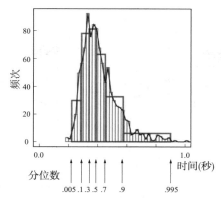

图 14.3 用 **0.1、0.3、0.5、0.7 和 0.9** 分位数覆盖的假设 **RT** 分布的直方图。分位数之间的面积等于分布的 **0.2**，最低分位数以上和最高分位数以下的面积分别代表分布的 **0.1**。图由 **Roger Ratcliff** 提供。

图 14.4 呈现了几个分位数概率分布图。每张图都显示了扩散模型对一个实验的预测（而不是数据），在该实验中被试必须判断屏幕上出现的一组点的运动方向（左对比右）（Ratcliff & McKoon，2008）。通过更改在随机方向上大量移动的点中移动方向一致的点的比例，可以控制任务的难度。根据条件的不同，5% ~50% 的点会一致地向左或向右移动，其余点则随机移动。毫无疑问，当一半的点一致地移动时，其准确率将比仅 5% 的点一致移动更高。

在图 14.4 的分位数概率分布图中，每个条件都由沿横坐标的一对值表示，错误反应的比例绘制在左侧，正确反应的比例绘制在右侧。例如，最简单的条件（50% 的点做一致性运动）由最右边（最高正确比例）和最左边（最低错误比例）（两个）点表示。最困难的条件（5% 一致性运动）恰好对应机会值 0.5 之上和之下的（两个）点。由于分位数概率分布图将错误和正确条件的反应时一起绘制，因此横坐标被合理地标记为"反应比例"，并且仅通过错误反应发生频率较低的事实将错误与正确的反应区分开，从而占据了每个图的左半部分。

每个观察到的反应比例都伴随着五个反应时，这些反应时垂直堆叠在一起，并与之前确定的反应时分布的分位数（即 0.1、0.3、0.5、0.7 和 0.9）相对应。因此，反应时分布中的正偏斜会导致分位数之间的间隙增加（每个子图中的线之间的间隙增加）。最低的分位数显示反应时分布边缘的位置，而中间的分位数对应于中位数，可以对其进行检查以揭示分布的整体位置如何随条件变化。

考察图 14.4 的细节，子图显示了针对扩散模型的各种合理参数设置的预测分位数概率分布图。平均漂移率 v 的值以及其他参数值均取自 Ratcliff 和 McKoon（2008）。该图的一个重要发现是，根据参数设置的不同，错误反应的发生可能比正确反应更快或更慢：例如，在右上角的子图中，错误反应通常比正确的反应慢，而在下面的两个子图中则相反。

在脚本 14.1 中我们给出了创建图 14.4 的 R 语言脚本。该脚本首先需要加载在 R 中实现扩散模型的 rtdists 包；然后再使用各种不同的参数设置，在调用函数 qpf 之前需定义漂移率。每次调用 qpf 都会在图中创建一个子图。

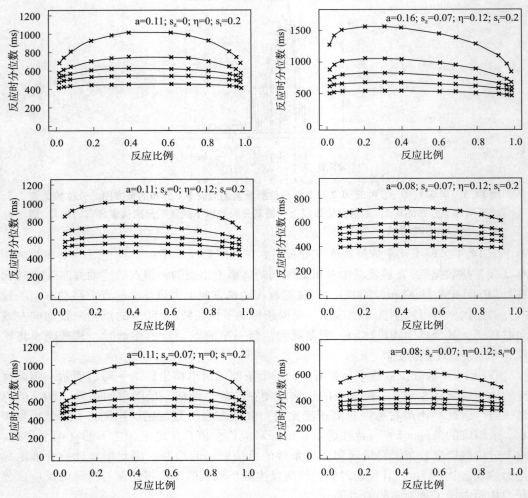

图 14.4 扩散模型预测的分位数概率分布函数。每一个子图代表不同的参数值设置，对于最简单到最困难的任务，平均漂移率 ν 随任务难度而变化，ν 分别为 $\nu = 0.042$，0.079，0.133，0.227，0.291 和 0.369。每个任务难度在横坐标上映射成单独的一对值，详情见正文。

```
1  library(rtdists)
2  #parameters are from Ratcliff & McKoon (2008)
3  #drift rates
4  v  <- c(.042,.079,.133,.227,.291,.369)
5
6  #call function to plot for various parameter values
7  x11()
8  par(mfcol=c(3,2),mar = c(4, 4, 1, 1) + 0.3)
9  qpf(a=.11, v, t0=0.3, sz=0,    sv=0.0,  st0=0.2)
10 qpf(a=.11, v, t0=0.3, sz=0,    sv=0.12, st0=0.2)
11 qpf(a=.11, v, t0=0.3, sz=0.07, sv=0.0,  st0=0.2)
12 qpf(a=.16, v, t0=0.3, sz=0.07, sv=0.12, st0=0.2)
```

```
13  qpf(a=.08, v, t0=0.3, sz=0.07, sv=0.12, st0=0.2)
14  qpf(a=.08, v, t0=0.3, sz=0.07, sv=0.12, st0=0)
```

脚本 14.1 从图 **14.4** 的扩散模型中获得预测的 **R** 脚本

　　显然，qpf 函数完成了大部分复杂的工作，如脚本 14.2 所示。函数中的前两行定义了两个变量 d 和 z，这两个变量是从扩散模型得出预测所必需的部分。变量 d 表示达到边界时反应速度的潜在差异。此处设置为零表示初始假设没有任何这种差异。将平均起点 z 定义为介于 0（下边界）和 a（上边界）之间的中点，同样表示不存在对两种反应的任何系统性偏差。

　　在脚本 14.2 接下来 8 ~ 11 行的代码中，将计算正确反应（通常表示为上限，因为漂移率均为正值）以及错误反应的反应概率。为此，我们在 rtdists 包中使用函数 pdiffusion，该函数可在给定反应时作为第一个参数的情况下计算模型的累积概率。由于扩散过程随时间展开，因此我们需要指定一个反应时，在该反应时上我们要观察反应概率。在这种情况下，我们将这个反应时设置为无穷大，因为我们对给定参数的渐近反应概率感兴趣。也就是说，如果我们准备"永远"等待，那么该模型预测的反应比例是多少？（或者，可以将反应时设置为要建模的实验允许的最长反应时间。实际上，只要时间足够长（大多数实验中可能如此），这不太可能产生太大的差别。）请注意，因为我们计算了整个漂移率向量的概率（在变量 v 中），所以我们还提供了具有相同长度的反应时的向量，且反应时值设置为无穷大。pdiffusion 的其余大多数参数由前面代码中定义的参数组成。最后一个参数 $s = 0.1$，不是扩散模型的待估计参数，而是一个比例因子，该比例因子告诉函数我们表示参数所采用的比例。rtdists 包中的所有函数都需要指定此参数，并且我们所有的代码中比例都将设置 $s = 0.1$，以便我们 R 脚本中的参数值与大多数已发表的文献设置相同。

```
1   #function to plot a quantile probability function
2   qpf <- function(a,v,t0,sz,sv,st0) {
3     #browser()
4     d <- 0        #no preference for either boundary
5     z <- 0.5*a    #starting point in the middle
6     #get maximum response probabilities
7     #with infinite RT
8     maxpUp <- pdiffusion(rep(Inf, length(v)), ←
        response="upper",
9                          a=a,v=v,t0=t0,z=z,d=d,sz=sz,sv=sv, ←
                           st0=st0,s=0.1,precision=1)
10    maxpLr <- pdiffusion(rep(Inf, length(v)), ←
        response="lower",
11                         a=a,v=v,t0=t0,z=z,d=d,sz=sz,sv=sv, ←
                           st0=st0,s=0.1,precision=1)
12
13    #now obtain RTs in ms for quantiles and plot
14    qtiles <- seq(from=.1, to=.9, by=.2)
15    lmp <- length(maxpUp)
```

```
16  forqpfplot <- matrix(0,length(qtiles),lmp*2)
17  for (i in c(1:lmp)) {
18    forqpfplot[,i]        <-  ←
          qdiffusion(qtiles*maxpLr[lmp+1-i],
19                                    response="lower",
20                                    a=a,v=v[lmp+1-i], ←
                                      t0=t0,z=z,d=d, ←
                                      sz=sz,sv=sv, ←
                                      st0=st0,s=0.1, ←
                                      precision=1)*1000
21    forqpfplot[,lmp+i] <- qdiffusion(qtiles*maxpUp[i],
22                                    response="upper",
23                                    a=a,v=v[i],t0=t0,d=d, ←
                                      z=z,sz=sz,sv=sv, ←
                                      st0=st0,s=0.1, ←
                                      precision=1)*1000
24  }
25  plot(0,0,type="n",las=1,
26      ylim=c(0,max(forqpfplot)+200),xlim=c(0,1),
27      xlab="Response proportion",
28      ylab="RT quantile (ms)")
29  apply(forqpfplot,1, FUN=function(x) ←
      lines(c(rev(maxpLr),maxpUp),x) )
30  apply(forqpfplot,1, FUN=function(x) ←
      points(c(rev(maxpLr),maxpUp),x,pch=4) )
31  text(.7,max(forqpfplot)+100,
32      substitute(paste("a=",anum,"; ",
33                        s[z],"=",
34                        sznum,"; ",
35                        eta,"=",svnum,"; ",
36                        s[t],"=",stnum),
37                        list(anum=a,sznum=sz,svnum=sv, ←
                            stnum=st0)))
38  }
```

脚本 14.2　用于输出图 14.4 中子图的 R 函数

接下来，我们使用脚本中第 17 行至第 24 行的循环来得到反应时的分位数。为方便之后的绘图，我们首先获取错误反应的分位数（较低的反应边界），然后获得正确反应的分位数，将两者拼接成 forqpfplot 矩阵的一个数列。每次调用 qdiffusion 都会返回变量 qtiles 中指定的分位数的反应时。注意，这些分位数需要与先前在 pdiffusion 调用中获得的渐近反应概率相乘。这是因为分位数必须相对于渐近概率（而不是 1）来表示。例如，如果给定参数设置的渐近预测反应概率为 0.8，则必须将反应时分布的分位数根据最大值按比例重新设定。因此，RT 分布的第 90 个百分位数为 $p = 0.8 \times 0.9 = 0.72$，第 50 个百分位数为 $p = 0.8 \times 0.5 = 0.40$，依此类推。

该代码其余行用于创建分位数概率分布图。该图最复杂的方面是参数值的输出。在此我们不进行详细说明，但是读者可以查阅 R 中的 substitute 函数的帮助以获取更多信息。

总之，我们已经表明了如何从给定一组参数的扩散模型中做出预测。我们也解释了选择任务中数据呈现的有利方式，即分位数概率函数。我们现在已准备好将扩散模型应用于快速选择任务中的数据。

扩散模型的有效应用

我们首先介绍一个函数，该函数会在给定扩散模型的一组指定参数值的情况下计算数据的概率。脚本 14.3 中定义了这个函数，我们称之为 diffusionloglik，它的操作与前面章节中计算似然度（likelihood）的其他函数一样。

函数 diffusionloglik 中的一个新改变是使用第 4 行到第 12 行的 tryCatch 计算似然度。tryCatch 函数是在 R 中处理意外错误而不导致程序崩溃的一种通用方法。通常，如果在执行 R 脚本期间发生错误，代码会立即返回到控制台并报出错误消息。如果在 tryCatch 调用中执行相同的代码，则会在 tryCatch 调用中捕获错误并对其执行操作，从而使程序员能够在不终止程序的情况下处理意外（或确实是预期的）错误。tryCatch 的结构非常简单，如下所示：tryCatch（{do X}，error = function（e）{return Y if X creates an error}）。

```
1  #function returns −loglikelihood of predictions
2  diffusionloglik <- function(pars, rt, response)
3  {
4    likelihoods <- tryCatch(ddiffusion(rt, ↵
        response=response,
5                                 a=pars["a"],
6                                 v=pars["v"],
7                                 t0=pars["t0"],
8                                 z=0.5*pars["a"],
9                                 sz=pars["sz"],
10                                st0=pars["st0"],
11                                sv=pars["sv"],s=.1,precision=1),
12                       error = function(e) 0)
13   if (any(likelihoods==0)) return(1e6)
14   return(−sum(log(likelihoods)))
15 }
```

脚本 14.3　用于计算预测似然度的 R 函数

在 diffusionloglik 中，{do X} 是对 ddifusion 的调用，ddifusion 是 rtdists 包中的一个函数，该函数在给定指定参数值（由剩余参数指定）的情况下返回数据的概率密度（由 rt 和 response 提供）。从第 4 章我们知道，这些密度与给定数据的参数的似然度相似。ddiffusion 的一个特点是，如果因为参数值不正确遇到数值困难，报告代码错误。在 tryCatch 调用的 {return Y if X creates an error} 部分，我们通过返回 0（第 12 行）来处理这个特性。如果发生这种情况，则触发第 13 行中的条件，函数 diffusionloglik 返回一个非常大的值，表明该参数值不允许计算似然度。如果未触发该条件，则该函数将返回在第 4 章提到的负对数似然和。

脚本 14.4 使用函数 diffusionloglik 将扩散模型用于拟合数据。该程序首先使用第 4 行到第 12 行的 rtdists 包中的另一个函数 rdiffusion 生成数据。rdiffusion 函数从参数指定的反应时分布中生成随机样本。该函数几乎与 rnorm 或 runif 完全类似，但 rdiffusion 不仅返回随机数，而且返回一个数据框，该数据框包含代表 RT 的数值变量和可识别相应反应（上限与下限）的因子（factor）。

我们首先设置参数值并在数组 genparms 中给它们命名，然后使用这些值通过 rdiffusion 从扩散模型生成 500 个随机样本。如果我们想检查那些生成数据，可以在 R 命令行中键入 hist（rts $ rt [rts $ response == "upper"]）来查看。

```
1  library(rtdists)
2  #generate RTs from the diffusion model as data
3
4  genparms <- c(.1,.2,.5,.05,.2,.05)
5  names(genparms) <- c("a","v","t0","sz","st0","sv")
6  rts <- rdiffusion(500, a=genparms["a"],
7                         v=genparms["v"],
8                         t0=genparms["t0"],
9                         z=0.5*genparms["a"],d=0,
10                        sz=genparms["sz"],
11                        sv=genparms["sv"],
12                        st0=genparms["st0"],s=.1)
13
14 #generate starting values for parameters
15 sparms <- c(runif(1, 0.01, 0.4),
16             runif(1, 0.01, 0.5),
17             0.3,
18             runif(1, 0.02, 0.08),
19             runif(1, .1, .3),
20             runif(1, 0, 0.1))
21 names(sparms) <- c("a","v","t0","sz","st0","sv")
22
23 #now estimate parameters
24 fit2rts <- optim(sparms, diffusionloglik, gr = NULL,
25               rt=rts$rt, response=rts$response)
26 round(fit2rts$par, 3)
```

脚本 14.4　用于生成数据和拟合扩散模型的 R 脚本

程序的下一部分，从第 14 行到第 21 行，将在另一个命名数组 sparms 中创建用于参数估计的起始值。使用命名数组的优点在于，所有参数都可以使用其名称而不是用难以记忆的数字做为下标。通过下标 ["st0"] 引用参数要比通过任意数字（例如 [5]）更容易记住且更少出错。

表 14.1　用于生成数据与通过拟合扩散模型恢复的参数值的比较

变量名	a	v (v)[a]	T_{er} (t0)	s_z (sz)	s_t (st0)	η (sv)
genparms	0.10	0.20	0.50	0.05	0.20	0.05
fit2rts $ par	0.095	0.203	0.480	0.0	0.252	0.083

[a] 括号中的变量名为在脚本 14.4 中使用的参数变量名

该程序的最后三行将我们一开始就生成了的数据在扩散模型上进行了拟合。我们再次调用熟悉的优化 optim 函数，并传入函数名 diffusionloglik 作为参数，该函数可计算对数似然率以及参数和数据。

由于起始值和数据是随机生成的，因此该程序的每次运行都会产生略不同的结果。为了演示，我们给出了用于生成数据的参数，并在表 14.1 中列出其中一次运行中获得的估计值。我们可以看到参数在扩散模型恢复性良好。

扩散模型更详细的一个应用（示例）

我们在前两个示例的基础上，结合图 14.4 讨论的点运动检测任务生成的数据，并拟合这些综合数据来生成完整的分位数概率分布函数集。我们将示例分为几个部分，每个部分都用代码表示：第一个部分生成数据并将其绘制在 QPF 中，第二个部分拟合扩散模型，最后一个部分将扩散模型的最佳拟合预测添加到 QPF 中。

第一个部分如脚本 14.5 所示。我们首先定义用于生成数据的扩散模型参数（第 2 行至第 12 行）。特定的参数值与图 14.4 左上方子图中用于生成预测的参数值相同。当然，这里我们不会从模型中生成点预测，而是使用这些参数从相应的 RT 分布中对观测值进行采样。请注意，为确保可重复性，我们将 R 的随机数生成器的种子设置为某个固定值。与前面的示例不同，这意味着如果您自己运行此示例代码，您将获得完全相同的结果。

采样过程由代码的第 13 行到第 26 行定义。我们首先创建一个空变量 movedata，然后在该变量中逐步添加循环中每个条件的观测值，这些循环以第 2 行中定义的漂移率运行。循环首先以不同的漂移率调用 rdiffusion 函数（第 19 行），同时所有其他参数保持不变。生成条件数据后，第 20 行中调用 rbind 函数通过将行与行绑定在一起，将条件添加到 movedata 中。因此，变量 movedata 从最初的空值变为最终包含所有条件[①]。

循环中的其余行是计算 QPF 的摘要统计信息所必需的。因此，我们获得了每种反应类别的比例，并计算了相应反应时分布的分位数。如您所料，第 24 行至第 25 行与脚本 14.2 中的部分非常接近，该部分为在 QPF 中进行绘制的扩散模型的预测做了准备。

```
1  #generate RTs from the diffusion model as data
2  v   <- c(.042,.079,.133,.227,.291,.369)
3  a   <- .11
4  z   <- 0.5*a
5  d   <- 0
6  sz  <- 0
7  t0  <- 0.3
8  st0 <- 0.2
9  sv  <- 0
10 npc <- 1000        #n per condition
11 nv  <- length(v)   #n conditions
```

---

① 通常，最好在 R 中预先声明变量，而不是像我们这样让它们在迭代中增长。但是，在这种情况下，我们利用了 movedata 增长的简单性，而不必一开始就担心计算其大小。

```
12  set.seed(8)                # for reproducibility
13  movedata <- NULL
14
15  qtiles <- seq(from=.1, to=.9, by=.2)
16  forqpfplot <- matrix(0, length(qtiles), nv*2)
17  pLow <- pUp <- rep(0, nv)
18  for (i in c(1:nv)) {
19      rt41cond <- ↵
            rdiffusion(npc, a=a, v=v[i], t0=t0, z=z, d=d, sz=sz, sv=sv, ↵
            st0=st0, s=.1, precision=3)
20      movedata <- rbind(movedata, rt41cond)
21
22      pLow[i] <- sum(rt41cond$response=="lower")/npc
23      pUp[i]  <- sum(rt41cond$response=="upper")/npc
24      forqpfplot[,nv+1-i] <- ↵
            quantile(rt41cond$rt[rt41cond$response=="lower"], ↵
            qtiles)*1000 ↵
25      forqpfplot[,i+nv]   <- ↵
            quantile(rt41cond$rt[rt41cond$response=="upper"], ↵
            qtiles)*1000 ↵

26  }
27
28  #plot the synthetic data in QPFs
29  x11()
30  plot(0, 0, type="n", las=1,
31      ylim=c(0, max(forqpfplot)+200), xlim=c(0, 1),
32      xlab="Response proportion",
33      ylab="RT quantile (ms)")
34  apply(forqpfplot, 1, FUN=function(x) ↵
        points(c(rev(pLow), pUp), x, pch=4)  )
```

脚本 14.5　使用扩散模型为运动检测任务生成合成数据，并将其绘制到图 **14.5** 中的 **QPF** 的 **R** 脚本

同样，此代码的其余各行是我们之前就熟悉的，它们在图 14.5 中绘制了 QPF 的数据点（用叉号 x 表示）。也就是说，如果运行 14.5 中的代码，将生成图 14.5 的第一部分，即只显示数据但不显示模型预测的结果。

接下来，使用脚本 14.6 中的代码用扩散模型拟合这些数据。第 2 行到第 23 行中 diffuseloglik2 函数的定义与脚本 14.3 中类似。这里该函数与之前版本的主要区别在于，我们需要针对每个条件使用不同的漂移率来计算不同条件下的似然度。这是通过循环运行所有名称为 v1，v2…的参数实现的（在第 5 行中标识的代码），并插入到每个后续的 ddiffusion 调用。

脚本 14.6 的其余部分将生成参数的起始值（第 26 行到第 32 行），然后调用惯用的优化函数，并把 diffuseloglik2 作为计算差异函数的函数名称。和脚本 14.5 中的例子类似，有一些细节值得指出：首先，通过扰动（perturbing）我们最初用于生成数据的值来获得漂移率的起始值。其次，再次命名参数，然后生成序列 v1，v2，... 以命名不

同的漂移率。这样就可以为 diffuseloglik2（第 5 行）中的每个条件选择合适的漂移率。

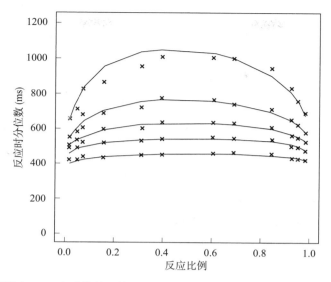

图 14.5 通过脚本 **14.5** 生成并绘制的 **QPF** 合成数据。绘图符号（**x**）表示（合成）数据，实线由脚本 **14.6** 的扩散模型的最佳拟合预测产生，并通过脚本 **14.7** 绘制。

```
1  #function returns −loglikelihood of predictions
2  diffusionloglik2 <− function(pars, rt, response)
3  {
4    if (any(pars<0)) return(1e6+1e3*rnorm(1))
5    ptrs <− grep("v[1−9]",names(pars))
6    eachn <− length(rt)/length(ptrs)
7    likelihoods <− NULL
8    for (i in c(1:length(ptrs))) {
9      likelihoods <− c(likelihoods,
10                       tryCatch(ddiffusion(rt[((i−1) ←
                           *eachn+1):(i*eachn)],
11                                   response=response[((i−1) ←
                                       *eachn+1):(i*eachn)],
12                                   a=pars["a"],
13                                   v=pars[ptrs[i]],
14                                   t0=pars["t0"],
15                                   z=0.5*pars["a"],d=0,
16                                   sz=pars["sz"],
17                                   st0=pars["st0"],
18                                   sv=pars["sv"], ←
                                       s=.1,precision=3),
19                       error = function(e) 0))
20    }
21    if (any(likelihoods==0)) return(1e6+1e3*rnorm(1))
22    return(−sum(log(likelihoods)))
23  }
24
```

```
25  #generate starting values for parameters
26  sparms <- c(runif(1, 0.1, 0.2),
27              v+rnorm(length(v),0,.05),
28              0.3,
29              0.05,
30              runif(1, 0, .2),
31              0.1)
32  names(sparms) <- c("a", paste("v",1:nv,sep=""), "t0", ↩
        "sz", "st0", "sv")
33  #now estimate the parameters
34  fit2rts <- optim(sparms, diffusionloglik2, gr = NULL,
35                   rt=movedata$rt, ↩
                        response=movedata$response)
36  round(fit2rts$par, 3)
```

脚本 14.6 将扩散模型与脚本 14.5 生成的合成数据相匹配的 **R** 脚本

该程序的最后一部分将扩散模型的最佳拟合预测添加到 QPF 中，如脚本 14.7 所示。与脚本 14.1 中早期版本的函数 qpf 相似。请注意，如果运行它，代表模型预测结果的实线将添加到图 14.5 中。

```
1   #now obtain predictions from model for plotting
2   #first the maximum proportion
3   vfitted <- fit2rts$par[paste("v",1:nv,sep="")]
4   maxpUp <- pdiffusion(rep(Inf, length(vfitted)), ↩
        response="upper",
5                                a=fit2rts$par["a"],
6                                v=vfitted,
7                                t0=fit2rts$par["t0"],
8                                z=0.5*fit2rts$par["a"],d=0,
9                                sz=fit2rts$par["sz"],
10                               sv=fit2rts$par["sv"],
11                               st0=fit2rts$par["st0"],s=.1, ↩
                                    precision=3)
12  maxpLr <- pdiffusion(rep(Inf, length(vfitted)), ↩
        response="lower",
13                               a=fit2rts$par["a"],
14                               v=vfitted,
15                               t0=fit2rts$par["t0"],
16                               z=0.5*fit2rts$par["a"],d=0,
17                               sz=fit2rts$par["sz"],
18                               sv=fit2rts$par["sv"],
19                               st0=fit2rts$par["st0"],s=.1,precision=3)
20  #now RT quantiles
21  forqpfplot2 <- matrix(0,length(qtiles),nv*2)
22  for (i in c(1:nv)) {
23    forqpfplot2[,i]  <- qdiffusion(qtiles*maxpLr[nv+1-i],
24                                   response="lower",
25                                   a=fit2rts$par["a"],
```

```
26                                           v=vfitted[nv+1-i],
27                                           t0=fit2rts$par["t0"],
28                                           z=0.5*fit2rts$par["a"],d=0,
29                                           sz=fit2rts$par["sz"],
30                                           sv=fit2rts$par["sv"],
31                                           st0=fit2rts$par["st0"], ←
                                                  s=.1,precision=3)*1000
32       forqpfplot2[,nv+i] <- qdiffusion(qtiles*maxpUp[i],
33                                           response="upper",
34                                           a=fit2rts$par["a"],
35                                           v=vfitted[i],
36                                           t0=fit2rts$par["t0"],
37                                           z=0.5*fit2rts$par["a"],d=0,
38                                           sz=fit2rts$par["sz"],
39                                           sv=fit2rts$par["sv"],
40                                           st0=fit2rts$par["st0"], ←
                                                  s=.1,precision=3)*1000
41     }
42     apply(forqpfplot2,1, FUN=function(x) ←
           lines(c(rev(maxpLr),maxpUp),x) )
```

脚本 14.7   将来自扩散模型的最佳拟合预测添加到图 14.5 中的 QPF 中的 R 脚本

接下来我们将提供两个详细的例子，用来说明扩散模型如何使用 rtdist 包拟合快速选择实验的数据。接下来我们将解释扩散模型的拟合度：结果表明，同时考虑反应时和准确率为模型提供了重要的来自于概念上的效应（considerable conceptual power），这一点值得接下来详细阐述。

14.1.2   解释扩散模型

快速选择任务的特征有两种：准确率和反应时。尽管这似乎是一个相当简单的陈述，但这两个变量之间的关系绝非无关紧要，且困扰了实验心理学一个多世纪。问题在于反应时和准确率可能会相互权衡：被试可以选择更快地做出反应，从而牺牲准确率，或者他们可以更加谨慎地做出反应，从而提高准确率，但是却牺牲了速度。

为了说明，我们借用 Wagenmakers 等人的例子（2007 年），里面涉及三个假设的实验被试艾米（Amy），里奇（Rich）和乔治（George）。表 14.2 总结了三位被试的表现。现在，我们仅考虑他们的平均反应时和准确率。

表 14.2   用三个假设的被试的数据和来自拟合扩散模型的参数估计来说明在选择任务中的速度－准确性困境

被试	Mean RT（ms）	Accuracy	v	a	T_{er}
Amy	422	.881	.25	.08	300
Rich	467	.953	.25	.12	250
George	517	.953	.25	.12	300

首先比较艾米和里奇：艾米的反应比里奇快，但她也会犯更多反应错误。因此，我们无法分辨她的能力与里奇相比如何。她的能力可能与里奇相同甚至更强，但她冒着犯下更多错误的风险快速做出反应。但同时，她的能力也可能比里奇的能力弱，她的准确率和速度上的差异仅仅意味着艾米反应较快但能力弱。仅凭反应时和准确率我们无法知道其中哪种情况是正确的。

现在，将乔治加入其中。他的准确率与里奇的准确率没有区别，因此他的反应较慢这一事实意味着里奇的整体能力要比乔治的综合能力强。可以看出里奇的反应速度更快，但又不失准确率。但是，我们无法仅通过查看数据来量化他的能力优势：如果乔治的反应速度和里奇一样快，但准确率却是 0.943，该怎么办？当然，他的表现仍会比里奇差，但是差多少呢？50ms 的速度差"值"是否等于、大于或小于 1% 的精度差异？这些问题都无法根据这些数据解决。

根本原因是反应时和准确率是在不同尺度上测量的。准确率不可避免地受到 0 和 1 的限制，而反应时的范围可以从 0 跨度到无穷大的位置。此外，正如 Ratcliff 和 McKoon（2008）所指出的，这两个量度的标准差有很大不同：对于准确率，标准差随着其向 1 的增加而减小，而对于反应时，标准差则随着反应时的增加而增大。

所有这些问题都可以通过拟合扩散模型并根据参数估计而不是数据本身解释结果来解决。该模型自动考虑准确率和反应时相对于彼此的尺度如何改变，并且该模型可以分离个体差异或实验操作对相应参数的影响。我们在表 14.2 中用 Wagenmakers 等人为该假设示例提供的参数估计值进行了说明（2007）。有趣的是，所有被试的漂移率（ν）都相同，这表明他们从刺激中提取信息的能力是相同的。艾米不如里奇谨慎（也就是说，她的决策边界相互更靠近），但里奇的非决策时间更短。像里奇一样，乔治也很谨慎，但是他反应比里奇慢，因为他的非决策时间（nondecision time）更长。一旦扩散模型拟合这些假设数据，就容易获得与心理过程有关的证据。没有模型，就不可能有这样的解释。

我们已经在 5.5.3 节中介绍了扩散模型在个体差异中的应用。我们在那里讨论了 Schmiedek 等人的工作（2007），他发现认知能力的最强预测因子是漂移率，这表明漂移率所捕获的快速选择任务的处理效率通常是能力的表现。

相反，在许多情况下发现表现差异是决策标准不同所导致的，而不是基础能力差异导致的。例如，随着人们年龄的增长，在选择反应时任务上的反应通常会变慢。在许多情况下，这种减慢与漂移率的降低无关，而是因为边界间隔增加（即，较大的 a 值）或非决策时间变长（Ratcliff 等，2010，2016）。

14.1.3 扩散模型的可证伪性

乍一看，扩散模型可以为我们提供与心理相关的见解。但是在我们完全接受模型的作用之前，我们需要回顾一下 10.6.2 节中有关模型的可测试性和可证伪性的讨论。在这里我们注意到，像我们在第 8 章中所做的那样，一个适合于一对命中和误报的信号检测模型永远不会被篡改；一个命中和误报的组合，必然可以用灵敏度和判断标准来重新表达。也许这同样也适用于扩散模型？考虑到表 14.2 中的一对观测值，是否有人会感到奇怪，一个具有三个或更多参数的模型是否可以拟合平均反应时和准确率？

事实上，"对于任何单一的实验条件，扩散模型几乎总是可以拟合条件的准确率和两个平均反应时，一个用于正确反应，一个用于错误反应"（Ratcliff，2002，第286页）。但是，这种模型看似非常灵活但在考虑基本反应时分布的那一刻便受到了限制：模型无法拟合所有的反应时分布，它只能拟合正偏态（即存在一个向上界延伸的长尾）并且分布倾斜的程度必须是正确的。Ratcliff（2002）提供了一些清晰的生成的反应时分布示例，这些模型无法通过扩散模型进行拟合。例如，当生成的 QPF 呈 U 形（与人类被试实际观察到的结果相反）时，该模型就无法拟合这些生成数据。同样，该模型无法处理正态分布的 QPF。这些缺陷证实了该模型的可证伪性，并且还指出了该模型的心理完整性，因为该模型仅处理可能在实验中实际观察到的数据。

　　该模型进一步受到随机实验中任务难度改变的限制。读者可能还记得，这正是 Ratcliff 和 McKoon（2008）在实验中所做的，我们当时用它来说明模型（如图 14.4），因为被试无法预测在任何特定试验中任务的难度（即，在一个方向上连贯移动的点的比例），所以他们无法改变他们的反应判据或处理过程中的非决策成分。因此，除漂移率外，模型的所有参数都是固定的。我们在图 14.6 中遵循了这个限制条件，强制大多数参数在不同条件下保持不变，这对模型的体系结构提供了强有力的测试。

　　另一些研究则通过实验手段明确分离了扩散模型的不同参数。例如，Voss 等人（2004）进行了颜色辨别任务的实验，其中操纵了各种变量，如信息摄取速度、决策保守性和运动反应的持续时间。如预期，这三种操作分别具体影响了 v、a 和 T_{er} 三个参数。当刺激更难辨别时，漂移率降低；当人们被给予更多的反应时间和被要求更准确时，边界之间分离增加；当人们必须用一个手指来做两个反应键（而不是用一个手指对应每个反应按键的模式）时，非决策成分的时间增加。

　　综上所述，现在人们普遍认为扩散模型是可测试和可证伪的（Heathcote et. al, 2014；Ratcliff, 2002），其参数可如预期的方式选择性地对应实验的操纵。因此，我们对艾米，乔治和里奇的结论是建立在坚实的基础上的。

14.2　弹道累加器模型

　　Brown，Heathcote 和同事提出的"弹道式"累加器系列是速度选择模型领域中较新的竞争者（理论）（Brown 和 Heathcote，2005，2008；Donkin 等，2009；Heathcote 和 Love，2012）。弹道模型定义中引人注目的属性是它们放弃了在决策中加入噪声的想法。到目前为止，我们考虑的所有序列抽样模型都是基于这样的观念，即选择背后的证据积累是有噪声的。因此，第 2 章中的随机游走模型不是沿着直线而是沿着锯齿状的路径接近决策边界（图 2.1）；扩散模型也遵循随机决策路径（图 14.2）。相比之下，弹道模型在没有任何扰动的情况下向（决策）边界（迅速）移动，因此得名"弹道"。图 14.6 对此进行了说明，该图使用词汇决策任务（判断词和非词）说明了弹道模型的基本架构。图中的每条直线代表从随机起点到证据边界的证据累积路径。

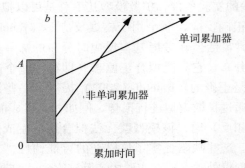

图 14.6 词汇决策（单词 – 非单词）任务的弹道决策模型的图形表示。参数 A 为（均匀）起点分布的上限，b 对应于决策边界。

14.2.1 线性弹道累加器

有一系列这样的弹道模型，它们彼此之间的差别非常微妙。在这里，我们关注的是弹道模型的线性版本，称为线性弹道累加器（LBA，Linear Ballistic Accumulator）。它是由 Brown 和 Heathcote（2008）提出的，由于它在计算上易于处理并且已得到广泛应用，因此我们在此对其进行介绍。LBA 假设所有反应均线性且独立地积累证据。假设模型应用于显示字母字符串的词汇决策任务（例如 KAAL）中，它用于判断此刺激是否代表一个单词。根据 LBA，两个反应选项（即"词"和"非词"）的证据都是并行累积的。如图 14.6 所示，两个备选选项的证据都是线性累积的，并且以第一个跨越决策边界 b 的选项作为模型的反应。一旦达到一个反应的界限，则立即终止证据累积进程。

证据累积从一个随机点开始，该随机点从每个累积器的间隔 [0，A] 中均匀采样获得。从正态分布中以标准差 s 采样每个累积的漂移率，并且刺激之间的平均值可以自由变化：词刺激有一个平均漂移率 ν_W，非词刺激有一个相应的平均漂移率 ν_{NW}。在每个试验中，根据刺激的性质，从 N（ν_{NW}，s）或 N（ν_W，s）采样漂移率，以表示朝着正确反应的证据积累。对于该错误反应的累积量通常设置为 1 减去该试验的采样漂移率。不同于扩散模型中的单个漂移率向一个或另一个边界累积证据，在 LBA 中，每个试验都涉及两个合适的刺激的互补漂移率（每种反应类型都对应一个互补漂移率），两者都朝向一个共同的边界[①]。

LBA 一项吸引人的特性是可以通过简单的几何学获得其预测：做出决定所需的时间是从起点到阈值的距离（b − A）除以特定的累加器在该试次的漂移率。跨累加器的最短持续时间构成了该试次的反应时（因为反应时是获胜的累加器的完成时间），反应是由哪个累加器首先在该试次中到达边界所决定的。

通过这些简单的假设，LBA 可以处理快速和慢速的错误选择过程（Brown & Heathcote，2008）。为了进一步说明，当强调反应速度时，人们被认为降低了反应阈值

---

① 4 原则上，两个反应之间的界限可以不同（Donkin 等，2009），但是在此我们忽略了这种复杂性。

（*b*），因此它更接近初始值分布的上限（*A*）。每当随机采样的起点靠近分布的顶部时，就会出现非常快速的反应，并且由于这些反应不需要很长时间到达边界，因此正确和错误反应之间的漂移率差异将没有（足够的）时间表现出来。因此，快速反应将在正确与错误反应之间大致均匀占比。相比之下，对于以较低起点开始的反应，到达边界的时间更长，更有利于和正确反应相关的更快的漂移率，因此错误反应就越少。总的来说，在试次间，错误更多的出现在快速反应中。

相反，当强调反应准确率时，阈值 *b* 将被设置为远远高于 *A*，因此起点将变得无关紧要。因为对于正确的反应，漂移率要比对错误的漂移率更高，所以正确的反应将胜过和超越错误。发生错误的唯一方法是对正确的累加器进行缓慢漂移速率的随机采样，以使错误累加器可以在该试次中先到达边界，尽管平均而言错误的速度要比正确的反应慢。

14.2.2　LBA 的拟合

rtdists 软件包还包含一系列的函数用来拟合 LBA，这些函数的功能与扩散模型的函数非常相似。为了有效地说明这些功能，我们重复涉及扩散模型的最后一个示例。我们再次从运动检测任务生成数据，用 LBA 拟合这些数据，并在图中呈现数据和预测结果。

脚本 14.8 显示了数据生成的代码，该部分几乎与扩散模型的相应部分相同（脚本 14.5）。参数值的初始化几乎保持不变（不包括某些参数的名称），因此我们将重点放在新代码上，即在第 17 行中对 rLBA 的调用。参数与先前对 rdiffusion 的调用非常相似，其数量为观测值，然后是所有参数。与扩散模型的关键区别是存在多个累加器，每个累加器对应一个反应，并具有唯一的平均漂移率，但有一个共同的标准差。这两个均值由参数 mean_v = c(v[i], 1 − v[i]) 提供，公共标准差由 sd_v = c(sv, sv) 提供。另一个值得注意的变化是，决策边界未指定为字符值（上，下），而是数字。这是因为 LBA 原则上可以具有任意数量的累加器，因此可以有反应。出于相同的原因，来自扩散模型的边界自变量在此称为反应。脚本 14.8 中代码段的输出由图 14.7 中的绘图符号显示。

```
1  #generate RTs from the LBA as data
2  v    <- c(.55,.65,.8,1.05)
3  A    <- .7
4  b    <- .71
5  t0   <- .35
6  sv   <- .25
7  st0  <- 0
8  npc  <- 1000        #n per condition
9  nv   <- length(v)  #n conditions
10
11 movedata <- NULL
12
13 qtiles <- seq(from=.1, to=.9, by=.2)
14 forqpfplot <- matrix(0,length(qtiles),nv*2)
```

```
15  pLow <- pUp <- rep(0,nv)
16  for (i in c(1:length(v))) {
17    rt41cond <- rLBA(npc, A, b, t0, ↵
          mean_v=c(v[i],1−v[i]), sd_v=c(sv,sv))
18    movedata <- rbind(movedata,rt41cond)
19
20    pLow[i] <- sum(rt41cond$response==2)/npc
21    pUp[i]  <- sum(rt41cond$response==1)/npc
22    forqpfplot[,nv+1−i] <- ↵
            quantile(rt41cond$rt[rt41cond$response==2],qtiles)*1000 ↵
23    forqpfplot[,i+nv]   <- ↵
            quantile(rt41cond$rt[rt41cond$response==1],qtiles)*1000 ↵
24  }
25
26  #plot the synthetic data in QPFs
27  x11()
28  plot(0,0,type="n",las=1,
29        ylim=c(0,max(forqpfplot)+200),xlim=c(0,1),
30        xlab="Response proportion",
31        ylab="RT quantile (ms)")
32  apply(forqpfplot,1, FUN=function(x) ↵
        points(c(rev(pLow),pUp),x,pch=4) )
```

脚本 14.8 使用 **LBA** 为移动检测任务生成合成数据，并在图 **14.7** 中的 **QPF** 中绘制它们的 **R** 脚本

程序的下一部分如脚本 14.9 所示，使用 LBA 去拟合刚刚生成的数据。这与之前的扩散模型示例非常相似，对 dLBA（第 10 行）的调用与对 ddiffusion 的调用几乎相同。同样，除了参数名称和差异函数名称外，第 27 行中的参数拟合几乎相同。

```
1   #function returns −loglikelihood of predictions
2   LBAloglik <- function(pars, rt, response)
3   {
4     if (any(pars<0)) return(1e6+1e3*rnorm(1))
5     ptrs <- grep("v[1−9]",names(pars))
6     eachn <- length(rt)/length(ptrs)
7     likelihoods <- NULL
8     for (i in c(1:length(ptrs))) {
9       likelihoods <- c(likelihoods,
10                     tryCatch(dLBA(rt[((i−1)*eachn+1): ↵
                            (i*eachn)], ↵
11                            response=response ↵
                              [((i−1)*eachn+1):(i*eachn)],
12                              A=pars["A"],
13                              b=pars["b"],
14                              t0=pars["t0"],
15                              mean_v=c(pars[ptrs[i]], ↵
```

```
16                                        1-pars[ptrs[i]]),
                                sd_v=c(pars["sv"], ←
                                      pars["sv"])),
17                          error = function(e) 0))
18    }
19    if (any(likelihoods==0)) return(1e6+1e3*rnorm(1))
20    return(-sum(log(likelihoods)))
21  }
22
23  #generate starting values for parameters
24  sparms <- c(.7, .71, .35, v+rnorm(1,0,.05), .25)
25  names(sparms) <- c("A", "b", "t0", ←
        paste("v",1:nv,sep=""), "sv")
26  #now estimate the parameters
27  fit2rts <- optim(sparms, LBAloglik, gr = NULL, ←
        rt=movedata$rt, response=movedata$response)
28  round(fit2rts$par, 3)
```

脚本 14.9　将 LBA 与代码 14.9 生成的合成数据相匹配的 R 脚本

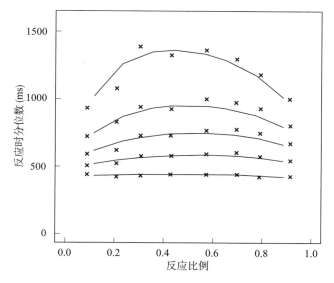

图 14.7　由脚本 14.8 生成并绘制的合成数据的 QPF。标绘符号（X）表示 LBA 生成的（合成）数据，实线表示由脚本 14.9 得到的 LBA 对这些数据的最佳拟合预测，并由脚本 14.10 中的代码添加到图中。

为了完整起见，我们还在程序中展示了在图 14.7（脚本 14.10）中添加最佳拟合的 LBA 预测部分。这一段与前面涉及扩散模型的示例几乎相同，并介绍了其他的 LBA 函数 qLBA 和 pLBA。

```
1  #now obtain predictions from model for plotting
2  #first the maximum proportion
3  vfitted <- fit2rts$par[paste("v",1:nv,sep="")]
4  maxpUp <- vapply(vfitted, FUN=function(x)
5                   pLBA(100, response=2,
6                        A=fit2rts$par["A"],
7                        b=fit2rts$par["b"],
8                        t0=fit2rts$par["t0"],
9                        mean_v=c(x,1-x),
10                       sd_v=c(fit2rts$par["sv"], ←
11                              fit2rts$par["sv"])),
                        numeric(1))
12 maxpLr <- 1-maxpUp
13 #now RT quantiles
14 forqpfplot2 <- matrix(0,length(qtiles),nv*2)
15 for (i in c(1:nv)) {
16   forqpfplot2[,i]    <- qLBA(qtiles*maxpLr[nv+1-i],
17                          response=1,
18                          A=fit2rts$par["A"],
19                          b=fit2rts$par["b"],
20                          t0=fit2rts$par["t0"],
21                          mean_v=c(vfitted[nv+1-i], ←
                                1-vfitted[nv+1-i]),
22                          sd_v=c(fit2rts$par["sv"], ←
                                fit2rts$par["sv"]))*1000
23   forqpfplot2[,nv+i] <- qLBA(qtiles*maxpUp[i],
24                          response=2,
25                          A=fit2rts$par["A"],
26                          b=fit2rts$par["b"],
27                          t0=fit2rts$par["t0"],
28                          mean_v=c(vfitted[i], ←
                                1-vfitted[i]),
29                          sd_v=c(fit2rts$par["sv"], ←
                                fit2rts$par["sv"]))*1000
30 }
31 apply(forqpfplot2,1, FUN=function(x) ←
      lines(c(rev(maxpLr),maxpUp),x) )
```

脚本 14.10　将 LBA 的最佳预测添加到图 14.7 的 R 脚本

14.3　总结

我们上面提供了如何用 LBA 拟合快速选择任务数据的示例。尽管 LBA 是当前最流行的弹道模型，但还存在其他变体。例如，Terry 等人（2015）表明，可以用其他分布（确切来说为正值的分布，例如对数正态分布或伽马分布）代替 LBA 中漂移率高斯分布的假设。rtdists 软件包为漂移率提供了多种采样分布的选择。在前面的示例中，默认情况下我们采用正态分布。我们可以通过在所有 LBA 函数调用中添加参数 distribution

= "lnorm"来使用对数正态分布。

14.4 当前问题和展望

本章讨论的两个快速选择模型的示例反映了决策模型中一些现行研究的写照。有关当代研究可以在 Ratcliff 等人（2016）的文章中找到。篇幅限制不能在这里对其他模型进行全面地探讨，但是我们可以指出两个最新发展方向。

第一个涉及使用 JAGS 进行扩散建模的贝叶斯方法（Wabersich & Vandekerckhove，2014），该方法建立在使用不同软件对扩散过程进行早期贝叶斯分层建模的基础上（Vandekerckhove 等，2011）。Wabersich 和 Vandekerckhove（2014）提供了一个软件包，可以通过一些简单的命令将其添加到 JAGS 中。一旦安装了扩展包后，就可以将第 9 章中提到的的图形模型和 R 代码用于扩散模型的数据拟合。

另一个最近的新发展涉及扩散模型的一个特别简约的模型变式，被称为 EZ 扩散模型（van Ravenzwaaij 等，2017）。乍一看，EZ 扩散模型好像具有讽刺意味，因为它的任何参数均不包含试次间的差异。读者可能还记得，我们早就介绍了这种差异的必要性（第 2.2.4 节），并且我们反复强调过，只有在包含试次间漂移率或者初始点差异的情况下，序列抽样模型才能容纳错误反应时。那么，为什么有人会提出一个忽略这一关键差异的新模型呢？事实证明，在一个模拟实验中，van Ravenzwaaij 等人（2017）发现扩散模型的 EZ 变式在恢复潜在群体差异方面比完全扩散模型做得更好，在该实验中，完全扩散模型生成了两组模拟被试的数据，其平均漂移率之间在条件间存在差异。也就是说，在他们的实验中，与生成模拟数据的（完全扩散）模型相比，简单的模型在恢复数据的真实结构方面做得更好。因此，van Ravenzwaaij 等人的结果（2017）提供了第 10.1.1 节中讨论的偏差方差权衡的另一个相当明确的阐述。完全扩散模型非常适合合成数据，但是大量参数的估计并没有很好地受到数据的约束。相比之下，EZ 模型可能拟合得不够好，但它确实比更复杂的同类模型能更好地恢复基本参数。当然，如果一个人的目标是获得数据的全方面信息，那么并不意味着试次之间的变异都不重要。但是，在某些情况下，EZ 扩散模型（可以用 Excel 或几行 R 代码实现；Wagenmakers 等，2007 年）的简约性可能胜过扩散模型的强大功能。

最后，扩散模型和 LBA 的特殊优势之一是它们可以很容易地与来自神经科学（例如大脑激活）的数据联系起来。我们下一章将探讨扩散模型的神经基础（例如 Purcell 等，2010）。

14.5 实例

超越简单的快速选择

—Jennifer Trueblood
（范德堡大学）

使用序列采样模型的绝大多数研究都集中在有关固定不变信息的简单决策上。尽管此领域包括各种各样的任务（例如词汇决策，亮度分辨，数字分辨等），但许多现实的决策要复杂得多。在过去的多年中，我一直对如何在这些领域中使用序列采样模型感兴趣。

当我们做出决定时，我们经常面临复杂的、不断变化的信息。在通常由序列采样模型分析的任务类型中，刺激是固定的，并且根据此固定不变的信息进行选择。例如，在经典的随机动点运动（RDM）任务中，被试会看到一团随机移动的点，其中一小部分点会一致性地前后左右移动。实验被试必须决定运动的主要方向（左或右）。在一个试次中，运动方向和一致性水平通常保持恒定。但是，如果我们在一个试次进行到一半的时候，尝试将运动方向切换，使点朝相反的方向会发生什么呢？人们如何适应和整合这些变化的信息？可以使用序列采样模型来回答这些问题吗？

我的同事和我认为最后一个问题的答案是肯定的。在过去的两年中，我们一直在研究使用 LBA 的分段版本和扩散模型来检查动态变化的信息对决策的影响。在这种方法中，漂移速率和边界可以在试验过程中部分改变，但是要求分段恒定。我们不是第一个提出这种模型的人。扩散模型的分段版本最早可追溯到 1980 年（Ratcliff，1980）。分段模型的挑战来自于如何实现或者应用。大多数分段模型缺乏分析性描述（例如，似然函数），或者它们具有分析描述但是包含无限级数，这使得模型很难使用。

最近，已经开发出新的方法来处理序列采样模型的复杂版本（Holmes，2015；Turner & Sederberg，2014）。本质上，这些方法（称为概率密度近似法或 PDA 方法）涉及模型模拟（数千次）以便生成可用于贝叶斯参数估计的生成似然函数。因此，PDA 方法与本书第 7.3 节中介绍的 ABC 相似，不同之处在于 PDA 通过模拟来构建整个似然函数，而不是将模拟简化为摘要统计。

这些是很有潜力的强大方法。例如，我和我的同事已经采用了将分段 LBA 模型拟合到运动方向存在切换的非稳态的动点（RDM）任务（Holmes 等，2016）。我们的结果令人惊讶。我们使用的任务具有某些"对称"属性，即运动方向的变化发生在试验的大约一半处，点动的一致性在切换之前和之后相同，并且改变后的运动方向的角度是改变前的方向的镜像。但是，决策过程的某些成分（通过分段 LBA 的漂移率来衡量）明显不对称。在撰写本文时，我们正在计划一系列新的实验来详细探讨这个问题。

我关注的另一个主题是如何使用序列抽样模型来研究偏好决策。在标准的快速决策任务中，有一个客观正确的反应（例如，一串字母是不是一个单词）。然而，在偏好决策中，没有"正确"的答案或基本事实。在偏好性决策中，人们常常不得不面对多种复杂的选择来做出决定，而且往往受环境的影响。例如，我们大多数人都认识到商店的布局（即，由产品布局创建的背景）会影响我们购买的东西。包括我在内的许多研究者都对使用序列抽样模型来理解背景在偏好决策中的作用感兴趣。在撰写本文时，至少六种不同的序列抽样模型被提出来解释决策中的"背景效应"。

尽管这些偏好选择模型普遍存在，但它们很少定量地拟合选择和反应时数据。相反，模型是通过定性的方法进行评估的（即，它们是否预测了特定的反应模式）。我相信这种方法限制了这些模型的进展。如果没有定量拟合，就很难比较不同的模型，也很难研究决策过程的组成部分（由漂移率和边界等参数测量）在个体之间如何变化。与分段模型一样，偏好决策模型通常不具有似然函数，难以实现。我希望随着 PDA 方法的出现，我们将很快看到偏好决策的序列抽样模型的定量研究有所增加。

总而言之，现实世界中的信息是动态的，人们在整个决策过程中如何利用这些信息也是变化的。此外，人们的决定通常是主观的，并且常常受背景的影响。序列采样模型能够很好地帮助我们理解这些复杂的决策情景。

15 神经科学中的模型

前面各章中的重点是对行为数据进行建模，例如反应概率和反应时间。如第 1 章所述，与对行为数据的描述性推理（verbal reasoning）相比，模型为我们提供了许多优势。本章将介绍认知模型在神经生理学数据上的扩展运用，如脑电（EEG）和事件相关电位（ERPs）、脑磁图（MEG）、功能磁共振成像（fMRI）、扩散张量成像（DTI）和单细胞记录等技术的数据。

历史上，许多认知建模者和数学心理学家（以及更普遍的认知心理学家）一直质疑神经生理学和神经科学对认知过程理论化的贡献（例如，Coltheart，2006；Lewandowsky 和 Coltheart，2012；Page，2006）。这些顾虑超出了神经成像的方法学范围（例如，Bennett 等人，2009；Vul 等人，2009），并且更普遍地质疑我们是否可以从神经影像学中获得有任何理论重要性的知识。一种批评是一些技术（特别是 fMRI）传统上被用来推断认知加工是在大脑哪里进行的，但这并不一定告诉我们这些加工是如何进行的（Page，2006）。另一个批评是神经科学过分关注于发展认知加工的分类法（Lewandowsky 和 Coltheart，2012）。以类别学习为例，Newell（2012）认为，人运用不同的记忆系统对物体进行分类这一观点的证据主要来自神经成像数据，而行为数据（例如，行为分离，behavioral dissociations）的结果则不那么清晰。神经科学数据被认为在再认记忆加工中无法区分回忆（recollection）和熟悉性（familiarity），或者缺乏对因果（过程）机制的精确说明（Kalish 和 Dunn，2012）。这些不同批评背后的普遍问题是，神经数据是否能够区分对一种行为现象的不同理论解释（Coltheart，2006）。

不管这些批评是否有根据，神经科学在过去 10 年里已经有一些改变，这些改变至少解决了其中的一些问题。其中一个变化是使用更细致和动态的方法来分析数据，例如功能连接性（例如，Van Den Heuvel 和 Pol，2010）和多体素模式分析（MVPA，multivariate pattern analysis）（例如，Norman 等人，2006）。在神经科学数据的方法和分析上的这种转变伴随着计算模型在理解和推动神经科学研究中的广泛应用。这项日渐壮大的运动通常被称为基于模型的认知神经科学（Forstmann 等，2011a；Palmeri，2014；O'Doherty 等，2007；Turner 等，2017）。

以不同的方式来解释或描述大脑和行为有助于我们理解认知神经科学与认知建模之间的关系。在第 1 章中，我们介绍了描述性模型和加工模型之间的区别。前者的目标仅是数学性地概括行为，后者旨在解释产生行为表现的内在过程。这涉及由 Marr（1982）提出并被广泛使用的，在计算（computational）、算法（algorithmic）和实现（implementation）三个水平上分析的区别。计算水平分析以抽象的方式描述了系统试图解决的问题。在视觉和认知心理学的许多领域，研究的系统实际上是在推断世界的"真实"状态（例如，根据视网膜上的投影，世界中存在的是哪些物体？根据我对一个事件的记忆，实际发生的是什么？），因而一个流行的对这些系统的计算性描述是理性贝叶斯主体（rational Bayesian agent）（Griffiths 等人，2012；Love，2015）。算法水平的分析解释了行为背后的过程和表征；这很自然地回到第 1 章中描述的过程模型。最后，*实现*水平关注支持这些过程和表征的硬件；而对于认知，这个硬件通常是指大脑。

在 Marr（1982）的框架中，仅在单个水平上进行分析就可以实现很多目标。本书中的许多模型都专注于提供算法水平的描述，而行为数据通常也足以支持模型的推论。同样，认知神经科学的一些工作并不注重建立神经基础与算法水平的关联，而只是注重对与特定功能或行为有关的神经生理学或神经化学基础进行描述。但是，建立跨分析水平的桥接可以说是有价值的，在许多情况下，这种连接对克服单个水平解释的局限性是有必要的。Love（2015）最近讨论到，在算法水平建立的过程模型可以作为实现水平和计算水平之间的桥梁。Love 认为，正如贝叶斯理性分析中常常体现出来的，实现水平上的解释并没有受到足够的约束，而且通常不能描述人类行为中的非最优特性。因此，Love 建议不应将计算分析作为在低层级上建立理论的"自上而下"驱动器。相反，能被精确描述并与行为数据直接联系的算法模型，可以有效地考虑到计算水平的约束或"助推"，并且可以有效地与实现水平进行交互，以实现最终期望的整合。

正如 Love（2015）和其他人指出的那样，在描述的算法水平和实现水平之间进行整合对这两个水平都具有互惠价值。认知模型通过清晰准确地描述理论，以及允许对理论进行量化和竞争性检验，带给神经科学和行为研究同样的益处。如下文所述，认知模型还允许对不同来源神经科学证据进行可信的整合（例如，fMRI 和 EEG 数据的联合建模）。反过来，通过提供丰富的数据来源从而潜在地为模型提供信息和约束，神经科学对认知模型变得越来越有价值。如以下更详细讨论的那样，在某些情况下，神经数据已被用来打破认知模型之间的僵局，而这些模型很难只根据现有的行为数据加以区分（Mack 等，2013；Purcell 等，2010）。例如，类别学习中的原型模型（prototype）和样例模型（exemplar models）可能难以区分（Minda 和 Smith，2002；Zaki 等，2003）。Mack 等（2013）发现，尽管原型模型和范例模型在分类学习任务中对被试行为数据的解释同样出色，但神经数据可以区分这两个模型。具体来说，当 Mack 等人（2013）将两个模型中的相似度总和（参见第 1 章和第 4 章）映射到 fMRI 数据的 MVPA 中，样例模型的总相似性度量与神经数据之间匹配度更高。在本章讨论的个别例子中将进一步强调认知模型和神经数据之间联结的共同优势。

15.1 关联神经和行为数据的方法

在讨论基于模型的认知神经科学的具体例子前，应考虑行为数据和神经数据共同约束模型的不同方式。Turner 等人（2017）的一篇最新综述详尽地概述了此类建模的各种方式；参阅原文中的讨论，下面我们甄选他们举的一些例子。

第一，神经数据可以单向地约束行为模型或给行为模型提供信息。神经数据可用于约束行为模型，而无需以那些神经数据为对象建模。Turner 等人（2017）给出了神经网络模型的示例（第 13 章），该模型不直接对神经元的行为进行建模，而是借鉴了神经元群体运行的许多原理。神经数据还可以用于量化地约束行为模型，例如，通过指定自由参数（例如时间常数）的值来进行约束（Wong 和 Wang，2006）。神经数据也可以直接输入模型中，本章稍后讨论的 Purcell 等人（2010）的示例提供了此类应用的一个很好的例子。

第二，Turner 等人（2017 年）确定了这种关系在相反方向上起作用的情况：通过模型用行为数据来预测神经数据。上面提到的 Mark 等人（2013）的研究就是一个例子，其中使用来自不同分类模型的总相似度来预测 fMRI 数据。本章下的许多强化学习的例子也属于此类，其中首先将模型拟合到行为数据以获得对奖励预测误差的估计，然后将该预测误差用于预测多巴胺神经元脑区的 BOLD 反应。

第三，Turner 等人（2017）回顾了几个将神经和行为数据联合建模的最新例子（例如，Turner 等人，2017；van Ravenzwaaij 等人，2017）。在这种情况下，行为和神经数据的联合似然函数先被指定，两类数据从而一同限制参数估计（估计通常在分层贝叶斯模型中进行）。同样地，后文将讨论几个示例。

在接下来的示例中将可以看到，行为数据和神经数据之间的关联仍然相当粗糙，模型的参数（例如，相似度之和、漂移率）映射到相对粗略的神经数据度量标准上，例如 BOLD 反应或 ERP 成分均值。尽管如此，这项工作在计算上是复杂的，接下来考察的两个研究领域（强化学习和决策）将向我们展示计算模型如何使神经科学超越颅相学的范畴（Page，2006；Uttal，2001）。

15.2　强化学习模型

l

15.2.1　强化学习的理论

在过去的二十年中，强化学习的计算方法蓬勃发展。这种复兴的主要原因之一是 Sutton 和 Barto（1998）发表了关于强化学习模型真正的开创性工作。他们的书清楚地阐明了强化学习的原理和机制，关于这一主题的大多数课程都大量借鉴了这项工作。在讨论这些模型在神经数据中的应用之前，我们将简要总结强化学习模型。我们鼓励感兴趣的读者参考 Sutton 和 Barto（1998），以获得关于这个框架的更多细节和精炼的部分。

动作价值学习

强化学习的基本假设是，一个主体（例如，老鼠或人类）会学习将价值附加到环境状态、动作或两者的组合上。让我们从最简单情况开始说起，即一个主体学习动作所附加的价值的过程。在这种简单的情况下，经常用来测试模型的任务被称为"老虎机任务"。老虎机指的是赌场里的"单臂老虎机"（one-armed bandits），只是任务中老虎机可以有 N 个杆。在每次试验中，人只可以拉其中一个杆（即有 N 个可能的行动），并随机获得奖励。假设主体有对每个杆奖励的估计，并根据拉手杆时得到的反馈来更新估计。

```
1  nTrials <- 1000
2
3  r1 <- rnorm(nTrials,mean = 5,sd = 1)
4  r2 <- rnorm(nTrials,mean = 5.5,sd = 1)
5
6  r <- rbind(r1,r2)
7
8  epsilon <- 0.1
9  alpha = 0.1
10
11 Qrecord <- r*0
12
13 nRuns <- 1000
14
15 for (run in 1:nRuns){
16
17   Q <- rnorm(2,0,.001)
18
19   QthisRun <- r*0
20
21
22   for (i in 1:nTrials){
23
24     # select action using e-greedy
25     if (runif(1)<epsilon){
26       # explore
27       a <- sample(2,1)
28     } else {
29       # greedy
30       a <- which.max(Q)[1]
31     }
32
33     # learn from the reward
34     Q[a] <- Q[a] + alpha*(r[a,i] - Q[a])
35     QthisRun[,i] <- Q
36   }
37   Qrecord <- Qrecord + QthisRun
38 }
39 pdf(file="banditTask.pdf", width=5, height=4)
40 matplot(t(Qrecord/nRuns), type="l", ylim=c(0,10),
41         las=1, xlab="Trial", ylab="Mean Q")
42 dev.off()
```

脚本 15.1　一个简单的双臂老虎机强化学习模型

在这里，我们将举例一个非常简单的老虎机任务，只有两个杆。脚本 15.1 显示了一个主体学习双杆老虎机的代码。在每个试次中，主体选择拉动两个杆中的一个，并获得奖励。奖励是从正态分布中抽取得出的值，其中μ_1（杆 1 的平均奖励）等于 5，$\mu_2 = 5.5$（$\sigma = 1$）。脚本 15.1 的前几行显示了这一点；为了节省时间，我们会在所有试验中提前采样两个杆的奖励，并将所有奖励放入矩阵 r 中，矩阵的行对应于两个杆。接下来的几行指定动作价值学习模型的参数；我们将在模型代码的语境下讨论这些内容。接下来，我们创建一个矩阵 Qrecord 来记录每个时间步长的奖励值；这对于模型的运行不是必需的，但是可以帮助我们了解模型运行的方式。最后，我们指定要运行模拟的轮数是 nRun 次，并在各个运行次数之间求平均值以查看平均结果。

第 15 行开始的代码循环遍历所有轮次，并包含模拟的内容。我们首先用一些随机数初始化向量 Q。在强化学习文献中，Q 通常用于表示奖励价值。在动作价值学习的情况下（正如我们在老虎机任务中所研究的那样），Q 值代表主体对可能采取的所有行动将获得多少回报的估计。在这里，只有两个动作，因此 Q 是一个包含两个元素的向量。矩阵 QthisRun 用于记录保存；它被初始化为 r * 0 只是因为它的维度大小与 r 相同，且写作 r * 0 容易阅读。

然后，我们进入单个试次的第二个循环。首先发生的是，主体选择要执行的操作，在本例中是指选择要拉动的杆。此处使用的选择算法称为 ε 贪心算法（ε-greedy）：主体有概率 ε 随机选择一个动作（每个动作具有相等的被选择概率），否则主体会以贪婪的方式（概率为 $1 - \varepsilon$）选择最高（即正向最大）Q 值的动作。如果是 Q 值相当情况下，我们只选择第一个动作，但是我们也可以在动作之间随机选择。采样的 sample 函数用于在适当的时候随机选择一个反应；调用 sample（2，1）可从集合 1，2 返回单个样本。然后，以下几行假定提供了奖励，并描述了主体如何从奖励中学习。学习规则是：

$$Q\ (a_t)\ \leftarrow Q\ (a_t)\ +\alpha\ (r_{t+1} - Q\ (a_t))\ . \tag{15.1}$$

公式的最后部分 $r_{t+1} - Q\ (a_t)$ 是预测误差，即试验获得的实际奖励（给定动作）与该动作的预期奖励之间的差（请注意，在代码中，我们使用 i 而不是 t，因为 t 是 R 内置的转置函数，我们在接下来的代码中用到了它）。按照惯例（且因为这将使接下来的模型更容易理解），时间 t 的动作相应的奖励被假设发生在时间 $t+1$ 处。因此，时间 t 的最后一个事件是反应，然后在时间 $t+1$ 时，模型收到奖励并根据该反应改变状态。参数 α 是学习率，介于 0 和 1 之间。通常，较低的 α 意味着模型需要更长的时间学习，但对奖励的随机变化不那么敏感。

该代码的其余部分用于跟踪 Q 值以用于之后的分析，并且该代码的最后一行绘制了伴随不同运行轮次的平均 Q 值。该模型从对这些值的近似零估计开始（这只是它的初始化方式），而我们可以看到估计的 Q 值最终接近"真实"值。尽管已经平均，但这些曲线仍然存在一些随机变异，因为奖励反应是随机的。

跟踪平均奖励值不是更容易吗？事实上，公式 15.1 就在做类似的事情。想象一下，我们确实跟踪了奖励值，因此

$$Q_t\ (a)\ = \frac{r_1 + r_2 + r_3 \cdots r_k}{k}, \tag{15.2}$$

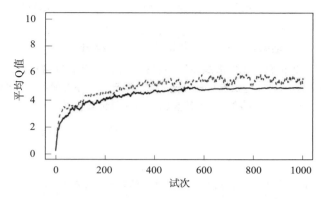

图15.1 老虎机任务的基本强化行为模型的学习。这两条线对应的动作平均回报分别为5（实线）和5.5（虚线）。图中绘制了两个动作的平均期望报酬（平均 Q 值）。

其中，分子列出了选择行动 a 时获得的所有奖励，k 是选择行动 a 的次数[①]。我们可以根据 Q_k 和 Q_{k+1} 之间的差异重写公式 15.2；即 Q_{k+1} 等于 Q_k（即，k 次的平均 Q 值）加上 Q_k 和 Q_{k+1} 之间的差异。Sutton 和 Barto（1998）给出了推导，结果是：

$$Q_{k+1} = Q_k + \frac{1}{k+1}\ (r_{k+1} - Q_k) \ . \tag{15.3}$$

这个公式基本上与公式 15.1 相同，只是用 $1/(k+1)$ 代替 α。因此，如果在代码中的每个试验中将 α 设置为 $1/(k+1)$，我们实际上就是在使用公式 15.2 中描述的模型。公式 15.1 其实更通用，对于理解更复杂的学习规则至关重要，我们接下来将对其进行研究。

学习状态 – 动作价值

在许多情况下，动作的结果将取决于主体或环境的状态。在这种情况下，Q 值不仅对应动作，而且对应动作与状态的配对。这些状态通常是指外部世界的状态（即环境的相关特征），但也可能是指内部状态（例如，Zilli 和 Hasselmo，2008）。因此，Q 值现在表示在特定状态 s 下采取行动 a 的预期回报，我们可以将公式 15.1 重写为：

$$Q\ (s_t,\ a_t) \leftarrow Q\ (s_t,\ a_t)\ + \alpha\ (r_{t+1} - Q\ (s_t,\ a_t)) \ . \tag{15.4}$$

尽管此公式在某些情况下会起作用，但它相当局限。以图 15.2 中的例子说明该公式的局限性。图 15.2 显示了一个学习问题，其中老鼠必须学会左右移动去获得奖励。这里的状态是，在任何时候，大鼠都会在不同的正方形中选择向左或向右移动。阴影正方形代表开始位置，大鼠从此处开始每个试验。如果大鼠在开始框中并选择向左移动，它会立即获得少量奖励并返回到起点。但是，如果大鼠向右移动几步，它将获得更大的奖励（并将再次返回到起始状态）。显然，一个最佳的主体应该习得大额奖励的存在并始终向右移动。但是，公式 15.4 中描述的主体仅能学习其动作的直接后果。因此，当它在起始盒子（startbox）中时，通常会选择向左移动，因为左动作会获得奖励；

[①] 在公式 15.2 中，由于将 Q 改为表示过去所有经验的总和，因此我们按时间索引 Q。

向右不会立即收到回报，因此从起始点向右移动的 Q 值将收敛到 0。

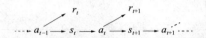

图 15.2　一个简单的迷宫。正方形是不同的状态。每走一步，就可以向左或向右移动一格。如果老鼠从灰色方块（起始点）向左走，它会得到一个小奖励并返回起始点。如果老鼠走到最右边的方块，它就会得到一大笔奖励，并返回起点。

$$\cdots a_{t-1} \rightarrow s_t \xrightarrow{r_t} a_t \rightarrow s_{t+1} \xrightarrow{r_{t+1}} a_{t+1} \cdots$$

图 15.3　选择行动的顺序，给予奖励，并移动到一个新的状态。

解决这个难题的方法是考虑主体的目标。强化学习模型通常假定观察者的目标是从长远来看的最大化累积奖励。因此，最好的行动不一定是立即获得最大奖励的行动；有些行动可能不会立即带来奖励，但是可以使我们处于更好的位置，以便在未来获得更大的奖励（例如，从图 15.2 的起始盒子中向右移动）。最常见且成功的状态动作价值模型通过让主体从它刚刚进入的状态向前看，来整合关于未来预期回报的信息。

图 15.3 以图形方式说明了一系列行动、奖励和状态变化的时间表。对于价值学习，假设在时间 t 时做出的动作的奖励实际上是在时间 $t+1$ 时给的。在时间 $t+1$ 时，模型也进入新状态 s_{t+1}。假设主体当前处于状态 s_t，并做出 a_t 行为。如前所述，这会将主体进入到状态 s_{t+1}。然后，主体在这个状态下选择它的下一个行为 a_{t+1}。但是，在实际执行此动作并再次更改其状态之前，它首先根据一对状态行为 (s_t, a_t) 的值更新 Q 值。我们现在假设有两个分别的数值组合在一起产生进入学习方程的奖励。其中之一是做出 a_t 动作时环境即时给的奖励值 r_{t+1}。另一个值是新状态的 Q 值即 $Q(s_{t+1}, a_{t+1})$，以及在该状态下动作（但尚未执行）。公式中表示为：

$$Q(s_t, a_t) \leftarrow Q(s_t, a_t) + \alpha(r_{t+1} + \gamma Q(s_{t+1}, a_{t+1}) - Q(s_t, a_t)).$$

$$(15.5)$$

这与公式 15.4 相同，只是增加了代表新"状态 – 动作"的期望值的项 $\gamma Q(s_{t+1}, a_{t+1})$。参数 γ 称为折扣因子（参见第 9 章中的时间折扣），代表将来奖励的相对权重。当 $\gamma = 0$ 时，模型仅关注即时奖励，而随着 γ 的增加，模型将更关注未来奖励。

公式 15.5 中描述的算法称为 SARSA 模型，因为它考虑了 $(s_t, a_t, r_{t+1}, s_{t+1}, a_{t+1})$ 的所有值的集合。该方程式的更一般形式称为时序差分法，因为它计算了不同时间点的 Q 值差异（即，在时间 t 和时间 $t+1$ 处的 $[s, a]$ 的 Q 值差异）。其他时序差分模型包括 Q-learning，以及行为者评论家算法（actor-critic model）。其使用 $t+1$ 时刻的最佳行为的 Q 值（而不是像 SARSA 那样实际选择的动作），行为者评论家模型具有独立的机制用于跟踪价值函数和策略（即选择函数）。

图 15.4 显示了对图 15.2 中描述的几个不同强化学习模型的问题的学习。在这里，我们假设图 15.2 中的小额奖励的值为 1，而大额奖励的值为 10。此外，为了鼓励模型学习快速找到奖励，我们通过在每个时间步施加一个小的负结果（ – 0.1）来对行为施加一个小的惩罚。为了缩短最初的探索时间（模型只有在达到某种状态时才可以了解

该状态），我们还假设每次运行的前五个试验是"引导性参观"（guided tour），其中每个时间步骤都迫使主体右移。这个假设对于模型学习并不重要，这是为了演示的目的加快了学习过程。

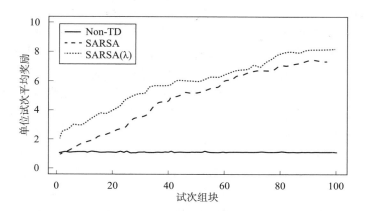

图 15.4 三种不同的强化学习模型的学习。**non-TD** 模型是由式 15.4 描述的基本状态 – 行动模型。

图 15.4 中的虚线显示 SARSA 模型可以学习任务，尽管速度很慢。x 轴上的实验组块每组包含 100 个单独试块，每个实验从起始点开始，直到组块找到其中一个奖励而结束。相比之下，即使经过 10 000 次实验，公式 15.4 中的基本模型仍有较低的平均回报率。该模型知道当位于最右边的盒子里时，向右移动可以获得较大的奖励，但是当放在起始盒子里时，它总是向左移动以获得较小的奖励（例外情况发生在当 ε 贪心算法产生随机选择且虚拟投掷硬币使主体向右移动时）。

图 15.4 还显示了 SARSA 的一个扩展算法，称为 SARSA（λ）。标准 SARSA 的局限是得到奖励结果之后仅更新当前状态 – 动作的价值。SARSA（λ）通过对以前访问过的状态 – 动作（尤其是最近访问的状态 – 动作对）的 Q 值也更新来加快学习速度。SARSA（λ）使用"资格轨迹"（eligibility traces）来跟踪每个状态动作发生时间的新近性，并更新如下：

$$e\ (s,\ a) \leftarrow \begin{cases} \lambda\gamma e\ (s,\ a)\ +1, & \text{如果 } s = s_t \text{ 且 } a = a_t \\ \lambda\gamma e\ (s,\ a), & \text{其他}. \end{cases} \tag{15.6}$$

因此，时间更近的状态操作具有更大的资格值，并且资格轨迹随时间的"衰减"由参数 λ 控制。然后，这些资格轨迹将进入学习公式：

$$Q\ (s,\ a) \leftarrow Q\ (s,\ a) + \alpha\delta_t e\ (s,\ a)\ . \tag{15.7}$$

请注意，所有 Q 值现在都已更新，而不仅仅是 $(s_t,\ a_t)$ 的值。公式 15.7 中的 δ_t 是标准 SARSA 奖励的时间差分，计算公式为：

$$\delta_t = r_{t+1} + \gamma Q\ (s_{t+1},\ a_{t+1})\ - Q\ (s_t,\ a_t)\ . \tag{15.8}$$

图 15.4 中的虚线显示，资格轨迹的引入可提高模型表现。SARSA 和 SARSA（λ）应该收敛于相同的 Q 值（假设环境是平稳的），二者主要区别在于学习速度。

15.2.2 强化学习的神经科学

刚刚概述的模型很好地描述了关于选择和学习的行为数据（相关综述请参见 Walsh 和 Anderson，2014）。之所以在本章中介绍这些模型，是因为它们还很好地表现了神经数据中的相关模式，并构成了建模和神经科学互惠互利的一个很好的例子。

强化学习模型通常针对的大脑区域是中脑的多巴胺网络。多巴胺通常被认为与食欲刺激和奖赏、以及诸如成瘾等的心理学概念有关。大脑腹侧被盖区（VTA）和黑质致密部（SNc）中的多巴胺神经元投射到大脑的许多区域，包括那些被认为与动机、计划和决策有关的脑区，例如纹状体，杏仁核和额叶皮层。值得注意的是，这些多巴胺神经元是高度耦合的，这意味着它们往往会一起放电，使其非常适合传递简单的"这是好的"的消息（Daw 和 Tobler，2014）。这些神经元通过增加发放率对初级奖励（例如，果汁）作出反应，并会对与初级奖励反复配对的条件刺激（conditioned stimuli）作出反应。

在过去的 20 年中，许多研究发现了一致的证据，证明了这些神经元在时间差分的强化学习模型中编码了预期误差。图 15.5 显示了早期研究中多巴胺神经元对各种奖赏相关事件的放电反应（Schultz 等人，1997；相关结果见 Montague 等人，1995；Schultz 等人，1993）。图 15.5 顶部的子图显示，多巴胺神经元通过提高发放率来对初级奖励反应。中间子图显示了条件刺激（conditioned stimulus，CS）与奖励反复配对后这些神经元的活动：神经元不再对（预期的）奖励做出反应，而是对较早呈现的 CS 作出反应。底部子图显示神经元未获得预期奖励时的反应：当未给出预期奖励时，神经元的放电率会降低。这三个子图表明，有两个特定相位的爆发式放电（phasic bursts），编码奖励的不同方面。第一个爆发似乎编码了预期价值：当出现 CS 时，神经元放电，但是当 CS 不存在时（顶部子图），放电是平的。第二个事件是出现奖励。在这里，神经元似乎编码预测误差。在顶部子图中，奖励是意外的，因此存在正的预测误差。在中间子图中，有一个正向奖励，但它是由 CS 预测的，因此预测误差为 0，神经元不会改变其放电率。最后，在底部子图中，没有发生预期的奖励，因此存在负的预测误差，神经元降低了其放电率。

上面的描述将多巴胺神经元的行为与先前描述的时间差分模型启发式地联系在一起。现在，我们可以更进一步，图 15.5 中的行为是由 SARSA 之类的算法直接预测的，并且对时间的表示有一些额外的假设。Schultz 等人（1997）假设信号为一个向量，向量中的每个元素代表 CS 出现的时间。例如，向量 $x(t)$ 中的第 7 个元素可能对应于刺激发生于 70 ms 前，第 8 个元素对应刺激发生于 80 ms 前，依此类推。向量 x 是时间 t 的函数，因为随着时间的推移，随着刺激逐渐消退，与过去刺激相匹配的元素将发生变化；换句话说，向量最终在每一步都被时移。另外，假设 x 的每个元素都具有预测权重 w_i，向量 w 存储所有这些权重。预测权重在刺激出现后的每个时间步骤均有效地编码预期奖励。那么，在时间 t 的预测如下：

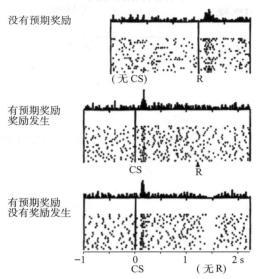

图15.5 单个多巴胺神经元的活动与奖赏预测误差一致。上面的子图显示，神经元的放电率增加，以反应一个意外的奖励（**R**）。中间的子图显示，在条件刺激（**CS**）与奖赏重复配对后，神经元会对 **CS** 产生反应，而非对奖赏本身。底部的子图显示，当学习后的奖励未给出时，神经元在预期的奖励发放后不久，表现出放电率的下降。摘自 Schultz，Wolfram，Dayan，Peter，and Montague，P Read. 1997. **A neural substrate of prediction and reward.** *Science*，275（5306），1593–1599，经许可转载。

$$V(t) = \sum_i w_i\, x_i(t). \tag{15.9}$$

权重跟踪每个时间步骤的预期奖励，并在每次试验结束时根据以下公式更新：

$$w_i \leftarrow w_i + \alpha \sum_i x_i(t)\delta(t). \tag{15.10}$$

在试验中，总和是贯穿所有时间的，$\delta(t)$ 是前一节模型中所述的标准时间差分。

脚本 15.2 给出了运行模型的代码，结果如图 15.6 所示。在本例中，我们假设每个试验由 40 个时间步组成，CS 在时间步骤 5 呈现，奖励在最后一个时间步（步骤 40）呈现。在列表中，我们循环 s 个时间步，并为每个时间步设置 $x(t)$ 和 $x(t+1)$ 的向量。我们确定 r 的值，然后通过将 w（跟踪预期奖励）分别乘以 $x(t)$ 和 $x(t+1)$ 来计算值向量 Vt 和 Vt1。然后我们用它来计算预测误差，并将预测乘以 $x(t)$ 来计算 sumd 的更新。向量 sumd 将预测误差聚合到各个时间步上。注意，w 中的学习权重在经历过整个试验之后才实际更新（而不是在每个时间步骤更新）。

在第一个试次中，预测误差集中在（未预期的）奖励出现时。通过时间差分学习的作用，预测的奖赏被传递回早期的时间步骤（通过 w 的元素传递回去），直到最终预测误差信号随着刺激的出现而立即增加。请注意，这意味着在训练结束时，预测的奖

励 V 将增加两次：一次紧跟在 CS 之后，另一次在预测奖励时。然而，预测误差仅在 CS 之后为正；在奖赏之后，预测误差为 0，因为奖赏实际出现并抵消 V。因此，图 15.5 中的两个相位放电自然地产生于由时间差分模型产生的连续预测误差。

```
1  nTrials <- 40 # number of trials
2  nSteps <- 25 # number of time steps in each trial
3  stimStep <- 5 # time step at which stimulus is presented
4      # the reward is presented at the last time step
5
6  # a matrix to record the deltas
7  alld <- matrix(rep(0,nTrials*nSteps),ncol=nSteps)
8
9  w <- rep(0,nSteps+1)
10
11 gamma <- 1
12 alpha <- 0.5
13
14 for (trial in 1:nTrials){
15
16   sumd <- rep(0,nSteps+1)
17
18   # we don't use t as a variable, because
19   # this is reserved in R
20
21   for (s in 1:nSteps){
22
23     # to take the temporal difference, we need x(t)...
24     x <- rep(0,nSteps+1)
25     if (s>stimStep){
26       x[s-stimStep] <- 1
27     }
28
29     # ...and also x(t+1)
30     x1 <- rep(0,nSteps+1)
31     if ((s+1)>stimStep){
32       x1[s+1-stimStep] <- 1
33     }
34
35     # if it is the last step, we get a reward
36     if (s==nSteps){
37       r=1
38     } else {
39       r=0
40     }
41
42     # calculate reward predictions for t and t+1
43     Vt <- sum(w*x)
44     Vt1 <- sum(w*x1)
45
46     # calculate prediction error
```

```
47    dt <- r + gamma*Vt1 - Vt
48
49    # this is just record keeping, to track ←
          prediction errors
50    # (we'll plot this later)
51    alld[trial,s] <- dt
52
53    # this is the sum across t that is used to update w
54    # at the end of the trial
55    sumd <- sumd + x*dt
56  }
57  w <- w + alpha * sumd
58 }
59
60 pdf(file="phasicTD.pdf", width = 5, height=8)
61 par(mfrow=c(4,1))
62 for (sp in c(1,12,25,40)){
63   plot(alld[sp,], type="l", lwd=2, las=1,
64       xlab="Time step", ylab="Prediction Error",
65       ylim=c(0,1))
66   text(2,0.8,paste("Trial ",sp))
67 }
68 dev.off()
```

脚本 15.2　多巴胺激活的时间差分模型

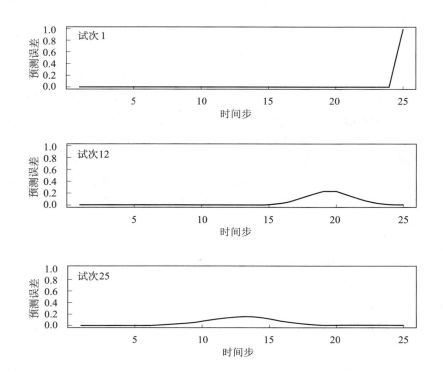

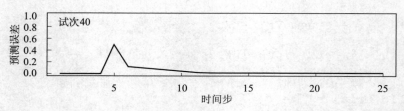

图15.6 不同学习阶段的时间差分模型中的预测误差（见脚本15.2）。CS出现在第5步，奖励出现在第40步。在连续的试验中，预测误差在试验中出现得更早，直到紧跟着出现CS。

其他证据也指出了预测误差的作用。Fiorillo等人（2003）记录了猴子中多巴胺神经元的放电，并改变了CS后给奖励的概率。作者发现，随着奖励概率的增加，平均放电紧随CS后立即增加，而在奖励出现时下降，这都反映了随着奖励概率增加，预期奖励也随之增加。功能磁共振成像（fMRI）技术在人类中也能观察到预测误差。在fMRI成像中，特定大脑区域的活动增加（由含氧血红蛋白测量得到，反映在流向大脑该部分的血液流量增加）被用于推断被试在执行任务时大脑的什么区域参与其中。Abler等人（2006）要求被试在扫描仪中执行一项简单的任务；关键的相关特征是刺激预测了以后的奖励的概率（如，Fiorillo等人，2003）。Abler等人（2006）发现奖赏期望（奖赏概率）和预测误差都与纹状体的活动有关，即与血氧水平依赖相应（Blood Oxygen Level Dependent response，BOLD反应）有关。Fiorillo等人（2003）的研究中考察了这一脑区。McClure等人（2003）训练被试预测CS后果汁的出现，然后考察在比预期晚提供果汁的试验中的大脑BOLD反应。他们发现，无论是负的预测误差（果汁在预期的情况下没有出现）还是正的预测误差（果汁在预期之外的出现）都与纹状体的BOLD信号有关。

强化学习模型对于在fMRI中跟踪学习至关重要。因为预测误差会随着学习的进展和知识的更新而改变，所以在分析BOLD的数据时，把所有的试次一起分析是有误导性的。相反，一种常见的技术是将时间模型拟合到被试的行为数据（使用最大似然估计），然后把试次与试次之间的预测误差应用在fMRI分析中。例如，Pessiglione等人（2006）要求被试完成工具性的奖励学习任务（instrumental reward learning task），并使用强化学习模型来拟合他们的选择（公式15.1）；使用最大似然估计估算学习率和反应规则参数。考虑到学习历史和估计参数，然后将预测误差用作fMRI数据的回归变量。Pessiglione等（2006）发现纹状体的激活与奖赏预测误差相关，而L-DOPA（增强多巴胺能功能的多巴胺的前体）与正的和反的预测误差均有关①。反过来，Pessiglione等人（2006）的工作表明，由多个试次fMRI数据估计的奖励幅度可以被纳入模型中，并复现L-DOPA对行为选择的影响。

最后，单细胞记录与计算模型相结合，为上述在SARSA（λ）模型（公式15.7）中引入的资格轨迹提供了证据。回想一下图15.6（未假定资格轨迹），随着学习的进

① 研究有时会同时让所有被试处在一个条件下来获取一个参数估计（Daw等人，2006；Schönberg等人，2007）；Daw（2009）认为，这为预测fMRI数据提供了更稳固的参数估计。

行，时间差分模型中的预测误差在试验中不断向后移动，从奖励到预测奖励的 CS。然而，Pan 等人（2005）收集的来自大鼠的单细胞记录研究表明，在一些试验中，多巴胺神经元要么是对 CS 反应，要么是对奖赏反应（即图 15.6 中的顶部和底部子图的混合），几乎没有中间活动的证据。此外，当在试验中呈现两个线索时，在学习后对这两个线索均存在增加放电的反应，而基本的 TD 模型（即标准 SARSA）预测，预测误差只应估计在第一个线索时的放电。Pan 等人（2005）将各种 TD 模型与其数据进行拟合，发现只有包含缓慢衰减的资格轨迹的模型才能解释其数据。来自人类的行为数据也发现了资格轨迹在奖励延迟的情况下起到的作用（如，Bogacz 等人，2007；Tanaka 等人，2009）。

在概述了如何使用强化模型获得对大脑记录数据做理论解释后，我们现在转向神经科学中越来越多使用的另一种流行的模型家族：证据积累模型。

15.3 决策的神经关联

第 14 章介绍的决策和反应时模型应用于神经数据方面已有悠久的历史。这些模型最初被用作灵长类动物的眼跳反应时模型，这些模型可能与视觉运动区域的脉冲序列（spike trains）有关，这些脉冲序列似乎以经典反应时间模型假定的方式积累证据。近年来，这些模型也已应用于 fMRI 和 EEG 数据，并且最近在使用多个来源的数据共同估算模型上做了先进的尝试。

15.3.1 眼跳决策的阈值模型

一些最早的关联反应时间模型与神经数据的工作是与眼跳决策相关的，即关于下一次眼动何时移向何处的决策（有关综述请参阅 Glimcher，2003；Smith 和 Ratcliff，2004）。Carpenter（1981）专门开发了一种用于解决眼跳决策的 LATER 模型（Linear Approach to Threshold with Ergodic Rate），指导并启发了该领域的初步工作。该模型假设单个累加器的激活线性增加到阈值，反应时间是达到阈值所需的时间，并且反应时间的变异性由累积速率的变异性来解释。一个自然要问的问题是，在构成眼动神经系统的一部分的神经元中，是否也能观察到类似的活动增强。Hanes 和 Schall（1996）记录了猴子额叶眼动区（frontal eye field，FEF）对刺激的反应，并发现在执行眼跳之前，运动相关神经元的活动增加。此外，Hanes 和 Schall（1996）试图了解哪种模型能更好地解释脉冲序列。Hanes 和 Schall（1996）的研究发现，眼跳反应时间与额叶眼动区神经元的活动速率有关，而与眼跳开始时的阈值激活无关，从而为累积速率的变异性提供了证据。在上丘也观察到这样的"积聚"（build-up）神经元，它们和刺激同时反应的爆发细胞（burst cells）不同，爆发细胞并不表现出积聚细胞中观察到的随时间的增加而增强的活动（如 Munoz 和 Wurtz，1995）。

过去二十年中的工作表明，操纵选择或决策的一些方面对模型参数和神经记录具有相似的选择性影响。例如，上一章介绍的一个常见发现是，改变证据质量会增加累加器模型中的漂移率或累加率（例如，Ratcliff 等人，2003；Reddi 等人，2003；Ratcliff

和 Rouder，1998 年）。类似地，我们发现，改变辨别难度会改变脉冲序列中的累积速率，而对于较简单的辨别，放电率会更快地增加（Roitman 和 Shadlen，2002；Ratcliff 等，2003；Shadlen 和 Newsome，1996；Churchland 等人，2008）。与 Hanes 和 Schall（1996）的发现一致的是，难度并不能改变阈值：当神经活动被对齐至眼跳起始时，似乎与眼跳的启动有关的累积活动是一个常量（Roitman 和 Shadlen，2002；Ratcliff 等人，2003）。这是指放电活动一致地累积到一个常数阈值，达到该阈值时开始眼跳。操纵先验概率和顺序效应（sequential effects）也具有系统性的影响。在模型中，先验概率会改变积累的起点，从而使更似然地选项有先发优势（例如 Carpenter 和 Williams，1995；Reddi 等，2003；Farrell 等，2010）。类似地，在刺激出现之前，对应于高似然性的选项的神经元具有更高的基线放电率（Basso 和 Wurtz，1998；Churchland 等，2008；Dorris 和 Munoz，1998），与最近做出的反应相关的神经元也是如此（Dorris 等，2000）。

这些工作的一个值得注意的方面是，在许多不同的大脑区域，包括上丘（SC；如，Ratcliff 等，2003）、额叶眼动区（FEF；例如，Hanes 和 Schall，1996）和顶叶外侧皮层（LIP；如 Gold 和 Shadlen，2003）中都观察到了累加器型神经元，且这些脑区信号都可以预测眼跳表现。这些不同脑区的类似作用可能反映了它们的相互联系：额叶眼动区和顶叶外侧皮质都投射到上丘，顶叶外侧皮质投射到额叶眼动区（例如 Purcell 等人，2010）。这就留下了一个悬而未决的问题，即哪个脑区实际驱动了决策。Purcell 等人（2010）认为，既然证据累积于顶叶外侧皮质（LIP）下游，决策肯定不是止于顶叶外侧皮质。

15.3.2 模型参数和 BOLD 信号的联系

最近的工作已经开始将 fMRI 与计算模型结合使用，以推断参与决策的大脑区域和累加器模型参数的控制。例如，通过计算决策阈值的调整与神经的相关性，fMRI 已被用于识别参与控制"速度 – 准确性权衡"的大脑区域。Forstmann 等人（2008）要求被试根据速度指导语、准确性指导语或标准的"中性"指导语做出简单决策。使用累加器模型拟合不同条件下的数据（Brown 和 Heathcote 的 LBA，2008），揭示了指导语对反应阈值的选择性影响。在准确性指导语下，阈值较高（更为保守），这通常可在累加器模型中观察到（例如，Ratcliff，1978 年；Bogacz 等，2010a；请参见第 14 章；Forstmann 等，2008 年）。研究还考察了指导语对 BOLD 信号的影响，确定了在速度和准确性指导语之间以及速度和中性指导语之间存在差异的脑区。通过此分析发现的两个脑区是右前纹状体（right anterior striatum）和前辅助运动区（presupplementary motor area），这意味着这些脑区参与了反应阈值的设置。为了进一步证实这种关系，Forstmann 等人（2008）进一步研究了反应阈值和 BOLD 反应的个体差异。他们发现，那些在不同指导语条件之间阈值调整最大的被试，其前辅助运动区和纹状体激活的增加最大。这与先前的想法一致：即基底神经节通过抑制反应，从而调控决策，然后纹状体接受基底神经节的刺激，从而反应（例如，Bogacz 和 Gurney，2007；Frank，2006）Forstmann 等的后续研究（2010a）发现，显示阈值因速度和准确性指导语的变化而改变更大的个体，其前辅助运动区和基底神经节之间的联结更强（结构磁共振成像揭示)。然而，应该指出的是，这种相关性在 Boekel 等人（2015）的直接重复研究中未被观察到。

类似地，Mulder 等人（2012 年）利用 fMRI 确定负责控制累加器模型中期望值的脑区。先前利用 fMRI 技术的工作发现顶叶和前纹状体区域与选项的先验概率（Forstmann 等人，2010b）和奖励（Basten 等人，2010；Summerfield 和 Koechlin，2010）相关的模型参数的变化有关。Mulder 等人（2012）在先前的工作基础上通过独立地改变先验概率和奖赏来考察这两种操作是否对模型参数和大脑活动具有相似的影响。被试完成了一个双选反应时间的任务（binary response time task）即对点运动刺激进行分类的任务，并操纵其中一个选项正确的概率。另外独立地对其中一个选项的正确反应分配较大的奖励来操纵奖励的结构。作者用扩散模型拟合数据，并考察了两种操作对模型参数的影响。参数估计值显示了先验概率和奖励对起始参数有选择性影响，而几乎没有证据表明对漂移率有系统性影响。Mulder 等人（2012 年）进而去考察 BOLD 反应中的哪些变化与模型参数中的变化相关。Mulder 等发现一组相似的额叶 – 顶叶区域对这两种操纵都有反应，用联合分析（conjunction analysis）考察哪些区域对这两种操作都有反应，结果表明，在决策中起重要作用的脑区参与其中，例如额回、颞回和顶下沟。和 Forstmann 等人（2008）研究类似，Mulder 等人（2012）在个体的层面上发现了一种基于模型的相关性：那些起始点因应某种操作而发生更多变化的被试，在发现的大脑网络中的 BOLD 反应也显示出较大的变化。

计算模型也已与 fMRI 数据结合使用以确定在决策领域的一般性机制。到目前为止，本节中讨论的许多工作都与眼跳决策有关。视觉感知和眼球运动机制之间的紧密联系自然会引发这样一个问题：运动神经元是否特异性地做关于眼球运动的决策，以及是否可能（额外地）存在更一般性的决策机制，既可应用于眼跳决策，又可应用于使用按键反应的人类知觉决策中的机制。

为了回答这个问题，Ho 等人（2009）要求被试在简单和困难的条件下，使用手动（按键）或眼动反应指示随机点运动刺激中运动的方向。为了确定知觉难度如何从理论上影响 BOLD 反应，采用我们前一章讨论的 LBA 模型（Brown 和 Heathcote，2008）与数据做拟合。LBA 模型显示，知觉难度选择性地影响平均累积率，而反应方式主要影响非决策时间，对反应阈值有较小的独立影响（眼动反应阈值较低）。假设神经元以与 LBA 相同的方式加速活动（如 Shadlen 和 Newsome，2001），Ho 等人（2009）将从估计的漂移率与 BOLD 反应模型卷积，以获得预测的 BOLD 模式。加速神经元（ramping neuron）预测的 BOLD 反应的一个关键特征是，BOLD 反应是延迟的，在难度大的试次中，持续时间更长。然后 Ho 等人（2009）根据理论上的 BOLD 反应预测在磁共振扫描中获得的 BOLD 反应。尽管先前已知的一些与眼动决策有关的脑区（如 FEF、IPS）和知觉难度相关联，但只有右侧脑岛（insula）表现出了由对手动和眼动反应的加速神经元所预测的激活。Ho 等人（2009）认为知觉决策可以是领域一般性的，并且特定情况中的决策由领域一般性（相对于领域特异性）机制驱动的程度可能取决于诸如任务的复杂性和任务的练习量等因素。

15.3.3 反应时间变异性的解释

Forstmann 等人（2008）、Mulder 等人（2012）和 Ho 等人（2009）的研究证明了 fMRI 在向累加器模型提供决策信息方面的效用。这些研究的一个局限是它们很粗放，因为它们显示了不同条件以及个体之间的行为和神经的差异。一个核心而引人注目的问题是，即使刺激是同样难度的条件，为什么反应时间变异很大。最近的研究使用了 fMRI 等技术来解决这个问题，并确定决策过程中试次之间变异性的来源（关于这种方法应用于心理学不同领域的最新综述，见 Gluth 和 Rieskamp，2017）。

van Maanen 等人（2011）的研究提供了一个很好的例子，他研究在试次之间，大脑的什么脑区与反应的谨慎性（caution）或反应阈值的波动相关（补充工作详见 Forstmann 等人，2008）。van Maanen 等人（2011）利用 LBA 模型拟合了在速度或准确性条件下执行简单反应时间任务（随机点运动分类）的被试的数据。获得每个个体的最大似然参数估计值。van Maanen 等人（2011）随后根据：（a）估计自该个体的整个数据集的参数，以及（b）该试次的反应时间，确定在每个给定试次最可能的阈值（模拟结果表明该方法能较好地恢复试次间变化的参数值）。van Maanen 等人（2011）随后获得了 BOLD 反应的单次试验估计，并在每个被试水平计算了每个试次反应的谨慎性（计为阈值与起始点阈值的比值）和每个试次的 BOLD 反应水平之间的相关性。van Maanen 等人（2011）发现根据条件间不同刺激对比度，模型估计的反应谨慎性与不同脑区相关。前辅助运动区/背侧前扣带皮层（dorsal anterior cingulate cortex）的活动只与速度指导语下的反应谨慎性相关。Maanen 等人（2011）推测该区域可能负责反应的谨慎性控制，不过仅当速度优先时（但这可能不是决策任务中通常的情景）。相反，前扣带皮层在准确性试验中显示出相关性，也与速度和准确率条件之间的变化有关，这表明其在控制和调整反应的谨慎性方面的作用更为广泛。这些结果可能符合 Forstmann 等人（2008）的一些结论——例如，前辅助运动区在控制阈值调整中的作用——但一般地指向一个负责控制反应谨慎性的类似网络（Bogacz 等人，2010b）。

类似的方法也被用来跟踪不同试验之间累积速率的差异。Ratcliff 等人（2009）要求被试进行一个简单的"车/脸"图像辨别任务，同时记录 EEG。Ratcliff 等人（2009）发现了两种可以区分汽车和人脸的脑电图成分：刺激开始后约 350ms 的早期刺激相关成分，以及随后一个约 400ms 的决策相关成分。然后根据刺激或决策相关部分的振幅将行为数据分为两组。换句话说，根据每个试验的脑电图振幅看起来更像面部刺激试验，或是汽车刺激试验进行分类。扩散模型分别拟合每个被试的每组辨别数据。首先，Ratcliff 等人（2009）研究了低振幅试次（脑电图振幅较低的试次）和高振幅试次（脑电图振幅更大的试次）的漂移率估计值。有强有力的证据表明了个体差异：不论辨别的发生是否基于早期（刺激相关）或晚期（决策相关）成分，那些在低振幅成分的试次中有较高漂移率的被试在高振幅试次中也有较高的漂移率。然而，只有在后期的决策相关脑电成分时，高振幅试次和低振幅试次的漂移率才有明显差异。在早期，刺激相关的成分在高振幅和低振幅试次中没有显示出漂移率的差异。这表明，该晚期成分反映了信息在累积过程中的质量。

另一个例子中，Ho 等人（2012）使用了与 van Maanen 等人（2011）类似的方法，并考察了被试判断正弦光栅图形方向时，累积速率的试次间波动的神经关联。在每个试验中，Ho 等人（2012）使用前向编码模型来检验初级视觉皮质（V1）的 BOLD 反应与理论上最佳的调谐函数的匹配程度。与目标特征调谐接近（但不完全相同）的"脱靶"神经元更有助于辨别，Ho 等人（2012）发现仅在准确性指导语实验中，这些偏离靶点的神经元和漂移率之间存在关系。通过速度与准确性指导语对神经索引信息质量的调节的发现，验证了 Forstmann 等人（2008）和其他人（例如，Ratcliff 和 Rouder，1998）的结果，该结果支持漂移率也可以通过紧急性（urgency）来改变的观点（其他解释见 Cisek 等人，2009）。

15.3.4 使用脉冲序列作为模型输入

在先前描述的爆发和积聚神经元之间的区别的基础上，Purcell 等人（2010）测试了关于爆发和堆积细胞如何确定眼跳决策延迟的不同的候选模型。Purcell 等人（2010）使用从猴子身上记录的脉冲序列测试了这些模型，这些猴子执行了简单的眼动决策任务，如果眼跳正确地指向处于干扰刺激（distractors）中的目标刺激，则可以得到奖励。根据平均脉冲电位序列，将神经元分为爆发性和积聚性神经元，然后根据目标或干扰物是否出现在其感受野中将神经元进一步分为目标神经元或干扰刺激神经元。然后，通过随机抽样（有放回）以神经元为靶刺激的试验中的脉冲电位序列，为多个模拟试次中的每一个产生平均目标刺激脉冲电位密度函数，并且以类似的方式产生干扰刺激密度函数。然后，将积聚细胞的平均脉冲密度作为输入，输入到许多不同的累加器模型中，并根据经验证据观察到的结果评估其预测的反应时分布。

Purcell 等进行的建模的一般框架（2010）如图 15.7 所示。图的左侧显示，采样的脉冲密度函数确定了两个视觉神经元单元的活动，一个代表目标刺激，另一个代表干扰刺激。然后将来自视觉（爆发）神经元的活动反馈到模拟运动神经元，该运动神经元通过整合（或不整合）从视觉神经元传来的活动来确定反应。因此，对于每个模拟试验，当目标（m_t）或干扰物（m_d）的累加器活动超过阈值时就会发生模拟反应，反应时间是累积的持续时间加上一个常数。图 15.7 中的灰色连接显示了一般模型的不同实现之间被改变的机制，从而可以根据模型的相对拟合度来确定不同潜在机制的参与程度。u 连接通过前馈抑制实现竞争，从而使目标刺激的视觉神经元抑制干扰刺激的运动神经元，反之亦然。如在多个反应时间模型中所假设的（例如，Brown 和 Heathcote，2005 年；Usher 和 McClelland，2001 年），β 连接代表运动神经元之间的水平抑制。k 联结实现泄漏（leakiness），因此神经元的活动随时间推移会有所衰减，且与其他输入无关。最后，g 参数实现门控机制，使得仅当视觉神经元活动超出某个标准时，活动才从视觉神经元传递到运动神经元。

Purcell 等人（2010）使用最大似然估计用 11 个模型拟合了观察到的反应时间分布，并基于观察到的拟合优度做模型比较（包括使用似然比检验的一些比较）。总体模式是，单纯地竞速模型（race model）通常足以解释数据（因此不需要抑制），并且假

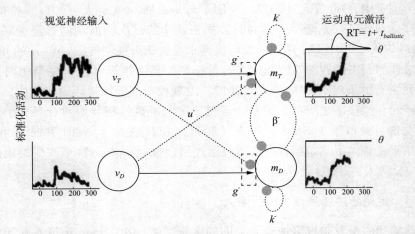

视觉神经输入

标准化活动

运动单元激活

RT= $t + t_{ballistic}$

图 15.7　Purcell 等人（2010）对 FEF 进行建模的框架。v_t 和 v_d 单元分别代表目标刺激和干扰刺激对应的视觉神经元（爆发细胞）的活动，m_t 和 m_d 单元跟踪运动神经元的活动增长。图经 Purcell 等人（2010）许可转载。

设泄漏和/或门控的模型各自运行得也相对较好。实际上，行为数据不足以区分泄漏模型和门控模型的优劣。但是，Purcell 等人（2010）指出，尽管泄漏和门控模型预测的反应时间分布是相似的，但可以根据尚未纳入建模竞争的数据进行区分：记录的运动神经元的活动。Purcell 等人（2010）根据辨别的难易程度将试验分为"简单"和"困难"两类，并计算了几种表征运动神经元兴奋活动动态及其与观察到的反应时间关系的指标。当为模型计算相同的度量时，只有门控累加器模型能够全面解释观察到的运动神经元数据。一个主要的区别特征是基线激活的影响。由于门控模型过滤掉了低于特定水平的活动，因此基线活动与反应时间无关，这也在实验数据中被观察到。相比之下，漏泄模型会累积激活，而不管输入的激活是由刺激驱动还是基线激活，这意味着它预测基线活动和反应时之间的相关性，而这在数据中是看不到的。

15.3.5　联合拟合行为和神经数据

先前的研究要么使用行为数据来预测神经数据，要么使用神经数据来预测行为数据。Turner 等人（2017）创新性地采用行为和神经数据的联合建模的技术。无论从概念上还是程序上，该方法都依赖于第 9 章中介绍的分层贝叶斯建模框架。为了联合拟合神经数据和行为数据，假定两种形式的数据都是一组（超）参数的函数，这样两种数据形式都会同时限制参数评估。行为数据间的联合拟合在概念上与行为数据和神经数据的联合拟合没有区别。唯一的区别是需要一个附加函数以将反应时间模型的参数映射到神经数据。

联合拟合的一种方法是假设神经和行为数据各自的似然函数，然后使用超参数将它们联系起来（例如，Turner 等人，2013，2016）。Turner 等人（2013）展示了几个将认知模型（信号检测理论，LBA）与神经数据（分别为加权扩散张量成像 DWI 和fMRI）联系起来的例子。Turner 等人（2013）将 LBA 模型应用于在衰老对速度与准确率权衡的影响研究中收集到的反应时数据（Forstmann 等人，2011b）。同一项研究对连接前辅助运动区和纹状体的白质纤维束联结强度进行测量（回想一下 Forstmann 等人 2008 年研究中这些脑区的参与）。图 15.8 的顶部子图描述了 Turner 等人（2013）假设的模型，该图使用了第 9 章中介绍的板块图符号；请注意，这是对他们模型的粗略简化，其中省略了许多细节，但抓住了他们方法的本质。左图描绘了行为模型：被试 j 的反应数据是 LBA 参数 A、τ、b 和 v 的函数。右图描绘了神经模型，Turner 等人（2013）将假设的观测神经数据（白质纤维束强度）与潜在神经参数 δ 之间存在 logit 关系列在其中。母体分布 Ω 是一个多元分布，指定每个被试水平参数（LBA 和神经）的平均参数，一个协方差矩阵假定 LBA 参数独立，但允许通过指定这些参数之间的相关性在两个信息源之间进行相互约束。Turner 等人（2013）获得了受两组数据约束的 LBA 参数的估计值，并展示了如何通过考察 LBA 参数和神经参数 δ 之间相关性的后验估计值来确认行为和神经数据之间的关联。

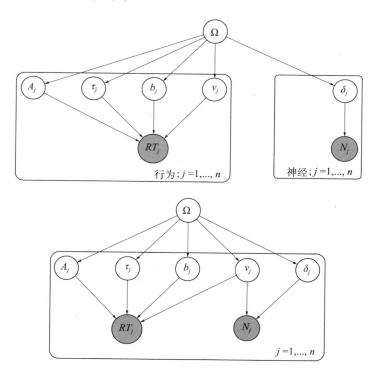

图 15.8 Turneretal.（2013）（上图）和 van Ravenzwaaij etal.（2017）（下图）中假设的模型示意图。

Turner 等人（2016）扩展 Turner 等人（2013）的建模方法，联合地拟合了行为，EEG 和 fMRI 的数据。Turner 等人（2016）研究了跨期选择的神经相关性，第 9 章（Vincent，2016）对此进行了详细讨论。Turner 等人（2016）使用 LBA 模型对选择及其反应时间进行建模。他们还指定了单独的似然函数，将 EEG 数据联结到隐变量，将 fMRI 数据联结到自身的隐变量。信息的三个来源通过超参数 Ω 联结起来，其方式与 Turner 等人（2013）相似。Turner 等人（2016）的研究表明，整合多种信息来源增加了信息量；也就是说，使用多个数据源进行的估计给出的认知模型参数（包括与延迟折扣相关的参数）更多的后验估计峰值。Turner 等使用交叉验证（第 10 章）还表明，联合使用所有三个来源的三变量模型可以更好地预测被试的行为数据，被试的行为数据在参数估计期间被保留，然后在交叉验证期间仅提供其神经数据（或其子集）。实际上，Turner 等（2013，2016）均强调，分层建模的主要优势之一是能够在存在缺失数据的情况下进行估计，并对这些缺失数据进行推断。由于被试损耗和设备或实验者的失误，数据通常会丢失，而这种方法允许使用部分的数据，鉴于许多神经科学研究的昂贵（在时间和金钱上）性质，这是个额外的好处。

van Ravenzwaaij 等（2017）采用了另外一种的分层贝叶斯联合拟合方法。与 Turner 等人（2013，2016）的论文的方法的关键区别是其行为和神经数据的似然函数都直接依赖于模型参数，如图 15.8 的下图所示。van Ravenzwaaij 等（2017）在被试完成经典的 Shepard-Metzler 心理旋转任务（Shepard 和 Metzler，1971）同时测量了反应时和头皮 EEG。在贝叶斯模型中，LBA 被假定为反应时间的模型，LBA 从而定义了数据的似然函数。假定事件相关电位（ERP）数据（称为"与旋转相关的负波"的特定 ERP 成分）是正态分布的，分布的平均值是 LBA（v）累积速率的线性函数：

$$ERP \sim N\left(\alpha + v\beta,\ \sigma\right). \tag{15.11}$$

van Ravenzwaaij 等（2017）拟合了整个 ERP 波形，β 的变异允许刺激后 ERP 的各个时段（epochs）表示对累积速率敏感性的潜在变化。然后使用前面章节中描述的标准贝叶斯参数估计对数据进行拟合。van Ravenzwaaij 等（2017）表明，他们的模型（假定 LBA 参数 v 和神经数据之间一个相对简单联结函数）很好地解释了行为和神经数据。van Ravenzwaaij 等（2017）还使用了 DIC 模型比较（参见第 11 章）来比较不同联结函数的似然性。该模型比较表明，将 ERP 数据链接到其他 LBA 模型参数，例如用编码时间和反应时间的和，或假定累积速率的非线性联结函数，其效果不如上述模型。van Ravenzwaaij 等（2017）指出，为所有模型和所有形式的神经数据指定这种简单的联结函数并非总是可行和合理的，但令人惊讶的是，这种简单的联结函数对多个数据来源给出了令人印象深刻的定量解释。在 Purcell 等（2010）的研究基础上，Cassey 等（2016）在 LBA 模型中指定了来自顶叶外侧皮层神经元的脉冲序列和累积证据之间的联结函数，因此，假设脉冲序列数据和行为数据都与累加器活动的隐变量相关。

最后一个将本章涉及的许多主题（包括强化学习模型）结合在一起的例子是 Frank 等人的工作（2015 年）。Frank 和他的同事研究了强化学习的神经和行为动力学。被试反复观看三张不同的图片，每一张图片都会根据反应给予奖励。这三张图片有不同的奖励：85∶15（即一个反应得到 85% 的奖励，另一个反应得到 15% 的奖励），75∶25 和 65∶35。记录被试的选择和反应时，并假设是由扩散模型生成的。此外还收集了两组神经测量数据。丘脑底核和前辅助运动区的 BOLD 反应被认为与反应谨慎性（扩散模型中的边界分离）的变异性相关，从 EEG 记录估计的中额叶 theta 频段也是如此。此外，扩散模型的漂移速率被假设取决于尾状核（背侧纹状体）中的 BOLD 反应，尾状核是强化学习中涉及的脑区结构之一。

在他们的分层贝叶斯模型中，行为数据取决于特定于主体的扩散模型参数（每个参数都有自己的母体分布）和固定比例因子 η。另外，假定边界分离 α 在每个试次之间变化，是丘脑底核和前辅助运动区 fMRI 激活以及中额叶 theta（EEG）的函数。如下所示，研究还测量了冲突（conflict）。Frank 等人（2015）从被试使用本章前面所述类型的强化学习模型所经历的序列中推断出预期的奖励值。然后，他们使用奖励值的差异（即关于哪个反应将有奖励的瞬时不确定性）作为冲突的度量来给 a 提供信息。最后，漂移率取决于预期值（也是根据强化学习模型进行预测）的试次间变异性，以及尾状核的 BOLD 反应。模型拟合结果表明，丘脑底核激活直接调节边界分离 a，且 theta 活动，丘脑底核激活和冲突量之间的相互作用表明，背内侧前额叶脑区的附加调节取决于每个试次中是否存在高反应冲突。此外，模型中包括预期奖励和尾状核 BOLD 反应会改善模型的拟合度，进一步增强了多巴胺奖赏神经元在驱动决策证据累积中的作用。Frank 等人（2015）这项研究展示了将不同的脑记录方法（脑电图、fMRI）和不同的模型（扩散模型、强化学习）结合在贝叶斯模型中，以从模型参数到对神经数据进行推理，令人印象深刻。

15.4 结论

正如建模为行为研究带来的许多好处一样，基于建模的认知神经科学有望将这些益处带到大脑结构和功能的研究中。如上面的许多示例所示，建模还可以提供行为和神经数据的一体的解释。从更哲学的角度来看，过程模型为高层级的任务计算描述与大脑硬件的低层级模型之间提供了潜在的桥梁（Love，2015）。

上面的例子只是基于模型的认知神经科学研究快速增长的一个小样。进一步推荐的阅读材料包括 Forstmann 等人（2011a），Turner 等人（2017），由 Forstmann 和 Wagenmakers（2015）最近编辑的一个合订本，以及于 2017 年出版的《数学心理学杂志》（*Journal of Mathematic Psychology*）特刊。

15.5 实例

数学心理学与认知神经科学的互惠连接：对立吸引！

Birte U. Forstmann
（阿姆斯特丹大学）
Brandon Turner
（俄亥俄州立大学）

在本节中，我们讨论了看似分离的数学心理学领域和认知神经科学领域如何实现互惠互利。从历史上看，数学心理学领域主要与行为的形式理论有关，而认知神经科学则主要与对大脑活动的实证测量有关。直到 10 年前，这两个学科之间几乎没有联合。但是，近年来发生了明显的变化，以至于数学心理学家和认知神经科学家开始一起发展"联合模型"。这些模型可以同时解释行为数据和神经数据，同时对潜在的认知过程提出新的令人兴奋的见解。

在这里，我们旨在简要概述这些不同学科之间如何开始相互联系以实现共同利益。

数学心理学

数学心理学家关注人类行为的形式分析。形式分析可以包括感知、决策、学习、记忆、注意力、分类，偏好判断和情绪的建模。因此，数学心理学领域可以被认为是很广泛的，并且是通过方法而不是按照主题来定义。

数学心理学界只有几百名研究人员，因此该领域的进展会非常缓慢。因此，与其他学科的合作可以加快进度，尤其是当更多的研究人员对特定现象产生兴趣并共同产生令人兴奋的新发现时。

在 2000 年初，事情就是这样。认知神经科学家开始对快速决策的定量模型感兴趣（Gold 和 Shadlen，2001，2002，2007）。他们与 Roger Ratcliff 的开创性工作联系在一起，他从 1978 年到 2001 年几十年来一直推广扩散决策模型（DDM），该模型综合考虑了人在快速二选一任务中的表现。

认知神经科学

神经科学学会的年会吸引了多达 40 000 名研究者参加。根据他们各自年会的出席情况，神经科学家的数量是数学心理学家数量的 200 倍。认知神经科学家使用大脑测量技术来研究认知过程，例如感知、注意、学习、情感、决策等。大部分工作涉及组间、治疗或实验条件之间的经验比较。以 Ding 和 Gold（2012）的工作为例，他们的研究表明，对猴子尾状核的电流微刺激会影响其随机点运动任务的表现。该结果表明尾状核在感知决策中具有因果作用。与数学心理学方法相比，认知神经科学方法的宗旨是在相对具体的实现水平上理解认知：特定的认知过程涉及哪些大脑区域、神经过程和回路？

为了使认知神经科学能够影响心理学理论，将两者联系起来非常重要（de Hollander 等 2016；Schall，2004；Teller，1984）。实现这种联系的一种方法是通过详细阐述心理学理论，使其对所涉及的大脑过程变得清晰（Ashby 和 Helie，2011 年）。另一种方法是使用形式模型将神经科学的发现与当前的认知过程联系起来。例如，数学心理学家可能会使用 DDM 来说明，当提示被试迅速做出反应时，被试会变得更不谨慎。也就是说，在他们愿意做出决定之前，他们需要的证据更少。

这种对认知的描述是相对抽象的，并不能说明大脑是如何实现这一过程的。神经科学家可能会使这一点更为具体，并发现快速反应的指导语会导致纹状体中激活的基线水平增加，从而减少来自皮层的输入来抑制基底节的输出核，从而将大脑从强直抑制中释放出来，从而可执行动作（Forstmann 等人，2008）。因此，DDM 可以提供潜在的认知过程的估计（例如，反应的谨慎度），然后可以将其与大脑中的激活模式进行比较。通过使用估计心理过程的形式化模型，这种特殊的神经科学方法进一步促进了实际的理论进展，并有可能弥合实现水平与算法水平之间的鸿沟（Marr，1982）。

基于模型的认知神经科学

基于模型的认知神经科学的目标是借助形式模型弥合大脑测量与认知过程之间的鸿沟（Forstmann 和 Wagenmakers，2015；Forstmann 等，2016）。这是一种相对较新的跨学科方法，其中实验心理学，数学心理学和认知神经科学都追求一个共同的目标：更好地理解人类的认知。但是，通常很难直接从数据中了解相关的认知过程。通常，首先需要一种数学模型来为所涉及的认知过程提供定量估计。接下来，认知过程的估计可以与大脑测量相关。学科共生的模型在其中（model-in-the-middle）（Corrado 和 Doya，2007）多个方面很有用。在下一部分中，我们将提供一个具体的示例，说明数学模型与大脑测量之间的互利关系如何导致一种令人兴奋的新方法，称为"联合建模"（另请参见 Turner 等，2015）。

联合建模

联合建模方法是一种简单的策略，用于通过决策过程的协变量，例如由认知神经科学家测量的变量（EEG 或 fMRI），以增强数学心理学家证明过的形式模型，例如由认知神经科学家测量的变量（例如，EEG 或 fMRI）。从统计学上讲，联合建模方法的独特之处在于它将数学模型假设的隐参数与神经生理学提供的认知具体度量之间联系起来。具体而言，它假设在决策过程的这两个方面之间建立明确的联系一个总体分布，即由一组"超参数"控制的分布。使用分层贝叶斯方法，可以推断潜在的相似结构。通过对这些超参数进行估计，从而对行为和神经生理学测量的变量施加相互约束。

相互约束的优势在于，它使研究人员能够研究那些仅凭数学模型或神经数据无法回答的研究问题。例如，Turner 等人（2015 年）将 fMRI 测量的脑部状态波动内置到经典 DDM 中。Turner 等人解决的问题重点是有关试次内动态累积的信息缺乏。在行为选择反应实验中，在出现刺激后，研究人员只能观察最终的选择和反应时间。假设每个试验中观察到的数据来自等效的心理过程，我们就可以将这些数据用于估计认知模型的参数。但是，这种假设（称为平稳性）是一个很强的假设，在实验数据中很少观察到（如 Craigmile 等，2010；Peruggia 等，2002；Wagenmakers 等，2004b）。

拟合行为测量波动的经典方法是假设模型的关键成分（如漂移率或起点）中存在不同试次间的波动。尽管这种方法在描述行为数据方面为模型提供了很大的灵活性，但人们仍批评这种方法，因为其理论动机基础较差。此外，神经变量的波动，如通过 fMRI 测量的波动，可高精度地预测即将发生的错误（Eichele 等，2008）以及反应时的瞬时增加（Weissman 等，2006）。为了融合这两种研究，Turner 等使用多变量联结函数将经典 DDM 与一组脑区的联合激活中的试次间变异融合在一起。其结果是该 DDM 扩展模型随大脑状态的波动而自动改变其单试次漂移率和起点参数。在交叉验证测试中，他们表明与单独的 DDM 相比，扩展模型可以对行为数据进行更好的预测，表明神经生理学可以用于支持这一看似主观的关于行为试次间的波动的理论假设。

原著附录 A

Table A.1 Table of Greek Letters

Letter	Name	Letter	Name
A, α	alpha	M, μ	mu
B, β	beta	N, ν	nu xi
Γ, γ	gamma	O, o	omicron
Δ, δ	delta	Π, π	pi
E, ϵ	epsilon	R, ρ	rho
Z, ζ	zeta	Σ, σ	sigma
E, η	eta	T, τ	tau
Θ, θ	theta	Υ, υ	upsilon
I, ι	iota	Φ, ϕ	phi
K, κ	kappa	X, χ	chi
Λ, λ	lambda	Ψ, ψ	psi
		Ω, ω	omega

原著附录 B

Table B.1 Scalars, vectors, and functions

x	A scalar
$\mathbf{x}$	A vector
$\mathbf{x}_i$	The ith element of vector $\mathbf{x}$ (Usually, there are some exceptions in the book.)
$\mathbf{x}(t)$	The $\mathbf{x}$ expressed as a function of t (usually)
$\mathbf{X}$	A matrix
$f(x)$	A function; sometimes written simply as f, with context distinguishing scalars and functions
$\det \mathbf{X}$	The determinant of matrix $\mathbf{X}$

Table B.2 Summing, multiplying, and differentiation

$k = 1 \ldots K$	Loop k across all the integer values from 1 to K.
$\Sigma_{k=1}^{K} f(x)$	Loop across $k = 1 \to K$ and sum the values of $f(k)$. Note that k is an index, and K is the maximum of k.
$\Pi_{k=1}^{K} f(x)$	Loop across $k = 1 \to K$ and multiply the values of $f(k)$.
$\int_a^b f(x)$	Integrate the function $f(x)$ from $x = a$ to $x = b$.
f'	The first derivative of function f (the function giving tangent of f, or the instantaneous rate of change of f).
f''	The second derivative of function f (the derivative of the first derivative, or the curvature of function f).

Table B.3 Enumeration

$\binom{N}{k}$	From N choose k; the number of ways of selecting k objects from a set of N objects
$x!$	The factorial of x, $\Pi_{j=1}^{x} x$, or $x \times (x-1) \times (x-2) \cdots 1$

Table B.4 Probability

$p(a)$	The probability of a
$p(a\|b)$	The probability of a given b
$p(a,b)$	The probability of a and b (i.e., the joint probability)
$p(a,b) = p(a\|b)p(b)$	Obtaining $p(a,b)$ when a is not independent of b
$p(a,b) = p(a)p(b)$	Obtaining $p(a,b)$ when a is independent of b

Abler, B., Walter, H., Erk, S., Kammerer, H., and Spitzer, M. 2006. Prediction error as a linear function of reward probability is coded in human nucleus accumbens. *NeuroImage*, **31**, 790–795.

Aitkin, M., and Rubin, D. B. 1985. Estimation and hypothesis testing in finite mixture models. *Journal of the Royal Statistical Society. Series B (Methodological)*, **47**, 67–75.

Akaike, H. 1973. Information theory and an extension of the maximum likelihood principle. Pages 267–281 in: Petrov, B. N., and Csaki, F. (eds), *Second International Symposium on Information Theory*. Budapest: Akademiai Kiado.

Anderson, J. A. 1995. *An introduction to neural networks*. Cambridge, MA: MIT Press.

Anderson, J. A., Silverstein, J. W., Ritz, S. A., and Jones, R. S. 1977. Distinctive features, categorical perception, and probability learning: Some applications of a neural model. *Psychological Review*, **84**, 413–451.

Anderson, J. R. 1983a. *The architecture of cognition*. Cambridge, MA: Harvard University Press.

Anderson, J. R. 1983b. A spreading activation theory of memory. *Journal of Verbal Learning and Verbal Behavior*, **22**, 261–295.

Anderson, J. R. 1990. *The adaptive character of thought*. Hillsdale, NJ: Lawrence Erlbaum.

Anderson, J. R. 1996. ACT: A simple theory of complex cognition. *American Psychologist*, **51**, 355–365.

Anderson, J. R. 2007. *How can the human mind occur in the physical universe?* Oxford: Oxford University Press.

Anderson, J. R., and Lebiere, C. 1998. *The atomic components of thought*. Hillsdale, NJ: Erlbaum.

Anderson, J. R., and Matessa, M. 1997. A production system theory of serial memory. *Psychological Review*, **104**, 728–748.

Anderson, J. R., and Schooler, L. J. 1991. Reflections of the environment in memory. *Psychological Science*, **2**, 396–408.

Anderson, N. H. 1981. *Foundations of information integration theory*. New York: Academic Press.

Andrews, S., and Heathcote, A. 2001. Distinguishing common and task-specific processes in word identification: A matter of some moment? *Journal of Experimental Psychology: Learning, Memory, and Cognition*, **27**, 514–544.

Andrieu, C., de Freitas, N., Doucet, A., and Jordan, M. I. 2003. An introduction to MCMC for machine learning. *Machine Learning*, **50**, 5–43.

Angus, J. E. 1994. The probability integral transform and related results. *SIAM Review*, **36**, 652–654.

Arlot, S., Celisse, A., et al. 2010. A survey of cross-validation procedures for model selection. *Statistics Surveys*, **4**, 40–79.

Arnold, N. R., Bayen, U. J., Kuhlmann, B. G., and Vaterrodt, B. 2013. Hierarchical modeling of contingency-based source monitoring: A test of the probability-matching account. *Psychonomic Bulletin & Review*, **20**, 326–333.

Ashby, F. G., and Helie, S. 2011. A tutorial on computational cognitive neuroscience: Modeling the neurodynamics of cognition. *Journal of Mathematical Psychology*, **55**, 273–289.

Ashby, F. G., and Maddox, W. T. 1993. Relations between prototype, exemplar, and decision bound models of categorization. *Journal of Mathematical Psychology*, **37**, 372–400.

Ashby, F. G., Maddox, W. T., and Lee, W. W. 1994. On the dangers of averaging across subjects when using multidimensional scaling or the similarity-choice model. *Psychological Science*, **5**, 144–151.

Ashby, G. G. 1983. A biased random-walk model for two choice reaction times. *Journal of Mathematical Psychology*, **27**, 277–297.

Averell, L., and Heathcote, A. 2011. The form of the forgetting curve and the fate of memories. *Journal of Mathematical Psychology*, **55**, 25–35.

Ayers, M. S., and Reder, L. M. 1998. A theoretical review of the misinformation effect: Predictions from an activation-based memory model. *Psychonomic Bulletin & Review*, **5**, 1–21.

Baayen, R. H., Davidson, D. J., and Bates, D. M. 2007. Mixed-effects modeling with crossed random effects for subjects and items. *Journal of Memory and Language*, **59**, 390–412.

Bahrick, H. P., Bahrick, P. O., and Wittlinger, R. P. 1975. Fifty years of memory for names and faces: A cross-sectional approach. *Journal of Experimental Psychology: General*, **104**, 54–75.

Balota, D. A., Yap, M. J., Cortese, M. J., and Watson, J. M. 2008. Beyond mean response latency: Response time distributional analyses of semantic priming. *Journal of Memory and Language*, **59**, 495–523.

Bamber, D., and van Santen, J. P. 1985. How many parameters can a model have and still be testable? *Journal of Mathematical Psychology*, **29**, 443–473.

Bamber, D., and van Santen, J. P. 2000. How to assess a model's testability and identifiability. *Journal of Mathematical Psychology*, **44**, 20–40.

Bamber, J. L., Aspinall, W. P., and Cooke, R. M. 2016. A commentary on "how to interpret expert judgment assessments of twenty-first century sea-level rise" by Hylke de Vries and Roderik SW van de Wal. *Climatic Change*, **137**, 321–328.

Barrouillet, P., Bernardin, S., and Camos, V. 2004. Time constraints and resource sharing in adults' working memory spans. *Journal of Experimental Psychology: General*, **133**, 83–100.

Bartels, A., and Zeki, S. 2000. The neural basis of romantic love. *Neuroreport*, **11**, 3829–3834.

Basso, M. A., and Wurtz, R. H. 1998. Modulation of neuronal activity in superior colliculus by changes in target probability. *Journal of Neuroscience*, **18**, 7519–7534.

Basten, U., Biele, G., Heekeren, H. R., and Fiebach, C. J. 2010. How the brain integrates costs and benefits during decision making. *Proceedings of the National Academy of Sciences*, **107**, 21767–21772.

Batchelder, W. H., and Riefer, D. M. 1999. Theoretical and empirical review of multinomial process tree modeling. *Psychonomic Bulletin & Review*, **6**, 57–86.

Bays, P. M., Catalao, R. F. G., and Husain, M. 2009. The precision of visual working memory is set by allocation of a shared resource. *Journal of Vision*, **9**, 7.

Bays, P. M., Wu, E. Y., and Husain, M. 2011. Storage and binding of object features in visual working memory. *Neuropsychologia*, **49**, 1622–1631.

Bechtel, W. 2008. Mechanisms in cognitive psychology: What are the operations? *Philosophy of Science*, **75**, 983–994.

Beichl, I., and Sullivan, F. 2000. The Metropolis algorithm. *Computing in Science & Engineering*, **2**, 65–69.

Bennett, C. M., Wolford, G. L., and Miller, M. B. 2009. The principled control of false positives in neuroimaging. *Social Cognitive and Affective Neuroscience*, **4**, 417–422.

Berger, J. O. 1985. *Statistical decision theory and Bayesian analysis*. New York: Springer Verlag.

Berger, J. O., Bernardo, J. M., and Sun, D. 2009. The formal definition of reference priors. *The Annals of Statistics*, **37**, 905–938.

Berger, J. O., Bernardo, J. M., and Sun, D. 2015. Overall objective priors. *Bayesian Analysis*, **10**, 189–221.

Bernardo, J. M. 1979. Reference posterior distributions for Bayesian inference. *Journal of the Royal Statistical Society. Series B (Methodological)*, **41**, 113–147.

Bickel, P. J., Hammel, E. A., and O'Connell, J. W. 1975. Sex bias in graduate admissions: Data from Berkeley. *Science*, **187**, 398–404.

Boekel, W., Wagenmakers, E.-J., Belay, L., Verhagen, J., Brown, S., and Forstmann, B. U. 2015. A purely confirmatory replication study of structural brain-behavior correlations. *Cortex*, **66**, 115–133.

Boettiger, C. 2015. An introduction to Docker for reproducible research. *ACM SIGOPS Operating Systems Review*, **49**, 71–79.

Bogacz, R., and Gurney, K. 2007. The basal ganglia and cortex implement optimal decision making between alternative actions. *Neural Computation*, **19**, 442–477.

Bogacz, R., Hu, P. T., Holmes, P. J., and Cohen, J. D. 2010a. Do humans produce the speed–accuracy trade-off that maximizes reward rate? *The Quarterly Journal of Experimental Psychology*, **63**, 863–891.

Bogacz, R., McClure, S. M., Li, J., Cohen, J. D, and Montague, P. R. 2007. Short-term memory traces for action bias in human reinforcement learning. *Brain Research*, **1153**, 111–121.

Bogacz, R., Wagenmakers, E.-J., Forstmann, B. U, and Nieuwenhuis, S. 2010b. The neural basis of the speed–accuracy tradeoff. *Trends in Neurosciences*, **33**, 10–16.

Botvinick, M. M., and Plaut, D. C. 2004. Doing without schema hierarchies: A recurrent connectionist approach to normal and impaired routine sequential action. *Psychological Review*, **111**, 395–429.

Botvinick, M. M., and Plaut, D. C. 2006. Short-term memory for serial order: A recurrent neural network model. *Psychological Review*, **113**, 201–233.

Box, G. E. P. 1979. Robustness in the strategy of scientific model building. *Robustness in Statistics*, **1**, 201–236.

Box, M. J. 1966. A comparison of several current optimization methods, and the use of transformations in constrained problems. *Computer Journal*, **9**, 67–77.

Bozdogan, H. 1987. Model selection and Akaike's Information Criterion (AIC): The general theory and its analytical extensions. *Psychometrika*, **52**, 345–370.

Bradshaw, G. L., Langley, P., and Simon, H. A. 1983. Studying scientific discovery by computer simulation. *Science*, **222**, 971–975.

Brandstätter, E., Gigerenzer, G., and Hertwig, R. 2006. The priority heuristic: making choices without trade-offs. *Psychological review*, **113**, 409.

Brooks, S. P., and Gelman, A. 1998. General Methods for Monitoring Convergence of Iterative Simulations. *Journal of Computational and Graphical Statistics*, **7**, 434–455.

Brown, G. D. A., and Lewandowsky, S. 2010. Forgetting in memory models: Arguments against trace decay and consolidation failure. Pages 49–75 of: Della Sala, S. (ed), *Forgetting*. Hove, UK: Psychology Press.

Brown, G. D. A., Preece, T., and Hulme, C. 2000. Oscillator-based memory for serial order. *Psychological Review*, **107**, 127–181.

Brown, G. D. A., Neath, I., and Chater, N. 2007. A temporal ratio model of memory. *Psychological Review*, **114**, 539–576.

Brown, S., and Heathcote, A. 2005. A ballistic model of choice response time. *Psychological Review*, **112**, 117–128.

Brown, S. D., and Heathcote, A. 2008. The simplest complete model of choice response time: Linear ballistic accumulation. *Cognitive Psychology*, **57**, 153–178.

Burgess, N., and Hitch, G. J. 1999. Memory for serial order: A network model of the phonological loop and its timing. *Psychological Review*, **106**, 551–581.

Burnham, K. P., and Anderson, D. R. 2002. *Model selection and multimodel inference: A practical information-theoretic approach (2nd Edition)*. New York: Springer-Verlag.

Burnham, K. P., and Anderson, D. R. 2004. Multimodel inference: Understanding AIC and BIC in model selection. *Sociological Methods & Research*, **33**, 261–304.

Carlin, B. P., and Chib, S. 1995. Bayesian model choice via Markov chain Monte Carlo methods. *Journal of the Royal Statistical Society. Series B (Methodological)*, **57**, 473–484.

Carpenter, B., Gelman, A., Hoffman, M., Lee, D., Goodrich, B., Betancourt, M., Brubaker, M. A., Guo, J., Li, P., and Riddell, A. 2016. Stan: A probabilistic programming language. *Journal of Statistical Software*, **20**, 1–37.

Carpenter, R. H. S. 1981. Oculomotor procrastination. Pages 237–246 of: Fisher, D. F., Monty, R. A., and Senders, J. W. (eds), *Eye movements: Cognition and visual perception*. Hillsdale, NJ: Lawrence Erlbaum.

Carpenter, R. H. S. 2001. Express saccades: Is bimodality a result of the order of stimulus presentation? *Vision Research*, **41**, 1145–1151.

Carpenter, R. H. S., and Williams, M. L. L. 1995. Neural computation of log likelihood in control of saccadic eye movements. *Nature*, **377**, 59–62.

Carpenter, S. K., Pashler, H., Wixted, J. T., and Vul, E. 2008. The effects of tests on learning and forgetting. *Memory & Cognition*, **36**, 438–448.

Cassey, P. J., Gaut, G., Steyvers, M., and Brown, S. D. 2016. A generative joint model for spike trains and saccades during perceptual decision-making. *Psychonomic Bulletin & Review*, **23**, 1757–1778.

Chandrasekharan, S. 2009. Building to discover: a common coding model. *Cognitive Science*, **33**, 1059–1086.

Chandrasekharan, S., and Nersessian, N. J. 2015. Building cognition: the construction of computational representations for scientific discovery. *Cognitive science*, **39**, 1727–1763.

Chandrasekharan, S., Nersessian, N. J., and Subramanian, V. 2012. Computational modeling: Is this the end of thought experimenting in science? Pages 239–260 of: Brown, J., Frappier, M., and Meynell, L. (eds), *Thought experiments in philosophy, science and the arts*. London: Routledge.

Chechile, R. A. 1977. Likelihood and posterior identification: Implications for mathematical psychology. *British Journal of Mathematical and Statistical Psychology*, **30**, 177–184.

Chechile, R. A. 1998. Reexamining the goodness-of-fit problem for interval-scale scores. *Behavior Research Methods, Instruments, & Computers*, **30**, 227–231.

Chechile, R. A. 1999. A vector-based goodness-of-fit metric for interval-scaled data. *Communications in Statistics: Theory and Methods*, **28**, 277–296.

Chib, Siddhartha. 1995. Marginal likelihood from the Gibbs output. *Journal of the American Statistical Association*, **90**, 1313–1321.

Chib, S., and Greenberg, E. 1995. Understanding the Metropolis-Hastings Algorithm. *The American Statistician*, **49**, 327–335.

Churchland, A. K., Kiani, R., and Shadlen, M. N. 2008. Decision-making with multiple alternatives. *Nature Neuroscience*, **11**, 693–702.

Cisek, P., Puskas, G. A., and El-Murr, S. 2009. Decisions in Changing Conditions: The Urgency-Gating Model. *Journal of Neuroscience*, **29**, 11560–11571.

Collins, A. M., and Loftus, E. F. 1975. A spreading activation theory of semantic processing. *Psychological Review*, **82**, 407–428.

Coltheart, M. 2006. What has functional neuroimaging told us about the mind (so far). *Cortex*, **42**, 323–331.

Coltheart, M., Curtis, B., Atkins, P., and Haller, P. 1993. Models of reading aloud: Dual-route and parallel-distributed-processing approaches. *Psychological Review*, **100**, 589–608.

Coltheart, M., Rastle, K., Perry, C., Langdon, R., and Ziegler, J. 2001. DRC: A dual route cascade model of visual word recognition and reading aloud. *Psychological Review*, **108**, 204–256.

Corrado, G., and Doya, K. 2007. Understanding neural coding through the model based analysis of decision making. *The Journal of Neuroscience*, **27**, 8178–8180.

Cousineau, D., Brown, S., and Heathcote, A. 2004. Fitting distributions using maximum likelihood: Methods and packages. *Behavior Research Methods Instruments & Computers*, **36**, 742–756.

Cousineau, D., and Shiffrin, R. M. 2004. Termination of a visual search with large display size effects. *Spatial Vision*, **17**, 327–352.

Cowles, Mary Kathryn, and Carlin, Bradley P. 1996. Markov Chain Monte Carlo Convergence Diagnostics: A Comparative Review. *Journal of the American Statistical Association*, **91**, 883–904.

Coyne, J. A. 2009. *Why evolution is true*. New York: Viking.

Craigmile, P., Peruggia, M., and Zandt, T. V. 2010. Hierarchical Bayes models for response time data. *Psychometrika*, **75**, 613–632.

Craik, F. I. M., Govoni, R., Naveh-Benjamin, M., and Anderson, N. D. 1996. The effects of divided attention on encoding and retrieval processes in human memory. *Journal of Experimental Psychology: General*, **125**, 159.

Cressie, N., and Read, T. R. C. 1989. Pearson's χ^2 and the Loglikelihood Ratio Statistic G^2: A Comparative Review. *International Statistical Review*, **57**, 19–43.

Crick, F. 1989. The recent excitement about neural networks. *Nature*, **337**, 129–132.

Crowder, R. G. 1976. *Principles of learning and memory*. Hillsdale, NJ: Lawrence Erlbaum.

Curran, T., and Hintzman, D. L. 1995. Violations of the independence assumption in process dissociation. *Journal of Experimental Psychology: Learning, Memory, & Cognition*, **21**, 531–547.

David, F. N. 1962. *Games, gods and gambling*. London: Charles Griffin and Co.

Daw, N. D. 2009. Trial-by-trial data analysis using computational models. Pages 3–38 of: Phelps, E., Robbins, T., and Delgado, M. (eds), *Decision making, affect, and learning: Attention and performance XXIII*. Oxford, UK: Oxford University Press.

Daw, N. D., and Tobler, P. N. 2014. Value learning through reinforcement: the basics of dopamine and reinforcement learning. Pages 283–298 of: Glimcher, P. W., and Fehr, E (eds), *Neuroeconomics*. London, UK: Academic Press.

Daw, N. D., O'Doherty, J. P., Dayan, P., Seymour, B., and Dolan, R. J. 2006. Cortical substrates for exploratory decisions in humans. *Nature*, **441**, 876–879.

de Hollander, G., Forstmann, B. U., and Brown, S. D. 2016. Different ways of linking behavioral and neural data via computational cognitive models. *Biological Psychiatry: Cognitive Neuroscience and Neuroimaging*, **1**, 101–109.

DeCarlo, L. T. 1998. Signal detection theory and generalized linear models. *Psychological Methods*, **3**, 186–205.

DeGroot, M. H. 1989. *Probability and Statistics (2nd Edition)*. Reading, MA: Addison-Wesley.

Dennis, S., and Humphreys, M. S. 2001. A context noise model of episodic word recognition. *Psychological Review*, **108**, 452–478.

DiCiccio, T. J., Kass, R. E., Raftery, A., and Wasserman, L. 1997. Computing Bayes factors by combining simulation and asymptotic approximations. *Journal of the American Statistical Association*, **92**, 903–915.

Dickey, J. M. 1971. The weighted likelihood ratio, linear hypotheses on normal location parameters. *The Annals of Mathematical Statistics*, **42**, 204–223.

Dickey, J. 1973. Scientific reporting and personal probabilities: Student's hypothesis. *Journal of the Royal Statistical Society. Series B (Methodological)*, **42**, 285–305.

Dickey, J. M. 1976. Approximate posterior distributions. *Journal of the American Statistical Association*, **71**, 680–689.

Dickey, J. M., Lientz, B. P., et al. 1970. The weighted likelihood ratio, sharp hypotheses about chances, the order of a Markov chain. *The Annals of Mathematical Statistics*, **41**, 214–226.

Dienes, Z. 2011. Bayesian versus orthodox statistics: Which side are you on? *Perspectives on Psychological Science*, **6**, 274–290.

Ding, L., and Gold, J. I. 2012. Separate, causal roles of the caudate in saccadic choice and execution in a perceptual decision task. *Neuron*, **75**, 865–874.

Donaldson, W. 1996. The role of decision processes in remembering and knowing. *Memory & Cognition*, **24**, 523–533.

Donkin, C., Averell, L., Brown, S., and Heathcote, A. 2009. Getting more from accuracy and response time data: Methods for fitting the linear ballistic accumulator. *Behavior Research Methods*, **41**, 1095–1110.

Donkin, C., Nosofsky, R. M., Gold, J. M., and Shiffrin, R. M. 2013. Discrete-Slots Models of Visual Working-Memory Response Times. *Psychological Review*, **120**, 873–902.

Dorris, M. C., and Munoz, D. P. 1998. Saccadic probability influences motor preparation signals and time to saccadic initiation. *Journal of Neuroscience*, **18**, 7015–7026.

Dorris, M. C., Pare, M., and Munoz, D. P. 2000. Immediate neural plasticity shapes motor performance. *Journal of Neuroscience*, **20**, 1–5.

Drummond, C. 2009. Replicability is not reproducibility: nor is it good science. Downloaded from http://cogprints.org/7691

Dunn, J. C. 2000. Model complexity: The fit to random data reconsidered. *Psychological Research*, **63**, 174–182.

Dunn, J. C. 2004. Remember–know: A Matter of Confidence. *Psychological Review*, **111**, 524–542.

Dutton, J. M., and Starbuck, W. H. 1971. *Computer simulation of human behavior*. New York: Wiley.

Džeroski, S., Langley, P., and Todorovski, L. 2007. Computational discovery of scientific knowledge. Pages 1–14 of: Džeroski, S., and Todorovski, L. (eds), *Computational Discovery of Scientific Knowledge*. Berlin: Springer-Verlag.

Edwards, A. W. F. 1992. *Likelihood*. Expanded edn. Baltimore, MA: Johns Hopkins University Press.

Edwards, W., Lindman, H., and Savage, L. J. 1963. Bayesian statistical inference for psychological research. *Psychological Review*, **70**, 193–242.

Efron, B., and Gong, G. 1983. A leisurely look at the boostrap, the jackknife, and cross-validation. *The American Statistician*, **37**, 36–38.

Efron, B., and Morris, C. N. 1977. Stein's paradox in statistics. *Scientific American*, **236**, 119–127.

Efron, B., and Tibshirani, R. 1994. *Introduction to the Bootstrap*. New York: Chapman & Hall.

Eichele, T., Debener, S., Calhoun, V. D., Specht, K., Engel, A. K., Hugdahl, K., and Ullsperger, M. 2008. Prediction of human errors by maladaptive changes in event-related brain networks. *Proceedings of the National Academy of Sciences*, **116**, 6173–6178.

Eliason, S. R. 1993. *Maximum likelihood estimation: Logic and practice*. Quantitative applications in the social sciences. Newbury Park, CA: Sage.

Elman, J. L. 1990. Finding structure in time. *Cognitive Science*, **14**, 179–211.

Elman, J. L., Bates, E. A., Johnson, M. H., Karmiloff-Smith, A., Parisi, D., and Plunkett, K. 1996. *Rethinking innateness: A connectionist perspective*. Cambridge, MA: MIT Press.

Erdfelder, E., and Buchner, A. 1998. Decomposing the hindsight bias: A multinomial processing tree model for separating recollection and reconstruction in hindsight. *Journal of Experimental Psychology: Learning, Memory, and Cognition*, **24**, 387–414.

Erdfelder, E., Auer, T., Hilbig, B. E., Aßfalg, A., Moshagen, M., and Nadarevic, L. 2009. Multinomial processing tree models: A review of the literature. *Zeitschrift für Psychologie/Journal of Psychology*, **217**, 108–124.

Erev, I., Ert, E., and Roth, A. E. 2010b. A choice prediction competition for market entry games: An introduction. *Games*, **1**, 117–136.

Erev, I., Ert, E., Roth, A. E., Haruvy, E., Herzog, S. M., Hau, R., Hertwig, R., Stewart, T., West, R., and Lebiere, C. 2010a. A choice prediction competition: Choices from experience and from description. *Journal of Behavioral Decision Making*, **23**, 15–47.

Estes, W. K. 1956. The problem of inference from curves based on group data. *Psychological Bulletin*, **53**, 134–140.

Estes, W. K. 2002. Traps in the route to models of memory and decision. *Psychonomic Bulletin & Review*, **9**, 3–25.

Evans, J. S. B. T. 1989. *Bias in human reasoning: Causes and consequences*. Hove, UK: Lawrence Erlbaum Associates.

Farrell, S., and Lewandowsky, S. 2000. A connectionist model of complacency and adaptive recovery under automation. *Journal of Experimental Psychology: Learning, Memory, and Cognition*, **26**, 395–410.

Farrell, S., and Lewandowsky, S. 2002. An endogenous distributed model of ordering in serial recall. *Psychonomic Bulletin & Review*, **9**, 59–79.

Farrell, S., and Lewandowsky, S. 2010. Computational models as aids to better reasoning in psychology. *Current Directions in Psychological Science*, **19**, 329–335.

Farrell, S., and Lewandowsky, S. 2012. Response suppression contributes to recency in serial recall. *Memory & Cognition*, **40**, 1070–1080.

Farrell, S., and Ludwig, C. J. H. 2008. Bayesian and maximum likelihood estimation of hierarchical response time models. *Psychonomic Bulletin & Review*, **15**, 1209–1217.

Farrell, S., Ludwig, C. J. H., Ellis, L. A., and Gilchrist, I. D. 2010. Influence of environmental statistics on inhibition of saccadic return. *Proceedings of the National Academy of Sciences*, **107**, 929–934.

Fiorillo, C. D., Tobler, P. N., and Schultz, W. 2003. Discrete coding of reward probability and uncertainty by dopamine neurons. *Science*, **299**, 1898–1902.

Fischer, B., and Weber, H. 1993. Express saccades and visual attention. *Behavioral and Brain Sciences*, **16**, 553–567.

Fisher, R. A. 1922. On the mathematical foundations of theoretical statistics. *Philosophical Transactions of the Royal Society of London. Series A, Containing Papers of a Mathematical or Physical Character*, **222**, 309–368.

Floyd, R., Leslie, D., Baddeley, R., and Farrell, S. 2014. Better Together: Understanding Collaborative Decision Making. *Poster presented at the 55th Psychonomic Society Annual Meeting, Long Beach, CA.*

Forgy, E. W. 1965. Cluster analysis of multivariate data: efficiency versus interpretability of classifications. *Biometrics*, **21**, 768–769.

Forstmann, B. U., and Wagenmakers, E. J. (eds). 2015. *An introduction to model-based cognitive neuroscience*. London: Springer.

Forstmann, B. U., Ratcliff, R., and Wagenmakers, E.-J. 2016. Sequential Sampling Models in Cognitive Neuroscience: Advantages, Applications, and Extensions. *Annual Review of Psychology*, **67**, 641–666.

Forstmann, B. U., Brown, S., Dutilh, G., Neumann, J., Wagenmakers, E., et al. 2010b. The neural substrate of prior information in perceptual decision making: a model-based analysis. *Frontiers in Human Neuroscience*, **4**, 40.

Forstmann, B. U., Dutilh, G., Brown, S., Neumann, J., von Cramond, D. Y., Ridderinkhof, K. R., and Wagenmakers, E.-J. 2008. Striatum and pre-SMA facilitate decision-making under time pressure. *Proceedings of the National Academy of Sciences USA*, **105**, 17538–17542.

Forstmann, B. U., Anwander, A., Schäfer, A., Neumann, J., Brown, S., Wagenmakers, E., Bogacz, R., and Turner, R. 2010a. Cortico-striatal connections predict control over speed and accuracy in perceptual decision making. *Proceedings of the National Academy of Sciences*, **107**, 15916–15920.

Forstmann, B. U., Wagenmakers, E., Eichele, T., Brown, S., and Serences, J. T. 2011a. Reciprocal relations between cognitive neuroscience and formal cognitive models: opposites attract? *Trends in Cognitive Sciences*, **15**, 272–279.

Forstmann, B. U., Tittgemeyer, M., Wagenmakers, E., Derrfuss, J., Imperati, D., and Brown, S. 2011b. The speed-accuracy tradeoff in the elderly brain: a structural model-based approach. *The Journal of Neuroscience*, **31**, 17242–17249.

Fox, J., and Glas, C. A. W. 2001. Bayesian estimation of a multilevel IRT model using Gibbs sampling. *Psychometrika*, **66**, 271–288.

Frank, M. J. 2006. Hold your horses: a dynamic computational role for the subthalamic nucleus in decision making. *Neural Networks*, **19**, 1120–1136.

Frank, M. J., Gagne, C., Nyhus, E., Masters, S., Wiecki, T. V., Cavanagh, J. F., and Badre, D. 2015. fMRI and EEG predictors of dynamic decision parameters during human reinforcement learning. *The Journal of Neuroscience*, **35**, 485–494.

Freedman, D., Pisani, R., Purves, R., and Adhikari, A. 1991. *Statistics (2nd Edition)*. New York: W. W. Norton.

Freeman, J. B., and Dale, R. 2013. Assessing bimodality to detect the presence of a dual cognitive process. *Behavior Research Methods*, **45**, 83–97.

French, R. M. 1992. Semi-distributed representations and catastrophic forgetting in connectionist networks. *Connection Science*, **4**, 365–377.

French, R. M. 1999. Catastrophic forgetting in connectionist networks. *Trends in Cognitive Sciences*, **3**, 128–135.

Friedman, M., and Savage, L. J. 1948. The utility analysis of choices involving risk. *The Journal of Political Economy*, **56**, 279–304.

Gallistel, C. R. 2009. The Importance of Proving the Null. *Psychological Review*, **116**, 439–453.

Gardiner, J. M. 1988. Functional aspects of recollective experience. *Memory & Cognition*, **16**, 309–313.

Gardiner, J. M., and Java, R. I. 1990. Recollective experience in word and nonword recognition. *Memory & Cognition*, **18**, 23–30.

Geisser, S. 1975. The predictive sample reuse method with applications. *Journal of the American Statistical Association*, **70**, 320–328.

Gelfand, A. E., and Smith, A. F. M. 1990. Sampling-based approaches to calculating marginal densities. *Journal of the American Statistical Association*, **85**, 398–409.

Gelman, A. 2006. Prior distributions for variance parameters in hierarchical models. *Bayesian Analysis*, **1**, 515–533.

Gelman, A., and Rubin, D. B. 1992. Inference from iterative simulation using multiple sequences. *Statistical Science*, **7**, 457–511.

Gelman, A., Carlin, J. B., Stern, H. S., and Rubin, D. B. 2004. *Bayesian data analysis*. London, UK: Chapman & Hall.

Gelman, A., Carlin, J. B., Stern, H. S., Dunson, D. B., Vehtari, A., and Rubin, D. B. 2013. *Bayesian Data Analysis (3rd Ed.)*. Chapman and Hall/CRC.

Gelman, A., and Meng, X. 1998. Simulating normalizing constants: From importance sampling to bridge sampling to path sampling. *Statistical Science*, **13**, 163–185.

Gelman, A., Roberts, G. O., Gilks, W. R., et al. 1996. Efficient Metropolis jumping rules. *Bayesian Statistics*, **5**, 599–607.

Gelman, A., Rubin, Do. B., et al. 1999. Evaluating and using statistical methods in the social sciences. *Sociological Methods & Research*, **27**, 403–410.

Gelman, A., Hwang, J., and Vehtari, A. 2014. Understanding predictive information criteria for Bayesian models. *Statistics and Computing*, **24**, 997–1016.

Geman, S., and Geman, D. 1984. Stochastic relaxation, Gibbs distributions, and the Bayesian restoration of images. *IEEE Transactions on Pattern Analysis and Machine Intelligence*, **6**, 721–741.

Gerla, G. 2007. Point-free geometry and verisimilitude of theories. *Journal of Philosophical Logic*, **36**, 707–733.

Gianutsos, R. 1972. Free recall of grouped words. *Journal of Experimental Psychology*, **95**, 419–428.

Gil, Y., Greaves, M., Hendler, J., Hirsh, H., et al. 2014. Amplify scientific discovery with artificial intelligence. *Science*, **346**, 171–172.

Glimcher, P. W. 2003. The neurobiology of visual-saccadic decision making. *Annual Review of Neuroscience*, **26**, 133–179.

Glöckner, A., and Pachur, T. 2012. Cognitive models of risky choice: Parameter stability and predictive accuracy of prospect theory. *Cognition*, **123**, 21–32.

Gluth, S., and Rieskamp, J. 2017. Variability in behavior that cognitive models do not explain can be linked to neuroimaging data. *Journal of Mathematical Psychology*, **76**, 104–116.

Gold, J. I., and Shadlen, M. 2001. Neural computations that underlie decisions about sensory stimuli. *Trends in Cognitive Sciences*, **5**, 10–16.

Gold, J. I., and Shadlen, M. N. 2002. Banburismus and the brain: Decoding the relationship between sensory stimuli, decisions and reward. *Neuron*, **36**, 299–308.

Gold, J. I., and Shadlen, M. N. 2003. The influence of behavioral context on the representation of a perceptual decision in developing oculomotor commands. *Journal of Neuroscience*, **23**, 632–651.

Gold, J. I., and Shadlen, M. N. 2007. The neural basis of decision making. *Annual Review of Neuroscience*, **30**, 535–574.

Goldstone, R. L., and Sakamoto, Y. 2003. The transfer of abstract principles governing complex adaptive tasks. *Cognitive Psychology*, **46**, 414–466.

Gosselin, F., and Schyns, P. G. 2003. Superstitious perceptions reveal properties of interval representations. *Psychological Science*, **14**, 505–509.

Green, D. M., and Swets, J. A. 1966. *Signal detection theory and psychophysics*. New York: Wiley.

Green, P. J. 1995. Reversible jump Markov chain Monte Carlo computation and Bayesian model determination. *Biometrika*, **82**, 711–732.

Gregg, V. H., and Gardiner, J. H. 1994. Recognition memory and awareness: A large effect of study-test modalities on "know" responses following a highly perceptual orienting task. *European Journal of Cognitive Psychology*, **6**, 131–147.

Grelaud, A., Robert, C. P., Marin, J., Rodolphe, F., Taly, J., et al. 2009. ABC likelihood-free methods for model choice in Gibbs random fields. *Bayesian Analysis*, **4**, 317–335.

Grice, G. R. 1968. Stimulus intensity and response evocation. *Psychological Review*, **75**, 359.

Griffiths, T. L., Chater, N., Kemp, C., Perfors, A., and Tenenbaum, J. B. 2010. Probabilistic models of cognition: Exploring representations and inductive biases. *Trends in Cognitive Sciences*, **14**, 357–364.

Griffiths, T. L., Vul, E., and Sanborn, A. N. 2012. Bridging levels of analysis for probabilistic models of cognition. *Current Directions in Psychological Science*, **21**, 263–268.

Grünwald, P. D. 2007. *The Minimum Description Length Principle*. Cambridge, MA: MIT Press.

Grünwald, P. 2005. A tutorial introduction to the minimum description length principle. *Advances in minimum description length: Theory and applications*, 23–81.

Haldane, J. B. S. 1932. A note on inverse probability. Mathematical Proceedings of the Cambridge Philosophical Society, **28**, 55–61.

Hanes, D. P., and Schall, J. D. 1996. Neural control of voluntary movement initiation. *Science*, **274**, 427–30.

Harrison, G. W., and Rutström, E. E. 2009. Expected utility theory and prospect theory: One wedding and a decent funeral. *Experimental Economics*, **12**, 133–158.

Hartig, F., Calabrese, J. M., Reineking, B., Wiegand, T., and Huth, A. 2011. Statistical inference for stochastic simulation models theory and application. *Ecology Letters*, **14**, 816–827.

Hartigan, J. A., and Wong, M. A. 1979. Algorithm AS 136: A k-means clustering algorithm. *Applied statistics*, **28**, 100–108.

Hastie, T., Tibshirani, R., and Friedman, J. 2009. *The elements of statistical learning*. New York: Springer.

Hastings, W. K. 1970. Monte Carlo methods using Markov chains and their applications. *Biometrika*, **57**, 97–109.

Hayes, K. J. 1953. The backward curve: A method for the study of learning. *Psychological Review*, **60**, 269–275.

Heathcote, A. 2004. Fitting Wald and ex-Wald distributions to response time data: An example using functions for the S-Plus package. *Behavior Research Methods, Instruments, & Computers*, **36**, 678–694.

Heathcote, A., Brown, S., and Mewhort, D. J. 2000. The power law repealed: The case for an exponential law of practice. *Psychonomic Bulletin & Review*, **7**, 185–207.

Heathcote, A., Brown, S., and Cousineau, D. 2004. QMPE: Estimating lognormal, wald, and Weibull RT distributions with a parameter-dependent lower bound. *Behavior Research Methods Instruments & Computers*, **36**, 277–290.

Heathcote, A., and Love, J. 2012. Linear Deterministic Accumulator Models of Simple Choice. *Frontiers in Psychology*, **3**, 292.

Heathcote, A., Wagenmakers, E. J., and Brown, S. D. 2014. The falsifiability of actual decision-making models. *Psychological Review*, **121**, 676–678.

Hebb, D. O. 1949. *The organization of behavior*. New York: Wiley.

Hebb, D. O. 1959. A neuropsychological theory. Pages 622–643 of: Koch, S. (ed), *Psychology: A Study Of A Science. Volume1: Sensory, Perceptual, And Physiological Foundations*. McGraw-Hill.

Heck, D. W., Moshagen, M., and Erdfelder, E. 2014. Model selection by minimum description length: Lower-bound sample sizes for the Fisher information approximation. *Journal of Mathematical Psychology*, **60**, 29–34.

Helsabeck, F. 1975. Syllogistic Reasoning: Generation of Counterexamples. *Journal of Educational Psychology*, **67**, 102–108.

Henson, R. N. A. 1998. Short-term memory for serial order: The Start-End Model. *Cognitive Psychology*, **36**, 73–137.

Hetherington, P, and Seidenberg, Mark S. 1989. Is there catastrophic interference in connectionist networks. Page 33 of: *Proceedings of the 11th annual conference of the cognitive science society*, vol. 26. Erlbaum Hillsdale, NJ.

Hinton, G. E., and Shallice, T. 1991. Lesioning an attractor network: Investigations of acquired dyslexia. *Psychological Review*, **98**, 74–95.

Hinton, G. E., and Salakhutdinov, R. R. 2006. Reducing the dimensionality of data with neural networks. *Science*, **313**, 504–507.

Hinton, G. E., Osindero, S., and Teh, Y. 2006. A fast learning algorithm for deep belief nets. *Neural Computation*, **18**, 1527–1554.

Hintzman, D. L. 1980. Simpson's paradox and the analysis of memory retrieval. *Psychological Review*, **87**, 398–410.

Hintzman, D. L. 1991. Why are formal models useful in psychology? Pages 39–56 of: Hockley, W. E., and Lewandowsky, S. (eds), *Relating theory and data: Essays on human memory in honor of Bennet B. Murdock*. Hillsdale, NJ: Lawrence Erlbaum.

Hirshman, E. 1995. Decision processes in recognition memory: Criterion shifts and the list-strength paradigm. *Journal of Experimental Psychology: Learning, Memory, and Cognition*, **21**, 302–313.

Ho, T. C., Brown, S., and Serences, J. T. 2009. Domain general mechanisms of perceptual decision making in human cortex. *Journal of Neuroscience*, **29**, 8675–8687.

Ho, T., Brown, S., van Maanen, L., Forstmann, B. U., Wagenmakers, E., and Serences, J. T. 2012. The optimality of sensory processing during the speed–accuracy tradeoff. *The Journal of Neuroscience*, **32**, 7992–8003.

Holmes, W. R. 2015. A practical guide to the probability density approximation (pda) with improved implementation and error characterization. *Journal of Mathematical Psychology*, **68**, 13–24.

Holmes, W. R., Trueblood, J. S., and Heathcote, A. 2016. A new framework for modeling decisions about changing information: The Piecewise Linear Ballistic Accumulator model. *Cognitive Psychology*, **85**, 1–29.

Hood, B. M. 1995. Gravity rules for 2- to 4-year olds? *Cognitive Development*, **10**, 577–598.

Howe, B. 2012. Virtual appliances, cloud computing, and reproducible research. *Computing in Science & Engineering*, **14**, 36–41.

Howell, D. C. 2006. *Statistical methods for psychology*. Belmont, CA: Wadsworth.

Hoyle, F. 1974. The work of Nicolaus Copernicus. *Proceedings of the Royal Society, Series A.*, **336**, 105–114.

Hucka, M., Nickerson, D. P., Bader, G. D., Bergmann, F. T., Cooper, J., Demir, E., Garny, A., Golebiewski, M., Myers, C. J., Schreiber, F., et al. 2015. Promoting coordinated development of community-based information standards for modeling in biology: the COMBINE initiative. *Frontiers in bioengineering and biotechnology*, **3**, 19.

Hudson-Kam, C. L., and Newport, E. L. 2005. Regularizing unpredictable variation: The roles of adult and child learners in language formation and change. *Language Learning and Development*, **1**, 151–195.

Hughes, C., Russell, J., and Robbins, T. W. 1994. Evidence for executive disfunction in autism. *Neuopsychologia*, **32**, 477–492.

Hurvich, C. M., and Tsai, C. L. 1989. Regression and time series model selection in small samples. *Biometrika*, **76**, 297–307.

Jang, Y., Wixted, J., and Huber, D. E. 2009. Testing signal-detection models of yes/no and two-alternative forced choice recognition memory. *Journal of Experimental Psychology: General*, **138**, 291–306.

Jaynes, E. T. 2003. *Probability theory: The logic of science*. Cambridge: Cambridge University Press.

Jeffrey, R. 2004. *Subjective probability: The real thing*. Cambridge: Cambridge University Press.

Jefferys, W. H., and Berger, J. O. 1991. Sharpening Ockhams razor on a Bayesian strop. *Dept. Statistics, Purdue Univ., West Lafayette, IN, Tech. Rep.*

Jeffreys, H. 1961. *Theory of Probability*. Oxford: Oxford University Press.

Jeffreys, H. 1946. An Invariant Form for the Prior Probability in Estimation Problems. *Proceedings of the Royal Society of London. Series A, Mathematical and Physical Sciences*, **186**, 453–461.

Jiang, Y., Rouder, J. N., and Speckman, P. L. 2004. A note on the sampling properties of the Vincentizing (quantile averaging) procedure. *Journal of Mathematical Psychology*, **48**, 186–195.

Jordan, M. I. 2004. Graphical models. *Statistical Science*, **19**, 140–155.

Jordan, M. I. 1986. An introduction to linear algebra in parallel distributed processing. Pages 365–422 of: Rumelhart, D., McClelland, J., and the PDP Research Group (eds), *Parallel distributed processing*. Cambridge, MA: MIT Press.

Justel, A., and Peña, D. 1996. Gibbs Sampling Will Fail in Outlier Problems with Strong Masking. *Journal of Computational and Graphical Statistics*, **5**, 176–189.

Kahneman, D., and Tversky, A. 1979. Prospect theory: An analysis of decision under risk. *Econometrica: Journal of the Econometric Society*, **47**, 263–291.

Kalish, M. L., and Dunn, J. C. 2012. What could cognitive neuroscience tell us about recognition memory? *Australian Journal of Psychology*, **64**, 29–36.

Kalish, M. L., Lewandowsky, S., and Kruschke, J. K. 2004. Population of linear experts: knowledge partitioning and function learning. *Psychological Review*, **111**, 1072.

Kane, M. J., Hambrick, D. Z., and Conway, A. R. A. 2005. Working Memory Capacity and Fluid Intelligence Are Strongly Related Constructs: Comment on Ackerman, Beier, and Boyle (2005). *Psychological Bulletin*, **131**, 66–71.

Kary, A., Taylor, R., and Donkin, C. 2015. Using Bayes factors to test the predictions of models: A case study in visual working memory. *Journal of Mathematical Psychology*, **72**, 210–219.

Kass, R. E., and Raftery, A. E. 1995. Bayes factors. *Journal of the American Statistical Association*, **90**, 773–795.

Kass, R. E., and Wasserman, L. 1995. A reference Bayesian test for nested hypotheses and its relationship to the Schwarz criterion. *Journal of the American Statistical Association*, **90**, 928–934.

Kass, R. E., and Wasserman, L. 1996. The Selection of Prior Distributions by Formal Rules. *Journal of the American Statistical Association*, **91**, 1343–1370.

Kass, R. E., Carlin, B. P., Gelman, A., and Neal, R. M. 1998. Markov Chain Monte Carlo in Practice: A Roundtable Discussion. *The American Statistician*, **52**, 93–100.

Katahira, K. 2016. How hierarchical models improve point estimates of model parameters at the individual level. *Journal of Mathematical Psychology*, **73**, 37–58.

Kemp, C., and Tenenbaum, J. B. 2008. The discovery of structural form. *Proceedings of the National Academy of Sciences*, **105**, 10687–10692.

Kemp, C., Perfors, A., and Tenenbaum, J. B. 2004. Learning domain structures. In: *Proceedings of the 26th Annual Conference of the Cognitive Science Society*. Hillsdale, NJ: Erlbaum.

Keribin, C. 2000. Consistent estimation of the order of mixture models. *Sankhyā: The Indian Journal of Statistics, Series A*, 49–66.

Kerman, J. 2011. Neutral noninformative and informative conjugate beta and gamma prior distributions. *Electronic Journal of Statistics*, **5**, 1450–1470.

Keynes, J. M. 1921. *A treatise on probability*. London: Macmillan.

Kinder, A., and Assmann, A. 2000. Learning artificial grammars: No evidence for the acquisition of rules. *Memory & Cognition*, **28**, 1321–1332.

Kirkpatrick, S., Gelatt, C. D., and Vecchi, M. P. 1983. Optimization by simulated annealing. *Science*, **220**, 671–680.

Knoblauch, K., and Maloney, L. T. 2012. *Modeling Psychophysical Data in R*. New York: Springer.

Kruschke, J. K. 2011. *Doing Bayesian data analysis*. Burlington, MA: Academic Press.

Kruschke, J. K. 2015. *Doing Bayesian data analysis, Second Edition: A tutorial with R, JAGS, and Stan*. Academic Press / Elsevier.

Kruskal, J. B., and Wish, M. 1978. *Multidimensional scaling*. Quantitative Applications in the Social Sciences. London: Sage.

Kuha, J. 2004. AIC and BIC: Comparisons of assumptions and performance. *Sociological Methods & Research*, **33**, 188–229.

Lagarias, J. C., Reeds, J. A., Wright, M. H., and Wright, P. E. 1998. Convergence Properties of the Nelder-Mead Simplex Method in Low Dimensions. *SIAM Journal on Optimization*, **9**, 112–147.

Lake, B., Salakhutdinov, R., and Tenenbaum, J. B. 2015. Human-level concept learning through probabilistic program induction. *Science*, **350**, 1332–1338.

Lamb, E. 2016. Two-hundred-terabyte maths proof is largest ever. *Nature*, **534**, 17.

Lamberts, K. 2005. Mathematical modeling of cognition. Pages 407–421 of: Lamberts, K., and Goldstone, R. L. (eds), *The Handbook of Cognition*. London: Sage.

Laming, D. 1979. A critical comparison of two random-walk models for two-choice reaction time. *Acta Psychologica*, **43**, 431–453.

Langley, P. 2000. The computational support of scientific discovery. *International Journal of Human-Computer Studies*, **53**, 393–410.

Lee, M. D. 2006. A hierarchical Bayesian model of human decision-making on an optimal stopping problem. *Cognitive Science*, **30**, 555–580.

Lee, M. D. 2008. Three case studies in the Bayesian analysis of cognitive models. *Psychonomic Bulletin & Review*, **15**, 1–15.

Lee, M. D. 2011. How cognitive modeling can benefit from hierarchical Bayesian models. *Journal of Mathematical Psychology*, **55**, 1 – 7.

Lee, M. D., and Newell, B. R. 2011. Using hierarchical Bayesian methods to examine the tools of decision-making. *Judgment and Decision Making*, **6**, 832–842.

Lee, M. D., and Vanpaemel, W. 2008. Exemplars, prototypes, similarities and rules in category representation: An example of hierarchical Bayesian analysis. *Cognitive Science*, **32**, 1403–1424.

Lee, M. D., and Wagenmakers, E.-J. 2013. *Bayesian cognitive modeling*. New York: Cambridge University Press.

Lee, M. D., and Webb, M. R. 2005. Modeling individual differences in cognition. *Psychonomic Bulletin & Review*, **12**, 605–621.

Lerche, V., Voss, A., and Nagler, M. 2017. How many trials are required for parameter estimation in diffusion modeling? A comparison of different optimization criteria. *Behavior Research Methods*, **49**, 513–537.

Lerman, D. C., Tetreault, A., Hovanetz, A., Bellaci, E., Miller, J., Karp, H., Mahmood, A., Strobel, M., Mullen, S., Keyl, A., et al. 2010. Applying signal-detection theory to the study of observer accuracy and bias in behavioral assessment. *Journal of Applied Behavior Analysis*, **43**, 195–213.

Lewandowsky, S. 1993. The rewards and hazards of computer simulations. *Psychological Science*, **4**, 236–243.

Lewandowsky, S. 1999. Redintegration and response suppression in serial recall: A dynamic network model. *International Journal of Psychology*, **34**, 434–446.

Lewandowsky, S., and Bishop, D. 2016. Research integrity: Don't let transparency damage science. *Nature*, **529**, 459–461.

Lewandowsky, S., and Li, S.-C. 1995. Catastrophic interference in neural networks: Causes, solutions, and data. Pages 329–361 of: *Interference and inhibition in cognition*. San Diego, CA: Academic Press, Inc.

Lewandowsky, S., and Li, Shu-Chen. 1994. Memory for serial order revisited. *Psychological Review*, **101**, 539–543.

Lewandowsky, S., and Oberauer, K. 2016. Computational modeling in cognition and cognitive neuroscience. In: Wagenmakers, E.-J. (ed), *Stevens' Handbook of Experimental Psychology, Fourth Edition, Volume Five: Methodology*. Hoboken, NJ: John Wiley and Sons.

Lewandowsky, S., Duncan, M., and Brown, G. D. A. 2004. Time does not cause forgetting in short-term serial recall. *Psychonomic Bulletin & Review*, **11**, 771–790.

Lewandowsky, S., Oberauer, K., and Brown, G. D. A. 2009. No Temporal Decay in Verbal Short-Term Memory. *Trends in Cognitive Sciences*, **13**, 120–126.

Lewandowsky, S. 2011. Working memory capacity and categorization: Individual differences and modeling. *Journal of Experimental Psychology: Learning, Memory, and Cognition*, **37**, 720–738.

Lewandowsky, S., and Coltheart, M. 2012. Cognitive modeling versus cognitive neuroscience: Competing approaches or complementary levels of explanation? *Australian Journal of Psychology*, **64**, 1–3.

Lewandowsky, S., and Farrell, S. 2011. *Computational modeling in cognition: Principles and practice*. Sage.

Lewis, S. M., and Raftery, A. E. 1997. Estimating Bayes factors via posterior simulation with the Laplace Metropolis estimator. *Journal of the American Statistical Association*, **92**, 648–655.

Li, M., and Vitanyi, P. 1997. *An introduction to Kolmogorov complexity and its applications*. London: Springer Verlag.

Li, S. C., Lewandowsky, S., and DeBrunner, V. E. 1996. Using parameter sensitivity and interdependence to predict model scope and falsifiability. *Journal of Experimental Psychology: General*, **125**, 360–369.

Link, W. A., and Eaton, M. J. 2012. On thinning of chains in MCMC. *Methods in Ecology and Evolution*, **3**, 112–115.

Little, D. R., and Lewandowsky, S. 2009. Beyond non-utilization: Irrelevant cues can gate learning in probabilistic categorization. *Journal of Experimental Psychology: Human Perception and Performance*, **35**, 530–550.

Liu, C. C., and Aitkin, M. 2008. Bayes factors: Prior sensitivity and model generalizability. *Journal of Mathematical Psychology*, **52**, 362–375.

Liu, C. C., and Smith, P. L. 2009. Comparing time-accuracy curves: Beyond goodness-of-fit measures. *Psychonomic Bulletin & Review*, **16**, 190–203.

Lloyd, S. P. 1982. Least squares quantization in PCM. *Information Theory, IEEE Transactions on*, **28**, 129–137.

Lobo, D., and Levin, M. 2015. Inferring regulatory networks from experimental morphological phenotypes: A computational method reverse-engineers planarian regeneration. *PLoS Comput Biol*, **11**, e1004295.

Locatelli, M. 2002. Simulated annealing algorithms for continuous global optimization. Pages 179–229 of: Pardalos, P. M., and Romeijn, H E. (eds), *Handbook of global optimization (Vol. 2)*. Dordrecht: Kluwer Academic Publishers.

Lodewyckx, T., Kim, W., Lee, M. D., Tuerlinckx, F., Kuppens, P., and Wagenmakers, E. 2011. A tutorial on Bayes factor estimation with the product space method. *Journal of Mathematical Psychology*, **55**, 331–347.

Loftus, E. F., Miller, D. G., and Burns, H. J. 1978. Semantic integration of verbal information into a visual memory. *Journal of Experimental Psychology: Human Learning and Memory*, **4**, 19–31.

Logan, G. D. 1992. Shapes of reaction-time distributions and shapes of learning curves: a test of the instance theory of automaticity. *Journal of Experimental Psychology: Learning, Memory, and Cognition*, **18**, 883–914.

Love, B. C. 2015. The algorithmic level is the bridge between computation and brain. *Topics in cognitive science*, **7**, 230–242.

Luce, R. D. 1959. *Individual choice behavior*. New York: John Wiley.

Luce, R. D. 1963. Detection and recognition. Pages 103–189 of: Luce, R. D., Bush, R. R., and Galanter, E. (eds), *Handbook of mathematical psychology*, vol. 1. New York: Wiley.

Luce, R. D. 1986. *Response times*. Oxford: Oxford University Press.

Luce, R. D. 1995. Four tensions concerning mathematical modeling in psychology. *Annual Review of Psychology*, **46**, 1–26.

Ma, W. J., Husain, M., and Bays, P. M. 2014. Changing concepts of working memory. *Nature Neuroscience*, **17**, 347–356.

MacEachern, S. N., and Berliner, L. M. 1994. Subsampling the Gibbs Sampler. *The American Statistician*, **48**, 188–190.

Mack, M. L., Preston, A. R., and Love, B. C. 2013. Decoding the brains algorithm for categorization from its neural implementation. *Current Biology*, **23**, 2023–2027.

MacKay, D. J. C. 2003. *Information theory, inference and learning algorithms*. Cambridge University Press.

MacQueen, J. 1967. Some methods for classification and analysis of multivariate observations. Pages 281–297 of: *Proceedings of the fifth Berkeley symposium on mathematical statistics and probability*, vol. 1. Oakland, CA, USA.

Markman, A. B., and Gentner, D. 2001. Thinking. *Annual Review of Psychology*, **52**, 223–247.

Marr, D. 1982. *Vision*. San Francisco, CA: W. H. Freeman.

Massaro, D. W. 1988. Some criticisms of connectionist models of human performance. *Journal of Memory and Language*, **27**, 213–234.

Massaro, D. W, and Friedman, Daniel. 1990. Models of integration given multiple sources of information. *Psychological review*, **97**, 225.

Matthews, P. 1993. A slowly mixing Markov chain with implications for Gibbs sampling. *Statistics & Probability Letters*, **17**, 231 – 236.

Matzke, D., and Wagenmakers, E. 2009. Psychological interpretation of the ex-Gaussian and shifted Wald parameters: A diffusion model analysis. *Psychonomic Bulletin & Review*, **16**, 798–817.

Matzke, D., Dolan, C. V., Batchelder, W. H., and Wagenmakers, E. 2015. Bayesian estimation of multinomial processing tree models with heterogeneity in participants and items. *Psychometrika*, **80**, 205–235.

McClelland, J. L. 1979. On the time relations of mental processes: An examination of systems of processes in cascade. *Psychological review*, **86**, 287.

McClelland, J. L. 2009. The place of modeling in cognitive science. *Topics in Cognitive Science*, **1**, 11–38.

McClelland, J. L., and Patterson, K. 2002. Rules or connections in past-tense inflections: What does the evidence rule out? *Trends in Cognitive Sciences*, **6**, 465–472.

McClelland, J. L., and Rumelhart, D. E. 1981. An interactive activation model of context effects in letter perception: Part 1. An account of basic findings. *Psychological Review*, **88**, 375–407.

McCloskey, M., and Cohen, N. J. 1989. Catastrophic interference in connectionist networks: The sequential learning problem. *The Psychology of Learning and Motivation*, **24**, 109–165.

McClure, S. M., Berns, G. S., and Montague, P. R. 2003. Temporal prediction errors in a passive learning task activate human striatum. *Neuron*, **38**, 339–346.

McCulloch, R. E., and Rossi, P. E. 1992. Bayes factors for nonlinear hypotheses and likelihood distributions. *Biometrika*, **79**, 663–676.

McKay, R. 2012. Delusional inference. *Mind & Language*, **27**, 330–355.

McKinley, S. C., and Nosofsky, R. M. 1995. Investigations of exemplar and decision bound models in large, ill-defined category structures. *Journal of Experimental Psychology: Human Perception and Performance*, **21**, 128–148.

Meehl, P. E. 1990. Appraising and Amending Theories: The Strategy of Lakatosian Defense and Two Principles That Warrant It. *Psychological Inquiry*, **1**, 108–141.

Meng, X., and Wong, W. H. 1996. Simulating ratios of normalizing constants via a simple identity: a theoretical exploration. *Statistica Sinica*, **6**, 831–860.

Metropolis, A. W., Rosenbluth, A. W., Rosenbluth, M. N., Teller, A. H., and Teller, E. 1953. Equations of state calculations by fast computing machines. *Journal of Chemical Physics*, **21**, 1087–1092.

Minda, J. P., and Smith, J. D. 2002. Comparing prototype-based and exemplar-based accounts of category learning and attentional allocation. *Journal of Experimental Psychology: Learning, Memory, and Cognition*, **28**, 275.

Minsky, M. L., and Papert, S. A. 1969. *Perceptrons*. Cambridge, MA: MIT Press.

Montague, P. R., Dayan, P., Person, C., Sejnowski, T. J., et al. 1995. Bee foraging in uncertain environments using predictive hebbian learning. *Nature*, **377**, 725–728.

Morey, R. D., Hoekstra, R., Rouder, J. N., Lee, M. D., and Wagenmakers, E. 2016a. The Fallacy of Placing Confidence in Confidence Intervals. *Psychonomic Bulletin & Review*, **23**, 103–123.

Morey, R. D., Chambers, C. D., Etchells, P. J., Harris, C. R., Hoekstra, R., Lakens, D., Lewandowsky, S., Morey, C. Coker, Newman, D. P., Schönbrodt, F. D., et al. 2016b. The Peer Reviewers' Openness Initiative: incentivizing open research practices through peer review. *Royal Society Open Science*, **3**, 150547.

Mulder, M. J., Wagenmakers, E., Ratcliff, R., Boekel, W., and Forstmann, B. U. 2012. Bias in the brain: a diffusion model analysis of prior probability and potential payoff. *The Journal of Neuroscience*, **32**, 2335–2343.

Munakata, Y., and McClelland, J. L. 2003. Connectionist models of development. *Developmental Science*, **6**, 413–429.

Munoz, D. P., and Wurtz, R. H. 1995. Saccade-related activity in monkey superior colliculus. I. Characteristics of burst and buildup cells. *Journal of Neurophysiology*, **73**, 2313–2333.

Muter, P. 1980. Very rapid forgetting. *Memory & Cognition*, **8**, 174–179.

Myung, I. J., and Pitt, Mark A. 1997. Applying Occam's razor in modeling cognition: A Bayesian approach. *Psychonomic Bulletin and Review*, **4**, 79–95.

Myung, J. I., Navarro, D. J., and Pitt, M. A. 2006. Model selection by normalized maximum likelihood. *Journal of Mathematical Psychology*, **50**, 167–179.

Myung, J. I., and Navarro, D. J. 2005. Information matrix. *Encyclopedia of Statistics in Behavioral Science*.

Myung, J. I., Montenegro, M., and Pitt, M. A. 2007. Analytic expressions for the {BCDMEM} model of recognition memory. *Journal of Mathematical Psychology*, **51**, 198 – 204.

Navarro, D. J. 2004. A note on the applied use of MDL approximations. *Neural Computation*, **16**, 1763–1768.

Neely, J. H. 1976. Semantic priming and retrieval from lexical memory: Evidence for facilitatory and inhibitory processes. *Memory & Cognition*, **4**, 648–654.

Nelder, J. A., and Mead, R. 1965. A simplex method for function minimization. *Computer Journal*, **7**, 308–313.

Nersessian, N. J. 1992. How do scientists think? Capturing the dynamics of conceptual change in science. Pages 3–44 of: Giere, R. N. (ed), *Minnesota studies in the philosophy of science*, vol. 15. Minneapolis: University of Minnesota Press.

Nersessian, N. J. 1999. Model-based reasoning in conceptual change. Pages 5–22 of: L. Magnani, N. J. Nersessian, and Thagard, P. (eds), *Model-based reasoning in scientific discovery*. New York: Kluwer Academic.

Nersessian, N. J. 2010. *Creating scientific concepts*. MIT press.

Newell, B. R. 2012. Levels of explanation in category learning. *Australian Journal of Psychology*, **64**, 46–51.

Newton, M. A., and Raftery, A. E. 1994. Approximate Bayesian inference with the weighted likelihood bootstrap. *Journal of the Royal Statistical Society. Series B*, **56**, 3–48.

Nihm, S. D. 1976. Polynomial law of sensation. *American Psychologist*, **31**, 808–809.

Nilsson, H., Rieskamp, J., and Wagenmakers, E. 2011. Hierarchical Bayesian parameter estimation for cumulative prospect theory. *Journal of Mathematical Psychology*, **55**, 84–93.

Norman, K. A., and O'Reilly, R. C. 2003. Modeling hippocampal and neocortical contributions to recognition memory: A complementary-learning-systems approach. *Psychological Review*, **110**, 611–646.

Norman, K. A., Polyn, S. M., Detre, G. J., and Haxby, J. V. 2006. Beyond mind-reading: multi-voxel pattern analysis of fMRI data. *Trends in Cognitive Sciences*, **10**, 424–430.

Nosek, B. A., Spies, J. R., and Motyl, M. 2012. Scientific utopia II. Restructuring incentives and practices to promote truth over publishability. *Perspectives on Psychological Science*, **7**, 615–631.

Nosofsky, R. M. 1986. Attention, similarity, and the identification-categorization relationship. *Journal of Experimental Psychology: Learning, Memory, and Cognition*, **115**, 39–61.

Nosofsky, R. M. 1991. Tests of an exemplar model for relating perceptual classification and recognition memory. *Journal of Experimental Psychology: Human Perception and Performance*, **17**, 3–27.

Nourani, Y., and Andresen, B. 1998. A comparison of simulated annealing cooling strategies. *Journal of Physics A: Mathematical and General*, **31**, 8373–8385.

Oberauer, K., and Lewandowsky, S. 2008. Forgetting in Immediate Serial Recall: Decay, Temporal Distinctiveness, or Interference? *Psychological Review*, **115**, 544–576.

Oberauer, K., and Lewandowsky, S. 2011. Modeling working memory: a computational implementation of the time-based resource-sharing theory. *Psychonomic Bulletin & Review*, **18**, 10–45.

Oberauer, K., Lewandowsky, S., Farrell, S., Jarrold, C., and Greaves, M. 2012. Modeling working memory: An interference model of complex span. *Psychonomic Bulletin & Review*, **19**, 779–819.

O'Doherty, J. P., Hampton, Alan, and Kim, Hackjin. 2007. Model-based fMRI and its application to reward learning and decision making. *Annals of the New York Academy of sciences*, **1104**, 35–53.

Open Science Collaboration, et al. 2012. An open, large-scale, collaborative effort to estimate the reproducibility of psychological science. *Perspectives on Psychological Science*, **7**, 657–660.

Open Science Collaboration, et al. 2015. Estimating the reproducibility of psychological science. *Science*, **349**, aac4716.

O'Reilly, R. C. 1996. Biologically plausible error-driven learning using local activation differences: The generalized recirculation algorithm. *Neural computation*, **8**, 895–938.

Page, M. P. A. 2000. Connectionist modelling in psychology: A localist manifesto. *Behavioral and Brain Sciences*, **23**, 443–467.

Page, M. P. A. 2006. What can't functional neuroimaging tell the cognitive psychologist. *Cortex*, **42**, 428–443.

Page, M. P. A., and Norris, D. 1998. The primacy model: A new model of immediate serial recall. *Psychological Review*, **105**, 761–781.

Palmeri, T. J. 1997. Exemplar similarity and the development of automaticity. *Journal of Experimental Psychology: Learning Memory & Cognition*, **23**, 324–354.

Palmeri, T. J. 2014. An exemplar of model-based cognitive neuroscience. *Trends in Cognitive Sciences*, **18**, 67–69.

Pan, W., Schmidt, R., Wickens, J. R., and Hyland, B. I. 2005. Dopamine cells respond to predicted events during classical conditioning: Evidence for eligibility traces in the reward-learning network. *The Journal of Neuroscience*, **25**, 6235–6242.

Pashler, H. 1994. Graded capacity-sharing in dual-task interference? *Journal of Experimental Psychology: Human Perception and Performance*, **20**, 330.

Pashler, H., and Wagenmakers, E. 2012. Editors Introduction to the Special Section on Replicability in Psychological Science: A Crisis of Confidence? *Perspectives on Psychological Science*, **7**, 528–530.

Pastore, R. E., Crawley, E. J., Berens, M. S., and Skelly, M. A. 2003. "Nonparametric" A' and other modern misconceptions about signal detection theory. *Psychonomic Bulletin & Review*, **10**, 556–569.

Pavlik, P. I., and Anderson, J. R. 2005. Practice and forgetting effects on vocabulary memory: An activation-based model of the spacing effect. *Cognitive Science*, **29**, 559–586.

Pavlik, P. I., and Anderson, J. R. 2008. Using a Model to Compute the Optimal Schedule of Practice. *Journal of Experimental Psychology: Applied*, **14**, 101–117.

Pawitan, Y. 2001. *In all likelihood: Statistical modelling and inference using likelihood*. Oxford: Oxford University Press.

Perfors, A. 2012. When do memory limitations lead to regularization? An experimental and computational investigation. *Journal of Memory and Language*, **67**, 486–506.

Peruggia, M., Van Zandt, T., and Chen, M. 2002. Was it a car or a cat I saw? An analysis of response times for word recognition. *Case Studies in Bayesian Statistics*, **6**, 319–334.

Pessiglione, M., Seymour, B., Flandin, G., Dolan, R. J., and Frith, C. D. 2006. Dopamine-dependent prediction errors underpin reward-seeking behaviour in humans. *Nature*, **442**, 1042–1045.

Pfister, R., Schwarz, K. A., Janczyk, M., Dale, R., and Freeman, J. B. 2013. Good things peak in pairs: a note on the bimodality coefficient. *Frontiers in Psychology*, **4**, 700.

Pinker, S., and Ullman, M. T. 2002. The past and future of the past tense. *Trends in Cognitive Sciences*, **6**, 456–463.

Pitt, M. A., and Myung, I. J. 2002. When a good fit can be bad. *Trends in Cognitive Science*, **6**, 421–425.

Pitt, M.A., Myung, I.-J., and Zhang, S. 2002. Toward a method of selecting among computational models of cognition. *Psychological Review*, **109**, 472–491.

Platt, J. R. 1964. Strong inference. *Science*, **146**, 347–353.

Plummer, M. 2003. JAGS: A program for analysis of Bayesian graphical models using Gibbs sampling. In: *Proceedings of the 3rd international workshop on distributed statistical computing*, vol. 124. Technische Universität Wien, Vienna, Austria.

Plummer, M. 2008. Penalized loss functions for Bayesian model comparison. *Biostatistics*, **9**, 523–539.

Popper, K. R. 1963. *Conjectures and Refutations*. London: Routledge.

Prinz, W. 1997. Perception and action planning. *European Journal of Cognitive Psychology*, **9**, 129–154.

Purcell, B. A., Heitz, R. P., Cohen, J. Y., Schall, J. D., Logan, G. D., and Palmeri, T. J. 2010. Neurally constrained modeling of perceptual decision making. *Psychological Review*, **117**, 1113–1143.

Radvansky, G. 2006. *Human memory*. Boston, MA: Pearson.

Raftery, A. E. 1995. Bayesian model selection in social research. *Sociological Methodology*, **25**, 111–164.

Raftery, A. E. 1999. Bayes factors and BIC: Comment on "A critique of the Bayesian Information Criterion for model selection". *Sociological Methods & Research*, **27**, 411–427.

Raftery, A. E., Newton, M. A., Satagopan, J. M., and Krivitsky, P. N. 2007. Estimating the integrated likelihood via posterior simulation using the harmonic mean identity. Pages 1–45 of: Bernardo, J. M., Bayarri, M. J., Berger, J. O., Dawid, A. P., Heckerman, D., Smith, A. F. M., and West, M. (eds), *Bayesian Statistics*, vol. 8. Oxford: Oxford University Press.

Ratcliff, R. 1978. A theory of memory retrieval. *Psychological Review*, **85**, 59–108.

Ratcliff, R. 1979. Group reaction time distributions and an analysis of distribution statistics. *Psychological Bulletin*, **86**, 446–461.

Ratcliff, R. 1980. A note on modeling accumulation of information when the rate of accumulation changes over time. *Journal of Mathematical Psychology*, **21**, 178–184.

Ratcliff, R. 1990. Connectionist models of recognition memory: Constraints imposed by learning and forgetting functions. *Psychological Review*, **97**, 285–308.

Ratcliff, R. 1998. The role of mathematical psychology in experimental psychology. *Australian Journal of Psychology*, **50**, 129–130.

Ratcliff, R. 2002. A diffusion model account of response time and accuracy in a brightness discrimination task: Fitting real data and failing to fit fake but plausible data. *Psychonomic Bulletin & Review*, **9**, 278–291.

Ratcliff, R., and McKoon, G. 1981. Does activation really spread? *Psychological Review*, **88**, 454–462.

Ratcliff, R., and McKoon, G. 2008. The Diffusion Decision Model: Theory and Data for Two-Choice Decision Tasks. *Neural Computation*, **20**, 873–922.

Ratcliff, R., and Rouder, J. N. 1998. Modeling repsonse times for two-choice decisions. *Psychological Science*, **9**, 347–356.

Ratcliff, R., and Smith, P. L. 2004. A comparison of sequential sampling models for two-choice reaction time. *Psychological Review*, **111**, 333–367.

Ratcliff, R., and Tuerlinckx, F. 2002. Estimating parameters of the diffusion model: approaches to dealing with contaminant reaction times and parameter variability. *Psychonomic Bulletin & Review*, **9**, 438–81.

Ratcliff, R., Spieler, D., and McKoon, G. 2000. Explicitly modeling the effects of aging on response time. *Psychonomic Bulletin & Review*, **7**, 1–25.

Ratcliff, R., Cherian, A., and Segraves, M. 2003. A comparison of macaque behavior and superior colliculus neuronal activity to predictions from models of two-choice decisions. *Journal of Neurophysiology*, **90**, 1392–407.

Ratcliff, R., Gomez, P., and McKoon, G. 2004. A diffusion model account of the lexical decision task. *Psychological Review*, **111**(1), 159.

Ratcliff, R., Philiastides, M. G., and Sajda, P. 2009. Quality of evidence for perceptual decision making is indexed by trial-to-trial variability of the EEG. *Proceedings of the National Academy of Sciences*, **106**(16), 6539–6544.

Ratcliff, R., Thapar, A., and McKoon, G. 2010. Individual differences, aging, and IQ in two-choice tasks. *Cognitive Psychology*, **60**, 127–157.

Ratcliff, R., Van Zandt, T., and McKoon, G. 1999. Connectionist and diffusion models of reaction time. *Psychological Review*, **106**, 261–300.

Ratcliff, R., Smith, P. L., Brown, S. D., and McKoon, G. 2016. Diffusion Decision Model: Current Issues and History. *Trends in Cognitive Sciences*, **20**, 260–281.

Reddi, B. A. J., Asrress, K. N., and Carpenter, R. H. S. 2003. Accuracy, information, and response time in a saccadic decision task. *Journal of Neurophysiology*, **90**, 3538–3546.

Redington, M., Chater, N., and Finch, S. 1998. Distributional information: A powerful cue for acquiring syntactic categories. *Cognitive Science*, **22**, 425–469.

Reed, S. K. 1972. Pattern recognition and categorization. *Cognitive Psychology*, **3**, 382–407.

Reinhart, C. M., and Rogoff, K. S. 2010. Growth in a time of debt (digest summary). *American Economic Review*, **100**, 573–578.

Reynolds, A., and Miller, J. 2009. Display size effects in visual search: analyses of reaction time distributions as mixtures. *The Quarterly Journal of Experimental Psychology*, **62**, 988–1009.

Riefer, D. M., Knapp, B. R., Batchelder, W. H., Bamber, D., and Manifold, V. 2002. Cognitive psychometrics: Assessing storage and retrieval deficits in special populations with multinomial processing tree models. *Psychological Assessment*, **14**, 184.

Riefer, D.M., and Batchelder, W.H. 1988. Multinomial modeling and the measurement of cognitive processes. *Psychological Review*, **95**, 318–339.

Rieskamp, J. 2008. The probabilistic nature of preferential choice. *Journal of Experimental Psychology: Learning, Memory, and Cognition*, **34**, 1446.

Rissanen, J. 1999. Hypothesis selection and testing by the MDL principle. *Computer Journal*, **42**, 260–269.

Rissanen, J. 2001. Strong optimality of the normalized ML models as universal codes and information in data. *Information Theory, IEEE Transactions on*, **47**, 1712–1717.

Roberts, G. O., Gelman, A., Gilks, W. R., et al. 1997. Weak convergence and optimal scaling of random walk Metropolis algorithms. *The Annals of Applied Probability*, **7**, 110–120.

Roberts, S., and Pashler, H. 2000. How persuasive is a good fit? A comment on theory testing. *Psychological Review*, **107**, 358–367.

Rochester, N., Holland, J. H., Haibt, L. H., and Duda, W. L. 1956. Tests on a cell assembly theory of the action of the brain, using a large digital computer. *IRE Transactions On Information Theory*, **IT-2**, 80–93.

Rohrer, D. 2002. The breadth of memory search. *Memory*, **10**, 291–301.

Roitman, J. D., and Shadlen, M. N. 2002. Response of neurons in the lateral intraparietal area during a combined visual discrimination reaction time task. *Journal of Neuroscience*, **22**, 9475–9489.

Root-Bernstein, R. 1981. Views on evolution, theory, and science. *Science*, **212**, 1446–1449.

Rotello, C. M., and Macmillan, N. A. 2006. Remember-know models as decision strategies in two experimental paradigms. *Journal of Memory and Language*, **55**, 479–494.

Rouder, J. N. 1996. Premature Sampling in Random Walks. *Journal of Mathematical Psychology*, **40**, 287–296.

Rouder, J. N. 2014. Optional stopping: No problem for Bayesians. *Psychonomic Bulletin & Review*, **21**, 301–308.

Rouder, J. N., and Lu, J. 2005. An introduction to Bayesian hierarchical models with an application in the theory of signal detection. *Psychonomic Bulletin & Review*, **12**, 573–604.

Rouder, J. N., and Ratcliff, R. 2004. Comparing categorization models. *Journal of Experimental Psychology: General*, **133**, 63–82.

Rouder, J. N., and Speckman, P. L. 2004. An evaluation of the Vincentizing method of forming group-level response time distributions. *Psychonomic Bulletin & Review*, **11**, 419–27.

Rouder, J. N., Lu, J., Speckman, P., Sun, D., and Jiang, Y. 2005. A hierarchical model for estimating response time distributions. *Psychonomic Bulletin & Review*, **12**, 195–223.

Rouder, J. N., Lu, J., Sun, D., Speckman, P. L., Morey, R. D., and Naveh-Benjamin, M. 2007. Signal detection models with random participant and item effects. *Psychometrika*, **72**, 621–642.

Rouder, J. N., Morey, R. D., Speckman, P. L., and Province, J. M. 2012. Default Bayes factors for ANOVA designs. *Journal of Mathematical Psychology*, **56**, 356–374.

Rouder, J. N., Speckman, P. I., Sun, D., and Morey, R. D. 2009. Bayesian *t* tests for accepting and rejecting the null hypothesis. *Psychonomic Bulletin & Review*, **16**, 225–237.

Rowan, T. H. 1990. *Functional stability analysis of numerical algorithms*. Ph.D. thesis, University of Texas at Austin.

Rubinstein, R. Y. 1981. *Simulation and the Monte Carlo method*. Michigan: John Wiley & Sons.

Rumelhart, D. E., and McClelland, J. L. 1986. *Parallel Distributed Processing*. Cambridge: MIT Press.

Rumelhart, D. E., Hinton, G. E., and Williams, R. J. 1986. Learning internal representations by error propagation. Pages 318–362 of: Rumelhart, D. E., McClelland, J. L., and the PDP Research Group (eds), *Parallel distributed processing*, vol. 1. Cambridge: MIT Press.

Rutledge, R. B., Lazzaro, S. C., Lau, B., Myers, C. E., Gluck, M. A., and Glimcher, P. W. 2009. Dopaminergic drugs modulate learning rates and perseveration in Parkinson's patients in a dynamic foraging task. *The Journal of Neuroscience*, **29**, 15104–15114.

Schacter, D. L., Verfaellie, M., and Anes, M. D. 1997. Illusory memories in amnesic patients: Conceptual and perceptual false recognition. *Neuropsychology*, **11**, 331–342.

Schall, J. D. 2004. On building a bridge between brain and behavior. *Annual Review of Psychology*, **55**, 23–50.

Scharm, M., Wolkenhauer, O., and Waltemath, D. 2015. An algorithm to detect and communicate the differences in computational models describing biological systems. *Bioinformatics*, **32**, 563–570.

Scheibehenne, B., and Pachur, T. 2015. Using Bayesian hierarchical parameter estimation to assess the generalizability of cognitive models of choice. *Psychonomic Bulletin & Review*, **22**, 391–407.

Scheibehenne, B., Rieskamp, J., and Wagenmakers, E. 2013. Testing adaptive toolbox models: A Bayesian hierarchical approach. *Psychological Review*, **120**, 39.

Schmiedek, F., Oberauer, K., Wilhelm, O., Süß, H.-M., and Wittmann, W. W. 2007. Individual differences in components of reaction time distributions and their relations to working memory and intelligence. *Journal of Experimental Psychology: General*, **136**, 414–429.

Schönberg, T., Daw, N. D., Joel, D., and O'Doherty, J. P. 2007. Reinforcement learning signals in the human striatum distinguish learners from nonlearners during reward-based decision making. *The Journal of Neuroscience*, **27**, 12860–12867.

Schrödinger, E. 1915. Zur theorie der fall-und steigversuche an teilchen mit brownscher bewegung. *Physikalische Zeitschrift*, **16**, 289–295.

Schultz, W., Apicella, P., and Ljungberg, T. 1993. Responses of monkey dopamine neurons to reward and conditioned stimuli during successive steps of learning a delayed response task. *The Journal of Neuroscience*, **13**, 900–913.

Schultz, W., Dayan, P., and Montague, P. R. 1997. A neural substrate of prediction and reward. *Science*, **275**, 1593–1599.

Schunn, C. D., and Wallach, D. 2005. Evaluating Goodness-of-Fit in Comparison of Models to Data. Pages 115–154 of: Tack, W. (ed), *Psychologie der Kognition: Reden and Vorträge anläßlich der Emeritierung von Werner Tack*. Saarbrücken, Germany: University of Saarland Press.

Schwarz, G. 1978. Estimating the dimension of a model. *The Annals of Statistics*, **6**, 461–464.

Seidenberg, M. S., and McClelland, J. L. 1989. A distributed, developmental model of word recognition and naming. *Psychological Review*, **96**, 523–568.

Severini, T. A. 2000. *Likelihood methods in statistics*. Oxford, UK: Oxford University Press.

Shadlen, M. N., and Newsome, W. T. 1996. Motion perception: Seeing and deciding. *Proceedings of the National Academy of Sciences*, **93**, 628–633.

Shadlen, M. N., and Newsome, W. T. 2001. Neural basis of a perceptual decision in the parietal cortex (Area LIP) of the rhesus monkey. *Journal of Neurophysiology*, **86**, 1916–1936.

Shepard, R. N. 1987. Toward a Universal Law of Generalization for Psychological Science. *Science*, **237**, 1317–1323.

Shepard, R. N., and Metzler, J. 1971. Mental rotation of three-dimensional objects. *Science*, **171**, 701–703.

Shiffrin, R. M., and Steyvers, M. 1997. A model for recognition memory: REM—retrieving effectively from memory. *Psychonomic Bulletin & Review*, **4**, 145–166.

Shiffrin, R. M., Lee, M. D., Kim, W., and Wagenmakers, E. J. 2008. A survey of model evaluation approaches with a tutorial on hierarchical Bayesian methods. *Cognitive Science*, **32**, 1248–1284.

Singmann, H., Brown, S., Gretton, M., and Heathcote, A. 2016. rtdists: *Response Time Distributions. R package version 0.5-2.*

Sinharay, S., and Stern, H. S. 2002. On the sensitivity of Bayes factors to the prior distributions. *The American Statistician*, **56**, 196–201.

Smith, J. B., and Batchelder, W. H. 2008. Assessing individual differences in categorical data. *Psychonomic Bulletin & Review*, **15**, 713–731.

Smith, J. B., and Batchelder, W. H. 2010. Beta-MPT: Multinomial processing tree models for addressing individual differences. *Journal of Mathematical Psychology*, **54**, 167–183.

Smith, P. L. 1998. Attention and luminance detection: A quantitative analysis. *Journal of Experimental Psychology: Human Perception and Performance*, **24**, 105–133.

Smith, P. L., and Ratcliff, R. 2004. Psychology and neurobiology of simple decisions. *Trends in Neurosciences*, **27**, 161–168.

Smith, P. L., and Vickers, D. 1988. The accumulator model of two-choice discrimination. *Journal of Mathematical Psychology*, **32**, 135–168.

Spangler, S., Wilkins, A. D., Bachman, B. J., Nagarajan, M., Dayaram, T., Haas, P., Regenbogen, S., Pickering, C. R., Comer, A., Myers, J. N., et al. 2014. Automated hypothesis generation based on mining scientific literature. Pages 1877–1886 of: *Proceedings of the 20th ACM SIGKDD international conference on Knowledge discovery and data mining.* ACM.

Spanos, A. 1999. *Probability theory and statistical inference.* Cambridge: Cambridge University Press.

Spiegelhalter, D., Thomas, A., Best, N., and Lunn, D. 2003. *WinBUGS user manual. (Version 1.4, January 2003).* Tech. rept. University of Cambridge.

Spiegelhalter, D. J., Best, N. G., Carlin, B. P., and Van Der Linde, A. 2002. Bayesian measures of model complexity and fit. *Journal of the Royal Statistical Society: Series B (Statistical Methodology)*, **64**, 583–639.

Spiegelhalter, D. J., Best, N. G., Carlin, B. P., and Linde, A. 2014. The deviance information criterion: 12 years on. *Journal of the Royal Statistical Society: Series B (Statistical Methodology)*, **76**, 485–493.

Sprenger, A. M., Dougherty, M. R., Atkins, S. M., Franco-Watkins, A. M., Thomas, R. P., Lange, N., and Abbs, B. 2011. Implications of cognitive load for hypothesis generation and probability judgment. *Frontiers in psychology*, **2**, 129.

Spruijt-Metz, D., Hekler, E., Saranummi, N., Intille, S., Korhonen, I., Nilsen, W., Rivera, D. E., Spring, B., Michie, S., Asch, D. A., et al. 2015. Building new computational models to support health behavior change and maintenance: new opportunities in behavioral research. *Translational behavioral medicine*, **5**, 335–346.

Stanislaw, H., and Todorov, N. 1999. Calculation of signal detection theory measures. *Behavior Research Methods, Instruments, & Computers*, **31**, 137–149.

Steele, R. J., and Raftery, A. 2010. Performance of Bayesian model selection criteria for Gaussian mixture models. *Frontiers of Statistical Decision Making and Bayesian Analysis*, **2**, 113–130.

Steingroever, H., Wetzels, R., and Wagenmakers, E.-J. 2016. Bayes factors for reinforcement-learning models of the Iowa Gambling Task. *Decision*, **3**, 115–131.

Sternberg, S. 1975. Memory scanning: New findings and current controversies. *Quarterly Journal of Experimental Psychology*, **27**, 1–32.

Stone, M. 1960. Models for choice-reaction time. *Psychometrika*, **25**, 251–260.

Stone, M. 1974. Cross-validatory choice and assessment of statistical predictions. *Journal of the Royal Statistical Society*, **36B**, 111–147.

Stone, M. 1977. An asymptotic equivalence of choice of model by cross-validation and Akaike's criterion. *Journal of the Royal Statistical Society*, **39B**, 44–47.

Stott, H. P. 2006. Cumulative prospect theory's functional menagerie. *Journal of Risk and uncertainty*, **32**, 101–130.

Suchow, J. W., Brady, T. F., Fougnie, D., and Alvarez, G. A. 2013. Modeling visual working memory with the MemToolbox. *Journal of Vision*, **13**, 9.

Sugiura, N. 1978. Further analysis of the data by Akaike's information criterion and the finite corrections. *Communications in Statistics: Theory and Methods*, **7**, 13–26.

Summerfield, C., and Koechlin, E. 2010. Economic value biases uncertain perceptual choices in the parietal and prefrontal cortices. *Frontiers of Human Neuroscience*, **4**, 208.

Sunnåker, M., Busetto, A. G., Numminen, E., Corander, J., Foll, M., and Dessimoz, C. 2013. Approximate Bayesian Computation. *PLoS Computational Biology*, **9**, e1002803.

Sutton, R. S., and Barto, A. G. 1998. *Reinforcement learning: An introduction.* Cambridge: Cambridge Univ Press.

Swets, J. A., Tanner, W. P., and Birdsall, T. G. 1961. Decision processes in perception. *Psychological Review*, **68**, 301–340.

Swets, J. A. 1961. Is there a sensory threshold. *Science*, **134**, 168–177.

Tan, L., and Ward, G. 2008. Rehearsal in immediate serial recall. *Psychonomic Bulletin & Review*, **15**, 535–542.

Tanaka, S. C., Shishida, K., Schweighofer, N., Okamoto, Y., Yamawaki, S., and Doya, K. 2009. Serotonin affects association of aversive outcomes to past actions. *The Journal of Neuroscience*, **29**, 15669–15674.

Teller, D. 1984. Linking propositions. *Vision Research*, **24**, 1233–1246.

Tenan, S., OHara, R. B., Hendriks, I., and Tavecchia, G. 2014. Bayesian model selection: the steepest mountain to climb. *Ecological Modelling*, **283**, 62–69.

Tenenbaum, J. B., Kemp, C., Griffiths, T. L., and Goodman, N. D. 2011. How to Grow a Mind: Statistics, Structure, and Abstraction. *Science*, **331**, 1279–1285.

Terry, A., Marley, A. A. J., Barnwal, A., Wagenmakers, E., Heathcote, A., and Brown, S. D. 2015. Generalising the drift rate distribution for linear ballistic accumulators. *Journal of Mathematical Psychology*, **68**, 49–58.

Thaler, R. 1981. Some Empirical-evidence On Dynamic Inconsistency. *Economics Letters*, **8**, 201–207.

Thomas, M. S. C., and McClelland, J. L. 2008. Connectionist models of cognition. Pages 23–58 of: Sun, R. (ed), *The Cambridge handbook of computational psychology.* Cambridge: Cambridge University Press.

Tibshirani, R., Walther, G., and Hastie, T. 2001. Estimating the number of clusters in a data set via the gap statistic. *Journal of the Royal Statistical Society: Series B (Statistical Methodology)*, **63**, 411–423.

Tierney, L., and Kadane, J. B. 1986. Accurate approximations for posterior moments and marginal densities. *Journal of the American Statistical Association*, **81**, 82–86.

Trafimow, D. 2005. The ubiquitous Laplacian assumption: Reply to Lee and Wagenmakers (2005). *Psychological Review*, **112**, 669–674.

Trickett, S. B., and Trafton, J. G. 2007. "What if...": The use of conceptual simulations in scientific reasoning. *Cognitive Science*, **31**, 843–875.

Trostel, P. A., and Taylor, G. A. 2001. A theory of time preference. *Economic inquiry*, **39**, 379–395.

Trout, J. D. 2007. The Psychology of Scientific Explanation. *Philosophy Compass*, **2/3**, 564–591.

Tuerlinckx, F. 2004. The efficient computation of the cumulative distribution and probability density functions in the diffusion model. *Behavior Research Methods, Instruments, & Computers*, **36**, 702–16.

Turner, B. M., and Sederberg, P. B. 2014. A generalized, likelihood-free method for posterior estimation. *Psychonomic Bulletin & Review*, **21**, 227–250.

Turner, B. M., Van Maanen, L., and Forstmann, B. U. 2015. Combining Cognitive Abstractions with Neurophysiology: The Neural Drift Diffusion Model. *Psychological Review*, **122**, 312–336.

Turner, B. M., Rodriguez, C. A., Norcia, T. M., McClure, S. M., and Steyvers, M. 2016. Why more is better: Simultaneous modeling of EEG, fMRI, and behavioral data. *Neuroimage*, **128**, 96–115.

Turner, B. M., and Sederberg, P. B. 2012. Approximate Bayesian computation with differential evolution. *Journal of Mathematical Psychology*, **56**, 375–385.

Turner, B. M., and Van Zandt, T. 2012. A tutorial on approximate Bayesian computation. *Journal of Mathematical Psychology*, **56**, 69–85.

Turner, B. M., and Van Zandt, T. 2014. Hierarchical Approximate Bayesian Computation. *Psychometrika*, **79**, 185–209.

Turner, B. M., Forstmann, B. U., Wagenmakers, E., Brown, S. D., Sederberg, Per B, and Steyvers, Mark. 2013. A Bayesian framework for simultaneously modeling neural and behavioral data. *NeuroImage*, **72**, 193–206.

Turner, B. M., Forstmann, B. U., Love, B. C., Palmeri, T. J., and Van Maanen, Leendert. 2017. Approaches to analysis in model-based cognitive neuroscience. *Journal of Mathematical Psychology*, **76**, 65–79.

Tuyl, F., Gerlach, R., and Mengersen, K. 2009. Posterior predictive arguments in favor of the Bayes-Laplace prior as the consensus prior for binomial and multinomial parameters. *Bayesian Analysis*, **4**, 151–158.

Tversky, A., and Kahneman, D. 1992. Advances in prospect theory: Cumulative representation of uncertainty. *Journal of Risk and Uncertainty*, **5**, 297–323.

Unsworth, N., Brewer, G., and Spillers, G. 2011. Inter- and intra-individual variation in immediate free recall: An examination of serial position functions and recall initiation strategies. *Memory*, **19**, 67–82.

Usher, M., and McClelland, J. L. 2001. The time course of perceptual choice: The leaky, competing accumulator model. *Psychological Review*, **108**, 550–592.

Uttal, W. R. 2001. *The new phrenology: The limits of localizing cognitive processes in the brain*. The MIT press.

van den Berg, R., Awh, E., and Ma, W. 2014. Factorial comparison of working memory models. *Psychological Review*, **121**, 124–149.

Van Den Heuvel, M. P., and Pol, H. E. H. 2010. Exploring the brain network: a review on resting-state fMRI functional connectivity. *European Neuropsychopharmacology*, **20**, 519–534.

van Maanen, L., Brown, S. D., Eichele, T., Wagenmakers, E., Ho, T., Serences, J., and Forstmann, B. U. 2011. Neural correlates of trial-to-trial fluctuations in response caution. *The Journal of Neuroscience*, **31**, 17488–17495.

van Ravenzwaaij, D., Provost, A., and Brown, S. D. 2017. A confirmatory approach for integrating neural and behavioral data into a single model. *Journal of Mathematical Psychology*, **76**, 131–141.

van Ravenzwaaij, D., and Oberauer, K. 2009. How to use the diffusion model: Parameter recovery of three methods: EZ, fast-dm, and DMAT. *Journal of Mathematical Psychology*, **53**, 463–473.

van Ravenzwaaij, D., Donkin, C., and Vandekerckhove, J. 2017. The EZ diffusion model provides a powerful test of simple empirical effects. *Psychonomic Bulletin & Review*, **24**, 547–556.

van Ravenzwaaij, D., Cassey, P., and Brown, S. D. in press. A simple introduction to Markov Chain Monte–Carlo sampling. *Psychonomic Bulletin & Review*.

van Santen, J. P. H. and Bamber, D. 1981. Finite and infinite state confusion models. *Journal of Mathematical Psychology*, **24**, 101–111.

Van Zandt, T. 2000. How to fit a response time distribution. *Psychonomic Bulletin & Review*, **7**, 424–465.

Vandekerckhove, J., and Tuerlinckx, F. 2007. Fitting the Ratcliff diffusion model to experimental data. *Psychonomic Bulletin & Review*, **14**, 1011–1026.

Vandekerckhove, J., and Tuerlinckx, F. 2008. Diffusion model analysis with MATLAB: A DMAT primer. *Behavior Research Methods*, **40**, 61–72.

Vandekerckhove, J., Tuerlinckx, F., and Lee, M. 2008. A Bayesian approach to diffusion process models of decision-making. Pages 1429–1434 of: *Proceedings of the 30th annual conference of the cognitive science society*. Cognitive Science Society.

Vandekerckhove, J., Tuerlinckx, F., and Lee, M. D. 2011. Hierarchical diffusion models for two-choice response times. *Psychological Methods*, **16**, 44–62.

Vandekerckhove, J., Matzke, D., and Wagenmakers, E. 2015. Model comparison and the principle of parsimony. Pages 300–317 of: Busemeyer, J. R., Townsend, J. T., Wang, Z. J., and Eidels, A. (eds), *Oxford handbook of computational and mathematical psychology*. Oxford: Oxford University Press.

Vanderbilt, D., and Louie, S. G. 1984. A Monte Carlo simulated annealing approach to optimization over continuous variables. *Journal of Computational Physics*, **56**, 259–271.

Vanpaemel, W., Vermorgen, M., Deriemaecker, L., and Storms, G. 2015. Are we wasting a good crisis? The availability of psychological research data after the storm. *Collabra*, **1**(1).

Venn, J. 1888. *The logic of chance (3rd Edition)*. London: MacMillan.

Verbeemen, T., Vanpaemel, W., Pattyn, S., Storms, G., and Verguts, T. 2007. Beyond exemplars and prototypes as memory representations of natural concepts: A clustering approach. *Journal of Memory and Language*, **56**, 537–554.

Verzani, J. 2004. *Using R for introductory statistics*. Boca Raton: CRC Press.

Vincent, B. T. 2016. Hierarchical Bayesian estimation and hypothesis testing for delay discounting tasks. *Behavior Research Methods*, **48**, 1608–1620.

Von Neumann, J., and Morgenstern, O. 1944. *Theory of games and economic behavior*. Princeton university press.

Voss, A., and Voss, J. 2008. A fast numerical algorithm for the estimation of diffusion model parameters. *Journal of Mathematical Psychology*, **52**, 1–9.

Voss, A., Rothermund, K., and Voss, J. 2004. Interpreting the parameters of the diffusion model: An empirical validation. *Memory & Cognition*, **32**, 1206–1220.

Vul, E., Harris, C., Winkielman, P., and Pashler, H. 2009. Puzzlingly High Correlations in fMRI Studies of Emotion, Personality, and Social Cognition. *Perspectives on Psychological Science*, **4**, 274–290.

Wabersich, D., and Vandekerckhove, J. 2014. Extending JAGS: a tutorial on adding custom distributions to JAGS (with a diffusion model example). *Behavior Research Methods*, **46**, 15–28.

Wagenaar, W. A., and Boer, J. P. A. 1987. Misleading postevent information: Testing parameterized models of integration in memory. *Acta Psychologica*, **66**, 291–306.

Wagenmakers, E. J. 2007. A practical solution to the pervasive problems of *p* values. *Psychonomic Bulletin & Review*, **14**, 779–804.

Wagenmakers, E. J., van der Maas, H. L. J., and Grasman, R. P. P. P. 2007. An EZ-diffusion model for response time and accuracy. *Psychonomic Bulletin & Review*, **14**, 3–22.

Wagenmakers, E. J., and Farrell, Simon. 2004. AIC model selection using Akaike weights. *Psychonomic Bulletin & Review*, **11**, 192–196.

Wagenmakers, E. J., Farrell, S., and Ratcliff, R. 2004b. Estimation and interpretation of $1/f^{\alpha}$ noise in human cognition. *Psychonomic Bulletin & Review*, **11**, 579–615.

Wagenmakers, E. J., Ratcliff, R., Gomez, P., and Iverson, G. J. 2004a. Assessing model mimcry using the parametric bootstrap. *Journal of Mathematical Psychology*, **48**, 28–50.

Wagenmakers, E. J., Lodewyckx, T., Kuriyal, H., and Grasman, R. 2010. Bayesian hypothesis testing for psychologists: A tutorial on the Savage–Dickey method. *Cognitive Psychology*, **60**, 158–189.

Wald, A. 1947. *Sequential Analysis*. New York: Wiley.

Walsh, M. M., and Anderson, J. R. 2014. Navigating complex decision spaces: Problems and paradigms in sequential choice. *Psychological Bulletin*, **140**, 466–486.

Wasserman, L. 2000. Bayesian model selection and model averaging. *Journal of Mathematical Psychology*, **44**, 92–107.

Watanabe, S. 2010. Asymptotic equivalence of Bayes cross validation and widely applicable information criterion in singular learning theory. *The Journal of Machine Learning Research*, **11**, 3571–3594.

Weakliem, D. L. 1999. A critique of the Bayesian Information Criterion for model selection. *Sociological Methods & Research*, **27**, 359–397.

Weissman, D. H., Roberts, K.C., Visscher, K. M., and Woldorff, M. G. 2006. The neural bases of momentary lapses in attention. *Nature Neuroscience*, **9**, 971–978.

Werbos, P. J. 1990. Backpropagation through time: what it does and how to do it. *Proceedings of the IEEE*, **78**, 1550–1560.

Wicherts, J. M., Borsboom, D., Kats, J., and Molenaar, D. 2006. The poor availability of psychological research data for reanalysis. *American Psychologist*, **61**, 726–728.

Wicherts, J. M., Bakker, M., and Molenaar, D. 2011. Willingness to share research data is related to the strength of the evidence and the quality of reporting of statistical results. *PLoS One*, **6**, e26828.

Wickens, T. D. 1982. *Models for behavior: Stochastic processes in psychology*. San Francisco: W. H. Freeman.

Widrow, G., and Hoff, M. E. 1960. Adaptive switching circuits. *Institute of Radio Engineers, Western Electronic Show and Convention, Convention Record, Part 4*, 96–104.

Wilken, P., and Ma, W. J. 2004. A detection theory account of change detection. *Journal of Vision*, **4**, 1120–1135.

Wilkinson, R. D. 2013. Approximate Bayesian computation (ABC) gives exact results under the assumption of model error. *Statistical Applications in Genetics and Molecular Biology*, **12**, 129–141.

Wilson, G., Aruliah, D. A., Brown, C. T., Hong, N. P. C., Davis, M., Guy, R. T., Haddock, S. H. D., Huff, K. D., Mitchell, Ian M, Plumbley, Mark D, et al. 2014. Best practices for scientific computing. *PLoS Biology*, **12**(1), e1001745.

Wixted, J. T. 2004a. On common ground: Jost's (1897) law of forgetting and Ribot's (1881) law of retrograde amnesia. *Psychological Review*, **111**, 864–879.

Wixted, J. T. 2004b. The psychology and neuroscience of forgetting. *Annual Review of Psychology*, **55**, 235–269.

Wixted, J. T. 2007. Dual-process theory and signal-detection theory of recognition memory. *Psychological Review*, **114**, 152–176.

Wixted, J. T., and Rohrer, D. 1994. Analyzing the dynamics of free recall: An integrative review of the empirical literature. *Psychonomic Bulletin & Review*, **1**, 89–106.

Wixted, J. T., and Stretch, V. 2004. In defense of the signal detection interpretation of remember/know judgements. *Psychonomic Bulletin & Review*, **11**, 616–641.

Wolpert, R. L., and Schmidler, S. C. 2012. α-Stable limit laws for harmonic mean estimators of marginal likelihoods. *Statistica Sinica*, **22**, 1233–1251.

Wong, K. F., and Wang, X. J. 2006. A recurrent network mechanism of time integration in perceptual decisions. *The Journal of neuroscience*, **26**, 1314–1328.

Wrinch, D., and Jeffreys, H. 1921. On certain fundamental principles of scientific inquiry. *The London, Edinburgh, and Dublin Philosophical Magazine and Journal of Science*, **42**, 369–390.

Wu, H., Myung, J. I., and Batchelder, W. H. 2010. On the minimum description length complexity of multinomial processing tree models. *Journal of Mathematical Psychology*, **54**, 291–303.

Yang, L. X., and Lewandowsky, S. 2004. Knowledge partitioning in categorization: Constraints on exemplar models. *Journal of Experimental Psychology: Learning, Memory, and Cognition*, **30**, 1045–1064.

Yechiam, E., Busemeyer, J. R., Stout, J. C., and Bechara, A. 2005. Using cognitive models to map relations between neuropsychological disorders and human decision-making deficits. *Psychological Science*, **16**, 973–978.

Zaki, S. R., Nosofsky, R. M., Stanton, R. D., and Cohen, A. L. 2003. Prototype and exemplar accounts of category learning and attentional allocation: a reassessment. *Journal of Experimental Psychology: Learning, Memory, and Cognition*, **29**, 1160–1173.

Zauberman, G., Kim, B. K., Makoc, S. A., and Bettman, J. R. 2009. Discounting Time and Time Discounting: Subjective Time Perception and Intertemporal Preferences. *Journal of Marketing Research*, **46**, 543–556.

Zeisberger, S., Vrecko, D., and Langer, T. 2012. Measuring the time stability of prospect theory preferences. *Theory and Decision*, **72**, 359–386.

Zhang, W., and Luck, S. J. 2008. Discrete fixed-resolution representations in visual working memory. *Nature*, **453**, 233–235.

Zhu, M., and Lu, A. Y. 2004. The counter-intuitive non-informative prior for the Bernoulli family. *Journal of Statistics Education*, **12**, 1–10.

Zilli, E. A., and Hasselmo, M. E. 2008. Modeling the role of working memory and episodic memory in behavioral tasks. *Hippocampus*, **18**, 193–209.

Zucchini, W. 2000. An introduction to model selection. *Journal of Mathematical Psychology*, **44**, 41–61.